纳米科学与技术

分 子 仿 生

李峻柏　主编

科学出版社

北 京

内 容 简 介

本书是在综合国内外有关文献的基础上,结合作者的研究工作撰写而成。全书共分5篇:第1篇为分子仿生概述,简要介绍分子仿生的概念、研究范畴和最新进展;第2篇为仿生物膜结构,介绍仿生膜、生物马达体系;第3篇为生物马达体系与合成分子机器,主要介绍分子仿生体系的设计、理论模拟及二者之间的关系,以及合成分子机器的基础理论;第4篇为仿生体系的设计与模拟,主要介绍核酸分子机器设计、药物载体设计等方面的最新进展;第5篇为分子仿生的应用,简述分子仿生理念在材料制备、生物检测和医药等领域中的应用研究进展。

本书为读者提供了比较前沿的化学、材料、生物和医学知识,有利于读者开阔思路,可供从事生物材料、纳米技术研究的科研人员阅读和参考,也可作为生物、化学、医学和材料等专业的研究生和大学本科高年级学生的教学参考书。

图书在版编目(CIP)数据

分子仿生/李峻柏主编. —北京:科学出版社,2013.3

(纳米科学与技术/白春礼主编)

ISBN 978-7-03-036834-8

Ⅰ. 分… Ⅱ. 李… Ⅲ. 分子仿生 Ⅳ. Q811.7

中国版本图书馆 CIP 数据核字(2013)第 039679 号

责任编辑:张淑晓 霍志国 / 责任校对:郑金红
责任印制:钱玉芬 / 封面设计:陈 敬

科 学 出 版 社 出版

北京东黄城根北街 16 号
邮政编码:100717
http://www.sciencep.com

中国科学院印刷厂 印刷

科学出版社发行 各地新华书店经销

*

2013 年 3 月第 一 版 开本:B5(720×1000)
2013 年 3 月第一次印刷 印张:25 1/4 插页:1
字数:491 000

定价:128.00 元
(如有印装质量问题,我社负责调换)

《纳米科学与技术》丛书序

在新兴前沿领域的快速发展过程中,及时整理、归纳、出版前沿科学的系统性专著,一直是发达国家在国家层面上推动科学与技术发展的重要手段,是一个国家保持科学技术的领先权和引领作用的重要策略之一。

科学技术的发展和应用,离不开知识的传播:我们从事科学研究,得到了"数据"(论文),这只是"信息"。将相关的大量信息进行整理、分析,使之形成体系并付诸实践,才变成"知识"。信息和知识如果不能交流,就没有用处,所以需要"传播"(出版),这样才能被更多的人"应用",被更有效地应用,被更准确地应用,知识才能产生更大的社会效益,国家才能在越来越高的水平上发展。所以,数据→信息→知识→传播→应用→效益→发展,这是科学技术推动社会发展的基本流程。其中,知识的传播,无疑具有桥梁的作用。

整个 20 世纪,我国在及时地编辑、归纳、出版各个领域的科学技术前沿的系列专著方面,已经大大地落后于科技发达国家,其中的原因有许多,我认为更主要的是缘于科学文化的习惯不同:中国科学家不习惯去花时间整理和梳理自己所从事的研究领域的知识,将其变成具有系统性的知识结构。所以,很多学科领域的第一本原创性"教科书",大都来自欧美国家。当然,真正优秀的著作不仅需要花费时间和精力,更重要的是要有自己的学术思想以及对这个学科领域充分把握和高度概括的学术能力。

纳米科技已经成为 21 世纪前沿科学技术的代表领域之一,其对经济和社会发展所产生的潜在影响,已经成为全球关注的焦点。国际纯粹与应用化学联合会(IUPAC)会刊在 2006 年 12 月评论:"现在的发达国家如果不发展纳米科技,今后必将沦为第三世界发展中国家。"因此,世界各国,尤其是科技强国,都将发展纳米科技作为国家战略。

兴起于 20 世纪后期的纳米科技,给我国提供了与科技发达国家同步发展的良好机遇。目前,各国政府都在加大力度出版纳米科技领域的教材、专著及科普读物。在我国,纳米科技领域尚没有一套能够系统、科学地展现纳米科学技术各个方面前沿进展的系统性专著。因此,国家纳米科学中心与科学出版社共同发起并组织出版《纳米科学与技术》,力求体现本领域出版读物的科学性、准确性和系统性,全面科学地阐述纳米科学技术前沿、基础和应用。本套丛书的出版以高质量、科学性、准确性、系统性、实用性为目标,将涵盖纳米科学技术的所有领域,全面介绍国内外纳米科学技术发展的前沿知识;并长期组织专家撰写、编辑出版下去,为我国纳米科技各个相关基础学科和技术领域的科技工作者和研究生、本科生等,提供一套重要的参考资料。

这是我们努力实践"科学发展观"思想的一次创新,也是一件利国利民、对国家科学技术发展具有重要意义的大事。感谢科学出版社给我们提供的这个平台,这不仅有助于我国在科研一线工作的高水平科学家逐渐增强归纳、整理和传播知识的主动性(这也是科学研究回馈和服务社会的重要内涵之一),而且有助于培养我国各个领域的人士对前沿科学技术发展的敏感性和兴趣爱好,从而为提高全民科学素养作出贡献。

我谨代表《纳米科学与技术》编委会,感谢为此付出辛勤劳动的作者、编委会委员和出版社的同仁们。

同时希望您,尊贵的读者,如获此书,开卷有益!

中国科学院院长
国家纳米科技指导协调委员会首席科学家
2011 年 3 月于北京

前　言

在生物体与生命过程中,生物分子通过不同层次的自组装,由微观到宏观自发地形成了复杂且精确的多级结构体系,实现了各种特异性的生物功能。分子仿生是以人工合成分子或生物基元为研究对象,在分子水平上组装或制备结构与功能仿生的新材料与新系统,研究与模拟生物体中蛋白的结构与功能、生物膜的选择性和通透性、生物分子或其类似物的检测和合成等。分子仿生可以模拟生物体实现多功能的集成与关联,制备智能材料或分子机器,也可以实现生物相容和生物功能,制备生物医用材料与器件,为现代材料科学,特别是生物新材料的发展提供了无限的创新发展空间。

研究人员正利用分子仿生的思路和理念,构筑具有特定物理、化学性质和生物功能的组装体,并探索其在新型功能材料、超分子药物载体、生物界面和组织工程等方面的应用。同时,生物启发的材料和体系、自适应性材料、纳米材料、层次结构材料、三维复合材料和绿色材料等将成为未来先进技术发展所关注的焦点。分子仿生的理念和思路是近年来国际科技界普遍关注的一个前沿热点,也将在探索生物世界奥秘、新材料合成和新型功能器件研制等方面发挥重要作用。

目前,与纳米科技的结合为分子仿生的研究提供了更为广阔的发展空间。仿生膜研究从结构仿生入手逐步达到功能仿生,有望最终实现对生物膜生命活动的模拟。另外,设计制备多功能膜材料,甚至开发天然生物膜不具备的特异性能,从而拓展其更为广阔的应用领域也面临巨大的挑战,有待进一步研究。

本书是在综合国内外有关文献的基础上,结合作者的研究工作撰写而成的。全书共分5篇。第1篇为分子仿生概述,简要介绍了分子仿生的概念、研究范畴和最新进展,由李峻柏研究员编写;第2篇为仿生物膜结构,介绍了仿生膜、生物马达体系,由汪尔康院士、江龙院士、张欣研究员、马晓军研究员及其合作者编写;第3篇为生物马达体系与合成分子机器,主要介绍了分子仿生体系的设计、理论模拟及二者之间的关系,以及合成分子机器的基础理论,由田禾院士、李峻柏研究员、李向东研究员、贺强研究员及其合作者编写;第4篇为仿生体系的设计与模拟,主要介绍了核酸分子机器设计、药物载体设计等方面的最新进展,由范青华研究员、马光辉研究员、黄建国研究员、王树研究员及其合作者编写;第5篇为分子仿生的应用,简要叙述了分子仿生理念在材料制备、生物检测和医药等领域中的应用研究进展,由胡巧玲研究员、樊春海研究员、马晓军研究员及其合作者编写。

感谢国家出版基金对本书的出版提供资助。

从分子组装的角度研究仿生体系目前在国际上还处于发展的初期,挑战与机遇并存,交叉领域多,研究范围广泛。作者水平有限,书中内容难免有错漏之处,还望读者不吝赐教。

作　者

2012 年 10 月

目　　录

第 4 篇　仿生体系的设计与模拟

第 5 篇　分子仿生的应用

彩图

第 1 篇
分子仿生概述

第1章　分子仿生的概念和主要研究体系

在生物体与生命过程中,生物分子通过不同层次的自组装,由微观到宏观,自发地形成了复杂且精确的多级结构体系,实现了各种特异性的生物功能。分子仿生是以人工合成分子或生物基元为研究对象,在分子水平上组装或制备结构与功能仿生的新材料与新系统,研究与模拟生物体中蛋白的结构与功能、生物膜的选择性、通透性、生物分子或其类似物的检测和合成等。分子仿生可以模拟生物体实现多功能的集成与关联,制备智能材料或分子机器,也可以仿生实现生物相容和生物功能,制备生物医用材料与器件,为现代材料科学,特别是生物新材料的发展提供了无限的创新发展空间。

研究人员正利用分子仿生的思路和理念,构筑具有特定物理、化学性质和生物功能组装体,并探索其在新型功能材料、超分子药物载体、生物界面和组织工程等方面的应用。同时,生物启发的材料和体系、自适应性材料、纳米材料、层次结构材料、三维复合材料和绿色材料等将成为未来先进技术发展所关注的焦点。分子仿生的理念和思路是近年来国际科技界普遍关注的一个前沿热点,也将在探索生物世界奥秘、新材料合成和新型功能器件研制等方面发挥重要作用。

1.1　生物马达蛋白组装体系

仿生体系的分子组装是化学、物理学、生物学和材料学等交叉领域的一个研究热点,以模拟自然现象或生物体结构和功能为基础,用分子自组装的手段构建仿生或生物启发的纳米结构化材料是其主要研究方向之一。从生物体结构与功能的关系、仿生体系的分子组装方法学和仿生材料应用研究等方面系统论述了分子仿生学科的基本研究内容和主要科学问题。通过在纳米与微米尺度实现分子和超分子的组装与复合,有望在模拟蛋白和分子反应器、新型免疫的微体系——病毒与疫苗、医用仿生表面与界面设计、结构仿生材料、胶囊智能微体系与人工细胞等方面取得突破。

自然界中生命组织中存在的各种组装体及其结构与功能的关系为研究人员在新型结构功能材料的设计和构造中提供了绝佳的范例和素材,也为科研人员解决新材料发展所存在的问题(如材料的老化、修复和再生)提供了新的契机。分子仿生(molecular biomimetics)就是开展这方面研究的最重要手段。事实上,学习生物体的结构、功能和特性,结合分子自组装的技术手段不仅能改善现有材料的设计和性能,而且能够突破某些传统观念,一方面有助于更好地理解和模拟生物超分子体系,另一方面有助于构建新型的多功能纳米复合材料。这也就是说,分子仿生不仅仅限于对生命体系的简单复制或模仿,随着现代生物学的发展,科学家们可以直接应用生命单元自身去构造各种纳米杂化材料,这样可以避免仿生学中的很多制造方面的难题。

目前已知活细胞有几百种不同种类的分子马达,而每一种马达对应某种特定的功能。然而,在分子尺度上生物分子马达是非常复杂的集合体,它们中大多数的结构和运动机理仍然不清楚。这些蛋白质在细胞的生命活动中扮演着重要角色,它们通过在外界刺激下产生的响应性机械运动调控着特定的生命功能。生物分子马达是被储存在细胞内的能量驱动的,两类最重要的细胞能量存储单元是腺苷三磷酸(adenosine 5′-triphosphate,ATP)或鸟苷三磷酸(GTP)以及跨膜电化学梯度。生物分子马达主要包括线性马达和旋转马达两大类型,其中线性马达有驱动蛋白(kinesin)、动力蛋白(dynein)、肌球蛋白(myosin)和 RNA 聚合酶等,而旋转马达主要是 ATP 合酶马达和细菌鞭毛马达。肌球蛋白、驱动蛋白、动力蛋白和 ATP 合酶等分子马达都大量存在于活细胞中。肌球蛋白马达驱动着肌肉的收缩,而驱动蛋白或动力蛋白马达则可将囊泡从细胞的一端传送到另一端。所有这些线性马达发生运动所消耗的能量都来自于通用"燃料"分子腺苷三磷酸(ATP)水解所产生的生物能。F_0F_1-ATP 合酶(F_0F_1-ATP synthase 或 F_0F_1-ATPase)就负责生命体系中 ATP 分子的催化合成。它们广泛存在于线粒体、叶绿体和原核细胞的细胞膜中,在那里它们将跨膜的电化学质子梯度转化为 ADP—P 共价键(即合成 ATP 分子)。现代生物技术与纳米科学的发展与交叉融合已经为设计新型杂化功能材料提供了可能。在构筑新型杂化功能材料过程中遇到的一个主要挑战在于如何将天然的分子机器(如马达蛋白)集成到活性仿生体系中。

与原核细胞相比,真核细胞有庞大的体积和复杂的胞内系统。真核细胞胞内的物质转运不仅仅依赖于非特异性扩散,更依靠于主动运输。真核细胞的细胞骨架(cytoskeleton)系统是胞内运输的主要通路。在细胞骨架上运输物质的运载工具被称为分子马达蛋白(molecular motor protein)。按照蛋白结构,分子马达蛋白可分为 3 类:肌球蛋白(myosin)、驱动蛋白(kinesin)和动力蛋白(dynein)。驱动蛋白和动力蛋白在微管(microtubule)上运动,而肌球蛋白是在由肌动蛋白(actin)组成的微丝上运动的。这些分子马达的共同特征是具有将 ATP 水解释放的化学能转化为机械能,沿着轨道(微管或微丝)运动的能力。肌球蛋白的分布广泛,含量丰富,在许多生命活动中起着关键作用,如肌肉收缩、细胞内各种细胞器和 mRNA 的转运、细胞分裂过程中中心体的分裂和姐妹染色体的分离等。近年来,随着生物信息学、生物化学、生物物理学发展,特别是纳米技术手段的进步,对肌球蛋白分子马达又有了新的认识。

在真核生物细胞内,分子马达蛋白通过精细地协调完成各种物质的转运和分选。作为真核生物细胞中3类马达蛋白之一,肌球蛋白家族成员众多,功能广泛。目前仅对少数几种肌球蛋白进行了较为深入的研究,对大多数肌球蛋白的结构与功能认识还很肤浅。此外,细胞内物质转运依赖于多种类型的分子马达的协同,目前对多马达转运系统的研究还刚刚起步。研究肌球蛋白的结构、功能和调节机制不仅有助于揭示蛋白质的运动机理,深入认识生命活动的本质,为治疗分子马达相关疾病提供理论支撑,还可以从生命体内这个精巧的"马达"分子的运动模式得到启发,从新的角度去认识和利用生物体内能量的转化规则,为分子仿生学的研究提供新的启发和思路。

1.2 仿 生 膜

生物膜是细胞膜和细胞内各种细胞器膜的统称,其化学组成主要为蛋白质、脂类(大部分为磷脂,其次是胆固醇)和多糖,生物膜起着分隔细胞和细胞器的作用,是参与能量转化和细胞内通信的重要部位。生物膜不但有很高的选择性和透过量,也能进行各种催化反应和转换功能。因此,生物膜的仿生对于更好地解释生物科学问题和解决医学难题具有重要的意义。

仿生膜是在充分认识和了解天然生物膜的基础上,通过物理、化学手段制备结构和功能与生物膜相似的人工膜,它的研究涉及包括分子生物学、细胞生物学、生物化学和材料化学在内的多种学科,是一个多学科交叉的前沿领域。仿生膜为生物膜的离体研究提供了简化模型,有利于搞清楚生物膜各个组分独立的功能,进一步揭示天然生物膜的奥秘,更加充分地了解和掌握其生命机理,同时对解决医学、农业以及工业上的一些实际问题也有重要的指导意义。目前生物膜研究领域主要面临几个问题:①生物膜结构尚未完全清楚;②物理模型不完备;③在体内原位实时研究困难。

生物传感器是将待检测的生物信号转化为电信号等可检测信号的一种装置,由固定化的生物敏感材料作识别元件(包括酶、抗体、抗原等生物活性物质)与适当的理化换能器(如氧电极、光敏管、场效应管、压电晶体等)及信号放大装置构成。作为一种交叉学科发展起来的高新技术,生物传感器具有选择性好、灵敏度高、分析速度快、成本低等一系列优点,被广泛应用到国民经济的各个部门,如食品、制药、化工、临床检验、生物医学、环境监测等方面。将仿生膜应用到传感器领域,可以有效地模拟监测细胞膜的选择性运输、选择性识别和信息传递等一系列重要的过程,从而有利于进一步了解和控制细胞活动和生命机理。

仿生膜的研究即是在充分了解和认识生物膜的组成、结构和功能,尤其是磷脂、脂质体和蛋白及其结合体的结构和功能的基础上,在分子水平上设计与制造出与其组成或结构相似的仿生膜体系,模仿生物膜的信息传输和识别功能。仿生膜研究已构筑多种具有仿生物膜结构的功能材料。在这类具有仿生结构的体系中,对脂质体的研究最为广泛,其具有的内部空腔可用来装载药物或基因等物质。利用脂质体可以和细胞膜融合的特点,可以将荷载物质送入细胞内部。此外,层层自组装中空微胶囊及仿病毒包膜结构的聚合物胶束也是仿生物膜组装结构的研究重点。这些仿生膜中空结构的潜在应用之一是作为药物载体,但在应用上这些体系却常存在稳定性的限制。在现阶段,要实现人工完全复制生物膜的目标尚不现实。然而,可以通过对天然生物膜进行研究,充分了解其结构特征与生命功能,设计与制备与其相似的仿生膜,甚至开发出具有与生物膜不同性能的膜材料。生物膜的结构研究对药物的增溶、促渗和控释起决定性作用。药物分子的溶解与渗透是一对永恒的矛盾,通过对生物膜结构的模拟,可以研究药物如何能够穿透生物膜壁垒到达病灶,从而大大提高药效和减少副作用。

　　仿生膜结构材料的可控制备依然面临着诸多挑战,例如,尺寸和均一性的控制、仿生膜的结构模拟、更复杂的仿生膜及其功能的设计与调控、规模化制备技术和装备以及仿生膜的实际应用等。将膜乳化技术和仿生膜技术相结合的思路的优势在于,颗粒粒径均一可控、颗粒稳定、乳化条件温和,从而利于包埋活性物质,且易于规模放大。仿生膜的可控制备目前还停留在试验阶段,开发新型的规模化制备技术和装备并最终实现产业化,将成为未来的发展方向之一。

1.3　分子马达体系

　　生物大分子在受到外界刺激时能够产生的二级结构变化是生命活动赖以存在的基础,利用生命系统中存在的生物大分子二级结构的应激改变构建可以活动的纳米器件是生物纳米技术研究的追求目标之一,对我们了解生命的奥秘、构建生物传感器以及仿生纳米器件的研究都有重要意义。基于链交换反应、离子、pH 改变、酶等作用驱动的核酸纳米机器,验证了其做功能力,实现了智能表面的构建、智能响应性材料的制备等。核酸分子马达未来的热点应该是定量研究核酸分子马达的做功过程,揭示纳米尺度下的能量转化规律,制备出生物医用领域中的智能材料,同时为研究蛋白质分子内及分子间相互作用提供工具。

　　树状大分子(dendrimer)是近年来蓬勃发展的一类具有特殊结构与性能的新型有机化合物。高代数树状大分子具有非常规整的三维球形结构,其表面含有大量功能基团、内部具有可调的空腔,是构建分子仿生体系的理想分子基块。脱氧核糖核酸(DNA)作为一类结构精美的生物大分子,不仅在分子生物学和遗传学领域扮演着无可替代的角色,而且越来越受到化学家和材料学家的青睐。DNA 具有可编程性、二级结构的多样性、物理化学性质稳定性等特点,已经成为材料领域的一颗明星。目前,人们利用碱基的精确配对和序列可编程的特性,可以将设计好的 DNA 序列编织成一维线段、二维网格乃至三维的多面体结构。显然,将树状大分子和 DNA 这两类具有特殊拓扑结构的精美分子基块有机地结合起来,必将产生功能更丰富的超分子及材料构筑基元,将成为纳米功能材料、生物医学等领域的新增长点,为功能化分子仿生体系的设计提供全新的分子平台。

　　合成分子机器是一种纳米尺度的结构体,构建分子器件是当前国际学术前沿与热点之一。李峻柏指出,发展新型的具有高速响应速度的固态分子机器器件以及分子机器组装手段,对分子机器的功能化,乃至实现其在分子器件领域的运用具有重大而深远的意义。

　　一方面,生物传感器设计与开发涉及很多基本科学问题,为基础研究提供了许多源头创新思路。另一方面,生物传感器可能对临床检测、遗传分析、环境检测、生物反恐和国家安全防御等多个领域产生重要影响。尽管生物传感器的发展非常迅速,然而如果我们回到生物体来看现有的生物传感技术,就很容易发现这些人工的生物传感器件在识别能力、灵敏度、特异性等各方面都远远逊色于生物体内的天然传感器("分子机器")。这就促使我们向生物体学习,用"多元、多功能、协同"的理念构建类似于"分子机器"的生物检测器件。

1.4　分子仿生体系的设计与模拟

　　药物载体的设计与构建在现代药物制剂的研发中占有举足轻重的地位。药物载体的基本功能是将药物成分与复杂的机体环境隔离开来,避免药物活性的损失和毒副作用的产生。而通过对载体的基质成分和物理结构的调节,还可以预先设定药物进入机体后释放的时间、方式和速率。利用药物载体对机体特定组织器官或者细胞类型的生物亲和性,能够使药物随载体一起输送到机体的靶向位点,实现精确给药,如此不仅可以极大地提升药物的生物利用度,还可以显著降低因药物施用造成的系统毒性。此外,选择适当的药物载体可以拓展药物的给药途径,使得给药操作在临床上更易实施和为患者所接受。

　　随着纳米科学和材料科学的迅速发展,研究人员已经有能力根据特定药物的给药需求,来设计各种具有独特功能的药物载体。如通过选用合适的基质材料和进行表面修饰,可以使载体获得亲水性表面性质,改善其系统循环。由此实现的药物长效缓释可以使血药浓度长期稳定在目标水平,有望在各种慢性病(如糖尿病)的治疗中避免因频繁注射给药给患者造成的痛苦。其次,药物载体可以通过靶向分子的嫁接获得靶向特定细胞或组织的能力。利用这种靶向定位能力,药物载体可以携带药物精确地到达病灶部位,这方面的研究有望在癌症治疗等领域实现革命性的突破。另外,利用迅速发展的纳米技术,研究人员还可以将特殊的磁、光、热等功能成分引入药物载体当中。这些功能化的载体不仅能够利用对外部光、电、磁信号的响应最大限度地发挥药物靶向递送能力,还可以将诊断与治疗结合,或者实现化疗与磁疗、热疗等物理性治疗手段的结合,获得最佳的治疗效果。

　　然而,随着对包括药物载体在内的微纳米材料与生物机体相互作用的基础研究的深入,研究人员开始认识到药物载体的尺寸大小、机械性质和表面结构等各种细微因素对药物的免疫清除、系统循环以及细胞摄取等过程有非常深刻的影响,具有决定最终药物治疗效果的重要性。相关的研究一方面为药物载体的设计提供了更具科学性的理论依据,但另一方面也意味着研发人员不得不考虑越来越多的因素,极大地增加了研发新型药物制剂载体的挑战性。除此以外,尽管复杂的设计使得前期的研发成本不断增加,但由于生物机体的极端复杂性,经过精心设计的药物制剂在最终临床试验中的表现往往与前期体外试验的结果存在较大差异。因此,许多在前期研发过程中表现出巨大潜力的药物制剂在经过临床试验后却不得不宣告失败。这种情况无疑进一步增加了新药开发的风险性,极大地延缓人类攻克病魔的脚步。

　　受自然界各种生物近乎完美的功能、结构的启示,人们已经通过仿生技术在生物学研究和工程技术实践之间架起了一座桥梁,并由此构建出许多具有优异性能的仿生功能材料和仿生功能结构。随着近年来的不断发展,医药制剂领域最新的一些研究成果也向人们证明了仿生技术在医药领域获得应用的可能。依靠不断累积的生物学知识,通过模仿人体的内源性功能成分(如细胞和蛋白)或者与机体紧密相关的天然外源性成分(如细菌和病毒),研究人员已经设计出一些具有极好应用潜力的仿生药物制剂和功能成分。通过对机体内源性功能成分的模仿,这些仿生药物制剂不仅能与机体内部环境实现完美的兼容,更为重要的是能够获得其仿生对象的特征性质(如长效系统循环等),以实现高效的药物递送。而借鉴于天然外源性成分特别是各种病原体的仿生设计,在新型疫苗制剂的开发上也已经取得了令人瞩目的成就。相比于传统的人工药物制剂,仿生药物具有一些独特之处:①通过仿生设计,仿生药物制剂在给药效率等方面能明显优于传统药物制剂,具有高效性;②每一种仿生药物制剂均是针对机体的某一种成分进行仿生设计,只能应用于某一种或某一类药物,具有很强的针对性;③仿生药物制剂由于在成分、形态或功能上十分接近其仿生对象,因此基本遵循其仿生对象的体内运转路径,避免了传统药物制剂在临床试验与前期试验中可能存在的巨大差异,因此其研发过程具有更好的可预见性。

　　仿生药剂学作为一门极具发展潜力的新兴学科,正处于逐步形成和系统化发展的过程当中。尽管目前整个学科体系还远未达到完整的程度,但现有的研究成果已经可以为我们描绘出未来学科发展的大体脉络。同时仿生药剂学又是一门交叉学科,其发展不仅取决于医药学的进步,也需要包括生物学、材料学和纳米技术等多学科领域的进一步发展和这些学科技术的有机结合。在本章中,我们希望通过总结迄今为止在仿生药剂领域已有的研究成果,为各领域有意于仿生药物制剂开发的研究工作者提供参考,以期共同促进仿生药物制剂学科的发展。

以仿生体系的系统研究为基本目标的微流控芯片仿生体系实验室已呼之欲出,其建立以微流控芯片材料实验室和微流控芯片细胞实验室为基础。和传统的操作相比,微型化的细胞操作系统不仅大大减少细胞和试剂耗量,降低成本,更可以方便地实现各细胞操作单元之间的偶联,特别有利于细胞和微环境、整体和局部的各种关系的研究,从而有可能使传统细胞研究从理念到方法均产生根本性变革。器官芯片是继细胞芯片和组织芯片之后一种更接近仿生体系的模式。它的基本思想是设计一种结构,可包含人体细胞、细胞黄胆组织、血液、脉管、组织-组织界面以及活器官的微环境。最后,归纳构建微流控芯片仿生体系实验室的基本思路为:用微流控芯片合成仿生材料,在微流控芯片上培养细胞,组织、构建器官,在一块几平方厘米的芯片上模拟一个活体的行为并研究活体中整体和局部的种种关系。

很多天然和人工组装的结构,如病毒衣壳、蛋白质组装体、DNA 聚合物和表面活性剂组装体都能形成正二十面体结构。李峻柏提出将 Lenosky 等提出的网格模型连续化,用以描述多面体自组装体系的弹性能量,得到正二十面体相对其他正多面体在保持表面积不变的情况下具备最小的弹性能量,是最稳定的多面体对称结构。此结果和病毒衣壳测得的实验结果一致。该理论能初步给出组装体的力学性质,如杨氏模量、弹性模量等之间的关系。该理论对自组装体的形成机制以及其力学性质对于新型组装体的构建和功能化具有指导作用。

通过分子设计和基于非共价键相互作用,(从下而上的方式)构建仿生或生物启发的分子仿生体系是仿生科学与技术研究领域的一个重要研究方向,而实现其功能化是其中的难点和挑战之一。树状大分子是近年来蓬勃发展的一类具有特殊结构与性能的新型有机化合物,是通过支化基元逐步重复反应得到的具有高度支化结构的大分子,具有非常规整、精致的结构,其分子的体积、形状和功能可在分子水平精确设计和调控。因此,树状大分子是构建分子仿生体系的理想分子基元。将 DNA 和树状大分子这两类具有特殊拓扑结构的分子基元有机地结合起来,无疑将成为纳米材料及生物学领域的新增长点,为功能化分子仿生体系的设计提供全新的分子平台。

结构仿生设计建立在分子仿生学的基础之上,要求材料学与生物学、生物化学、物理学及其他学科更加紧密、有效地融合交叉,以使分子仿生材料从结构设计出发,由材料的制备至功能的实现,在理论和实践中进入一个崭新的时代。仿生设计不仅要求材料结构上的形似,还要求实质上的神似,尤其是分子结构上的相似。在生物体中,通过分子自组装形成特定结构的材料,具有优异的性能,因而在医学领域有广泛的应用前景如树木年轮结构、贝壳珍珠层结构、蛛丝结构、洋葱状结构和毛竹外密内疏结构等仿生材料在医学领域中的应用。

"生物仿生多肽"即是在多肽的分子水平上,模拟生物体的某一组成,利用化学的方法进行人工结构单元的构建和模拟组装,以模仿和实现生物体的某项功能或性质。多肽,又称缩氨酸,是由氨基酸分子脱水缩合形成肽键连接而成的蛋白质片断,是涉及生物体内细胞各种生物功能的活性物质,在细胞生理及代谢功能的调节上发挥着重要作用。由于构成多肽的氨基酸残基具有不同的化学结构,包括亲疏水结构、带电结构和极性结构等,多肽可以利用其肽键间氢键作用以及氨基酸残基之间的氢键作用、静电作用、疏水性作用以及 π-π 堆积作用等有效实现分子自组装。

应用生物仿生多肽的设计思想均来自自然界的灵感,自然是构建非凡材料及分子机器最为神奇的大师,例如生物界常见的有机-无机杂化的贝壳、珍珠、珊瑚、骨头、牙齿、木材、蚕丝、胶原、肌肉纤维以及细胞外基质等,生物体内的血红蛋白、聚合酶、腺苷三磷酸合酶、膜通道、蛋白酶体以及核糖体等都是高度精密复杂的分子机器。20 世纪 90 年代以来,生物仿生多肽相关研究获得了快速发展,从简单的模拟生物双层膜结构拓展到更加复杂的纳米管、生物矿化、细胞仿生、蜘蛛丝、蚕丝、组织工程支架、药物载体胶束、基因递送载体等。生物仿生多肽的研究历史仅有短短的几十年,而且大多数的研究工作是在最近不到 20 年内完成的,生物仿生多肽在材料领域和生物医学领域已经展现出巨大的应用潜力。

研究生物仿生多肽及其自组装行为对于认识生命现象的本质具有重要的意义。多肽作为生命体的结构基元,是生命的物质基础之一,在构筑生命体和调节细胞功能、信号传导等方面都发挥着重要的作用。生物体是由多肽等生物大分子自装配而成,在复杂的装配过程中,受到许多至今人类未知的因素所控制,形成高度时空有序的复杂生物体。目前人类对生物体的动态自组装规律掌握得非常有限,研究生物仿生多肽就给人类提供了一种从分子水平去认识和了解生命自组装现象的有效途径。

研究生物仿生多肽有望为人类认识自身重大疾病的发病机理和最终提供治疗方案提供帮助。例如,大脑内产生的过多 β 淀粉样多肽自组装沉积,导致蛋白质发生空间构象改变、错误折叠,形成不同形态和大小的聚集体(球形寡聚体、纤维、斑块等),诱发神经细胞死亡,最终引起阿尔茨海默病(老年痴呆症)的发生。阿尔茨海默病是一种发病率很高的不可逆转的神经退行性疾病,症状包括认知功能,如记忆、口头表达、视觉能力的减退等,造成严重的经济、社会和家庭负担。如果完全阐明淀粉样多肽的组装聚集机理,研制出相应的分子调节剂,对淀粉样多肽及其相关片段的组装聚集行为进行调控,对了解阿尔茨海默病发病机理以及早期诊断、干预和治疗具有重大意义。

研究生物仿生多肽对于发展新型的功能性材料潜力巨大,有望在再生医学上用作创伤修复支架、组织工程、药物缓释、生物材料表面工程、生物光功能材料及波导材料和生物纳米传感器等。多肽分子自组装是构建超分子结构的一项强有力的手段。自组装多肽分子成分简单,与无机材料相比,生物相容性良好,容易进行化学修饰,与人体组织更匹配,是药物、细胞或基因等的良好载体,在生物医学方面具有非常重要且广阔的应用前景。此外,生物仿生多肽还可以用于构建新型生物光器件、光波导和纳米电子器件。例如多肽纳米纤维或纳米管可以用作制备纳米金属导线的模板。以色列的科学家 Ehud Gazit 已经把这一想法变成了现实。他们利用二苯基氨基酸纳米管作为模板,成功地在管腔内部制备出了金属银纳米导线,然后用蛋白酶 K 除去外部的多肽,得到了直径为 20 nm 的纳米导线。中国科学院化学研究所李峻柏等利用溶剂热退火制备了六角形的多肽微米管,可用作光波导让光沿着长轴方向传播。总之,生物仿生多肽无论在生物还是在非生物方面的应用都展现出巨大的应用前景,利用生物仿生多肽发展新型功能性材料也将成为未来的热门研究领域之一。

1.5　挑战与展望

从分子组装的角度研究仿生体系目前在国际上还处于发展初期,挑战与机遇并存,我国研究人员和海外华人专家已在这一领域做出了很多高水平的工作,应充分发挥已有的优势,统一部署,加强分子仿生体系研究团队的建设,培养更多的优秀研究人才。

(1) 目前,我国科学家在该领域处于较为领先的地位,若能加强对该领域的引导和资助,可形成我国自主创新的具有国际领先水平的重大科学进展。特别应注重应用分子仿生策略服务于能源、粮食安全、环境检测、生物医药等重大领域。

(2) 搭建复杂生物体系的微流控技术研究平台,发展活性分子仿生体系的构建,将现有的 ATP 合酶马达蛋白体系拓展到其他马达蛋白体系;建立分子仿生组装体形态演化物理模型;开发新型分子仿生功能可控器件。

(3) 开发新的分子仿生微纳工艺,提高仿生体系的稳定性和重现性,发展新技术提高理解分子仿生体系工作的精确性,开展分子仿生纳米机器和蛋白质分子仿生工程等前沿领域的研究。

(4) 密切关注生物物理学方面的发展,分子仿生体系理论模型建立的重要性和必要性,建议从物理、化学和生物等方面多角度、宽视野突击仿生体系的科学问题。

(中国科学院化学研究所:崔　岳、李峻柏)

第 2 篇
仿生物膜结构

第 2 章　仿生物膜界面材料

生物膜是细胞外膜与细胞内膜系统的总称,是生物体的一个基本结构。生物中除了某些病毒外,都具有生物膜。细胞几乎所有重要功能都与生物膜相关,因此生物膜是生物学研究的重要内容。正确认识生物膜的结构与功能对揭示生命活动的奥秘具有重要意义,然而天然生物膜的结构、组成和功能都很复杂,直接研究比较困难。在充分认识和了解天然生物膜的基础上,通过物理、化学手段制备结构和功能与生物膜相似的人工膜,即仿生物膜,为我们开辟了一条逐步认识和掌握生物膜功能的捷径。仿生物膜为生物膜的离体研究提供了简化模型,有利于搞清楚生物膜各个组分独立的功能,从而进一步揭示天然生物膜的奥秘,更加充分地了解和掌握其生命机理,同时对解决医学、农业以及工业上的一些实际问题也有重要的指导意义。

2.1　生物膜简介

在生命的进化过程中,膜的出现具有特殊的意义,质膜(细胞外周膜)的形成是非细胞生物与细胞生物的一个重要分界点,而细胞内膜系统的发展则是细胞生物从低级向高级进化的反映。生物膜经过长期的进化,形成了近乎完美的细微结构,具有许多独特的功能。

生物膜是由脂类、蛋白质以及糖等组成的超分子体系,其特有的磷脂双分子层结构是生命体系的三大基本结构之一。1972 年 Singer 和 Nicolson 提出了细胞膜的流动镶嵌模型[1](图 2-1),被大家普遍接受。此模型认为,磷脂双分子层构成膜的基本框架,磷脂分子的极性头基在外侧,形成两侧的亲水区,而磷脂分子的非极性尾朝向内部形成疏水区;膜蛋白质分子以镶嵌的形式不同程度地与脂双分子层相结合,有些糖类分子与膜蛋白或脂类的亲水端结合,形成糖蛋白或糖脂,附着在膜的外侧。该模型还指出,生物膜是动态的、流动的,膜中脂类分子和蛋白质分子能侧向平移扩散和环绕垂直于脂双层平面的轴做旋转运动,但横跨双层膜平面的旋转运动是极少发生的。另外,生物膜中各种化学成分的分布是高度不对称的。生物膜的流动性使其能够经受一定程度的变形而不致破裂,还可以使膜中各个成分按需要调整分布。膜中脂类、蛋白质和糖类等物质的不对称分布导致了膜功能的不对称性和方向性,使膜两侧具有不同的功能,因此细胞识别、物质运输以及信号传导等都具有方向性,从而保证了生命活动的高度有序性。近年来的研究还发现,多种天然细胞的细胞质膜上存在脂筏微结构,这更进一步证明了膜的高度不对称性。

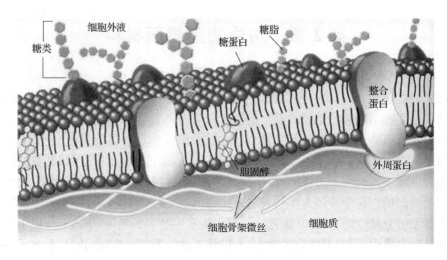

图 2-1　细胞膜的流动镶嵌模型

　　生物膜不仅维持着细胞内各部分的结构有序性,同时还与生物体内的许多重要过程,如物质运送、能量转换、信息识别与传递、细胞免疫和代谢控制等有关。此外,细胞膜的选择通透性、能量传导和信号传递等基本机制也为仿生学研究提供了基础和原型。

2.2　表面活性剂简介

　　由字义来讲,表面活性剂是一类在表面有活性的物质,其表面活性是相对于特定的液体而言,通常情况下指水。传统观念上认为,表面活性剂是一类在很低浓度下就可以显著降低表面张力的物质,其分子结构都包括两个部分,一端是极性的亲水基,也称为亲水头或者疏油基;另一端是非极性的疏水烃链,也称为亲油基或疏水尾。这两类结构与性能截然不同的基团通过化学键连接并分别处于同一分子的两端,形成了一种不对称的、极性的结构,也因此赋予了表面活性剂分子既亲水又亲油的双亲特性。构成生物膜主要成分的磷脂就是典型的两亲分子,是一种天然的表面活性剂。

　　表面活性剂的分类方法很多,通常按照它的化学结构来分。根据表面活性剂在水中是否电离,可分为离子表面活性剂和非离子表面活性剂。非离子表面活性剂在水中不发生电离,其亲水基团为羟基或醚键,由于它们的亲水性较弱,因此分子中必须包含多个这样的基团才能表现出一定的亲水性。离子表面活性剂根据所带电荷的性质,又可分为阴离子表面活性剂、两性离子表面活性剂和阳离子表面活性剂。阴离子表面活性剂在水中解离后生成的表面活性离子带负电荷,分为羧酸盐(脂肪酸盐)、磺酸盐、硫酸酯盐和磷酸酯盐四大类。两性离子表面活性剂的亲水基结构中同时带有正、负电荷基团,在不同的 pH 介质中可表现出阳离子或阴离子表面活性剂性质。阳离子表面活性剂在水中解离后生成的表面活性离子带正电荷,一般指胺盐类表面活性剂,根据氮原子在分子中的位置可分为铵盐、季铵盐和杂环类三种。

表面活性剂的表面活性功能源于其独特的两亲结构,当表面活性剂溶于水时,其亲水基团有进入溶液的倾向,而疏水基团则竭力阻止其在水中溶解,倾向于离开水而伸向空气中。这两种倾向平衡的结果使表面活性剂分子由溶液内部迁移到水表面并富集,这种现象称为表(界)面吸附。表面活性剂分子到达界面所需的功要比水分子所需的功小得多,因此表面活性剂向表面迁移和聚集是一个自发和优先的过程,最终表面活性剂在气液界面定向排列形成一个单分子层,亲水基伸向水中,疏水基伸向空气,水表面被一层非极性的碳氢链覆盖,从而导致水的表面张力下降。

当溶液较稀时,几乎所有的表面活性剂分子都集中在水表面形成单分子层。当表面吸附达到饱和后,再继续加入表面活性剂,则其不能在表面富集,因而转入溶液中,由于疏水基团的存在,水分子与表面活性剂分子相互排斥,导致表面活性剂分子依赖范德瓦尔斯力在溶液内部自发聚集,形成疏水基向内、亲水基向外的稳定胶束。开始形成胶束的表面活性剂浓度(最低表面活性剂浓度)称为临界胶束浓度(critical micelle concentration,CMC)。当溶液达到临界胶束浓度时,溶液的表面张力降至最低值。对于亲水基相同的同系列表面活性剂而言,疏水链越长,则CMC 越小。

当溶液中的浓度超过临界胶束浓度时,表面活性剂分子在水溶液中会自发聚集形成各种有序组合体。1976 年 Israelachvili 等提出了临界堆积参数(critical packing parameters,CPP,又称为临界堆积因子)的概念,并得出结论:表面活性剂分子的几何状态决定了分子堆积形成聚集体的形状[2]。临界堆积因子(CPP)由表面活性剂分子的疏水尾链体积 V、疏水尾链长度 L 和亲水头基的截面积 A 所决定:

$$CPP = V/(LA) \tag{2-1}$$

式(2-1)把分子的形状、性质和极性/非极性的界面曲率联系起来,也把分子的形状与其聚集体形状联系起来。一般而言,当 CPP 小于 1 时,形成 O/W(oil in water,水包油)型微乳液,CPP≤1/3 时,一般形成球形胶束;1/3<CPP<1/2 时,易形成棒状胶束;1/2<CPP≤1 时,形成平面双层结构或者囊泡。当 CPP 大于 1 时,一般形成反相乳液(W/O,water in oil,油包水型微乳液)。由此可以看出,分

子形态不同,则表面活性剂临界堆积参数不同,聚集体的形状也就不同。此理论被大家广泛接受,并用来预测聚集体的形状。构成生物膜的磷脂一般为双链结构,呈圆柱状(CPP≈1),倾向于形成双层结构。

2.3　生物膜的模型和制备方法

由于生物膜种类繁多,且其结构、成分和功能都非常复杂,直接研究比较困难,目前要实现人工完全复制生物膜的目标尚不现实。因此,在充分认识和了解天然生物膜的基础上,通过物理、化学手段构筑具有相似结构和功能的仿生膜,并以此作为简化的生物膜模型进行研究,为我们开辟了一条捷径,同时也引起了人们很大的兴趣。

目前研究的生物膜模型从层数上来讲可分为单层膜、双层膜和多层膜。单层膜主要是指 Langmuir-Blodgett(LB)膜,双层膜包括平板双层膜(planar bilayer film)和脂质体(liposome),多层膜主要指磷脂浇注膜(cast lipid film)。

2.3.1　Langmuir-Blodgett 膜

Langmuir-Blodgett(LB)膜是用特殊的装置将气液界面形成的单分子膜转移到固体基底上组成的单分子层或者多分子层膜,该膜最早由 Langmuir 及其学生 Blodgett 提出而得名,他们共同建立的这种单分子膜沉积技术称为 LB 膜技术[3]。LB 膜技术是目前构筑生物膜模型最方便、最有效的方法和手段。

形成 LB 膜的原料分子必须具有两亲性,即分子的一端具有亲水基团,同时另一端具有一定长度的疏水脂肪链(一般是 12～22 个碳),使分子能在水面上铺展而不溶解。将两亲性成膜分子材料溶解在适当的有机溶剂中,并在平静的水面上铺展开,两亲性分子会垂直地立在水面上,其亲水基团指向水,而疏水基团朝向空气。待有机溶剂挥发后,沿水平面方向横向施加一定的压力,成膜分子便在水面上形成紧密排列的有序单分子膜,这种漂浮在水面上的单分子膜叫做 Langmuir 膜。用适当的机械装置将气液界面上悬浮的单分子膜按照一定的排列方式转移、组装到固体基底上,形成的单分子层或者多分子层膜,即为 LB 膜。

LB 膜的制备过程一般包含铺膜、推膜和挂膜三个基本步骤(如图 2-2 所示),通常固体基片需预先经过化学处理,使它的表面呈现疏水性或亲水性。其中最常用的挂膜方法是垂直提拉法,挂膜时固体基片与水面始终保持垂直,根据单分子膜的排列顺序分为 X 型、Y 型、Z 型。在 X 型 LB 膜中,基片表面呈现疏水性,基片下降时挂上一层单分子膜,而在上升时不挂膜,得到的 LB 膜中所有分子都朝向一个方向排列,亲水基朝外,即每层膜的疏水基团与相邻的亲水基团接触(即基片-尾-头-尾-头……);Y 型 LB 膜中,基片在上升和下降时都有单分子膜沉积,当基片表面呈现疏水性时,先将基片下降挂上第一层,然后再上升,挂上第二层,膜内分子头对头排列,依此类推,挂上多层膜,即(基片-尾-头-头-尾……),当基片表面为亲水时,基片由水面下上升,挂上第一层,然后再下降,挂上第二层,如此反复,得到多层膜,膜内分子处于尾对尾的排列状态,即(基片-头-尾-尾-头……);Z 型 LB 膜与 X 型方法相反,基片表面呈现亲水性,基片上升时挂膜,下降时不挂膜,每层膜的亲水面与相邻的疏水面接触(即基片-头-尾-头-尾……)。很明显在 X 型和 Z 型膜中分子都以头对尾方式排列,不同的是在 X 型膜中,分子的亲水头基对着基片,而在 Z 型膜中,分子的疏水尾对着基片。垂直提拉法非常方便简单,可以制备几层到几百层可控的 LB 膜,但是这种方法也容易引起水面上分子的非均匀流动,有可能导致膜质量的变化。因此人们又发展了一些其他方法,如水平附着法、表面吸附法、亚相降低法和单分子层扫动法等。

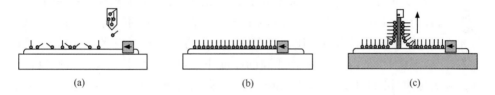

图 2-2 LB 膜的制备流程示意图

此外,还可以采用两种不同的成膜分子材料,依次沉积得到交替 LB 膜,即基片先插入漂浮有第一种成膜材料的亚相中,然后再从飘浮有第二种成膜材料的亚相中提出来,依此类推,可构建得到(ABABA…)型结构。在这种结构中,相邻两层以分子头对头、尾对尾方式连接。如长链酰胺与脂肪酸交替层体系,这两种材料的疏水烃基链相同,而亲水基团则不同。这种交替层状结构可以避免每层中偶极矩相消,在宏观上形成极化的多层 LB 膜,具有特殊的功能。

LB 膜技术可以制备单分子层膜,也可以逐层累积,形成多层膜,膜的厚度和成分可以精确调控,实现了在分子水平上控制其结构和物理、化学性能。另外,成膜条件温和,操作简单,不受时间限制。更重要的是,LB 膜的物理结构和化学性质与生物膜很相似,生物相容性良好,可以有效固定生物分子,并很好地保持其生物功能。引入了生物功能分子的 LB 膜可以作为天然生物膜的简化模型,用于模拟生物体内分子水平上的信息传导和能量转换。人们已成功将一些不具备成膜能力,但是具有光学、化学或生物学功能的分子引入 LB 膜中,从而制备出各种传感器、高选择性过滤器、催化反应器以及太阳能转换器等。

2.3.2　平板双层膜

1. 传统双层类脂膜

双层类脂膜(bilayer lipid membranes, BLM)是一种体外重构生物膜,由脂类分子通过自组装排列形成双分子层结构,在结构和性能上更为接近真实的生物膜。1962年,Mueller等首次报道了BLM的制备方法(Mueller-Rudin法),并初步研究了其电化学性能[4],由此开辟了用BLM作为简单模型来研究复杂的生物膜结构与功能的新途径。

通常用毛刷或微量注射器将类脂的有机溶液刷涂在隔开两个水相的一个小孔上(孔面积一般小于0.1 cm^2),脂滴在小孔四周附着并扩散过整个小孔,随着脂滴从中间慢慢变薄,最后可自发形成双分子层。而沿着小孔周围积有较厚的脂,形成一个圈,成为P-G边界 (Plateau-Gibbs border),它对BLM起支持作用。可以通过光学或电学手段确认双分子层是否形成。光学方法是在反射光下,用低倍目镜观看,当膜形成时,就由亮变黑(由于膜的厚度小于可见光波长的缘故),所以这种膜又称为黑膜(black lipid membranes)。电学方法是测量BLM的电容,其典型值为0.5 $\mu F/cm^2$,膜形成后,电容值就稳定在此值附近。这种方法制备的BLM非常适合与膜电学特性相关方面的研究。当膜中嵌入离子通道等膜蛋白后,可方便地通过测量电学特性来研究通道特性、离子通透特性、膜融合特性等。另外借助电化学方法高的灵敏度,还可以根据膜的电学特性和通透特性的变化来检测环境中毒物的存在,并进一步研究其对机体作用的机制。

然而用上述方法制膜时成功率并不是很高,因此后来许多人试图改进这一方法,其中最出色的当属Montal-Mueller法[5]。该方法先将类脂的有机溶液滴加到两边水溶液表面,待溶剂挥发后,在水面上形成类脂单分子层,然后用电动机或其他驱动装置使带有小孔的Teflon隔板从液面上往下或从水面下往上拉,这样两边的单分子层就会叠合形成双层脂膜。这种成膜方法的关键是隔板运行的速度要慢(小于0.5 mm/min),此外隔板的绝缘性和防漏性也非常重要。

由于面积小的BLM比较稳定,因此有人使用滤纸或聚碳酸酯膜成膜,后来又改用十分均匀的核膜孔过滤膜。还有人在疏水处理后的半圆形腔上打一个孔,将此腔旋转地从上面浸过磷脂单分子层,也制备出了脂双层膜,不过此膜有一定的曲率,严格意义上来讲不能认为是平板膜。

2. 固体支撑的双层类脂膜

传统BLM最大的缺点就是膜的稳定性差,一般寿命只有几个到十几个小时,这在很大程度上限制了它的应用。因此,在20世纪80年代初,固体支撑的双层脂膜(supported bilayer lipid membranes,s-BLM)和杂化双层膜应运而生,克服了传统 BLM 稳定性差的缺点。

人们发展了在多种具有较高表面能的基底上,如新解离的云母片[6]、新生金属表面[7]、金属氧化物[8]、半导体氧化物、玻璃片、单晶硅等,成功制备 s-BLM 的方法。常用的方法有泡囊融合法和 LB 膜法[9](图 2-3),或者这两种方法的组合,即先用 LB 膜制备出脂单层,再通过泡囊吸附铺展形成双层膜[10]。这种 s-BLM 的脂膜稳定性得到了很大提高,同时还满足流动性和稳定性两个条件。在该膜上可以嵌入或锚定离子通道、酶等生物大分子,此外,各种表面分析技术都适用于该体系的研究,大大促进了有关生物膜的结构、性质和功能研究的发展,特别是为生物膜的电化学研究及相关生物传感器的开发奠定了基础。s-BLM 固定在基底表面,稳定性明显增强,其寿命可以延长至几天,而且可以经受机械扭曲和反复冲洗,但是由于膜和基底之间的距离过小(通常为约 1~2 nm 的水化层),基底与膜之间的相互作用对支持膜的性质带来了一些影响,如基底的存在导致磷脂分子在上下两层中的扩散速度不同,部分跨膜蛋白镶嵌到膜中后与基底接触,从而导致构象和功能发生变化,甚至变性失活,此外离子的跨膜传输也受到了阻碍。为了解决这些问题,人们又发展了聚合物垫支撑的脂质双层膜(图 2-4),先在基底上固定一层超薄的聚合物层,然后再在其上制备脂质双层膜,即可调控脂膜和基底之间的距离,降低磷脂双层膜与基底之间的相互作用[11,12]。作为垫的聚合物则需满足一定的要

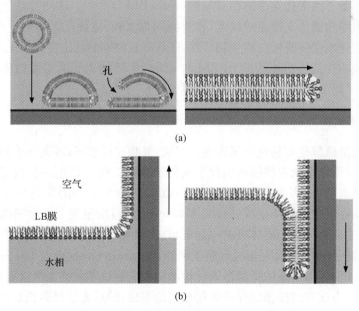

图 2-3　在亲水性基底上制备 s-BLM 示意图

(a) 泡囊融合法;(b) LB 膜法

求,需要表面柔软、亲水、电荷密度不能太大且不能过度交联等,常用的聚合物有右旋糖苷、纤维素、壳聚糖、聚电解质和脂类聚合物等。

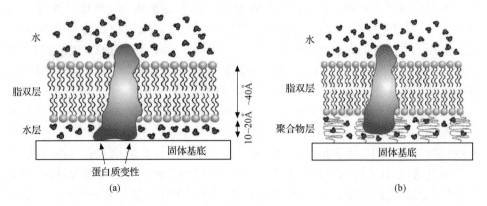

图 2-4　跨膜蛋白镶嵌在固体支撑脂质双层膜(a)和聚合物垫支撑的脂质双层膜(b)中的示意图

　　近年来,人们又发展了基于静电作用或者共价键作用的锚定磷脂双层膜(tethered bilayer lipid membranes,t-BLM)[13,14],锚定分子的一端固定在基底上(如 Au-S 共价键、配位作用等),另一端插入磷脂双层膜中,膜与基底的距离可以通过间隔基的长度来调控。与传统的 BLM 或者聚合物垫支撑的 BLM 相比,该体系与基底的黏附作用更强,因此更加稳定。最近,人们又在多孔氧化铝、多孔硅等表面成功制备了纳米孔支撑的脂双层膜(nano-BLM)[15,16]。这两种新型支撑膜同时融合了黑膜和固体支撑膜的优点,膜两侧同为水相,更接近天然的生物膜环境,因此可以更好地保持膜蛋白的生物活性,还具有长时间的稳定性和流动性。目前,人们已经成功构筑了几种基于 t-BLM 和 nano-BLM 的离子通道蛋白生物器件模型,并实现了离子通道蛋白的单通道检测。

　　3. 固体支撑的杂化双层类脂膜

　　由于烷基硫醇很容易在金属表面自组装,且稳定性很高,因此在金属基底上制备烷基硫醇/磷脂杂化双层膜也引起了人们的重视。通常是先在金属基底上自组装一层烷基硫醇(或者含有特定端基如—COOH,—NH₂等的烷基化合物),然后再以此为基底沉积磷脂单层膜。1993 年,Stelzle 等首次报道了在金表面先自组装硫醇单层,然后再通过脂质体吸附并铺展形成支撑杂化双层膜[17]。脂质单层膜的制备除了常用的泡囊吸附法和 LB 膜技术外,Florin 和 Gaub 报道了一种更为简单的涂抹法,他们先将磷脂的癸烷溶液直接涂抹在硫醇烷基化的金电极表面,几分钟后,用电化学方法连续扫描以促进磷脂单层的形成,并用光学显微镜观察了膜的形成过程[18]。这种在金电极上自组装形成的硫醇/磷脂杂化双层膜体系,由于硫醇的阻断,电活性物质无法与电极之间进行电子传递,人们恰恰利用它高阻抗低电容的特性进行电位及电容相关方面的研究。

2.3.3　脂质体

脂质体(liposome)是由脂质双分子层组成,内部为水相的闭合囊泡。它与细胞形式最为接近,因此一经发现,立即引起了生物学家和药学家的极大兴趣。1965年英国学者 Bangham 等用超声波方法将干磷脂分散在水中,形成了多层囊泡,每层均为脂质双分子层,囊泡中央和各层之间被水隔开,这标志着人工制备囊泡的开始[19]。1977 年 Kunitake 等首次报道了人工合成表面活性剂——双十二烷基二甲基溴化铵在水溶液中自组装成类似于卵磷脂双层结构的囊泡[20],此发现表明可以用人工合成方法建造仿生组织,开辟了合成仿生膜研究的新领域,并带动了这一方面研究工作的迅速发展。一般情况下,由天然表面活性剂形成的双层闭合结构称为脂质体,由人工表面活性剂形成的则称之为囊泡。

当磷脂分散在水中时,通常形成的是各种大小混杂的囊泡结构,其中大多是呈同心球壳的多层脂双层,称为多片层囊泡 (multilamellar vesicle,MLV),其大小不均匀,直径为 0.2~10 μm。MLV 悬浮液经过超声处理后,变为仅含单个双分子层的结构,称为小单片层囊泡 (small unilamellar vesicle,SUV),直径范围为 25~100 nm。近年来,人们又研制出了直径为 200~1000 nm 的大单片层囊泡 (large unilamellar vesicle,LUV)。

制备囊泡的方法有许多种,比较传统的有溶胀法、超声法和注入法。其中溶胀法最为简单,它是让双亲化合物在水中溶胀,自发形成囊泡。有的双亲分子不能自发形成囊泡,但可以在超声条件下形成,超声法简单实用,在实验室中得到了广泛应用。注入法根据所用溶剂不同可分为乙醚注入法和乙醇注入法,首先将双亲化合物制成乙醚或乙醇溶液,然后注射到水中,除去有机溶剂即可形成囊泡。另外,目前应用较为广泛的还有挤出法,此方法操作简便,重复性好,所得囊泡尺寸均匀并可根据需要采用不同滤膜控制尺寸,无超声损伤且不引入有机杂质,目前已有商品化的挤出装置上市。

脂质体最初是作为研究生物膜的模型被提出来的,自 20 世纪 70 年代初,Ryman[21] 和 Gregoriadis[22] 等将脂质体应用于载药研究后,引起了各国学者的极大关注。脂质体由其结构的特殊性,能够同时装载脂溶性和水溶性药物分子,脂溶性药物分子可以嵌入脂双层的疏水区,水溶性药物则可以包裹在脂质体的亲水腔内。脂质体自身无毒、无免疫原性,大量研究表明,它作为药物载体可以改变药物在体内的分布情况,防止酶和免疫体系对药物分子的破坏,增加药效,降低药物毒副作用。后来人们还利用脂质体的可修饰性,设计制备了多功能脂质体,具有体内长循环、主动靶向、可控缓释或刺激释放等优点,在药物传输方面取得了巨大的进展。

2.4　仿生物膜界面材料应用与展望

蛋白质的直接电化学研究在生物电化学中占据重要地位,它对于蛋白质结构-功能研究、蛋白质电子传递过程的热力学和动力学研究都有非常重要的意义,而且也是研制第三代电化学生物传感器的基础。众所周知,生物体内许多电子传递蛋白都是膜蛋白,而仿生膜具有类似生物膜的兼容性,它可以为蛋白质提供其存在的原始环境,维持其完整结构和天然构象,并发挥其生物功能。因此人们尝试在电极表面构筑仿生膜界面材料固定蛋白质,研究其与电极之间的电子传递过程。基于此方法,已经成功实现了多种蛋白质的直接电化学[23-27],并研制了一些电化学生物传感器,能够对生理过程中一些重要信号分子,如双氧水[28-30]、一氧化氮[31,32]等进行快速灵敏的检测。另外,人们从模拟生物膜天然的传感行为出发,将受体或离子通道整合在仿生膜中构建了多种生物传感器[33,34]。

仿生膜还是一个备受重视的有机-无机界面定向成核模型,可用来模拟体内的生物矿化过程[35-39],为探索自然矿物的合成以及胆结石的形成提供重要信息。另外,由于药物是通过细胞膜进入细胞发挥作用的,所以研究药物与仿生膜的相互作用对制药和临床应用也具有非常大的指导意义。此外,用生物膜的成分如磷脂、糖脂或者蛋白质等在生物材料表面组装仿生物膜以促进其表面生物化,可以显著提高生物材料的生物相容性[40],降低对蛋白质的吸附及对血小板的黏附作用[41],还可以促进细胞识别,增加组织细胞与材料表面的亲和性[42],具有重大的医学意义和实用价值。

近年来,随着纳米科技的蓬勃发展,人们还将仿生膜良好的生物相容性和可化学修饰性与纳米材料新颖的特性相结合,已成功制备出多种具有某些特殊性质的功能纳米材料,包括磁性纳米材料[43,44]、量子点[45,46]、贵金属纳米材料[47,48]、碳纳米管[49]、二氧化硅纳米粒子[50],以及脂质多层膜/纳米粒子复合材料[51]等,并成功应用于磁共振成像、蛋白质分离[52]、生物标记、药物传输[53,54]、生物传感器、基因转染[55,56]、抗菌[57,58]等领域。另一方面,随着纳米材料的广泛应用,其生物效应与安全性也引起了科学界和各国政府的高度重视。研究仿生膜与纳米材料的相互作用,有助于了解纳米材料与细胞的作用方式[59,60],对设计合成安全可靠的生物医用纳米材料,以及如何减少或者避免纳米材料对健康和环境的负面影响都有非常重要的指导意义,同时也能够为纳米科技的应用和产业化提出前瞻性的意见和建议。此外,纳米材料的生物负面效应也可以应用到纳米医学诊断和治疗领域。

仿生膜研究是人类向大自然学习的重要步骤,也是生物科学为材料科学发展带来的重大机遇。目前仿生膜的研究正处于快速发展期,与纳米科技的结合为其提供了更为广阔的发展空间。仿生膜研究从结构仿生入手逐步达到功能仿生,有望最终实现对生物膜生命活动的模拟。另外,设计制备多功能膜材料,甚至开发天然生物膜不具备的特异性能,从而拓展其更为广阔的应用领域也面临巨大的挑战和机遇,有待进一步研究。此外,仿生膜材料是环保型材料,对日益恶化的生态环境而言,大力发展仿生材料有助于改善人类的生存环境。总而言之,破解生命的奥秘,进而研制实用的仿生膜材料的路还很长,但是其前途似锦毋庸置疑!

(中国科学院长春应用化学研究所:李改平、汪尔康)

参 考 文 献

[1] Singer S, Nicolson G L. The fluid mosaic model of the structure of cell membranes. Science, 1972, 175: 720-731.

[2] Israelachvili J N, Mitchell D J, Ninham B W. Theory of self-assembly of hydrocarbon amphiphiles into micelles and bilayers. Journal of the Chemical Society, 1976, 72: 1525-1568.

[3] Blodgett K B. Films built by depositing successive monomolecular layers on a solid surface. Journal of the American Chemical Society, 1935, 57: 1007-1022.

[4] Mueller P, Rudin D O, Ti Tien H, et al. Reconstitution of cell membrane structure *in vitro* and its transformation into an excitable system. Nature, 1962, 194: 979-980.

[5] Montal M, Mueller P. Formation of bimolecular membranes from lipid monolayers and a study of their electrical properties. Proceedings of the National Academy of Sciences, 1972, 69: 3561-3566.

[6] Horn R G. Direct measurement of the force between two lipid bilayers and observation of their fusion. Biochimica et Biophysica Acta (BBA)-Biomembranes, 1984, 778: 224-228.

[7] Tien H T, Salamon Z. Formation of self-assembled lipid bilayers on solid substrates. Bioelectrochemistry and Bioenergetics, 1989, 22: 211-218.

[8] Mager M D, Almquist B, Melosh N A. Formation and characterization of fluid lipid bilayers on alumina. Langmuir, 2008, 24: 12 734-12 737.

[9] Czolkos I, Jesorka A, Orwar O. Molecular phospholipid films on solid supports. Soft Matter, 2011, 7: 4562-4576.

[10] Kalb E, Frey S, Tamm L K. Formation of supported planar bilayers by fusion of vesicles to supported phospholipid monolayers. Biochimica et Biophysica Acta (BBA)-Biomembranes, 1992, 1103: 307-316.

[11] Sackmann E, Tanaka M. Supported membranes on soft polymer cushions: fabrication, characterization and applications. Trends in Biotechnology, 2000, 18: 58-64.

[12] Castellana E T, Cremer P S. Solid supported lipid bilayers: from biophysical studies to sensor design. Surface Science Reports, 2006, 61: 429-444.

[13] Purrucker O, Förtig A, Jordan R, et al. Supported membranes with well-defined polymer tethers-incorporation of cell receptors. ChemPhysChem, 2004, 5: 327-335.

[14] Chung M, Lowe R D, Chan Y H M, et al. DNA-tethered membranes formed by giant vesicle rupture. Journal of Structural Biology, 2009, 168: 190-199.

[15] Hennesthal C, Steinem C. Pore-spanning lipid bilayers visualized by scanning force microscopy. Journal of the American Chemical Society, 2000, 122: 8085-8086.

[16] Weiskopf D, Schmitt E K, Klühr M H, et al. Micro-BLMs on highly ordered porous silicon substrates: Rupture process and lateral mobility. Langmuir, 2007, 23: 9134-9139.

[17] Stelzle M, Weissmüller G, Sackmann E. On the application of supported bilayers as receptive layers for biosensors with electrical detection. The Journal of Physical Chemistry, 1993, 97: 2974-2981.

[18] Florin E L, Gaub H. Painted supported lipid membranes. Biophysical Journal, 1993, 64: 375-383.

[19] Bangham A, Standish M, Watkins J. Diffusion of univalent ions across the lamellae of swollen phospholipids. Journal of Molecular Biology, 1965, 13: 238-252.

[20] Kunitake T, Okahata Y. A totally synthetic bilayer membrane. Journal of the American Chemical Society, 1977, 99: 3860-3861.

[21] Gregoriadis G, Ryman B E. Fate of protein-containing liposomes injected into rats. European Journal of Biochemistry, 1972, 24: 485-491.

[22] Gregoriadis G. The carrier potential of liposomes in biology and medicine. New England Journal of Medicine, 1976, 295: 704-710.

[23] Cullison J K, Hawkridge F M, Nakashima N, et al. A study of cytochrome coxidase in lipid bilayer membranes on electrode surfaces. Langmuir, 1994, 10: 877-882.

[24] Niu J, Guo Y, Dong S. The direct electrochemistry of cryo-hydrogel immobilized myoglobin at a glassy carbon electrode. Journal of Electroanalytical Chemistry, 1995, 399: 41-46.

[25] Dong S, Li J. Self-assembled monolayers of thiols on gold electrodes for bioelectrochemistry and biosensors. Bioelectrochemistry and Bioenergetics, 1997, 42: 7-13.

[26] Li J, Cheng G, Dong S. Direct electron transfer to cytochrome coxidase in self-assembled monolayers on gold electrodes. Journal of Electroanalytical Chemistry, 1996, 416: 97-104.

[27] Jeuken L J C, Connell S D, Henderson P J F, et al. Redox enzymes in tethered membranes. Journal of the American Chemical Society, 2006, 128: 1711-1716.

[28] Han X, Huang W, Jia J, et al. Direct electrochemistry of hemoglobin in egg-phosphatidylcholine films and its catalysis to H_2O_2. Biosensors and Bioelectronics, 2002, 17: 741-746.

[29] Huang W, Jia J, Zhang Z, et al. Hydrogen peroxide biosensor based on microperoxidase-11 entrapped in lipid membrane. Biosensors and Bioelectronics, 2003, 18: 1225-1230.

[30] Fan C, Wang H, Sun S, et al. Electron-transfer reactivity and enzymatic activity of hemoglobin in a SP sephadex membrane. Analytical Chemistry, 2001, 73: 2850-2854.

[31] Fan C, Li G, Zhu J, et al. A reagentless nitric oxide biosensor based on hemoglobin-DNA films. Analytica Chimica Acta, 2000, 423: 95-100.

[32] Liu X, Shang L, Sun Z, et al. Direct electrochemistry of hemoglobin in dimethyldioctadecyl ammonium bromide film and its electrocatalysis to nitric oxide. Journal of Biochemical and Biophysical Methods, 2005, 62: 143-151.

[33] Ding L, Li J, Wang E, et al. K^+ sensors based on supported alkanethiol/phospholipid bilayers. Thin Solid Films, 1997, 293: 153-158.

[34] Reiken S R, Van Wie B J, SutisnaDavid F H, et al. Bispecific antibody modification of nicotinic acetylcholine receptors for biosensing. Biosensors and Bioelectronics, 1996, 11: 91-102.

[35] Kraus B L, Crenshaw M A. Phosphatidic acid liposomes as mineralizing surfaces: kinetics and energetics. Chemical Geology, 1996, 132: 183-189.

[36] Schmidt H T, Ostafin A E. Liposome directed growth of calcium phosphate nanoshells. Advanced Mate-

rials，2002，14：532-535.

[37] Liu X，Zhang L，Wang Y，et al. Biomimetic crystallization of unusual macroporous calcium carbonate spherules in the presence of phosphatidylglycerol vesicles. Crystal Growth and Design，2008，8：759-762.

[38] Zhang L，Li P，Liu X，et al. The effect of template phase on the structures of as-synthesized silica nanoparticles with fragile didodecyldimethylammonium bromide vesicles as templates. Advanced Materials，2007，19：4279-4283.

[39] Liu X，Bai H，Zhang L，et al. Lipid-based strategies in inorganic nano-materials and biomineralization study. Advances in Planar Lipid Bilayers and Liposomes，2008，7：203-220.

[40] Nakabayashi N，Williams D. Preparation of non-thrombogenic materials using 2-methacryloyloxyethyl phosphorylcholine. Biomaterials，2003，24：2431-2435.

[41] Kyun Kim H，Kim K，Byun Y. Preparation of a chemically anchored phospholipid monolayer on an acrylated polymer substrate. Biomaterials，2005，26：3435-3444.

[42] Kato E，Akiyoshi K，Furuno T，et al. Interaction between ganglioside-containing liposome and rat tlymphocyte：confocal fluorescence microscopic study. Biochemical and Biophysical Research Communications，1994，203：1750-1755.

[43] Al-Jamal W T，Kostarelos K. Liposomenanoparticle hybrids for multimodal diagnostic and therapeutic applications. Nanomedicine，2007，2：85-98.

[44] Mulder W J M，Strijkers G J，van Tilborg G A F，et al. Lipid-based nanoparticles for contrast-enhanced MRI and molecular imaging. NMR in Biomedicine，2006，19：142-164.

[45] Dubertret B，Skourides P，Norris D，et al. *In vivo* imaging of quantum dots encapsulated in phospholipid micelles. Science，2002，298：1759-1762.

[46] Fan H，Leve E W，Scullin C，et al. Surfactant-assisted synthesis of water-soluble and biocompatible semiconductor quantum dot micelles. Nano Letters，2005，5：645-648.

[47] Song Y，Garcia R M，Dorin R M，et al. Synthesis of platinum nanocages by using liposomes containing photocatalyst molecules. Angewandte Chemie，2006，118：8306-8310.

[48] Zhang L，Sun X，Song Y，et al. Didodecyldimethylammonium bromide lipid bilayer-protected gold nanoparticles：synthesis，characterization，and self-assembly. Langmuir，2006，22：2838-2843.

[49] Zhou X，Moran-Mirabal J M，Craighead H G，et al. Supported lipid bilayer/carbon nanotube hybrids. Nature Nanotechnology，2007，2：185-190.

[50] Mornet S，Lambert O，Duguet E，et al. The formation of supported lipid bilayers on silica nanoparticles revealed by cryoelectron microscopy. Nano Letters，2005，5：281-285.

[51] Oh N，Kim J H，Yoon C S. Self-assembly of silver nanoparticles synthesized by using a liquid-crystalline phospholipid membrane. Advanced Materials，2008，20：3404-3409.

[52] Nilsson C，Harwigsson I，Birnbaum S，et al. Cationic and anionic lipid-based nanoparticles in CEC for protein separation. Electrophoresis，2010，31：1773-1779.

[53] Puri A，Loomis K，Smith B，et al. Lipid-based nanoparticles as pharmaceutical drug carriers：from concepts to clinic. Critical Reviews in Therapeutic Drug Carrier Systems，2009，26：523-580.

[54] Buse J，El-Aneed A. Properties，engineering and applications of lipid-based nanoparticle drug-delivery systems：current research and advances. Nanomedicine，2010，5：1237-1260.

[55] Li P，Li D，Zhang L，et al. Cationic lipid bilayer coated gold nanoparticles-mediated transfection of

mammalian cells. Biomaterials, 2008, 29: 3617-3624.

[56] Li D, Li G, Li P, et al. The enhancement of transfection efficiency of cationic liposomes by didode-cyldimethylammonium bromide coated gold nanoparticles. Biomaterials, 2010, 31: 1850-1857.

[57] Kumar A, Vemula P K, Ajayan P M, et al. Silver-nanoparticle-embedded antimicrobial paints based on vegetable oil. Nature Materials, 2008, 7: 236-241.

[58] Li G, Zhai J, Li D, et al. One-pot synthesis of monodispersed ZnS nanospheres with high antibacterial activity. Journal of Materials Chemistry, 2010, 20: 9215-9219.

[59] Valeriy V, Balijepalli S. Modeling the thermodynamics of the interaction of nanoparticles with cell membranes. Nano Letters, 2007, 7: 3716-3722.

[60] Leroueil P R, Berry S A, Duthie K, et al. Wide varieties of cationic nanoparticles induce defects in supported lipid bilayers. Nano Letters, 2008, 8: 420-424.

第3章　建立在聚联乙炔变色囊泡上的仿生膜传感器

生物传感器是将待检测的生物信号转化为电信号等可检测信号的一种装置，由固定化的生物敏感材料作识别元件(包括酶、抗体、抗原等生物活性物质)与适当的理化换能器(如氧电极、光敏管、场效应管、压电晶体等)及信号放大装置构成。作为一种交叉学科发展起来的高新技术，生物传感器具有选择性好、灵敏度高、分析速度快、成本低等一系列优点，被广泛应用到国民经济的各个部门如食品、制药、化工、临床检验、生物医学、环境监测等。将仿生膜应用到传感器领域，可以有效地模拟监测细胞膜的选择性运输、选择性识别和信息传递等一系列重要的过程，从而有利于我们进一步了解和控制细胞活动和生命机理。在这里，我们将主要介绍一种基于聚联乙炔变色囊泡作为仿生膜传感器的发展和应用。

生物膜是细胞膜和细胞内各种细胞器膜的统称，其化学组成主要为蛋白质、脂类(大部分为磷脂，其次是胆固醇)和多糖，图 3-1 为细胞膜结构示意图。生物膜起着分隔细胞和细胞器的作用，是参与能量转化和细胞内通信的重要部位。生物膜不但有很高的选择性和透过量，也能进行各种催化反应和转换功能。因此，生物膜的仿生对于更好地解释生物科学问题和解决医学难题具有重要的意义。

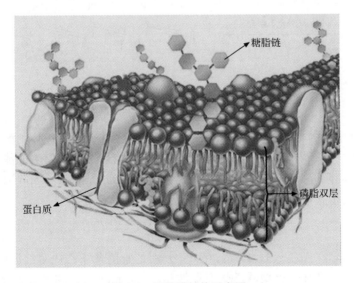

图 3-1　细胞膜结构示意图

3.1　聚联乙炔光学变化原理

聚联乙炔(polydiacetylene,PDA)是由联乙炔(diacetylene)单体在紫外光的照射下发生光聚合形成的共轭聚合物。如图 3-2 所示,在紫外光的照射下,有序排列的联乙炔分子通过 1,4 加成反应形成聚联乙炔。在可见光激发下,聚联乙炔骨架的离域 π 电子会发生 π-π* 跃迁,在可见光区具有强烈的吸收,呈现蓝色。此时,在紫外-可见吸收光谱中,它的最大吸收峰出现在 640 nm 处。当有外界刺激存在的情况下,一般情况下,聚联乙炔的吸收会发生蓝移,最大吸收峰移动到 540 nm 左右,而聚联乙炔的颜色也由蓝色变为红色。关于变色原理,有人认为是由于外界刺激导致侧链构型的改变,从而进一步引起骨架的变化,共轭骨架和离域电子发生变化导致[1,2]。不同于蓝色的聚联乙炔,红色状态下的聚联乙炔在一定的激发波长下会发出荧光。引起聚联乙炔变色的外界因素很多,例如,温度、pH、有机溶剂、机械应力以及生物分子相互作用等。

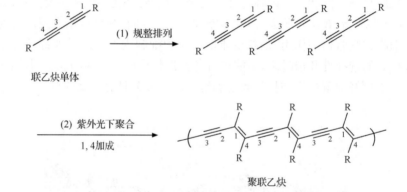

图 3-2　联乙炔的光聚合过程示意图

基于这个原因,聚联乙炔可以应用于传感领域,对于外界各种刺激作出响应。由于聚联乙炔传感器是利用紫外-可见吸收光谱的信号来反映检测的能力,为了更好地说明检测限等问题,人们一般利用比色响应(colorimetric response,CR)值来表示[3]。CR 值代表了聚联乙炔由蓝色转变为红色的程度,

$$\%\mathrm{CR} = \frac{100 \times (\mathrm{PB_0} - \mathrm{PB})}{\mathrm{PB_0}}$$

其中,$\mathrm{PB} = A_{\mathrm{blue}}/(A_{\mathrm{blue}} + A_{\mathrm{red}})$,$A_{\mathrm{blue}}$ 和 A_{red} 分别是蓝色聚联乙炔对红波(在 640 nm 左右)的吸收强度和红色聚联乙炔对蓝波(在 540 nm 左右)的吸收强度,$\mathrm{PB_0}$ 是外界刺激之前聚联乙炔对红波吸收所占的百分数。CR 值越大,对应的聚联乙炔红色变化的程度越大,即受扰动的程度更大,也就进一步说明与外界刺激信号有关

联。当包埋在联乙炔囊泡或分子聚集体中的分子探针(包括抗体、糖脂、生物素和单联蛋白或寡核苷酸链 DNA 等)和外界的被识别物(抗原、蛋白、抗生物素蛋白和被检测 DNA 等)作用时,所产生的应力对共轭骨架进行干扰,就会引起颜色的变化。

聚联乙炔的可修饰性很强,根据不同的实验目的和意义,我们可以选择不同的方法和手段来构建各种聚联乙炔生物传感器。到目前为止,聚联乙炔作为仿生膜传感器被广泛应用到各个方面。本章将重点介绍我组在免疫传感器和 DNA 检测传感器方面的工作。

3.2　聚联乙炔囊泡作为仿细胞膜传感器的光学换能器

聚联乙炔由于其独特的结构特点,不仅可以在水中形成 LB(Langmuir-Blodgett)膜,还可以在其相变温度以上制备成仿生物膜的囊泡。如果在其表面插入特定的糖脂、蛋白或寡核苷酸链作为探针时,其探针在与有特异性相互作用的分子相遇时将发生颜色变化。因此可利用 PDA 的变色特性测定与其表面修饰分子有特异性相互作用的分子,并可在很大程度上模拟出仅在细胞膜表面发生的细胞受体与配体之间的相互作用及其各项影响因素。

细胞膜是一种天然的有序组装体,而脂质体和囊泡代表着最完善的生物膜模型,由卵磷脂、大豆磷脂、胆固醇等组成的叫做脂质体(liposome),由合成类脂、改性类脂组成的叫微囊或囊泡(vesicle)[4]。囊泡大多数是由单头双尾的或者单头单尾中含有特殊结构的表面活性剂形成的一类具有封闭双层结构的分子有序组合体。这种结构,除了研究天然细胞膜上糖脂和各种入侵病毒及细菌的相互作用外,还可以形成各种生物传感器以研究各种生物体内的生物分子的相互作用。如图 3-3 所示为细胞膜表面的相互作用示意图。

3.2.1　糖脂探针的插入

细胞膜表面的碳水化合物如糖脂、糖蛋白等起到了识别探针的作用,主要负责接收和传播信息,因此,作为一种仿生膜传感器,糖脂探针的参与是不可或缺的一个重要方面。在聚联乙炔传感器的发展中,糖脂探针的掺入主要有两种方法:化学力插入法和物理力作用插入法。

Charych[5] 等利用化学方法将唾液酸糖脂插入到聚联乙炔 LB 膜中,形成具有识别流感病毒功能的变色 LB 膜。如图 3-4 所示,当 LB 膜遇到流感病毒凝集素时,会发生颜色变化,同时紫外-可见吸收峰也会发生明显的移动。但是对于生物识别来说,LB 膜生物传感器的颜色变化太弱,必须使用仪器才能检测到光谱的变化,肉眼识别性不强。1995 年,Charych 将 LB 膜改进为囊泡的形式,比单分子膜

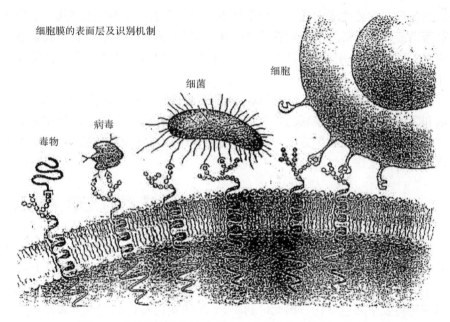

图 3-3　细胞膜上糖脂和各种入侵病毒及细菌的相互作用

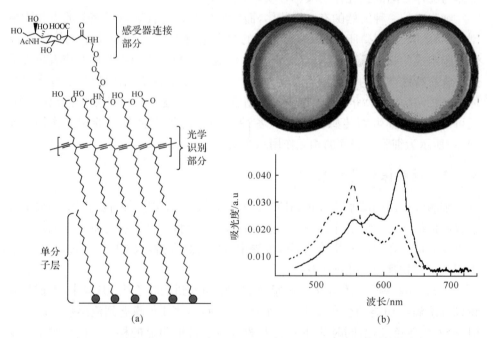

图 3-4　（a）修饰有唾液酸糖头探针的聚联乙炔；（b）修饰后的聚联乙炔
囊泡对于流感病毒凝集素的识别[5]

中所含浓度要高得多的聚联乙炔囊泡在水溶液中显示强烈的蓝色,其颜色变化可直接用肉眼观察到,从而开创了聚联乙炔制备生物传感器的先河。通过对聚联乙炔亲水头的修饰,人们可以利用聚联乙炔囊泡进行各种检测,模拟检测各种生物过程。

利用化学方法将糖脂头修饰到联乙炔分子上实际上是一件十分困难的事情,一方面由于联乙炔和糖脂探针的昂贵,另一方面分离提纯的周期长,操作也很复杂,这在一定程度上阻碍了聚联乙炔囊泡生物传感器的发展。针对这个困难,马占芳等[6]通过 DGG(dioctadecyl glycerylether-a-glucosides)末端烷基链的疏水作用,将其插入到 2,4-二十三烷基二炔酸(2,4-TCDA)的疏水区中制备具有识别功能的囊泡,利用探针与大肠杆菌表面凝集素的相互作用,可以特异性识别溶液中的大肠杆菌,检测限为 10^8 个/mL,如图 3-5 所示。这个方法大大简化了制备过程,并且为后面更复杂的多元囊泡的制备奠定了一定的基础。

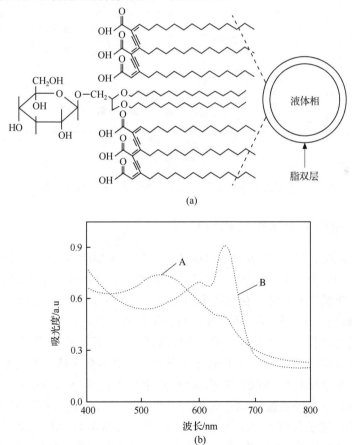

图 3-5　(a) DGG 和 2,4-TCDA 制备的二元混合囊泡示意图(2% DGG);(b) A 为未加入大肠杆菌时候的紫外-可见吸收光谱,B 为加入大肠杆菌以后的紫外-可见吸收光谱[6]

3.2.2 磷脂的加入

磷脂和胆固醇是细胞膜的基本成分,为了得到更好的仿生物膜,蛋白质的嵌入是一个重要的环节。在研究磷脂加入的过程中,苏延磊等[7]发现加入磷脂(DMPC)后可以构建糖脂-聚联乙炔-磷脂的三元混合囊泡,如图 3-6 所示,这不仅更好地模拟了生物膜的特征,同时,这样的构建降低了聚联乙炔构象变化的活化能,对灵敏度的提高有所贡献。

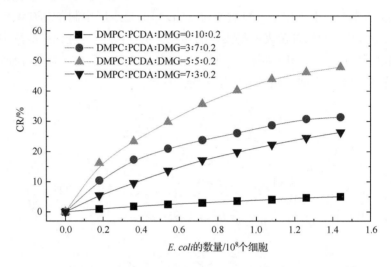

图 3-6 不同比例的混合囊泡对于大肠杆菌识别灵敏度的影响[7]

3.2.3 细胞膜表面多糖结构的模拟

前面已经提到过,细胞表面上的探针大部分是由糖脂组成的。而天然糖脂探针的化学修饰成分是十分复杂的,尤其是在细胞膜表面上的具有探针功能的糖头,往往是多个单糖的复合体。存在多个糖头作为有效结合位点的时候,在这种情况下,化学合成的方法十分复杂和困难。而利用物理方法在囊泡上自组装构建多元囊泡糖头的方法和研究各种糖头相互配合的影响,就呈现出十分明显的优势了。我们在实验过程中,邓洁丽等[8]设计了一种新型的含有多元糖头的囊泡体系,其中含有天然细胞表面的唾液酸的糖脂成分,用来检测禽流感病毒的红细胞凝集素HA1。用物理法将唾液酸-β-糖苷(G1)与乳糖-β-糖苷(G2)组合探针插入聚联乙炔(PDA)囊泡的方法代替了庞大的 α-Neu5Ac(2-3)-β-Gal(H5N1 病毒 HA1 蛋白能识别的最小合成单位)的合成,避开了复杂多糖合成的难题,如图 3-7(a)所示。实验中能对不同糖脂探针的最佳比例进行研究,如图 3-7(b),实验得出当 G1:G2=5:5 的时候为最佳比例,这为将来采用不同单一糖脂组合筛选最佳检测试剂奠定了坚实的基础,为模仿天然复杂的功能糖脂探针提供了一个实例。构建成的多元糖脂囊泡对于禽流感病毒 H5N1 的 HA1 蛋白具有好的选择性和识别性,如图 3-7 (c)所示,检测限为 10 ng/mL,在加入 HA1 5min 后即可完成识别过程,响应时间短,特异性好。

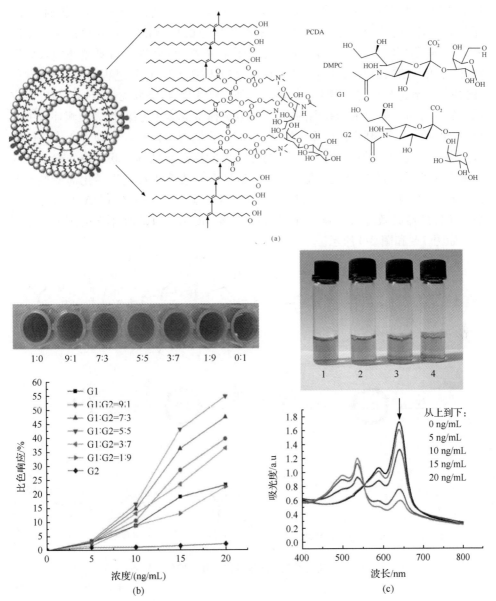

图 3-7 (a) 糖脂-PDA-DMPC 三元混合囊泡的示意图;(b) 最佳探针比例(G1:G2)的筛选;(c) G1:G2=5:5 的三元混合囊泡对不同浓度的禽流感病毒 H5N1 的 HA1 蛋白的检测[8]

3.2.4　免疫分析

免疫分析是一种重要的生物分析方法,是基于抗原和抗体之间的特异性结合而发生作用。免疫分析可用于测定各种抗体、抗原以及能进行免疫反应的多种生物活性物质(如激素、蛋白质、药物等),在医学、食物、环境分析中均有重要的意义。相对于传统的免疫分析方法:ELISA(酶联免疫分析)、亲和层析、免疫沉淀等方法来说,聚联乙炔传感器的免疫分析方法操作过程简单,全程不需要额外加入标记物,仅靠聚联乙炔自身的颜色变化就可以完成识别过程,识别过程肉眼可见,颜色变化明显,不需要其他检测手段的辅助。基于这些优点,聚联乙炔传感器被广泛应用到免疫分析领域。根据我们的需要,可以选择将抗体作为探针,去检测环境中的抗原,也可以反之,利用抗原作为探针。同时,我们既可以选择物理方法将探针插入到囊泡中,也可以根据检测目标将与之对应的探针修饰到聚联乙炔的末端亲水链上实现检测。例如,苏延磊等[9]在 PDA/DMPC 囊泡上面利用活化剂将羊抗人 IgG 绑定,检测识别相对应的抗原。夏月童等[10]研究了绑定在 PDA 上面抗体的量对于传感器灵敏度的影响,并且用于藻毒素 MC-LR 的识别,检测限达到 1 ng/mL,如图 3-8 和图 3-9 所示。

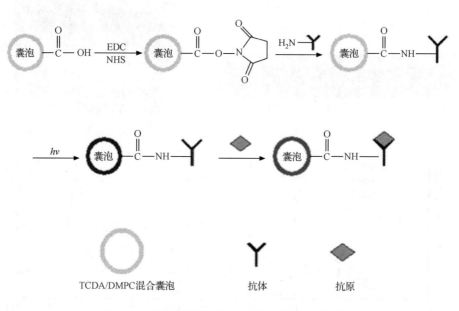

图 3-8　利用变色囊泡进行抗体和抗原的识别[9]

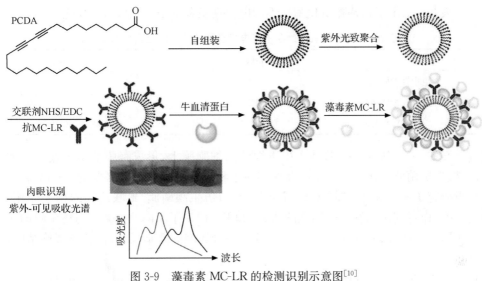

图 3-9　藻毒素 MC-LR 的检测识别示意图[10]

3.2.5　研究蛋白质与细胞膜作用的分子反应器

膜蛋白质主要以两种形式同细胞膜相结合:有些蛋白质以其肽链中带电的氨基酸或基团,与两侧的磷脂极性基团相互吸引,使蛋白质分子像是附着在膜的表面,这称为表面蛋白质;有些蛋白质分子的肽链则可以一次或反复多次贯穿整个磷脂双分子层,两端露出在膜的两侧,这称为结合蛋白质。膜结构中的蛋白质,具有不同的分子结构和功能。生物膜所具有的各种功能,在很大程度上决定于膜所含的蛋白质;细胞和周围环境之间的物质、能量和信息交换,大都与细胞膜上的蛋白质分子有关。

在构建细胞膜的模型时,不同电荷或憎水性糖脂探针和被识别蛋白之间的相互作用[11,12],磷脂和胆固醇的比例[13]对于结合探针的能力与囊泡的稳定性都有很大的影响。如图 3-10 所示为单分子层中糖脂带电性和蛋白质的相互作用示意图。

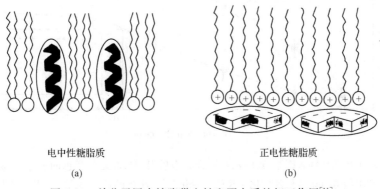

电中性糖脂质　　　　　　　　　　正电性糖脂质

　　(a)　　　　　　　　　　　　　　(b)

图 3-10　单分子层中糖脂带电性和蛋白质的相互作用[11]

表 3-1 示出了葡萄糖氧化酶在不同电荷糖脂单分子膜上构型的变化。

表 3-1　葡萄糖氧化酶在不同电荷糖脂单分子膜上构型的变化

	α-helix	β-sheet	α/β
电中性糖脂质(C_{14})	28.6	23.6	1.2
正电性糖脂质(C_{14})	12.3	61.2	0.2
GOD 水溶液	11.5	49.3	0.23

又如,一般认为抗菌肽是作用于细菌的细胞膜上,形成跨膜的离子通道。因此,模拟抗菌肽与仿生物膜的相互作用对于机理的研究是十分必要的。Jelinek[14]小组研究了一种鱼的抗菌肽——Pardaxin 与仿生膜磷脂/聚联乙炔的相互作用。实验中,作者利用两种不同的抗菌肽 P4 和 P5,讨论了不同的抗菌肽与仿生膜的相互作用。如图 3-11 所示,发现抗菌肽插入混合囊泡的磷脂区域,折叠成螺旋结构,

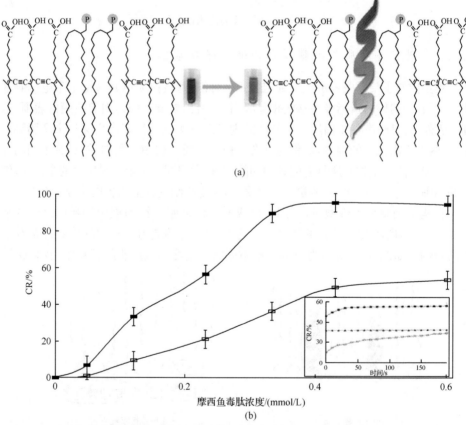

图 3-11　(a) 抗菌肽插入磷脂/聚联乙炔混合囊泡后引起聚联乙炔变色的示意图(灰色的为抗菌肽);(b) 随着抗菌肽量的变化,CR 值的变化曲线(黑色的长方形曲线代表的是 P4,空心的长方形代表的是 P5),以及动力学曲线图(插图,其中三角形代表参照实验)[14]

引起聚联乙炔骨架的变化。对于不同的抗菌肽，引起混合囊泡变色的现象不同，通过 CR 值的变化可以间接反映抗菌肽与生物膜的结合能力，CR 值越大，抗菌肽与生物膜的结合能力越强，抗菌活性越高，反之则越低。因此，可以根据表观 CR 值的大小直观地观察不同抗菌肽与磷脂膜的相互作用，即使抗菌肽中一个关键的氨基酸发生突变、插入、丢失等情况，也可以通过 CR 值表现出来，为确定抗菌肽的活性部位和提高其活性提供了依据。关于蛋白质或者多肽类与细胞膜的相互作用，人们利用聚联乙炔传感器做了很多研究，Jelinek[15] 小组利用混合囊泡仿生膜通过与人体的高密度脂蛋白（HDL）与低密度脂蛋白（LDL）的相互作用作为一种新型的检测疾病的手段。

3.2.6　用于寡核苷酸序列检测

靶基因核苷酸序列由于质量比较轻、体积很小，如果直接利用变色囊泡来进行检测，即使靶基因能和囊泡表面的互补序列发生完全匹配杂交也不足以扰乱聚联乙炔的结构，灵敏度很低。为了解决这个问题，Wang 等[16] 采用了新的聚联乙炔囊泡识别体系。如图 3-12 所示，分别将可杂交的 DNA 探针序列绑定在 PDA 囊泡里面，再对目标 DNA 进行识别。这样 PDA 囊泡不仅作为特异性识别靶序列的母体，还通过探针相互连接在一起，和靶 DNA 的杂交一起参与扰动彼此的骨架，这样就大大增加了扰动的能力，提高了囊泡的灵敏度，运用到 DNA 的检测中。

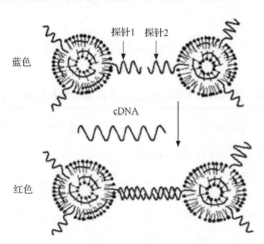

图 3-12　分别含有与靶序列两端互补的寡核苷酸探针 1 和 2 的 PDA 囊泡检测靶基因寡核苷酸的示意图[16]

鲁闻生等[17] 利用 PDA-COOH 和 PDA-NH$_2$ 分子组成的混合囊泡作为模板制备了表面可结合纳米金颗粒的空心纳米金球，利用石英晶体微天平（QCM）作为检测手段，研究了聚联乙炔的表面状态对纳米金球的结合量和结合空间对于目标

DNA 杂交量的影响,发现在合适的条件下,其杂交量有明显的提高。如图 3-13 所示为其过程示意图,由表 3-2 可以发现混合囊泡中 PCDA-NH$_2$/PCDA 的物质的量比与 QCM 测定的目标 DNA 杂交量有一定的相关性,目标 DNA 的检测限可达 10^{-12} mol/L。

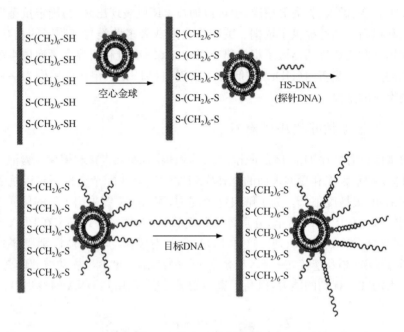

图 3-13　将空心金球修饰在 QCM 的表面,固定 HS-DNA 序列并且与目标 DNA 进行杂交的过程示意图[17]

表 3-2　PCDA-NH$_2$/PCDA 的物质的量比与 QCM 测定的目标 DNA 杂交量的关系[17]

样品	n(PCDA-NH$_2$)/n(PCDA)(物质的量比)	固定量[a]/ng 囊泡-金, Δm_1	固定量[a]/ng HS-DNA[b], Δm_2	$\Delta m_2/\Delta m_1$/(ng/ng)	不同浓度下靶标 DNA 的杂交量/ng 1× 10^{-9} mol/L	1× 10^{-10} mol/L	1× 10^{-11} mol/L	1× 10^{-12} mol/L
A	1:0	25±5	70±5	2.8	8±2	3±1	0±1	0±1
B	3:1	23±4	69±5	3	26±2	16±2	11±1	7±1
C	0:1	2±1	1±1	1	0±1	0±1	0±1	0±1

a. 根据 Sauerbrey 方程,将 QCM 方法测量所得的频率值转换为质量,本实验中,1Hz 的频率变化对应 1.07ng 的质量变化。

b. HS-DNA(探针 DNA)溶液的浓度为 $2×10^{-6}$ mol/L。

3.2.7　利用 DNA 和金属离子的特定作用形成有检测有毒金属离子的传感器

通过对聚联乙炔的修饰,可以特异性、选择性地检测带电物质,检测对象包括表面活性剂、金属离子、生物带电物质等。Pan 等[18]利用苯并-15-冠-5 功能化的 PDA 囊泡[如图 3-14(a)所示]来检测 Pb^{2+},绑定有探针的混合囊泡对 Pb^{2+} 表现出快速的响应,灵敏度为 5 $\mu mol/L$,加入浓度为 1 mmol/L 的 Pb^{2+},CR 值在 30s 内达到 12.8%,在 10 min 之后达到最大值。同时,体系对于 Pb^{2+} 表现出很好的选择性,如图 3-11(b)所示,受其他离子的干扰很小。这种方法对于将来实时检测跟踪重金属离子具有潜在的应用价值。Chen 等[19]设计了一种新的 PDA 传感器用来检测溶液中的阳离子表面活性剂。此外,Jose 等[20]将探针插入 PDA 传感器中,当在体系中加入 ATP(腺苷三磷酸)和 PPi(焦磷酸)的时候,PDA 囊泡会由蓝色变为

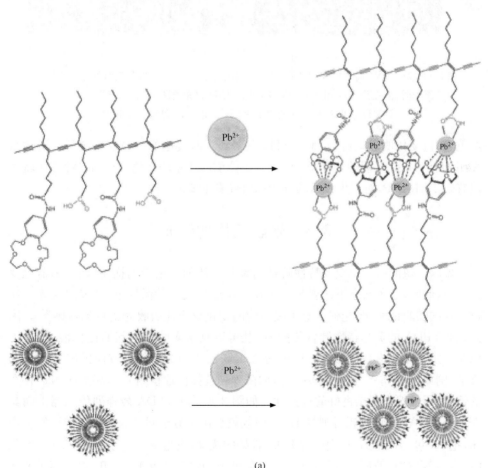

(a)

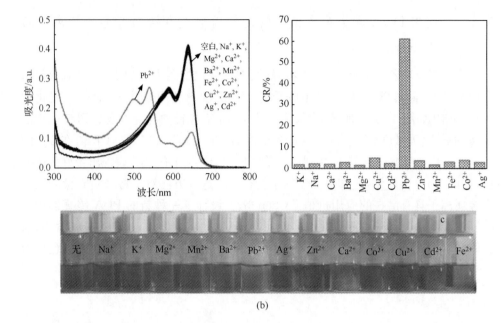

图 3-14　(a) Pb^{2+} 离子引起 PBCDA-PDA 变色的示意图；(b) 当在室温下加入不同的
金属离子时(浓度为 1mmol/L)，PBCDA-PDA 的吸收光谱图(左上)和 CR ％(右上)及
PBCDA-PDA 囊泡颜色的变化(下)。响应时间为 10 min[18]

红色，颜色变化明显，通过肉眼就可以观察到。而其他的如 ADP(腺苷二磷酸)、
AMP(腺苷磷酸)、磷酸根离子、F^- 等就不能引起体系的变色。利用这种方法就可
以有效识别 ATP，对于生命活动分析和研究有重要的意义。

3.3　聚联乙炔的荧光

聚联乙炔的另一个重要特性就是当聚联乙炔的骨架受到扰动以后，由蓝色变
为红色，此时，红色状态下的聚联乙炔在一定激发波长的激发下，会发出荧光。通
过一定的实验证实，荧光强度对于膜结构的变化反应比吸收光谱更加敏感[21]。因
此，利用 PDA 的荧光特性制备传感器，既可以克服实验中引起的比色混淆，又可
以在一定程度上提高灵敏度。Kim 等在聚联乙炔的荧光传感方面做出了很大的
贡献，例如，Lee 等[22] 利用 PDA 囊泡的微阵列选择性地检测 K^+，甚至在 Na^+ 存在
的情况下，依然表现出良好的选择性。如图 3-15 所示，PDA 微阵列传感器上面具
有单链 DNA 探针，当探针遇到 K^+ 的时候就会由于分子间氢键的相互作用发生弯
曲，把 K^+ 包裹在里面，从而引起 PDA 骨架的扰动，发生变色。经过 30 min 的孵化
时间，对 K^+ 的检测限为 0.5 mmol/L。能够成功将 Na^+ 和 K^+ 分开，对于离子的选

择性识别具有重要的意义。除此之外，Kim 等还制备了 PDA 的识别性薄膜和纤维，用来检测其他的分子。

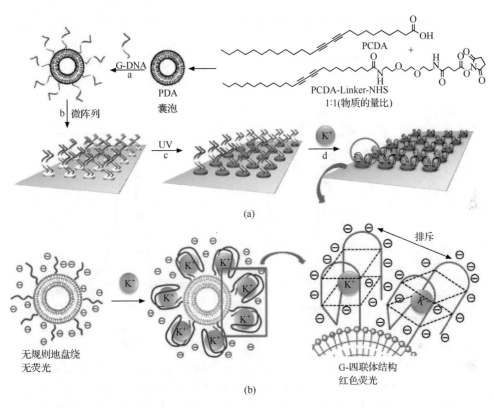

图 3-15　含有单链 DNA 探针的 PDA 阵列(a)和识别(b)示意图[22]

　　为了提高 PDA 传感器的灵敏度，Kwon 等[23]设计了多重刺激响应的 PDA 传感器，在体系中引入磁颗粒，利用夹心法进行识别，在完成识别的同时，带有磁颗粒的抗体与抗原结合，不仅有抗原、抗体的识别性扰动，而且具有磁颗粒的压力影响，大大提高了传感器的灵敏度。

　　Cheng 等[24]将荧光染料 BO558 插入 PDA 的囊泡中，从而得到了 PDA-BO558 的混合囊泡。他们发现这种囊泡通过加入不同量的酸碱来改变体系的 pH 可以表现出荧光"开关"的性质。他们认为分子的头基的排斥是导致荧光猝灭和恢复的原因。Zhang 等[25]制备了荧光探针 BO558-PDA 的混合囊泡，研究了表面活性剂 CTAB(十六烷基三甲基溴化铵)与其之间的相互作用。实验证明，由于 PDA 囊泡的烯-炔共轭的骨架，BO558 的荧光发生了严重的猝灭，然而当在体系中加入 CTAB 时，荧光又会逐渐恢复，过程如图 3-16 所示。目前，关于 PDA 的荧光性能已经成为研究的一个热点,不管是用它的荧光特性来检测模拟生物过程,还是利用荧光特性来进行成像和发光,都具有广阔的研究前景和研究意义。

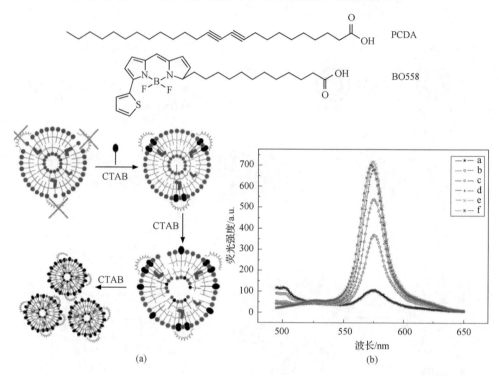

(a)　　　　　　　　　　　　　　　(b)

图 3-16　(a) 加入 CTAB 之后,PCDA/BO558 囊泡的结构变化示意图;(b) 加入不同浓度的 CTAB 后 PCDA/BO558 的荧光光谱图,a 为未加入 CTAB, b 为 0.33 mmol/L CTAB, c 为 0.66 mmol/L CTAB, d 为 0.98 mmol/L CTAB, e 为 1.3 mmol/L CTAB, f 为 3.7 mmol/L CTAB[25]

3.4　总结与展望

聚联乙炔是一类具有特殊性能的分子,可以利用它的有序组装体进行仿生物膜的研究。除此之外,聚联乙炔还可以制备各种开关,对热、光和体系的酸碱度具有可逆的响应。随着研究的深入,越来越多样的聚联乙炔传感器被发掘出来,同时聚联乙炔的应用范围也更加宽广。如图 3-17 表示,利用聚联乙炔传感器可以检测的各种反应。

利用聚联乙炔传感器还可以检测有机小分子,如检测三聚氰胺和 TNT 等。也可以利用它来检测重金属污染离子如 Pb^{2+}、Hg^{2+} 等。同时,聚联乙炔本身又是一种良好的光电材料,可以应用于打印和成像技术。目前,聚联乙炔的研究已经取

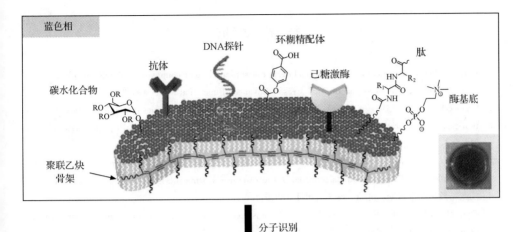

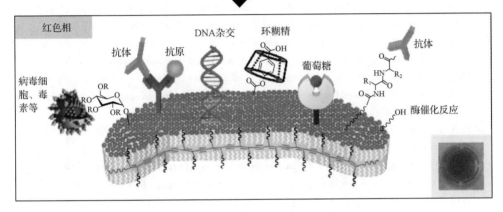

图 3-17　聚联乙炔仿生膜传感器示意图[26]

得了长足的进步和发展,在仿生学领域,聚联乙炔传感器是一种很好的工具,可以实现对生物过程的实时检测,尤其是在构建了仿细胞膜的模型之后,可以应用到抗原-抗体检测、膜过程研究等方面,另外,还可以利用各种物理化学方法进一步提高其检测灵敏度和识别特异性。在未来的生物分子器件领域,聚联乙炔传感器作为分子检测和治疗工具,拥有广阔的发展前景,例如在药物的缓慢释放以及微流控芯片中的应用等。当然,聚联乙炔仿生膜传感器只是仿生传感中的一员,随着更多仿生体系的出现,仿生传感器也必将走向一个新的高度,各种疑难的生物过程的模拟和研究也将走向一个崭新的阶段。如同其他传感器的检测原件,这种检测器的最大问题是使用和制备的稳定性,检测的灵敏度和选择性,以及制备的成本和难易等,都有待于今后的进一步研究。

（中国科学院化学研究所:董文杰、马占芳、邓洁丽、夏月童、鲁闻生、江　龙）

参 考 文 献

[1] Park H, Lee J S, Choi H, et al. Rational design of supramolecular conjugated polymers displaying unusual colorimetric stability upon thermal stress. Advanced Functional Materials, 2007, 17:3447-3455.

[2] Chance R R, Patel G N, Witt J D. Thermal effects on the optical properties of single crystals and solution-cast films of urethane substituted polydiacetylenes. The Journal of Chemical Physics, 1979, 71:206-211.

[3] Jonas U, Shah K, Norvez S, et al. Reversible color switching and unusual solution polymerization of hydrazide-modified diacetylene lipids. Journal of the American Chemical Society, 1999, 121:4580-4588.

[4] 江龙. 胶体化学概论. 北京：科学出版社，2009:150.

[5] Charych D, Cheng Q, Reichert A, et al. A "litmus test" for molecular recognition using artificial membranes. Chemistry & Biology, 1996, 3:113-120.

[6] Ma Z, Li J, Liu M, et al. Colorimetric detection of *Escherichia coli* by polydiacetylene vesicles functionalized with glycolipid. Journal of the American Chemical Society, 1998, 120:12 678-12 679.

[7] Su Y, Li J, Jiang L, et al. Biosensor signal amplification of vesicles functionalized with glycolipid for colorimetric detection of *Escherichia coli*. Journal of Colloid and Interface Science, 2005, 284:114-119.

[8] Deng J, Sheng Z, Zhou K, et al. Construction of effective receptor for recognition of avian influenza H5N1 protein HA1 by assembly of monohead glycolipids on polydiacetylene vesicle surface. Bioconjugate Chemistry, 2009, 20:533-537.

[9] Su Y, Li J, Jiang L. Chromatic immunoassay based on polydiacetylene vesicles. Colloids and Surfaces B: Biointerfaces, 2004, 38:29-33.

[10] Xia Y, Deng J, Jiang L. Simple and highly sensitive detection of hepatotoxin microcystin-LR via colorimetric variation based on polydiacetylene vesicles. Sensors and Actuators B: Chemical, 2010, 145:713-719.

[11] Du Y K, An J Y, Tang A, et al. A study of interaction between glycolipids with different hydrophobicity and protein by molecular monolayer technique. Colloid and Surfaces B: Biointerfaces, 1996, 7: 129-133.

[12] Li J R, Du Y K, Bollauger P, et al. The folding and enzymatic activity of glucose oxidase in the glycolipid matrixes of different charges. Thin Solid Films, 1999, 352:213-217.

[13] Cai M, Chen T F, Jiang L. Lecithin-cholesterol mixed membrane at the air/water interface and their enzyme-immobilized ability. In "Proceedings of the MRS International Meeting on Advanced Materials", Tokyo, Japan, 1988, l. 1:185-194.

[14] Kolusheva S, Lecht S, Derazon Y, et al. Pardaxin, a fish toxin peptide interaction with a biomimetic phospholipid/polydiacetylene membrane assay. Peptides, 2008, 29:1620-1625.

[15] Hanin-Avraham N, Fuhrman B, Mech-Dorosz A, et al. Lipoprotein interactions with chromatic membranes as a novel marker for oxidative stress-related diseases. Biochimica et Biophysica Acta (BBA) - Biomembranes, 2009, 1788:2436-2443.

[16] Wang C G, Ma Z F, Su Z M. Facile method to detect oligonucleotides with functionalized polydiacetylene vesicles. Sensor Actuat B-Chem, 2006, 113:510-515.

[17] Lu W, Lin L, Jiang L. Nanogold hollow balls with dendritic surface for hybridization of DNA. Biosen-

sors and Bioelectronics, 2007, 22:1101-1105.

[18] Pan X, Wang Y, Jiang H, et al. Benzo-15-crown-5 functionalized polydiacetylene-based colorimetric self-assembled vesicular receptors for lead ion recognition. Journal of Materials Chemistry, 2011, 21: 3604-3610.

[19] Chen X, Lee J, Jou M J, et al. Colorimetric and fluorometric detection of cationic surfactants based on conjugated polydiacetylene supramolecules. Chemical Communications, 2009:3434-3436.

[20] Jose D A, Stadlbauer S, König B. Polydiacetylene-based colorimetric self-assembled vesicular receptors for biological phosphate ion recognition. chemistry-A European Journal, 2009, 15:7404-7412.

[21] Morigaki K, Baumgart T, Jonas U, et al. Photopolymerization of diacetylene lipid bilayers and its application to the construction of micropatterned biomimetic membranes. Langmuir, 2002, 18: 4082-4089.

[22] Lee J, Kim H-J, Kim J. Polydiacetylene liposome arrays for selective potassium detection. Journal of the American Chemical Society, 2008, 130:5010-5011.

[23] Kwon I K, Kim J P, Sim S J. Enhancement of sensitivity using hybrid stimulus for the diagnosis of prostate cancer based on polydiacetylene (PDA) supramolecules. Biosensors and Bioelectronics, 2010, 26:1548-1553.

[24] Ma G, Müller A M, Bardeen C J, et al. Self-assembly combined with photopolymerization for the fabrication of fluorescence "Turn-On" vesicle sensors with reversible "On-Off" switching properties. Advanced Materials, 2006, 18: 55-60.

[25] Zhang R Z, Guo C X, Jiang L, et al. The fluorescence recovery of polydiacetylene/fluorophore vesicles by interaction with cetyltrimethylammonium bromide. Journal of Nanoscience and Nanotechnology, 2009, 9:990-994.

[26] Ahn D J, Kim J-M. Fluorogenic polydiacetylene supramolecules: immobilization, micropatterning, and application to label-free chemosensors. Accounts of Chemical Research, 2008, 41:805-816.

第4章　基因治疗药物仿生膜系统

当今,一些具有优势的新药研制方法不断涌现出来,生物制药就是一个备受关注的领域,如基因治疗药物(包括基因治疗药物[1]及 siRNA 小核酸药物[2]等)、磷脂类药物[3]以及蛋白类药物[4](包括抗体药物及多肽药物)等。由于基因治疗药物被认为可以治愈一些目前无法用其他药物治愈的疾病,因此,基于该类药物的基因治疗已成为疾病治疗领域的前沿和热点。

然而,由于基因治疗药物自身的局限性,如在体内易降解和缺乏治疗靶向特异性等,因此,如何将药物安全有效地在体内进行递送并实现其胞内功效是长期以来一直制约临床基因治疗发展的关键难题。而解决这些问题的关键是设计构建基因治疗药物的载体递送系统。目前,国内外各大制药企业和科研院所在基因治疗药物的研发中均投入了大量的人力和经费。然而,基因治疗药物分子自身的特性使基因表达水平受限[1]:①基因治疗药物分子因携带负电荷无法跨越表面同样带负电荷的细胞膜;②在体内递送的过程中不稳定,极易被降解;③易被非特异性免疫清除;④体内递送的非靶向性等(图 4-1)。由此可见,当前体内基因治疗能否成功并实现临床转化应用的关键是如何将基因治疗药物高效地在体内进行递送并实现其胞内功效。

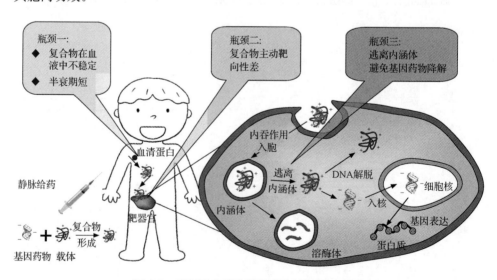

图 4-1　基因治疗药物输递系统的瓶颈示意图

近年来,仿生的理念被应用于基因治疗药物输递系统的设计和制备当中[5],为药物输递领域的发展提供了新思路,开拓了新方向。本章主要从基因治疗药物仿生系统的发展、基于生物体的基因治疗药物输递系统、仿生物体的基因治疗药物输递系统以及对该领域未来发展趋势的展望等方面来介绍基因治疗药物输递系统的仿生设计。

4.1　基因治疗药物仿生系统的发展

众多人类文明进程的重大发明都源于仿生思维。对生物的结构和功能进行模拟,可以衍生出化学材料的新概念和新技术,因此,仿生材料的研究已经成为快速发展的前沿和热点领域之一。基因治疗药物输递系统的仿生设计理念同样源于生物体,从最初的基于生物体的仿生设计,到后来仿生物体结构和功能的载体设计。

其中,基于生物体的仿生设计,是以生物体本身为主体,进行必要的修饰改性,使之适合于基因治疗药物的输递。例如:病毒是一种具有细胞感染性的亚显微粒子,实际上是由一个保护性的外壳包裹一段 DNA 或者 RNA 构成。这些简单的生物体可以利用宿主的细胞系统进行自我复制,但无法独立生长和复制。病毒可以感染所有具有细胞的生命体(图 4-2)。病毒的种类虽多,但具有共性,即病毒由 2～3 个成分组成[6]:①病毒都含有遗传物质(RNA 或 DNA);②所有病毒都有由蛋白质形成的衣壳,用来包裹和保护其中的遗传物质;③部分病毒在到达细胞表面时能够形成脂质的包膜环绕在外。同时,病毒的形态各异,从简单的螺旋形和正二十面体形到复合型结构。

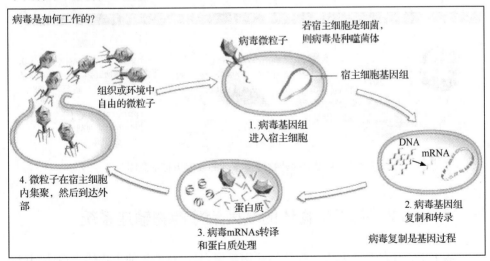

图 4-2　病毒感染过程示意图

　　病毒感染生物体的过程极其高效,鉴于此,科学家们试图将其进行改造,通过"取其精华,去其糟粕"的方式,最终达到治疗疾病的目的。具体思路是,将治疗疾病的遗传物质替代病毒本身导致疾病的遗传物质,而基本保留病毒的结构。由于具有较高的转染效率,所以病毒是基因治疗药物输递系统的首选。

　　虽然病毒载体是非常有效的转基因载体,然而,病毒载体的缺陷使其应用受限,主要表现在病毒载体的结构会产生免疫反应或细胞毒性。虽然复制缺损型结构被大量用于疾病的治疗,但是其危险性在于产生致病的缺损型病毒。逆转录病毒仅被用于有丝分裂系统,而这种病毒又会引起基因组的致癌反应。重复使用病毒载体会诱导免疫反应,从而削弱转基因的表达效果。考虑到这些局限性,对非病毒载体的研究愈来愈引起人们的关注。

　　非病毒载体的仿生设计思路是,以人工合成的材料为主体,赋予其生物体的结构或功能方面的特性。非病毒为载体的基因治疗药物输递系统,从材料和结构上讲,经历了一个由简单到复杂的演化过程(图 4-3)[7]:从最初的传统脂质体结构,到后来的聚合物囊泡以及壳壳结构等;从功能上讲,主要包括长循环、逐级靶向等功能的仿生设计。

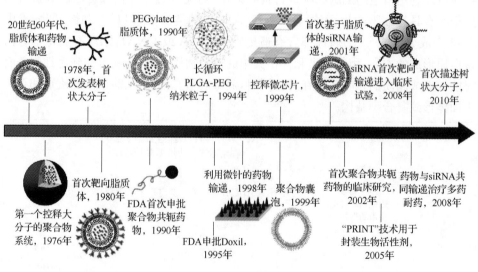

图 4-3　基因治疗药物输递系统的发展历程示意图[7]

4.2　基于生物体的基因治疗药物输递系统

　　基于生物体的仿生基因治疗药物输递系统,是以自然界的生物体为载体,并根据具体需求进行合理地改性和修改,例如,包括细菌和病毒在内的病原体可以避开免疫反应,进入靶细胞导致疾病的发生,利用病原体的这些特性,科研人员将病原体减毒后作为输递载体,包载基因治疗药物,构成药物输递系统。此外,其他生物体(如红细胞血影等)也可作为输递载体。

4.2.1　细菌输递系统

经过减毒的细菌已经被作为载体输递 siRNA(small interference RNA)用于癌症的治疗。例如,Jiang 等[8]用减毒伤寒杆菌(SL7207)作为载体,输递抑制多药耐药基因 MDR1(multi-drug resistance 1)的 siRNA(psi-MDR1)和顺铂(DDP)改善肿瘤多药耐药性,从而提高肿瘤的治疗效果。该研究是借助伤寒杆菌具有天然的肿瘤靶向特性,联合包载化疗药物和 siRNA 药物,一方面杀死肿瘤细胞,另一方面抑制多药耐药基因,提高药效。由图 4-4 可见,减毒伤寒杆菌的联合给药系统(DDP+SL7207/ pSi-MDR1)可以显著抑制肿瘤的生长。

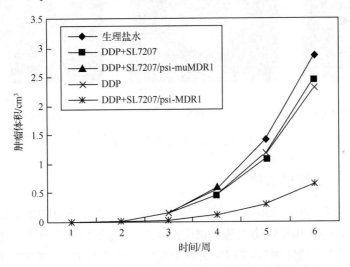

图 4-4　不同给药系统作用后肿瘤体积随时间变化的对比

4.2.2　病毒输递系统

如前所述,病毒载体被广泛应用于基因治疗领域,例如,腺病毒、烟草花叶病毒、流感病毒、腺相关病毒、反转录病毒以及单纯疱疹病毒等(图 4-5)。其中最具代表性的例子是,2003 年国家食品药品监督管理局批准上市的深圳赛百诺公司生产的"今又生",它是重组人 p53 腺病毒注射液,用于治疗鼻咽癌和头部鳞癌。然而,至今仍未有足够的临床试验数据来确证其抗癌效果,而且重组腺病毒存在潜在的致病风险。

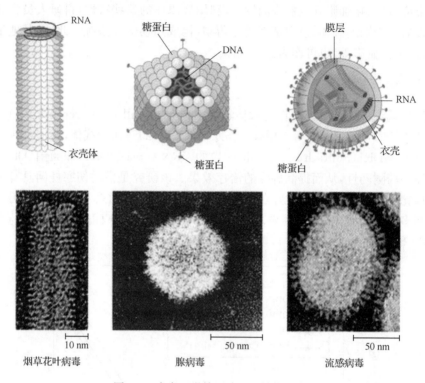

图 4-5　病毒显微镜照片以及结构示意图

4.2.3　类病毒输递系统

类病毒颗粒(virus-like particles, VLPs)是一类具有病毒的衣壳的自组装系统,其优势在于:①由于病毒的遗传物质被取出,因此不具有传染性;②粒径形态均一;③相对于病毒载体而言,VLPs 更易于制备且成本较低;④其中空部位可以用来包载基因治疗药物。例如,Zimmer 等[9]构建了多瘤病毒的衣壳蛋白(VP1),并作为包载基因治疗药物的载体,其转染效率较包载前提高了 10 余倍。

4.2.4　红细胞血影输递系统

红细胞血影(erythrocyte ghost, EG)是将分离的红细胞放入低渗溶液中,水渗入到红细胞内部,红细胞膨胀破裂,从而释放出血红蛋白,所得到的红细胞质膜具有很大的变形性、柔韧性以及可塑性,当红细胞的内容物渗漏之后,质膜可以重新封闭起来成为红细胞血影。Oh 等[10]将 EG 作为基因治疗药物输递载体,该系统具有延长血液循环时间和靶向血液表达的特性(图 4-6)。研究发现,EG 介导的基因治疗药物输递系统在血液中的 mRNA 表达水平最高。

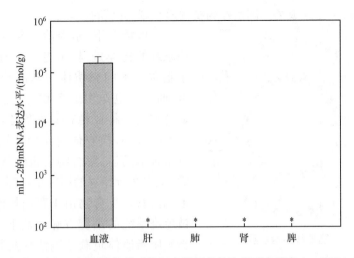

图 4-6　EG 包载 pVAXmIL-2 的输递系统经小鼠尾静脉注射后各器官中 mRNA 的表达水平

4.3　仿生物体的基因治疗药物输递系统

4.3.1　结构的仿生设计

结构的仿生设计主要受到真核生物细胞的"区室化"结构的启发。真核细胞由不同细胞器组成[5]，例如，核糖体（12～25 nm）、内涵体以及溶酶体（100～500 nm）等。正常功能的细胞需要精确掌控新陈代谢作用的每一步，而发挥不同作用的因子又存在于不同细胞器中，例如，转录因子决定基因的表达，它主要存在于细胞质，但要在细胞核中才能完成转录。这种将不同功能的物质分区储存的方式被借鉴到基因治疗药物输递系统的设计当中，即"区室化"的设计，例如，囊泡结构（脂质体、聚合物囊泡系统等）、核壳结构、两相结构以及多单元结构等，其中应用较多的是囊泡结构和核壳结构。

1. 囊泡结构

1）脂质体

细胞膜的主要化学成分是类脂和蛋白质。类脂是脂的衍生物，细胞膜中的类脂分子主要是磷脂和胆固醇。因此，脂质体一直被作为生物膜的模型来研究膜的性质。20 世纪 60 年代，英国科学家 Bangham 等发现，当磷脂分散在水中时可形成多层囊泡，而每一层均为脂质双分子层，囊泡中央和各层之间被水相隔开。这种由磷脂双分子层组成，内部为水相的闭合囊泡就被称为脂质体（图 4-7）。经过几十年的发展，脂质体已被广泛应用于细胞生物学、基因工程、临床医学等领域。如今,脂质体技术已经成为基因治疗药物输递领域的高新技术之一[11-13]。

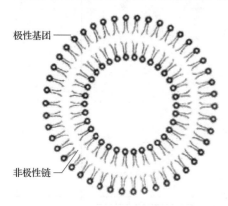

极性基团 ——

非极性链

图 4-7　脂质体结构示意图

一般情况下,基因治疗药物脂质体输递系统的构建是,将预先形成的含有阳离子脂质分子的脂质体与基因治疗药物混合,通过静电作用最终形成复合物。这种复合物是一种亚稳态的聚集体,其体外转染效率较高,但在体内作用效果不佳。通过系统给药后,复合物会很快从血液中清除,积累在所经过的第一个脏器,如肺部的毛细血管。复合物由于靶向性差,很容易被免疫系统的细胞吞噬。鉴于以上原因,当使用脂质体负载基因治疗药物时,选择合理的方法制备则尤为关键,主要制备方法包括基因治疗药物被动包埋法、乙醇滴定法、乙醇-不稳定脂质体包封法以及挤出-均质联用法等。

由于脂质体自身的区室化特点(亲水相和疏水相),研究人员将水溶性和油溶性的药物与显影剂等分别包载在亲水相和疏水相中(图 4-8)[14]。

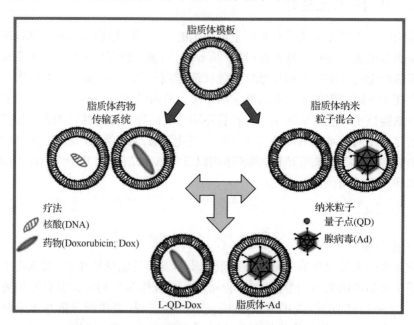

图 4-8　脂质体载药系统的"区室化"设计示意图[14]

　　脂质体基因治疗药物输递系统不稳定,容易受环境 pH 以及所包封基因治疗药物的性质变化影响。脂质体稳定性不佳主要体现在以下三个方面:

　　(1) 脂质体膜的主要成分是天然磷脂,其分子中均含有不饱和脂肪酸链,容易氧化水解成过氧化物、戊二醛、脂肪酸以及溶血卵磷脂等,而后者会进一步水解成甘油磷酸复合物以及脂肪酸等。卵磷脂的水解氧化可使膜的流动性降低,加剧药物渗漏,因而滞留性变差,易聚集沉淀,其中某些产物还具有毒性。

　　(2) 液态脂质体是一种混悬液,在存储过程中,脂质体易发生凝聚、融合,并导致包封药物的泄漏。由于性质不稳定,在放置过程中,液态的脂质体只能存储几周的时间。

　　(3) 脂质体在血液中通过它们与各种血浆蛋白的相互作用会导致聚集,并且被网状内皮细胞(reticulo-endothelial system,RES)捕获,如脂质体在到达靶向目标之前就会被肝脏中的肝巨噬细胞吞噬。除了被 RES 捕获之外,脂质体还会与血浆蛋白形成静电、疏水以及范德瓦尔斯力的相互作用。这些作用力会使脂质体的稳定性降低,从而导致脂质体在到达目标之前就从循环系统中被快速清除。

　　如何提高脂质体基因治疗药物输递系统的稳定性,成为脂质体药物剂型领域的研究重点和难点。近年来,科研人员进行了大量的研究,例如,化学交联法,是通过化学交联的方法提高脂质体药物输递系统的稳定性。例如,Irvine 等[15] 设计并制备了一种叫做"脂质双层膜间交联的多层脂质囊泡"(interbilayer-crosslinked multilamellar vesicles,ICMVs)的系统(图 4-9)。具体步骤是:首先制备脂质体(DOPC∶DOPG∶MPB=4∶1∶5);然后将二价阳离子(如镁离子)加入,以诱导脂质体囊泡的融合,并形成多层囊泡系统;最后,加入二硫苏糖醇(dithiothreitol,DTT)作为膜透过交联剂,使相邻的两个脂质双层膜交联。研究发现,通过这种化学交联法制的 ICMVs 系统的稳定性相对于脂质体有显著提高,在 4℃ 条件下,在 PBS 中能保留大约 95% 的包埋药物长达 30 天;在生理温度、还原和酸性条件下,可以仍然保留大约 95% 的包埋药物达 1h。

　　2) 聚合物囊泡结构

　　另一种区室化的仿生设计是聚合物囊泡,它是一种由合成的两亲性嵌段共聚物组成的人工合成载体。通常,聚合物囊泡是中空球形结构,中间为水相,外层由双分子膜包裹。组成双分子膜的分子其内层和外层两端为亲水性基团,中间的疏水部分起到分离和保护疏水中心免受外部介质影响的作用(图 4-10)。水相中心可以用来包封亲水分子,如药物、酶、蛋白、多肽、DNA 和 RNA 等[16];膜层的疏水中心可以包载疏水性药物。聚合物囊泡可负载亲水性、疏水性药物的性质已经在医学、药学和生物技术等领域发挥了重要作用。

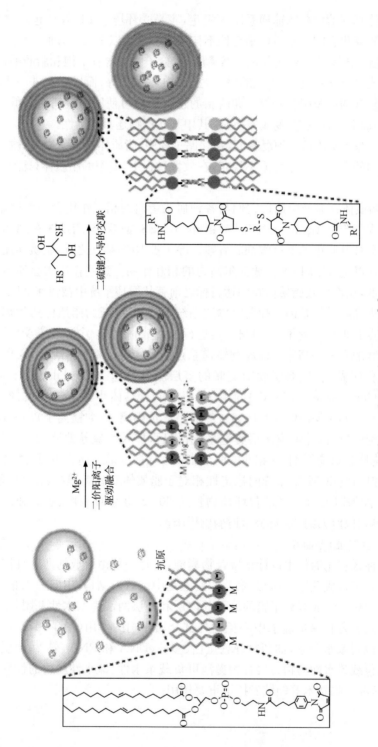

图 4-9　ICMVs 合成示意图[15]

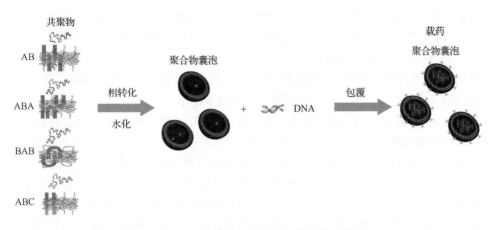

图 4-10　聚合物囊泡包载基因治疗药物示意图

聚合物囊泡比较稳定且具有相当长的血液循环时间。合成的嵌段共聚物通常可被用来制备聚合物囊泡。聚合物组成和分子质量的多样化,使得人们可以制备具有不同性质和功能、不同膜厚度以及渗透性的聚合物囊泡。通常,聚合物囊泡由分子质量相对较大的两亲性嵌段共聚物组成,可以形成厚度为 $3\sim4$ nm 的膜。在聚合物囊泡中引入亲水层,如聚乙二醇(PEG),可以延长其血液循环时间。PEG 可以减小聚合物囊泡表面自由能,产生空间排阻作用,因此具有 PEG 表层的载体通常被认为具有"隐形特性"。

基于聚合物囊泡可包载多种药物以及膜稳定性好的特点,聚合物囊泡在药物传递中得到了广泛应用。研究主要集中在,通过调控聚合物囊泡膜的稳定性和渗透性,赋予聚合物囊泡刺激响应的功能,从而实现药物的可控释放。目前,科研人员已经设计并制备了对 pH、氧化还原反应、光、磁场、离子强度和葡萄糖浓度响应,以及具有靶向输递功能的聚合物囊泡。本部分将主要介绍关于聚合物囊泡的制备方法以及聚合物囊泡包载药物的研究进展。

通常,聚合物囊泡在循环过程中比脂质体稳定。亲水性、疏水性或两亲性分子可以包埋到聚合物囊泡的水相中心或双层膜中,这使得聚合物囊泡在药物输递、生物医学成像和诊断等领域具有重要应用价值。

聚合物囊泡的膜和含有胆固醇及膜蛋白的细胞膜相似,是一种疏水和两亲性分子的储存系统。高度脂溶性的抗癌药物、染料和量子点等均可被整合入聚合物囊泡的膜中且保持它们的功能。聚合物囊泡包埋疏水物质的方法一般是,首先将疏水物质和膜组分聚合物共同溶解或分散到有机相中,而后将有机溶剂/分散相加入水或水溶液中。通过这种方法,疏水物质可以被包埋入聚合物囊泡的膜中,且和其他自组装载体(如脂质体)具有相同的包封量和包封率。然而,聚合物囊泡比其他载体具有更好的稳定性。聚合物囊泡的水相中心和脂质体的水相中心相同,可

以被用来包埋亲水性治疗分子,如基因治疗药物。载体可以提供物理屏障将基因
治疗药物与外部环境隔开,这与生物体内的一些自然载体非常相似。包覆亲水性
分子的方法很多,最常用的是直接包埋法或者利用 pH 梯度/盐梯度使亲水性分子
扩散进入已经形成的聚合物囊泡的膜。对于亲水性强的药物可以直接将药物同聚
合物溶于有机相中,然后与水接触使其包埋到水相中心。

　　通常,聚合物囊泡的药物释放是由药物扩散跨过聚合物膜决定。推动力主要
是聚合物囊泡和周围介质的药物浓度梯度。药物从聚合物囊泡中心扩散到周围介
质的速率是时间的平方根函数。聚合物囊泡的粒径分散对总的释放速率有重要影
响。为了实现药物的可控释放,根据聚合物囊泡膜材质的物理和化学性质受外界
刺激而改变,科研人员制备了环境响应型的聚合物囊泡,如对 pH、氧化还原剂、
光、磁场、离子强度以及葡萄糖浓度敏感的聚合物。外界环境的变化会引起聚合物
囊泡的解聚,从而释放药物,如嵌段共聚物亲水/疏水性质的改变或组成聚合物囊
泡膜中某一种聚合物共价键的断裂。此外,当赋予聚合物囊泡靶向功能之后,在聚
合物到达靶位点后,环境响应型的聚合物囊泡将可控释放药物,通过这种方式,实
现了药物在病患处药效的提高,并减小了副作用。以下主要介绍几种 pH、氧化还
原、光以及磁场响应型的聚合物囊泡系统的相关研究。

　　(1) pH 响应型聚合物囊泡

　　由于在不同组织和细胞器中 pH 变化很大(pH＝2～8)。口服药物传递中,可
以利用不同脏器(如胃部 pH＝2,肠部 pH＝5～8)pH 的变化,以及肿瘤组织、内涵
体以及溶酶体的酸性环境,实现药物的可控释放。常被用作 pH 敏感系统的聚合
物为缩多酸或多碱,侧基或聚合物骨架具有滴定功能。随着 pH 的改变,具有滴定
功能的基团发生离子化或去离子化。聚合物电荷密度的改变将影响膜的亲水/疏
水的平衡,从而导致聚合物囊泡的降解。当非离子化的疏水部分离子化后其水溶
性增加,聚合物囊泡降解;当离子化的疏水部分去离子化后,会导致聚合物囊泡的
聚集和沉淀,从而使两亲性嵌段共聚物水溶性降低。例如,Battaglia 等[17] 设计了
pH 响应的 poly[2-(methacry-loyloxy) ethyl-phosphorylcholine]-co-poly[2-(dii-
sopropylami no) ethyl methacrylate](PMPC-PDPA)嵌段共聚物。其中 PDPA 部
分是 pH 响应的(pK_a 为 5.8～6.6),当在生理 pH 环境中,嵌段共聚物可形成聚合
物囊泡,而当 pH 降到 5～6 时,囊泡解离为共聚物链(图 4-11)。

　　(2) 氧化还原响应型聚合物囊泡

　　体内氧化还原反应的发生同样可以用来控制药物释放。细胞外体液、感染或
肿瘤组织中是氧化环境,而细胞内是还原环境。根据以上氧化还原环境的差异,
Hubbell 等[18] 制备了由 PEG-b-poly(propylene sulfide)-b-PEG (PEG-PPS-PEG)
组成的氧化敏感性聚合物囊泡。疏水性的 PPS 在葡萄糖氧化酶/葡萄糖/氧气系
统中被过氧化氢氧化,且在 2h 内转化为亲水性的聚亚砜和聚砜类,从而导致聚合

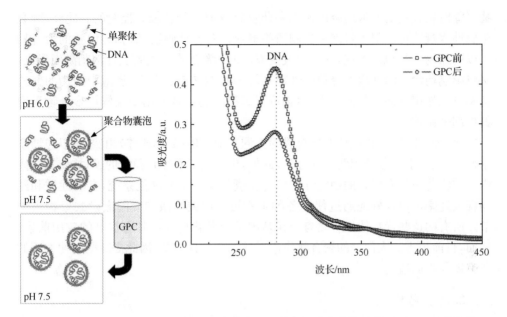

图 4-11　pH 响应型 PMPC-PDPA 聚合物囊泡包载基因治疗药物示意图(左)以及载药囊
泡在 GPC 前后的 UV 吸收谱图(右),囊泡的药物包封率为 20%[17]

物囊泡降解。又如还原敏感性二硫键嵌段共聚物,PEG-SS-PPS 可用来制备聚合
物囊泡,当聚合物囊泡被细胞吸收后,药物在前内涵体内释放。

(3) 光响应型聚合物囊泡

体外的刺激,如光被用来调节药物局部释放。Tong 等[18]制备了侧链偶氮苯
含有聚甲基丙烯酸甲酯和 PPA 的嵌段共聚物组成的聚合物囊泡,其在紫外光照射
下光解。该聚合物疏水侧链含有紫外依赖性的偶氮苯基团。当其在紫外光或可见
光照射 20s 后囊泡结构发生可逆变化。

(4) 磁响应型聚合物囊泡

磁响应的聚合物囊泡被用在靶向和刺激释放药物以及诊断中。包埋磁颗粒可
以诱导聚合物囊泡的变形或转化。Lecommandoux 等[16]通过包埋疏水修饰的 γ-
Fe_2O_3 纳米球形成磁聚合物囊泡。磁性颗粒在自组装过程中包埋入 PGA-PBD 聚
合物囊泡的膜中。外界磁场梯度诱导囊泡变形。磁场可以诱导双层膜暂时打开释
放包埋的颗粒。

此外,用于控制药物从聚合物囊泡中释放的方法还可以采用不同的可生物降
解的聚合物制备囊泡或修饰囊泡内部。根据每种生物可降解聚合物与水或酶接触
时水解速率各不相同的特点,选择不同的生物可降解聚合物,可以赋予囊泡膜渗透
多样性且药物释放可控的功能。生物可降解的嵌段共聚物,如 PLA、PCL 及 PT-
MC,可连接亲水部分,如 PEG,用来制备生物降解聚合物囊泡。然而含有不同生

物可降解聚合物的囊泡的降解速率和药物释放速率是比较难控制的。此外,刺激敏感性水凝胶可以引入囊泡来控制药物释放。对各种刺激(如 pH)敏感的聚合物可以同药物一起包入囊泡,这也将改变囊泡的内部形态。凝胶受外部刺激而形成,必将影响药物从囊泡内部释放到外部环境的扩散速率。总之,囊泡中药物的释放速率可以使用不同的刺激响应、生物可降解聚合物以及采用凝胶修饰聚合物囊泡的内部来调控。

综上所述,区室化设计的聚合物囊泡同其他载体(如脂质体)相似,可以包埋亲水性分子、疏水性分子和两亲性分子,此外,由于其具有厚且稳定的膜,故使其在体内外的给药中具有更好的稳定性。聚合物囊泡是一个多功能系统,它的性质和药物释放速率可以很好地通过使用各种生物可降解或刺激响应的嵌段共聚物来调节。所有的这些优势使聚合物囊泡在基因治疗药物传递中具有很好的应用前景。然而,目前报道的大部分的聚合物囊泡系统的靶向性较差,因此提高靶向性方面的研究还任重而道远。

2. 核壳结构

核壳结构主要是针对上述囊泡结构的不稳定性而提出的。例如,有机-无机杂化法可以提高没有支撑的脂质双层膜结构的稳定性。具体思路是,采用无机介孔二氧化硅颗粒作为支撑核,再将脂质双层膜包覆在其表面。其中介孔二氧化硅颗粒可以承载多种分子,如基因治疗药物、化药、染料以及显影剂等,而脂质双层膜又可以进行靶向性修饰,并赋予系统智能响应性(图 4-12),从而实现了“区室化”设计的仿生理念。这种方法的优势主要在于[19]:①介孔二氧化硅颗粒较高的比表面积(>1000 m²/g),使其有更大的空间包载治疗性药物或诊断试剂;②由于介孔颗粒对膜的吸附能,双层膜的流动能力被大大抑制;③同样是由于介孔颗粒的存在,双层膜的横向流动性被提高了。

4.3.2 功能化仿生设计

1. 长循环

迄今为止,长循环的仿生设计主要采用聚乙二醇(PEG)、羟乙基淀粉(HES)等分子进行修饰改性。其中采用 PEG 改性的方法具体原理是,PEG 通过氢键和溶液中的水分子作用,在被修饰物表面形成一层水分子膜,从而阻碍血清蛋白和被修饰物作用,达到抑制蛋白吸附的作用(图 4-13)[1,20,21]。

近年来,用 PEG 改性基因治疗药物输递系统以提高其稳定性的方法被广泛应用。例如,Baker 研究组[22]发现,通过 PEG 改性的方法可以有效地抑制聚集体的

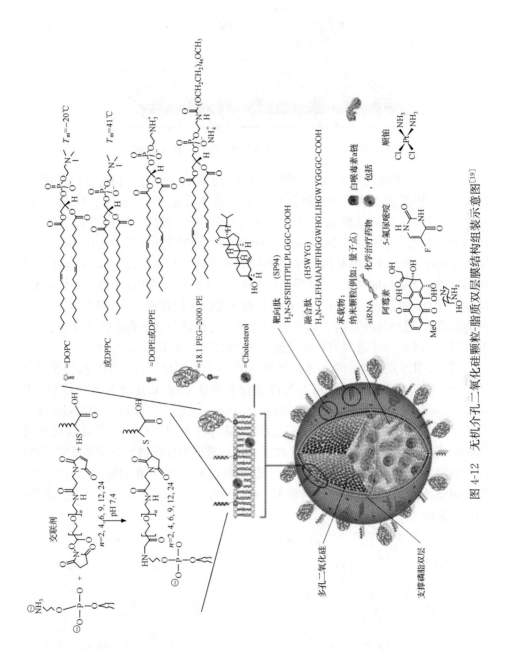

图 4-12　无机介孔二氧化硅颗粒-脂质双层膜结构组装示意图[19]

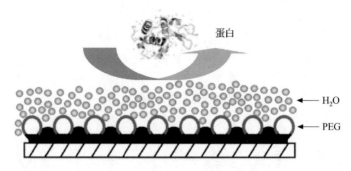

图 4-13 PEG 改性表面抗血清蛋白吸附示意图

形成,提高复合物的稳定性,延长脂质体在体内的循环半衰期。同时他们发现一个现象:随着 PEG 改性类脂分子组分的提高,脂质体系统的基因表达水平是降低的,但他们并未深入研究其机制。随后,Pedroso de Lima 教授[23]及其合作者考察了 PEG 改性对基因表达水平的影响。结果同样显示,PEG 改性后的脂质体与未改性脂质体相比,前者介导的基因转染效率较后者要低。经研究发现,PEG 通过水化作用形成对脂质体的保护层,阻碍了与 DNA 分子的相互作用,使得脂质体不易与 DNA 分子形成复合物。DNA 分子得不到有效的保护裸露在外,容易被 DNA 降解酶所降解,最终导致基因表达水平的降低。另外,PEG 分子还有其自身的局限性:即每个 PEG 分子链只有一个功能基团,难以满足多重修饰的需要。

另外,HES 是可生物降解水溶性的分子,具有抑制血管内红细胞聚集作用,常用于改善微循环障碍;此外,可通过改变分子质量、羟乙基化度等条件控制 HES 的降解,从而调节系统的抗蛋白吸附能力。Besheer 等[24]将不同分子质量的 HES 分子接枝在聚乙烯亚胺(PEI)分子上,作为载体与基因治疗药物形成输递系统。图 4-14 是关于不同分子质量 HES 改性 PEI 与基因治疗药物形成输递系统后的抗红细胞聚集能力的研究。从图 4-14 可见,当淀粉酶(AA)存在的情况下,红细胞的聚集明显;反之,红细胞没有聚集现象。由此可见,HES 的修饰确实可以提高系统的抗吸附能力。

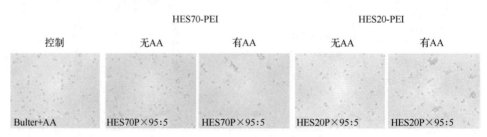

图 4-14 红细胞聚集的显微镜照片[24]

2. 逐级靶向

逐级靶向的设计理念事实上同样源于病毒的复制周期,其关键步骤是:①病毒首先要靶向性地吸附到宿主细胞上;②病毒包膜与细胞膜发生融合进入细胞;③在细胞中合适部位释放核酸,就是所谓的脱壳;④对于 DNA 病毒,还要靶向细胞核,穿过核膜,并在细胞质中表达蛋白质。由此可见,病毒的复制是一个逐级靶向的过程,正是由于这种功能,病毒的感染效率较高。

在非病毒载体的基因治疗药物输递中,人们通常采用阳离子聚合物复合基因治疗药物形成纳米颗粒系统,然而,过分紧密地复合基因治疗药物分子使得基因表达受到限制。因此,需要在基因治疗药物分子进入细胞核前就将其与阳离子聚合物分离,以实现有效转录和蛋白表达。为此,申有青教授团队[25]设计并合成了仿病毒的逐级靶向聚合物/基因治疗药物纳米囊,具体方法是采用 A/B/C 型｛聚(ε-己内酯)/聚[2-(N,N-二乙基)氨乙基甲基丙烯酸酯]/聚乙二醇｝(PCL/PDEA/PEG)三元聚合物,通过 pH 调控的自组系统可控释放基因治疗药物分子(图 4-15)。一级靶向是体循环靶向:通过采用 PEG 分子的修饰,使系统表面形成水层,从而抵抗非特异性蛋白的吸附,提高体循环周期;二级靶向是细胞核靶向:PDEA 链在酸性条件下(如溶酶体)质子化,与基因治疗药物分子的磷酸基团通过静电力作用,有效压缩基因治疗药物分子,保护其免受在溶酶体中降解;在中性条件下,基因治疗药物分子从链上解离。疏水的 PCL 链通过疏水相互作用形成纳米囊,如同病毒的衣壳,在酸性条件中 PCL 水解,纳米囊解离。其核靶向机理是:在中性环境中,PCL 利用其分子间的疏水作用形成疏水层,保持纳米囊的完整性,保

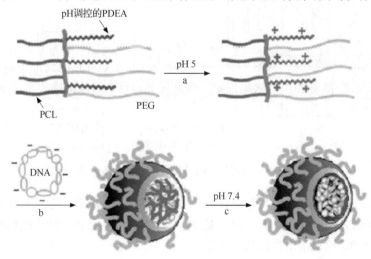

图 4-15　PCL/PDEA/PEG/DNA 纳米囊示意图[25]

持带负电荷的基因治疗药物分子在囊泡中心。纳米囊内在化后被运送到溶酶体，溶酶体的酸性条件使 PCL 水解，减弱了分子间的相互疏水作用，纳米囊裂解。同时，在溶酶体中，PDEA 质子化后带有正电荷，有效压缩并保护基因治疗药物分子免受酶降解，质子化后的 PDEA 链诱导氯离子进入溶酶体，渗透膨胀（质子海绵效应），纳米囊从溶酶体中释放进入细胞质。在细胞质中，PDEA 去质子化后，基因治疗药物分子从 PDEA 上解离下来，从松散的纳米囊中释放，进入细胞核进行有效转染。

4.4　未来发展趋势与展望

仿生基因药物输递系统的发展仍然存在一些问题，例如，对于基于生物体本身设计的载体而言，仿生系统不可避免地具有仿生对象本身的弊端，如基于细菌和病毒的输递载体，由于其自身的免疫原性，导致输递系统在进入体内会引发机体的免疫反应，因此，必须将具有免疫原性的组分去除或失活。此外，还可以采用 GRAS（generally regarded as safe）细菌，例如，食品级的细菌等；对于仿生物体结构或功能设计的载体而言，其主体材料为人工合成，只是将生物体的结构或功能赋予其中。这个过程要求研究人员，一方面要提高材料的合成水平，如可控性、可重复性以及大规模制备等；另一方面要提高对生物体本身的认知，如结构和功能等方面。只有兼顾上述两个方面的发展，才有望提出并实现仿生基因治疗药物输递系统的理念（图 4-16）。

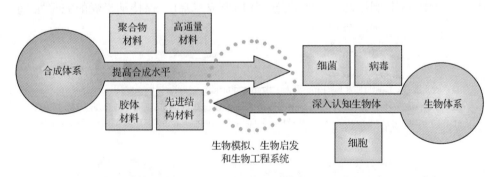

图 4-16　仿生基因治疗药物输递系统设计制备面临的挑战

如前所述，尽管基于仿生理念设计的基因治疗药物输递系统的发展还刚刚起步，并存在诸多局限性，然而，无论是基于生物体本身，还是仿生物体结构或功能设计的输递系统，均显示出广阔的应用前景。

（中国科学院过程工程研究所：张　欣、马光辉）

参 考 文 献

[1] Trosde Ilarduya C, Sun Y, Duzgunes N. Gene delivery by lipoplexes and polyplexes. European Journal of Pharmaceutical Sciences: Official Journal of the European Federation for Pharmaceutical Sciences, 2010, 40: 159-170.

[2] Tan S J, Kiatwuthinon P, Roh Y H, et al. Engineering Nanocarriers for siRNA Delivery. Small, 2011, 7: 841-856.

[3] Farokhzad O C, Langer R. Impact of nanotechnology on drug delivery. ACS Nano, 2009, 3: 16-20.

[4] Venkataraman S, Hedrick J L, Ong Z Y, et al. The effects of polymeric nanostructure shape on drug delivery. Advanced Drug Delivery Reviews, 2011, 63: 1228-1246.

[5] Yoo J W, Irvine D J, Discher D E, et al. Bio-inspired, bioengineered and biomimetic drug delivery carriers. Nature Reviews Drug Discovery, 2011,10: 521-535.

[6] Smith A E, Helenius A. How viruses enter animal cells. Science, 2004, 304: 237-242.

[7] Shi J, Votruba A R, Farokhzad O C, et al. Nanotechnology in drug delivery and tissue engineering: from discovery to applications. Nano Letters, 2010, 10: 3223-3230.

[8] Jiang Z M, Zhao P, Zhou Z H, et al. Using attenuated salmonella typhi as tumor targeting vector for MDR1 siRNA delivery-An experimental study. Cancer Biol Ther, 2007, 6: 555-560.

[9] Henke S, Rohmann A, Bertling W M, et al. Enhanced *in vitro* oligonucleotide and plasmid DNA transport by VP1 virus-like particles. Pharmaceut Res, 2000, 17: 1062-1070.

[10] Byun H M, Suh D, Yoon H, et al. Erythrocyte ghost-mediated gene delivery for prolonged and blood-targeted expression. Gene Ther, 2004, 11: 492-496.

[11] Zhdanov R I, Podobed O V, Vlassov V V. Cationic lipid-DNA complexes-lipoplexes-for gene transfer and therapy. Bioelectrochemistry, 2002, 58: 53-64.

[12] Elouahabi A, Ruysschaert J M. Formation and intracellular trafficking of lipoplexes and polyplexes. Molecular Therapy: the Journal of the American Society of Gene Therapy, 2005, 11: 336-347.

[13] Goncalves E, Debs R J, Heath T D. The effect of liposome size on the final lipid/DNA ratio of cationic lipoplexes. Biophysical Journal, 2004, 86: 1554-1563.

[14] Al-Jamal W T, Kostarelos K. Liposomes: from a clinically established drug delivery system to a nano-particle platform for theranostic nanomedicine. Accounts of Chemical Research, 2011, 44: 1094-1104.

[15] Moon J J, Suh H, Bershteyn A, et al. Interbilayer-crosslinked multilamellar vesicles as synthetic vaccines for potent humoral and cellular immune responses. Nature Materials, 2011, 10: 243-251.

[16] Lee J S, Feijen J. Polymersomes for drug delivery: design, formation and characterization. Journal of Controlled Release: Official Journal of the Controlled Release Society, 2011, 2: 478-483.

[17] Lomas H, Canton I, MacNeil S, et al. Biomimetic pH sensitive polymersomes for efficient DNA encapsulation and delivery. Adv Mater, 2007, 19: 4238-4243.

[18] Ganta S, Devalapally H, Shahiwala A, et al. A review of stimuli-responsive nanocarriers for drug and gene delivery. Journal of Controlled Release: Official Journal of the Controlled Release Society, 2008, 126: 187-204.

[19] Ashley C E, Carnes E C, Phillips G K, et al. The targeted delivery of multicomponent cargos to cancer cells by nanoporous particle-supported lipid bilayers. Nature Materials, 2011, 10: 389-397.

[20] Pires P, Simoes S, Nir S, et al. Interaction of cationic liposomes and their DNA complexes with mono-cytic leukemia cells. Bba-Biomembranes, 1999, 1418: 71-84.

[21] Yang J P, Huang L. Time-dependent maturation of cationic liposome-DNA complex for serum resis-tance. Gene Ther, 1998, 5: 380-387.

[22] Hong K, Zheng W, Baker A, et al. Stabilization of cationic liposome-plasmid DNA complexes by polyamines and poly(ethylene glycol)-phospholipid conjugates for efficient *in vivo* gene delivery. FEBS Letters, 1997, 400: 233-237.

[23] Pedroso de Lima M C, Simoes S, Pires P, et al. Cationic lipid-DNA complexes in gene delivery: from biophysics to biological applications. Advanced Drug Delivery Reviews, 2001, 47: 277-294.

[24] Noga M E D, Rödl W, Wagner E, et al. Controlled shielding and deshielding of gene delivery polyple-xes using hydroxyethyl starch (HES) and alpha-amylase. Journal of Controlled Release, 2012, 159: 92-103.

[25] Zhou Z X, Shen Y Q, Tang J B, et al. Charge-reversal drug conjugate for targeted cancer cell nuclear drug delivery. Adv Funct Mater, 2009, 19: 3580-3589.

第5章　仿生膜结构与药物传递

5.1　仿生物膜结构特点及作为药物传递的理论基础

细胞是生命活动的基本单位,含有多种膜结构。细胞膜又称质膜(plasma membrane),包绕在细胞的最外层。生物膜使细胞具有相对独立和恒定内环境,并使细胞内的各种代谢区域化。生物膜除物理屏障作用外,还具有控制物质进出细胞、分子识别、信息传递和能量交换等多种重要的生物学功能。

生物膜主要由蛋白质、膜脂、糖、核酸和水等物质组成。其基本构架是一个闭合的磷脂双层膜。磷脂的极性部分向外,非极性部分向内。生物膜中的蛋白质是膜功能的主要体现者。大部分蛋白质和酶都结合在磷脂双层膜的表面,其中一部分由膜外侧向内或者是伸向膜中间,另一部分则贯穿于内、外两侧。生物体许多基本分子功能都是通过膜上载体蛋白将物质跨膜运输来实现的,细胞膜对物质的选择性运输是基于膜上载体蛋白的专一性。

仿生膜的研究即在充分了解和认识生物膜的组成、结构和功能,尤其是磷脂、脂质体和蛋白及其结合体的结构和功能的基础上,在分子水平上设计与制造出与其组成或结构相似的仿生膜体系,模仿生物膜的信息传输和识别功能[1]。仿生膜研究已构筑多种具有仿生物膜结构的功能材料。在这类具有仿生结构的体系中,对脂质体的研究最为广泛[2],其具有的内部空腔可用来装载药物或基因等物质。利用脂质体可以和细胞膜融合的特点,可以将荷载物质送入细胞内部。此外,层层自组装中空微胶囊及仿病毒包膜结构的聚合物胶束也是仿生物膜组装结构的研究重点[3,4]。这些仿生膜中空结构的潜在应用之一是作为药物载体,但在应用上这些体系却常存在稳定性的限制。在现阶段,要实现人工完全复制生物膜的目标尚不现实。然而,可以通过对天然生物膜进行研究,充分了解其结构特征与生命功能,设计与制备与其相似的仿生膜,甚至开发出具有与生物膜不同性能的膜材料。

5.1.1　仿生膜的种类

根据仿生膜的形态结构、功能的不同,可以将仿生膜划分为水凝胶、微凝胶、类脂双层膜等种类。

1. 水凝胶

水凝胶(hydrogel)是一种能在水中溶胀但不会溶解的高分子网络体系。形成水凝胶的材料具有显著的溶胀性能,是一类集吸水、保水、缓释于一体的功能高分子材料,其在水中可迅速溶胀至平衡体积并保持其形状及三维空间网络结构(图 5-1)。水凝胶按其来源可分为天然和合成两大类:天然亲水性高分子包括多糖类(淀粉、纤维素、海藻酸盐、透明质酸、壳聚糖等)和多肽类(胶原、聚赖氨酸、聚谷氨酸等);合成高分子包括丙烯酸及其衍生物类(聚丙烯酸、聚甲基丙烯酸、聚丙烯酰胺等)、聚氧化乙烯及其衍生物、聚乙烯醇、聚磷腈等。根据水凝胶网络键合的不同,可分为物理凝胶和化学凝胶:物理凝胶是通过氢键、离子键或疏水相互作用等作用力交联得到,其最大特点是凝胶过程的可逆性[5];化学凝胶是由化学键交联形成的三维网状结构,其结构稳定,凝胶过程不可逆。根据凝胶对环境响应的情况,可分为"传统水凝胶"和"智能水凝胶":智能水凝胶又称环境敏感水凝胶,这类水凝胶中由于聚合物链中某种官能团或离子的存在,能感受周围环境的变化(如 pH、温度、电场、磁场、特定物质如葡萄糖、抗原等)并响应[6],已被作为新型功能材料,成为研究热点。

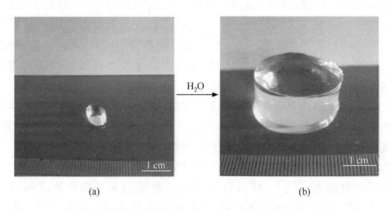

图 5-1　水凝胶溶胀前(a)后(b)形态

水凝胶具有大量的亲水性基团,因而对水具有很高的亲和力。除此之外,水凝胶还具有如下优异特性:①聚合物链之间形成的化学键或物理作用使得水凝胶不易溶解;②完全舒展的水凝胶具有某些和活组织相似的物理性状,如柔软、富有弹性、低的生物流体界面张力;③表面和体液之间的低界面张力减少了蛋白质吸附和细胞黏附,降低了负面免疫反应的可能性;④广泛用于水凝胶制备的聚合物(如聚丙烯酸、聚乙二醇、聚乙烯醇、聚 2-羟乙基甲基丙烯酸、聚丙烯酸、聚甲基丙烯和聚丙烯酰胺等)均具有生物黏附特性;⑤由于水凝胶的生理化学性类似于原生细胞外基质的"软"、"湿"环境、黏弹性和物质递送等特性,可作为组织再生以及药物载荷的辅助材料[7,8,9]。因此,水凝胶在生物医学领域以及作为药物释放载体、软骨支架、细胞外基质等方面显示出巨大的应用前景。

2. 微凝胶

微凝胶(microgel)是一类粒径大小为 50～5000 nm 分子内交联的聚合物微球[10]，内部结构为典型网络结构[11]。通常微凝胶都是以胶态形式高度分散溶胀于一定溶剂中体系中。根据凝胶的微结构可以将其分为互贯网络聚合物微凝胶、核-壳结构型微凝胶、复合型微凝胶三大类；互贯网络聚合物微凝胶又称为乳液互贯网络聚合物，是由两种共混的聚合物分子链相互贯穿并以化学键的方式各自交联而形成的网络结构微凝胶；核-壳结构型微凝胶一般最少具有两组分，通常有核壳型、草莓型、夹心型、三明治型等；复合型微凝胶一般为有机-无机复合结构的微凝胶，其中的无机成分一般是对电场或磁场响应的材料。常见的用来制备微凝胶的单体均为具有一定官能团的物质，如甲基丙烯酸甲酯、甲基丙烯酸、苯乙烯、二乙烯基苯、丙烯酸、N-异丙基丙烯酰胺等。

微凝胶的形成一般认为是首先形成一些较小的粒子，依据胶体粒子成核理论，称之为"母体粒子"。这些母体粒子是不稳定的，它们会彼此聚并直至形成大得足够稳定的粒子为止。微凝胶可以稳定存在主要是基于三个原因：①粒子表面的聚合物链的空间位阻效应[12,13]；②粒子表面所带电荷引起的静电排斥，形成电荷稳定性[14,15]，这是微凝胶粒子得以稳定的最重要原因；③聚合物链吸水膨胀与范德瓦尔斯吸引达到相对平衡[16]。

微凝胶内部交联结构稳定，且表现出特殊的溶解和流动性能。微凝胶组成和结构类似于细胞外基质成分，故被用于仿生支架材料、药物控制释放载体、组织/细胞承载系统等。

3. 类脂双层膜

类脂双层膜(BLMs)是一种自组装的、动态的、不对称的双层分子膜，具有与细胞膜类似的基本结构(图 5-2)。一般是用某种类脂(主要是磷脂，如磷脂酰胆碱 PC、双肉豆蔻磷脂酰甘油 DMPG、二棕榈酰磷脂酰甘油 DPPG、二棕榈酰磷脂酰胆碱 DPPC 等)通过某种方式(如自组装等)形成类脂双层。这种双层膜的结构与实际的生物膜有相似的兼容性，且厚度基本相同，约为 6nm。目前已经成为应用最为广泛的生物膜模型之一[17]。用做实验模型的类脂双层膜主要有球形 BLMs(脂质体)、介质支撑平板双层磷脂膜(s-BLMs)和水凝胶上的类脂双层膜(sb-BLMs)3 种。

类脂双层膜的形成过程可描述如下：如果两性磷脂(例如，卵磷脂 PC)分子在水中，其烃链将远离水分子。它们将突出水面(像油在水中一样)或者彼此相对。伴随着烃链彼此相对，磷脂两性分子能够形成两个不同的构造：一为胶束，它可被描述为类脂极性基团在外而烃链挤到一起的小球；另一即为类脂双层膜，烃链彼此相对而极性基团面向水分子的双层膜。

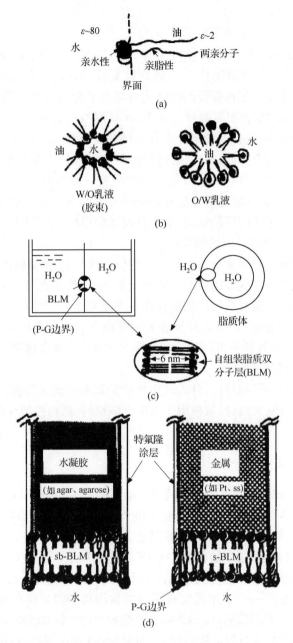

图 5-2　类脂双层膜的结构

　　类脂双层膜上的类脂可以作为蛋白质等疏水活性物质的溶剂,同时类脂双层膜具有类似液晶的有序性和独特的流动性[18],因此类脂双层膜能够帮助被镶嵌的蛋白等物质在双层膜内自由伸展,保持原有的生物活性,从而实现跨膜的各种功能,所以可以用此仿生膜作为模型对生物膜的结构和各种生命功能进行研究。类脂双层膜两侧为亲水环境、内部为疏水环境的结构使得水溶性的物质可包封于脂质体的亲水部分,而脂溶性或两性的物质则直接与脂质体亲脂部分或脂质双分子层相结合,故可用于蛋白、药物等物质的传递。

5.1.2　不同仿生膜的结构特点

1. 水凝胶结构特点

（1）三维网状结构

水凝胶的三维网状结构是决定其物理化学性质的重要因素。水凝胶网络间隙中存在可以流动的水分子,一些分子以水为介质可在高分子网络中扩散,进行信息和物质的传递。因此,三维网状结构直接影响物质在水凝胶中的扩散通透。水凝胶的通透性能通常用截留分子质量(molecular weight cut-of,MWCO),即不能渗透过膜的物质所具有的最低分子质量来评价。影响水凝胶三维网状结构及通透性能的主要因素是水凝胶的交联度。Cigdem 等[19]讨论了聚 N-异丙基丙烯酰胺凝胶中交联度对凝胶孔径的影响。当交联剂 N,N'-亚甲基丙烯酰胺的质量分数超过 $2\%\sim5\%$ 时,水凝胶的网络结构从均匀转向不均匀;进一步增加交联剂的浓度,凝胶的网络孔径将增加。

（2）溶胀性能

水凝胶在水溶液中的溶胀与凝胶的交联度以及聚合物的浓度有密切关系。Furukawa 等[20]研究了聚丙烯酰胺浓度对凝胶交联度及溶胀度的影响,表明凝胶随丙烯酰胺浓度的增加,其交联密度增加,溶胀度减小。对于聚电解质凝胶在水溶液中的溶胀行为,Baker 等[21]在 Flory 溶胀理论的基础上认为水凝胶的溶胀不仅与凝胶的交联密度有关,同时还与凝胶网络上的电荷有关,凝胶网络上的净电荷对凝胶的溶胀起一定的作用。

（3）高含水量

水凝胶中存在大量的亲水基团,如—OH、—$CONH_2$、—COOH、—SO_3H 等[22,23,24],因此能够吸收并保持大量水分。水凝胶中的水以自由水、中间水和结合水三种形式存在。结合水由高分子链上的极性基团与水分子之间的氢键产生。各态水的检测通常依据差热扫描量热(DSC)曲线上水的热转变行为。结合水在 DSC 曲线上不表现为熔化峰,因此结合水又称为“非冻结水”[23]。中间水又称为“可冻结合水”。水凝胶中结合水的含量与水凝胶中的极性基团的种类、数量以及水凝胶中纳米孔隙有关,而水的状态及其相对含量将影响水凝胶膜的通透性和选择性[25]。

（4）环境响应性

生物体的大部分是由柔软且含水的凝胶构成,它们能够感知外界的刺激并做出实时、快速的响应,实现柔性的智能运动。在所有人工材料中,水凝胶是与生物组织最相似的材料,凝胶网络间隙中存在可以流动的水分子,一些分子以水为介质可在高分子网络中扩散。水凝胶通过化学方法修饰从而改变凝胶结构,可响应外界条件(如 pH、离子强度、温度、葡萄糖等)的变化发生相应的改变[26]。水凝胶的环境响应性质使得水凝胶在生物医学和药剂学领域得到了广泛的应用。

2. 微凝胶结构特点

微凝胶的结构决定了它的溶胀行为等一系列性质。科学家们运用多种技术如拉曼光谱、小角中子衍射、电子湮灭寿命光谱、荧光猝灭法、荧光探针法、差示扫描光密度法、电子光散射等对微凝胶结构及其变化进行了研究。Nieuwenhuis 等[27]研究了聚丙烯酸甲酯微凝胶分散在苯中的直径变化,得出从微凝胶的中心到周边,其交联密度逐渐减小的结论。后来的研究表明,一般情况下微凝胶从凝胶的中心到周边,凝胶网络的孔径会逐渐增大,而其交联密度从中心到周边却逐渐减小。Fujimoto 等[28]用荧光探针技术测定了 PNIPAM 微凝胶内部结构随温度的变化情况,发现温度升高,微凝胶粒径缩小,内腔疏水性增强。微凝胶内核的交联结构特性及表现出特殊的溶解和流动性能,使微凝胶广泛应用于仿生支架材料、药物控制释放载体、组织/细胞承载系统等领域。

3. 类脂双层膜结构特点

类脂双层膜由脂类分子通过分子自组装排列而形成,具有液晶的有序性和独特的流动性。一般认为,这种类脂双层结构在其界面的两侧是液晶状,而在其中间为流动相。对于未修饰的类脂双层膜(双层膜中未掺入其他物质),由于双层膜内部存在疏水的碳氢层,故对绝大多数极性分子来说是不能通透的,仅对溶剂分子通透。类脂双层膜的双层结构可为蛋白质和其他组分(离子通道、受体、酶等)的镶嵌提供骨架,而蛋白等物质的镶嵌是实现物质跨膜运输结构基础。

类脂双层膜以疏水段为夹心、亲水段为内外层的结构特点使其作为药物载体有两大优点:①具有包载多种类型药物的能力,内部空腔可包载较大量的水溶性药物,夹在两层亲水基团中间的疏水微相也可包裹一些疏水性药物,类脂双层的不同形态也使得其包载药物分子的范围更加广泛;②赋予药物更好的生物相容性和靶向性,类脂具有双层膜结构,进而与生物膜有良好的相容性和细胞透过性。Honeywell-Nguyen 等[29]认为,类脂双层作为载体负载药物分子穿透角质层,有效促进药物经皮渗透的作用机制可能比渗透促进作用更主要。

5.1.3　仿生物膜药物传递系统

仿生物膜由于具有与生物膜类似的溶解性能、选择透过性以及具有与细胞外基质相似的"软"、"湿"环境,而广泛用作药物传递系统。不同仿生物膜药物传递系统又各自具有不同的特色。

1. 水凝胶作为药物传递系统主要是作为缓控释系统应用

水凝胶对药物的缓控释主要是通过以下三种机制实现[26]。①化学控制系统,包括两种系统:一种是在体内生理条件下,水凝胶骨架中某些化学键容易被酶解、水解,导致聚合物骨架从表面或整体开始溶蚀,药物随着骨架的解体而向外释放,称之为"可生物降解及生物溶蚀系统"。另一种为前药系统,是将药物分子与水凝胶聚合物通过共价键连接,当其进入体内并转运至某特定部位时,通过水解或酶解作用,使连接药物分子与聚合物骨架之间的化学键断裂,释放出药物。该系统可使药物作用于特定细胞及组织,专一性强。②溶剂活化控制系统,包括渗透控制系统及膨胀控制系统。在渗透控制系统中,外层的半透膜控制了水的渗透过程,药物的释放速率由水的透膜速率决定。在膨胀控制系统中,药物的释放以扩散方式为主,释药速率主要由聚合物的交联度、聚合物骨架松弛速率以及水分子扩散进入骨架的速率决定。③调节释放控制系统,在该系统中,药物的释放主要受外界条件的控制,如温度、pH、离子强度、磁场、电场、超声波等。

2. 微凝胶药物传递系统主要集中于药物的缓控释以及靶向方面

微凝胶对药物包载,可提高生物利用度、延长药物作用时间及提高药物的靶向性。微凝胶药物给药后,其中一部分药物是以游离的状态分散形成速释相,另一部分药物被微凝胶吸附而形成缓释相。以卡波普缓释药物为例[30],其缓释原理如下:以卡波普为基质的骨架片,在干燥状态,药物被包裹在中心,当片剂的外层被水合后,会形成一个凝胶层,但是这个凝胶层与传统的 HPMC 在结构上有根本的不同,这个凝胶层不是由长链聚合物缠绕形成的,而是由许多小的聚合物颗粒组成的微凝胶团,药物在这之间扩散,这交联的网状结构能使药物在此滞留时间加长。因为这些凝胶并不溶于水,不同于线性聚合物溶蚀释药,当此水凝胶完全水合后,渗透压可以使其结构被突破,移去一些微凝胶,从而释放药物[31]。

3. 类脂双层膜药物传递系统主要是改变了药物的吸收性能及药物在体内的分布,提高了药物的生物利用度

类脂双层膜药物传递系统由于体积小(如微乳),而不易被网状内皮细胞(reticulo-endothelial system,RES)吸收及不易被肝和肾排泄,从而药物在血液里的循

环时间延长[32]，由此提高了药物的生物利用度。

5.2　微胶囊药物传递

微胶囊是利用天然或合成高分子制备的半透膜（微胶囊膜）将药物、细胞或组织等进行包封，形成粒径为 $5\sim1000~\mu m$ 的球形小囊。半透膜可允许小分子质量物质自由进出微胶囊，而对大分子免疫物质（如蛋白等）或细胞具有阻隔作用，从而起到储库的作用，而且可控制膜内外物质的交换。微胶囊具有保护物质免受环境条件的影响、降低毒性、改善物质的性质和性能、持续释放物质进入外界和将不可混合的化合物隔离等功能。

5.2.1　微胶囊结构

微胶囊膜结构及表面性质的表征对微胶囊膜渗透性具有重要作用。微胶囊膜的结构与性能主要由组成微胶囊的材料组成、膜厚及外部条件（如 pH、离子强度等）控制。

Skjak-Braek 等[33]用切片称重法研究了多糖类水凝胶微球的凝胶结构，发现海藻酸盐微球表面的水凝胶密度远远大于中心区域水凝胶的密度，且成胶离子浓度越小，海藻酸钠分子质量越大、浓度越小，密度差异越大；而当凝胶域中有 Na+ 等存在时，凝胶相对均匀（图 5-3）。与海藻酸钙凝胶相比，卡拉胶、结冷胶胶珠中凝胶密度分布均匀。海藻酸钙凝胶相对不均的原因在于海藻酸钠分子扩散速度与卡拉胶等相比较快，因此形成的凝胶球外周密度远大于中心区域密度。刘袖洞等[34]通过分析海藻酸钙微球中钙元素的含量分析了微球结构，并比较了内部凝胶化和外部凝胶化制备的微球的结构，表明内部凝胶化由于 $CaCO_3$ 在海藻酸钠溶液中分布较均匀，制备的微球中凝胶结构较均匀。

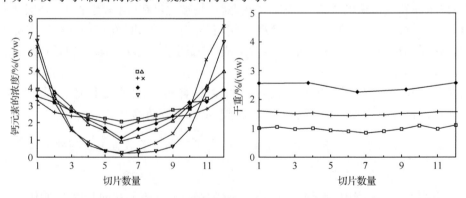

图 5-3　海藻酸钠微球上凝胶密度分布

Strand 等[35]用荧光标记法研究了海藻酸钠/聚赖氨酸微胶囊膜的材料组成与结构,表明与海藻酸钠通过静电相互作用结合的聚赖氨酸在微球表面反应成膜,使微胶囊膜中凝胶密度增加;将成膜后的微胶囊置于海藻酸钠溶液中后,海藻酸钠可将聚赖氨酸覆盖,由此在表面形成一层半透膜。Gaserod 等[36]用海藻酸钠-壳聚糖微胶囊模型证明将海藻酸钙微球置于壳聚糖溶液中 24 h 后,表面微胶囊膜中壳聚糖与海藻酸钠的质量比可达 2：5。

Xie 等[37,38]研究了由不同天然多糖海藻酸钠、壳聚糖制备的水凝胶微胶囊膜的表面形貌,表明该微胶囊膜表面受材料的性质影响较大。由分子质量较大的海藻酸钠及脱乙酰度较高的壳聚糖制备的微胶囊表面凝胶骨架间距离较大,表面粗糙度较大;由分子质量较小的海藻酸钠及脱乙酰度较低的壳聚糖制备的微胶囊表面粗糙度较小(图 5-4)。Gaserod 等[39]研究了由天然多糖海藻酸钠、壳聚糖制备的水凝胶微胶囊的结构,表明该微胶囊膜表面孔径较大,可通透免疫球蛋白 IgG。当反应成膜 4 次后,微胶囊膜表面孔径显著减小(<9 nm),可阻隔免疫球蛋白的扩散。龚平等用扫描电镜技术考察了蜂胶乙基纤维素微球的结构,表明微球内部存在的微孔孔径约 2~4μm,且内部微孔无论是孔径均一程度还是空隙率,均大于微球表面。

轮廓

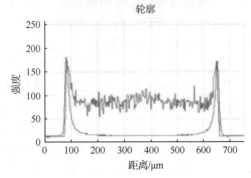

图 5-4 微胶囊膜上凝胶密度分布

5.2.2　微胶囊膜通透性能

聚电解质微胶囊的渗透性能是微胶囊对所包埋物质是否可控释放的一个重要影响因素。外界条件如离子强度、pH、溶剂以及微胶囊的陈化时间等都可能影响并改变微胶囊的通透性。外加盐电离出的离子可对聚电解质的带电基团起屏蔽作用，从而消弱聚阴、阳离子之间的相互作用，使微胶囊囊壁的结构更为松散，因此会增大微胶囊的通透性。

马小军等[40]在膜阻力系数和膜内基质的分配系数两个新特性的基础上，建立了蛋白质在海藻酸钠/聚赖氨酸微胶囊膜体系上的扩散数学模型，并用激光共聚焦技术考察了荧光标记蛋白在海藻酸钠/壳聚糖微胶囊膜上的扩散性能[41]，通过调节海藻酸钠、壳聚糖分子质量等条件调控了微胶囊膜的通透性能[42]。

Donath等[43]系统研究了模型药物布洛芬在不同囊壁材料组成的微胶囊中的渗透行为。构成囊壁的聚电解质的电荷密度和所包埋物质的亲疏水性质是影响渗透性的因素。电荷密度高的聚电解质多层膜倾向于形成较小而疏水性强的孔洞，而电荷密度低的聚电解质多层膜则倾向于形成较大而疏水性弱的孔洞，有利于疏水性分子布洛芬通过。而聚苯乙烯磺酸钠（PSS）/聚烯丙胺盐酸盐（PAH）体系微胶囊较PSS/PDADMAC（聚二甲基二烯丙基氯化铵）体系微胶囊的通透性要低，原因是PSS和PAH的单体单元更为匹配，因而能够形成更为紧密的结构，表明微胶囊的通透性能除受环境因素影响外，更主要的是受制备材料的影响。

5.2.3　微胶囊对药物的包埋与释放

传统药物和制剂在临床应用中多存在药物体内清除率高（药物有效性低）、具有毒副作用（药物安全性低）和需要频繁用药以维持药效（患者顺从性低）等问题。微胶囊膜能最大程度地保持囊内生化物质活性，且通过调节制备条件可以控制微胶囊膜的厚度和孔尺寸，从而实现囊内生化药物的控释或缓释。微胶囊在药物释放领域的应用优势在于：①提高稳定性，包括储藏稳定性和使用稳定性。微胶囊膜可阻隔环境因素对药物理化性质的破坏，如温度、pH、湿度等；②提高生物利用度；③实现剂型转换；④可实现药物的靶向传输；⑤药物毒副作用小；⑥服用方便、安全，易于被患者接受。因此，针对各种生化药物的微囊化控释剂型的研究层出不穷。刘袖洞等开发了膜乳化/内部凝胶化技术制备出 $50\sim100\mu m$ 且分布均匀的海藻酸钙凝胶珠，包埋血红蛋白后载药率达 95%，覆膜形成海藻酸钠/壳聚糖微胶囊，药物包封率 40%，初步实验表明血红蛋白在模拟肠液中释放缓慢，8 h 后释放率为 8%。郑建华等[44]利用壳聚糖的生物黏附特性、乙基纤维素的低密度和缓释性能，成功制备出包埋克拉霉素的乙基纤维素/海藻酸钠/壳聚糖胃内漂浮黏附微胶囊，克拉霉素包封率达 82.5%，体外研究表明微胶囊可漂浮于胃酸环境（漂浮率

90%)并黏附于胃黏膜,口服 4 h 后,微胶囊在胃中滞留率仍达 60%,从而延长了克拉霉素在胃中停留时间,这样可能利于药物穿过胃黏膜到达幽门螺旋杆菌感染位点发挥作用。

微胶囊中的芯材料(药物)通过溶解、渗透或扩散等过程,透过壳材料释放出来,其释放速度通过壳材料的化学成分、厚度、硬度和孔径大小等加以控制。微胶囊芯材料的释放分为 3 个阶段[45]:药物从微胶囊壳材料中扩散释放、聚合物水解使壳材料分子质量变小和低分子碎片溶解。综合前人的研究不难发现,提高药物微胶囊缓释性能,应该把重点放在采取有效措施(如筛选空间结构均匀、络合度高的壳材料等)控制药物从微胶囊壳材料的扩散过程。某些疏水性添加剂能通过填充微胶囊壳材料,达到增塑作用,从而减缓药物从微胶囊壳材料中扩散,提高缓释性能。

5.2.4　微胶囊对可分泌治疗因子细胞的包埋与治疗性因子的释放

通过手术、注射等方式,将生物相容和可生物降解天然多糖材料制备的细胞微胶囊移植入生物体内,凭借膜的选择渗透作用,在克服机体免疫排斥反应的同时发挥细胞生物功能,可为神经/内分泌系统疾病(如糖尿病、帕金森病、肝功能障碍等)或者代谢障碍疾病(如尿毒症)的治疗提供一条有效的新途径[46]。其功能主要体现在:一方面,以体内营养物为反应物,通过细胞或酶参与的生化反应合成治疗性物质,如重组酪氨酸酶基因的细胞可在体内以酪氨酸为底物,反应生成多巴胺治疗帕金森病;另一方面,以体内代谢生成的有害物质或废物为反应物,如尿素和氨等,通过生化反应将其分解为无害小分子产物,重组脲酶基因的细胞可在体内以尿素和氨作为其生长所需的氮源,清除尿毒症患者体内多余的尿素和氨[47]。

Soon-Shiong 等[48]将人胰岛细胞包埋于海藻酸钠/聚赖氨酸微胶囊中,注射入一位(20 000 胰岛/kg)胰岛素依赖型糖尿病患者腹腔(38 岁的白人,糖尿病史 30 年且有严重并发症),微囊化胰岛细胞可正常生长;分泌的胰岛素在注射后 24 h 内即可检测到。在第 9 个月停用外源胰岛素的情况下,该患者可保持 24 h 血糖水平稳定,且持续时间超过 58 个月。

Date 等[49]进行了微胶囊包埋 PC12 细胞(源自大鼠嗜铬细胞瘤的细胞系)移植治疗帕金森病猴模型的长期实验。在移植 1 年后回收微胶囊,PC12 细胞仍然存活并合成释放 L-多巴和多巴胺。Xue 等[50]以偏侧旋转行为为特征的帕金森病大鼠和猴为模型,分别将海藻酸钠/聚赖氨酸微胶囊包埋的牛肾上腺嗜铬细胞(bovine chromaffin cells,BCC)、BCC 和空微胶囊定向植入右侧脑纹状体内,植入的微囊化 BCC 能在动物脑内存活并合成分泌多巴胺等单胺类物质,纠正帕金森病大鼠和猴的偏侧旋转行为,作用超过 10 个月;非囊化 BCC 仅能改变部分动物的偏侧旋转,且作用时间基本只能持续 1 个月;空微囊组则与对照组一样,症状没有改善。

　　马小军和费俭等[51]将表达 endostatin 的基因植入中国仓鼠卵巢细胞系（CHO）得到工程细胞 CHO-endo，然后包埋于 APA 微胶囊。将微胶囊包埋的 CHO-endo 细胞注射入 B16 黑色素瘤鼠（C57BL/6）模型。微胶囊包埋的 CHO-endo 细胞可持续分泌 endostatin，15 天后注射微胶囊的黑色素瘤鼠肿瘤体积明显缩小，抑瘤率达 60%（图 5-5）。

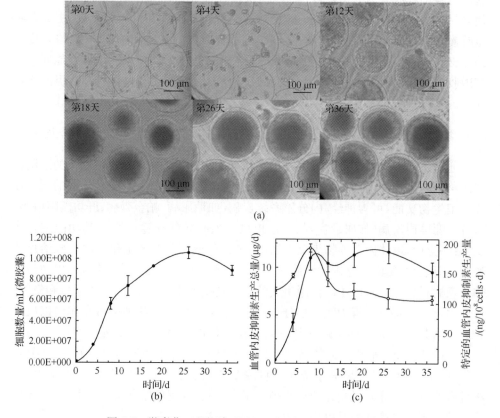

图 5-5　微囊化工程细胞 CHO-endo 及 endostatin 的分泌

5.3　脂质体的药物传递

5.3.1　脂质体结构特点

　　脂质体是磷脂或其他两亲性物质分散于水中形成的一层或多层同心脂质双分子膜包封而成的球状体，在水中平衡后有两亲性质（亲水性和亲脂性），直径大小约为几十纳米到几十微米。脂质体作为一种药物载体，水溶性的药物可包封于脂质体的亲水部分,而脂溶性或两性的药物则直接与脂质体亲脂部分或脂质双分子层相结合(图 5-6)。脂质体的基本成分两亲分子(如磷脂)的性质是决定脂质体物理稳定性、与药物的相互作用及在体内转运的主要因素[52]。以磷脂为例,磷脂由一个头部和两个尾部组成。头部是磷酸与水溶性分子(R3)如胆碱等酯化而成,再与甘油的一个羟基酯化;尾部是两条脂肪酸链(R1,R2)与甘油剩下的两个羟基酯化(图 5-7)。调节脂肪酸链的长度和不饱和度可以调节脂质双层膜的相转变温度,由此可制得热敏感脂质体。若将头部水溶性分子换成亲水性的高分子(如聚乙二醇等),可以增强磷脂亲水端的亲水性以得到长循环脂质体。通过使用不同类型的磷脂或胆固醇的衍生物,或者引入一些抗体或抗体片断,可以使脂质体具有表面电荷或免疫特性,以形成带电荷的脂质体或者免疫脂质体。

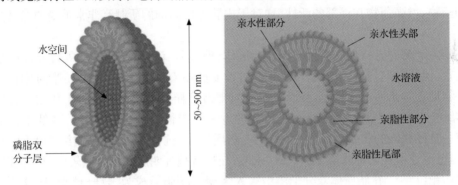

图 5-6　脂质体的结构示意图

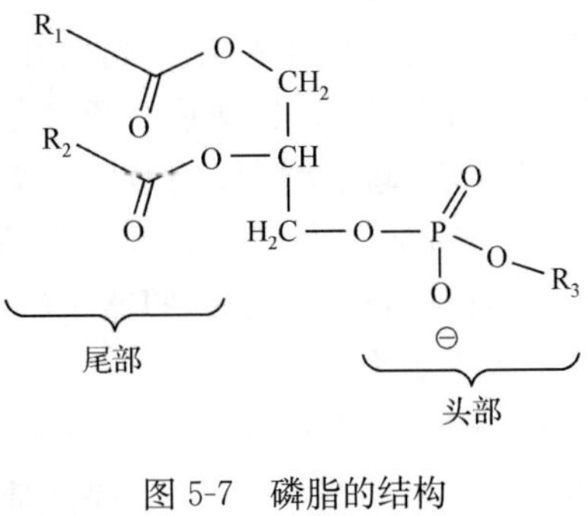

图 5-7　磷脂的结构

5.3.2　脂质体的性能

1. 靶向性

靶向性是指利用药物载体释放系统改变药物的动力学,使药物只作用于病变部位的靶组织,而避免作用于正常细胞。脂质体的靶向性是脂质体作为药物载体最突出的特征,其靶向性分为被动靶向、主动靶向和特殊靶向。

（1）被动靶向

被动靶向是指未经任何修饰的脂质体包裹药物注入体内后,脂质体被网状内皮系统吞噬而激活机体的自身免疫功能,使药物主要在肝、脾、肺、淋巴结、骨髓等组织器官中累积的现象。被动靶向改变了被包封药物的动力学性质和体内分布,提高药物的治疗指数,减少药物的治疗剂量。例如,将未修饰的脂质体经静脉注射,其很快被网状内皮系统（RES）所摄取[53]。因此可使脂质体携带巨噬细胞激活因子,脂质体集中于 RES 后激活巨噬细胞清除肿瘤,对于临床肿瘤的治疗有重要的意义。其次,如果是肌肉或皮下注射脂质体,则有 80% 储存于注射部位,而皮肤外用脂质体能进入角质层深部,甚至表皮下方的真皮层,利于在局部形成较高浓度的药物,增强药物在局部的活性,这对于皮肤外用制剂的研制有非常重要的意义。

（2）主动靶向

主动靶向是指在脂质体双层装上抗体、糖残基、激素、受体配体等特异性归巢装置,使其靶向到特异性组织,或是通过改变脂质双层的磷脂组成,使脂质体在某些物理化学条件下不稳定,从而在特定的靶器官释放出包被物而产生作用。将抗体结合于脂质体表面能够提高脂质体的专一靶向性,减少用药剂量,降低不良反应。抗体修饰的脂质体又称之为"免疫脂质体"。抗体可以直接连接在脂质体表面,也可连接在修饰脂质体的 PEG 末端,而后者被证明所需抗体量较少,且更容易到达靶位[54]。在脂质体双分子层中掺入多糖或糖脂后成为多糖（糖脂）被复的脂质体,改变脂质体组织分布的一种新方法。糖基不同可改变脂质体的组织分布。如表面带有半乳糖基的脂质体为肝实质细胞所摄取,带甘露糖残基的脂质体为 K 细胞所摄取。多糖被复的脂质体能大幅度抑制给药后在血液中某些崩解过程,使脂质体稳定化。另外与其他活性基团相比,糖基的亲和力较弱,脂质体的外表面为糖基提供了足够的修饰点,多个糖基的协同作用增加了亲和力,可以提高脂质体的靶向性[55]。受体介导的主动靶向脂质体借助受体与配基的特异性相互作用可将配基标记的脂质体靶向到含有配基特异性受体的器官组织或细胞,同时受体与配基结合可促使脂质体内化进入细胞内。

（3）特殊靶向

这种靶向性是在脂质体中掺入某些特殊物质,是脂质体对某些因素的变化敏感而将药物携带至靶向位置,如热敏脂质体、pH 敏感脂质体等多种特殊靶向脂质体制剂。pH 敏感脂质体是一种在酸性条件下主动去稳定、释药的脂质体。其原理是,脂质体被细胞内吞形成核内体;核内体为酸性,故脂肪酸羧基质子化发生膜融合;药物便释放到胞浆,从而避免进入溶酶体被降解。热敏感脂质体是指在高于生理温度条件下释放药物到靶部位的脂质体。因为构成脂质体的磷脂都有特定的相转变温度,当温度高于相转变温度时,膜分子排列失序,药物释放。

2. 膜通透性

以脂质体作为生物膜模型对不同分子通透性的研究表明,分子的脂溶性越大,越容易通过脂质膜。这是因脂质体膜的主要成分是类脂质,脂溶性分子与膜有良好的亲和力,从而有助于分子的通过;不带电粒子较带电粒子易通过脂质膜,以阴离子比阳离子易通过,离子荷电量越大,通透速度越慢;质子对所有类型的脂质体的通透性均很低,正离子尤其不能通过带正电的脂质体;溶质对脂质体的通透性取决于脂肪酸的饱和度和链长度,随着磷脂链不饱和程度的增加,钠离子的通透性下降,而葡萄糖分子的通透性稍有增加。小分子比大分子容易通透,如水和甲烷很容易通过脂质体双分子层膜。蛋白质这样的大分子基本上不能通过脂质体,除非脂质体结构崩裂。

3. 其他性能

此外,脂质体药物在血循环中的半衰期大大延长,药物的毒副作用得到了明显的改善,而且可以改变药物的溶解性质等[56]。一些不稳定、易氧化的药物包封在脂质体中,药物因受到脂质体双层膜的保护,在很大程度上提高了药物的稳定性,同时增加了药物在体内的稳定性。

5.3.3　脂质体对药物的包埋与释放

脂质体在药学中作为一种药物传输系统得到了广泛的应用。目前已经有抗肿瘤化疗药品和抗真菌药品脂质体产品上市。脂质体对药物的包埋或装载,根据机理不同可分为被动载药法和主动载药法两大类。被动载药法是将药物溶于水相或有机相中,然后制备含药脂质体。该法特点是在制备脂质体的同时,将待包封的药物装载其中,主要适于脂溶性强的或水溶性强的药物。主动载药法是通过内外水相的不同离子或化合物梯度进行载药。在外水相中以中性形式存在的药物在药物浓度梯度的作用下,能够自由通过磷脂双分子层,自外而内地进入脂质体内部,在脂质体内水相中药物被质子化转化为离子形式,丧失跨膜能力,被锁在囊泡内部。与被动载药法相比,用主动载药法制得的脂质体包封率较高。

Mayer 等[57]用主动载药法(柠檬酸缓冲体系)制备了内水相为酸性、平均粒径为 170 nm 的脂质体。当其他条件不变,而内水相的柠檬酸浓度由 0.01mol/L 上升到 0.1mol/L 时,阿霉素的包封率由 24% 升高到 98% 以上。Haran 等[58]使用硫酸铵梯度法制备了阿霉素脂质体。他们用 0.12 mol/L 的硫酸铵代替缓冲对水化脂质形成脂质体,再通过稀释、透析等方法降低脂质体外相的硫酸铵浓度形成浓度梯度。最后把制得的脂质体与阿霉素共孵,得到了将近 100% 的包封率。载药过程可以看作是氨分子与阿霉素分子的交换过程。

传统脂质体容易吸附血浆蛋白,在网状内皮系统丰富的肝、脾等器官被快速清除。研究者针对这一问题采用各种方法对脂质体进行修饰,其中最常用的修饰物是聚乙二醇。聚乙二醇可与磷脂分子通过共价键结合形成衍生化磷脂,它可以阻止网状内皮系统对脂质体识别和摄取,延长其体内循环时间。对于脂质体而言,聚乙二醇衍生化磷脂还能提高脂质体的物理稳定性,延长有效期。孙萍等[59]用聚乙二醇 2000 单甲醚磷脂酰乙醇胺衍生物修饰大蒜素长循环脂质体。体外实验表明,脂质体在前期快速释药,后期则缓慢释放。说明此长循环脂质体可满足药物在体内迅速达到有效血药浓度并维持较长作用时间的需求。家兔体内药物动力学结果表明,制成脂质体后,大蒜素在动物体内的分布发生改变,药动学参数显著改变。长循环脂质体在体内能够维持更长的循环时间,使其有更多的机会到达靶部位,实现靶向作用。说明能够更好地浓集于靶组织,减少药物对其他组织的不良反应。

脂质体药物在体内的靶向释放是脂质体最大的特点。研究者运用了多种方法(如抗体、受体、pH 敏感、热敏感、酶敏感)使脂质体在靶部位主动释药。Park 等[60]对抗人表皮生长因子的单克隆抗体介导的阿霉素长循环脂质体进行了体外靶细胞内吞作用和成鼠体内的药动学研究,结果表明抗人表皮生长因子的单克隆抗体介导的阿霉素长循环脂质体在成鼠体内循环时间与普通长循环脂质体无明显差别,但可显著增加癌细胞内阿霉素的浓度,并对癌组织生长起到明显的抑制作用。Suzuki 等[61]将抗肿瘤药物奥沙利铂包封于转铁蛋白(在脑组织毛细血管内皮细胞和癌细胞上有大量表达的转铁蛋白受体)介导的长循环脂质体中,静脉注射给予荷瘤小鼠,结果表明,转铁蛋白介导的长循环脂质体在癌组织中的达峰时间和峰浓度均显著高于溶液组,可以显著增加脂质体的癌组织靶向性。Jenifer 等[62]用 pH 敏感脂质体包裹了阿糖胞嘧啶用于治疗口腔癌肿。实验表明,同为叶酸受体介导内吞的脂质体,pH 敏感脂质体对癌细胞的杀伤毒性为非 pH 敏感脂质体的 17 倍。Davidsen[63]利用靶部位的磷脂酶促使脂质体膜发生重构,从而释放药物。研究发现在炎症和癌组织处,磷脂酶的分泌量为正常组织的数倍。

脂质体药物经过几十年的发展,已逐步实现商业化。基于脂质体药物载药、靶向修饰、缓控释等的研究结果,理想的脂质体制剂应该具有以下特点:①有较高的载药量;②能在人体循环中存留较长时间(靶向到网状内皮系统的除外);③粒径要小,以利于穿透血管壁到达靶部位;④最好能主动靶向;⑤到达靶组织、靶细胞后能主动释药;⑥能够携带基因、蛋白质等生物大分子。满足这些条件的脂质体才能更好地发挥"魔弹"的作用。另外,在脂质体在体内的作用途径以及如何影响体内分布等方面还望更进一步的研究,以提高脂质体药物的稳定性、靶向性。

5.4　聚合物胶束药物传递

5.4.1　聚合物胶束的结构

胶束亦称胶团,是过量的表面活性剂在水中自组装形成的胶体溶液。由双亲聚合物在选择性溶剂中发生微相分离,形成的具有疏溶剂性核与溶剂化壳的一种自组装结构称为聚合物胶束[64]。其中的选择性溶剂是指该溶剂对聚合物的一种链段为良溶剂,对另一种链段为不良溶剂。故当聚合物溶液达到一定浓度时,在界面吸附达到饱和,疏水作用、静电相互作用、氢键作用等使溶液中疏溶剂区相互吸引缔合在一起形成致密的内核,从而形成聚合物胶束。

根据聚合物材料来源分为天然的和合成的。常用的天然聚合物胶束材料有纤维素衍生物、壳聚糖衍生物、葡聚糖衍生物、淀粉衍生物、酪蛋白等。合成聚合物材料根据共聚物结构不同可以分为嵌段共聚物胶束和接枝共聚物胶束。常用的嵌段共聚物多为二嵌段(亲水-疏水)和三嵌段(亲水-疏水-亲水)两类。其亲水嵌段多为聚酰胺、聚氧乙烯(PEO)、聚乙二醇(PEG)等,疏水嵌段多为聚苯乙烯、聚环氧丙烷(PPO)、聚酯和聚氨基酸等,其中聚酯类使用最多。接枝共聚物胶束通常以疏水性聚合物为主链,接枝上亲水性的侧链,所得接枝共聚物在水性介质中自发组装成外表亲水、内部亲油的胶束。嵌段共聚物和接枝共聚物通过自组装形成疏水基团向内、亲水基团向外的核-壳结构的纳米胶束。

聚合物胶束作为纳米载物系统,其具有很小的尺寸和很大的表面积/体积比,可以避免体内网状内皮系统的吞噬或被肝、脾等组织吸收。聚合物胶束具有较低的临界胶束浓度,较大的增溶空间,结构稳定且依据聚合物疏水链段的不同性质可以通过化学、物理以及静电作用等方法包裹药物,对难溶性药物有明显的增溶效果。聚合物胶束根据嵌段聚合物的组成,聚合物聚集态可以分为核-壳结构的“星型胶束”和“平头胶束”(crew-cut)两种[65](图 5-8 和图 5-9)。形成星型胶束的聚合物的亲水链段通常比疏水链段长,相比之下形成平头胶束核的疏水链段比壳的亲水链段长。在水溶液中,平头胶束可以采取球型、棒状、层状、囊状等形态存在。疏水链段的构象、亲水链段之间的相互作用以及疏水链段与溶剂之间的界面能均可影响聚集态结构。通过调节影响这三种作用力(如共聚物结构、聚合物溶液的浓度、离子强度等)就可以获得不同形态的胶束结构。不同形态的胶束在药物载体方面具有不同的应用,这是因为棒状的胶束具有与球型胶束不同的载药空间与释放动力学。一般情况下,棒状胶束由于它的薄的管壁结构在制备用于肺部给药的载体系统时比球型胶束更具有优势[66]。

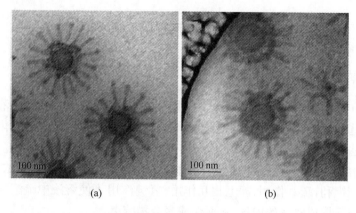

图 5-8 星型胶束

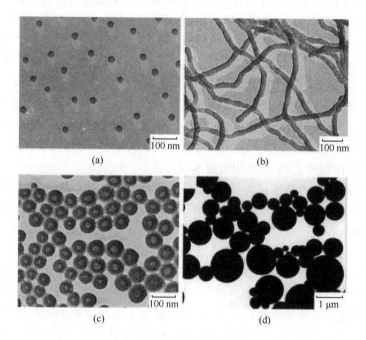

图 5-9 典型平头胶束

5.4.2 聚合物胶束的性能

聚合物胶束基于疏溶剂性核和溶剂化壳结构的特点,作为药物传送载体具有如下特点:

(1)增溶性能。通过改变共聚物的组成、分子质量及亲疏水链段比例,能够比较容易地调节胶束的大小、形态等各种特性,从而控制聚合物胶束的载药能力[67]。

（2）保护药物性能。两亲性聚合物因其碳链长,相对分子质量大,因此溶解度很小,聚合物的临界胶束浓度值很低,即当聚合物溶液浓度很低时也能形成胶束;又由于其组成疏水核心的碳链长,使核心紧密而稳定,稀释到浓度低于临界胶束浓度时解缔合也很缓慢,即使经血液稀释,胶束也在体内可以稳定存在并保持一定的药物浓度,使得胶束在未分解成单体之前将包载的药物送至靶位[68]。

（3）提高药物的生物利用度。运用聚合物胶束对难溶性药物进行增溶后,可以提高药物的生物利用度,同时可以显著改善药物在体内的分布。聚合物纳米胶束可防止药物在酸性环境中水解,大大降低药物与胃蛋白酶的接触机会;同时聚合物纳米胶束经口服后可穿过小肠的集合淋巴结到达肝、脾等组织,也可以穿过肠系膜的细胞间通路进入循环积聚于肝脏,发挥药效,降低药物毒性及其他不良反应,提高药物的生物利用度[69]。

（4）长效缓释。两亲聚合物的亲水链段可以明显地抑制蛋白与细胞黏附,从而有效保护核层疏水链段不被水解和酶解,提高载体在血液中的循环周期,实现药物的长效缓释[70]。

（5）被动靶向。由于肿瘤器官具有高通透性,直径小于 600 nm 的药物载体可以选择性地被肿瘤器官吸收。聚合物胶束对靶向细胞并无识别能力,不能与靶向细胞融合,而是由特定的细胞"内吞"摄取,这种被动靶向作用对于治疗网状内皮系统疾病有特殊效果[71,72]。

（6）智能靶向。聚合物胶束亲水链段为胶束的靶向配基修饰提供了合适的活性基团,可在胶束表面间接识别信号实现智能靶向(如 pH 靶向性、温敏性聚合物胶束)[73]。

5.4.3　胶束对药物的包埋与释放

聚合物胶束通常通过 3 种方法将药物包埋于胶束中:物理包埋法、化学结合法和聚离子复合法。疏水性药物通常采用物理包埋法增溶于聚合物疏水嵌段部位,胶束的载药能力通常用胶束-水分配系数表示。通过调整聚合物疏水嵌段部分的结构,各种各样的药物都可以采用物理方法包载入胶束中。化学法是通过化学结合的方式将药物载入聚合物胶束中。这种方法于 1984 年由 Ringsdorf[74]小组首次提出。按照这种方法,药物被通过精心设计的 pH 或酶敏感的链接化学键合到共聚物能够形成胶束核心的嵌段上,进入细胞后化学键断裂,活性药物被释放。聚离子复合法是利用嵌段共聚物中带电的离子部分与带电药物的静电相互作用将药物载入胶束中。这种方法通过改变离子嵌段的长度、带电密度和溶液的离子强度控制胶束载药量。

聚合物胶束中药物的释放主要有 3 种机制[75]:①从共聚物载体表面释放;

②通过共聚物载体的微孔或溶蚀形成的微孔扩散；③通过共聚物载体的降解释放。药物分子在聚合物胶束中的位置（胶束核或核壳界面）决定了药物的释放速度[76,77]。研究发现，具有较好溶解性的物质分布在核壳界面或内壳层，而疏水性强的药物倾向于增溶在胶束的内核。胶束的突释是由于分布在胶束外壳或界面上的药物的释放引起的，缓释是由于药物骨架聚合氨基酸肽键在体内蛋白酶的作用下断裂或者是药物由于高渗压的作用而释放。Dong 等[78]制备得到的载有紫杉醇的 PLGA/MMT 纳米粒体外释放即显示了突释和缓释两个过程。扩散缓释药物通过载体孔道扩散释放，随着载体的降解，粒子孔道变大，内部药物扩散加快。

除药物分布位之外，药物的释放还与药物的装载方式、药物的理化性质有关。一般而言，对于物理包载入胶束中的药物而言，药物的释放取决于药物从胶束内核向外扩散的速率、胶束的稳定性以及共聚物的生物降解速率。如果胶束是稳定的且聚合物的降解速率慢，则药物的扩散速率主要取决于药物和共聚物的核形成嵌段的相容性、载药量、药物的分子体积和核形成嵌段的长度等[79]。化学结合法制备的胶束可利用渗入内核的水，水解药物与共聚物之间的共价结合键，然后再通过扩散作用将药物释出。但由于内核的容积很小，限制了水进入的量，因此药物主要是通过胶束骨架的降解而被释放。

此外通过在胶束的表面引入靶向的配基，可以使药物达到靶向释放。药物和核形成嵌段的相容程度也会影响药物从胶束中的释放速度。胶束的内核环境和药物的相容性越好，药物的释放速度越慢。Lee 等[80]将制备的载有紫杉醇的 P(MDS-co-CES)阳离子纳米胶束表面吸附人源化单克隆抗体赫赛汀，形成药物-纳米载体-抗体复合物，实验表明该复合物对 HER-2 过度表达的乳腺癌细胞有很好的靶向性。

致谢

感谢国家自然科学基金(10979050,51103157)及中国科学院战略性先导科技专项干细胞与再生医学研究（任务编号 XDA01030303）的资助。

（中国科学院大连化学物理研究所：谢红周、刘袖洞、吕国军、马小军）

参 考 文 献

[1] Venkatesh S, Byrne M E, Peppas N A, et al. Applications of biomimetic systems in drug delivery. Expert Opin. Drug Deliv. , 2005，2(6)：1085-1096.

[2] 崔岳，费进波，李峻柏. 仿生微胶囊的组装及其应用. 中国科学：化学，2011，41(2)：273-280.

[3] He Q, Cui Y, Li J. Molecular assembly and application of biomimetic microcapsules. Chem. Soc. Rev. , 2009，38(8)：2292-2303.

[4] Antonietti M, Foerster S. Vesicles and liposomes: a self-assembly principle beyond lipids. Adv. Mater., 2003, 15(16): 1323-1333.

[5] (a) Hoare T R, Kohane D S. Hydrogels in drug delivery: progress and challenges. Polymer, 2008, 49: 1993-2007. (b) Peppas N A, Hilt J Z, Khademhosseini A, et al. Hydrogels in biology and medicine: from molecular principles to bionanotechnology. Adv Mater, 2006, 18(11): 1345-1360.

[6] (a) Kost J, Langer R. Responsive polymeric delivery systems. Adv. Drug Deliv, Rev. , 2001, 46(1-3): 125-148. (b) Bhattarai N, Gunn J, Zhang M. Chitosan-based hydrogels for controlled, localized drug delivery. Adv Drug Deli v Rev, 2010, 62(1): 83-99.

[7] Kim S W, Bae Y H, Okano T. Hydrogels: swelling, drug loading, and release. Pharm. Res. , 1992, 9(3): 283-290.

[8] Chen Y M, Ogawa R, Kakugo A, et al. Dynamic cell behavior on synthetic hydrogels with different charge densities. Soft Matter, 2009, 5: 1804-1811.

[9] Blanco M D, Garcia O, Trigo R M, et al. 5-Fluorouracilrelease from copolymeric hydrogels of itaconic acid monoester: I. Acrylamide-co-monomethyl itaconate. Biomaterials, 1996, 17(11): 1061-1067.

[10] Pelton R. Temperature-sensitive aqueous microgels. Adv. Colloid Interface Sci. , 2000, 85(1): 1-33.

[11] Murry M J, Snowden M J. The preparation, characterisation and applications of colloidal microgels. Adv. Colloid Interface Sci. , 1995, 54: 73-91.

[12] Snowden M J, Marston N J, Vincent B. The effect of surface modification on the stability characteristics of poly(N-isopropylacrylamide) latices under Brownian and flow conditions. Colloid Polym. Sci. , 1994, 272(10): 1273-1280.

[13] Weiss A, Hartenstein M, Dingenouts N, et al. Preparation and characterization of well-defined sterically stabilized latex particles with narrow size distribution. Colloid Polym. Sci. , 1998, 276(9): 794-799.

[14] Pelton R H, Pelton H M, Morphesis A, et al. Particle sizes and electrophoretic mobilities of poly(N-isopropylacrylamide) latex. Langmuir, 1989, 5(3): 816-818.

[15] Wu X, Pelton R H, Hamielec A E, et al. The kinetics of poly(N-isopropylacrylamide) microgel latex formation. Colloid Polym. Sci. , 1994, 272(4): 467-477.

[16] Chan K, Pelton R, zhang J. On the formation of colloidally dispersed phase-separated poly(N-isopropylacrylamide). Langmuir, 1999, 15(11): 4018-4020.

[17] Tien H T, Angelica L, Ottova. From self-assembled bilayer lipid membranes(BLMs) to supported BLMs on metal and gel substrates to practical applications. Colloids Surf. A Physicochem. Eng. Asp. , 1999, 149(1-3): 217-233.

[18] Umezawa Y, Kihara S, Suzaki K, et al. Molecular recognition at liquid-liquid interfaces: fundamental an analytical applications. Anal Sci, 1998, 14: 241-245.

[19] Sayil C, Okay O. Macroporous poly(N-isopropyl)acrylamide networks: formation conditions. Polymer, 2001, 42(18): 7639-7652.

[20] Furukawa H. Effect of varying preparing-concentration on the equilibrium swelling of polyacrylamide gels. J. Molecular Structure, 2000, 554(1): 11-19.

[21] Baker J P, Stephens D R, Blanch H W, et al. Swelling equilibria for acrylamide-based polyampholyte hydrogels. Macromolecules, 1992, 25(7): 1955-1958.

[22] Peppas N A, Khare A R. Preparation, structure and diffusional behavior of hydrogels in controlled release. Adv. Drug Del. Rev. , 1993, 11(1-2): 1-35.

[23] Cha W I, Hyon S H, Ikada Y. Microstructure of poly(vinyl alcohol) hydrogels investigated with differential scanning calorimetry. Macromol Chem. Phys. ,1993, 194(9): 2433-2441.

[24] Ahmad M B, Huglin M B. States of water in poly(methyl methacrylate-*co*-N-vinyl-2-pyrrolidone) hydrogels during swelling. Polymer, 1994, 35(9): 1997-2000.

[25] Vollav V I, Korotchkova S A, Nesterov I A, et al. The self-diffusion of water and ethanol in cellulose derivative membranes and particles with the pulsed field gradient NMR data. J Membrane Sci. , 1996, 110(1): 1-11.

[26] 李欣，周四元，梅其炳，等. 多糖类水凝胶在口服缓控释制剂中的应用. 解放军药学学报, 2003, 19 (6): 449-452.

[27] Nieuwenhuis E A, Vrij A. Light scattering of PMMA latex particles in benzene: structural effects. J. Colloid Interf. Sci. , 1979, 72(2): 321-341.

[28] Duracher D, Elaissari A, Pichot C. Characterization of cross-linked poly(*N-iso*propylmethacrylamide) microgel latexes. Colloid Polym. Sci. , 1999, 277(10): 905-913.

[29] Honeywell-Nguyen P L, Arenja S, Bouwstra J A. Skin penetration and mechanisms of action in the delivery of the D2-agonist rotigotine from surfactant-based elastic vesicle formulations. Pharm. Res. , 2003, 20(10): 1619-1625.

[30] Manuel E, Ioulia P, Marilena V. Dimensional changes, gel layer evolution and drug release studies in hydrophilic matrices loaded with drugs of different solubility. Int. J. Pharm. , 2007, 339(1-2) :66-75.

[31] Barreiro-Iglesias R, Alvarez-Lorenzo C, Concheiro A. Controlled release of estradiol solubilized in carbopol/surfactant aggregates. J. Control Release, 2003, 93(3): 319-330.

[32] Kataoka K, Harada A, Nagasaki Y. Block copolymer micelles for drug delivery: design, characterization and biological significance. Adv. Drug Deliv. Rev. , 2001, 47(1): 113-131.

[33] Skjak-Braek G, Grasdalen H, Smidsrod O. Inhomogeneous polysaccharide ionic gels. Carbohydr. Polymer. , 1989, 10(1): 31-54.

[34] Liu X D, Yu W Y, Zhang Y, et al. Characterization of structure and diffusion behaviour of Ca-alginate beads prepared with external or internal calcium sources. J. Microencapsul. , 2002, 19(6): 775-782.

[35] Strand B L, Morch Y A, Espevik T,et al. Visualization of alginate-poly-L-lysine-alginate microcapsules by confocal laser scanning microscopy. Biotechnol. Bioeng. , 2003, 82(4): 386-94.

[36] Gaserod O, Smidsrod O, SkjAk-Braek G. Microcapsules of alginate-chitosan-I. A quantitative study of the interaction between alginate and chitosan. Biomaterials, 1998, 19(20): 1815-1825.

[37] Xie H G, Zheng J N, Li X X, et al. Effect of surface morphology and charge on the amount and conformation of fibrinogen adsorbed onto alginate/chitosan microcapsules. Langmuir, 2010, 26 (8): 5587-5594.

[38] 谢红国，李晓霞，于炜婷，等. 壳聚糖脱乙酰度对海藻酸钠/壳聚糖微胶囊的表面性质及蛋白吸附的影响. 复合材料学报, 2011, 28(2): 111-116.

[39] Gaserod O, Sannes A, Skjak-Braek G. Microcapsules of alginate-chitosan. II. A study of capsule stability and permeability. Biomaterials, 1999, 20(8): 773-783.

[40] 何洋，解玉冰，王勇，等. APA 微胶囊扩散数学模型的改进. 高等学校化学学报, 2000, 21(2): 278-282.

[41] 刘映薇，于炜婷，刘袖洞，等. 海藻酸钠-壳聚糖-海藻酸钠(ACA)微胶囊的蛋白质通透性研究. 中国生物医学工程学报, 2006, 25(3): 370-373.

[42] Qi W, Ma J, Liu Y, et al. Insight into permeability of protein through microcapsule membranes. J. Membrane Sci. , 2006, 269(1-2): 126-132.

[43] Qiu X P, Donath E, Mohwald H. Permeability of ibuprofen in various polyelectrolyte multilayers. Macromol. Mater. Eng. , 2001, 286(10): 591-597.

[44] Zheng J H, Liu C W, Bao D C, et al. Preparation and evaluation of floating-bioadhesive microparticles containing clarithromycin for the eradication of helicobacter pylori. J. Appl. Polym. Sci. , 2006, 102 (3): 2226-2232.

[45] 乔吉超,胡小玲,管萍,等. 药用微胶囊的制备. 化学进展, 2008, 20(1): 171-184.

[46] Chang T M S. Artificial cells for cell and organ replacements. Artif. Organs, 2004, 28(3): 265-270.

[47] 刘袖洞,于炜婷,王为,等. 海藻酸钠和壳聚糖聚电解质微胶囊及其生物医学应用. 化学进展, 2008, 20(1): 126-139.

[48] Soon-Shiong P, Heintz R E, Merideth N, et al. Insulin independence in a type 1 diabetic patient after encapsulated islet transplantation. Lancet. 1994, 343(8903): 950-951.

[49] Date I, Shingo T, Yoshida H, et al. Grafting of encapsulated dopamine-secreting cells in Parkinson's disease: long-term primate study. Cell Transplant. , 2000, 9(5): 705-709.

[50] Xue Y L, Wang Z F, Zhong D G, et al. Xenotransplantation of microencapsulated bovine chromaffin cells into hemiparkinsonian monkeys. Artif. Cells Blood Substit. Immobil. Biotechnol. , 2000, 28(4): 337-345.

[51] Zhang Y, Wang W, Xie Y, et al. *In vivo* culture of encapsulated endostatin-secreting chinese hamster ovary cells for systemic tumor inhibition. Hum. Gene Ther. , 2007, 18(5): 474-481.

[52] Lian T, Ho R J. Trends and developments in liposome drug delivery systems. J. Pharm. Sci. , 2001, 90(6): 667-680.

[53] Zamboni W C. Liposomal, nanoparticle, and conjugated formulations of anticancer agents. Clin. Cancer Res. , 2005, 11(23): 8230-8234.

[54] Sapra P, Allen T M. Ligand-targeted liposomal anticancer drugs. Prog. Lipid Res. , 2003, 42(5): 439-462.

[55] Murohara T, Margiotta J, Phillips L M, et al. Cardioprotection by liposome-conjugated sialyl Lewisx-oligosaccharide in myocardial ischaemia and reperfusion injury. Cardiovas. Res. , 1995, 30 (8): 965-974.

[56] Budai M, Szogyi M. Liposomes as drug carrier systems preparation, classification and therapeictic advantages of liposomes. Acta Pharm. Hung. , 2001, 71(1): 114-118.

[57] Mayer L D, Tai L C, Bally M B, et al. Characterization of liposomal systems containing doxorubicin entrapped in response to pH gradients. Biochim. Biophys. Acta, 1990, 1025(2): 143-151.

[58] Haran G, Cohen R, Bar L K, et al. Transmembrane ammon-ium sulfate gradients in liposomes produce efficient and stable entrapment of amphipathic weak base. Biochim. Biophys. Acta, 1993, 1151(1): 201-215.

[59] 孙萍,邓树海,于维萍. PEG 修饰大蒜素长循环脂质体的制备及药物动力学研究. 实用心脑肺血管病杂志, 2006, 14(6): 454-456.

[60] Park J W, Kirpotin D B, Hong K, et al. Tumor targeting using anti-her2 immunoliposomes. J. Control Release, 2001, 74(1-3): 95-113.

[61] Suzuki R, Takizawa T, Kuwata Y, et al. Effective anti-tumor activity of oxaliplatin encapsulated in

transferrin-PEG-liposome. Int. J. Pharm. , 2008, 346(1-2): 143-150.

[62] Sudimack J J, Guo W, Tjarks W, et al. A novel pH-sensitive liposome formulation containing oleyl alcohol. Biochim. Biophys. Acta, 2002, 1564(1): 31-37.

[63] Davidsen J, Jorgensen K, Andresen T L, et al. Secreted phospholipase A2 as a new enzymatic trigger mechanism for localised liposomal drug release and absorption in diseased tissue. Biochim. Biophys. Acta, 2003, 1609(1): 95-101.

[64] Croy S R, Won G S. Polymeric micelles for drug delivery. Curr. Pharm. Des. , 2006, 12(36): 4669-4684.

[65] 张琰, 汪长春, 杨武利, 等. 聚合物胶束作为药物载体的研究进展. 高分子通报, 2005, 42-46.

[66] Johnson D L, Polikandritou-Lambros M, Martonen T B. Drug encapsulation and aerodynamic behavior of a lipid microtubule aerosol. Drug Deliv. , 1996, 3(1): 9-15.

[67] Allen C, Maysinger D, Eisenberg A. Nano-engineering block copolymer aggregates for drug delivery. Colloids Surf. B Biointerfaces, 1999, 16(1-4): 3-27.

[68] Bromberg L. Polymeric micelles in oral chemotherapy. J. Control Release, 2008, 128(2) :99-112.

[69] Florence A T. Issues in oral nanoparticle drug carrier uptake and targeting. J. Drug Target, 2004, 12(2): 65-70.

[70] Weissig V, Whiteman K R, Torchilin V P. Accumulation of protein-loaded long-circulating micelles and liposomes in subcutaneous Lewis lung carcinoma in mice. Pharm. Res. , 1998, 15(10): 1552-1556.

[71] Chawla J S, Amiji M M. Biodegradable poly(epsilon -caprolactone) nanoparticles for tumor-targeted delivery of tamoxifen. Int. J. Pharm. , 2002, 249(1-2): 127-138.

[72] Maeda H, Wu J, Sawa T, et al. Tumor vascular permeability and the EPR effect in macromolecular therapeutics: a review. J Control Release. 2000, 65(1-2): 271-284.

[73] Wei H, Zhang X Z, Cheng H, et al. Self-assembled thermo- and pH responsive micelles of poly(10-undecenoic acid-b-N-isopropylacrylamide) for drug delivery. J. Control Release, 2006, 116(3): 266-274.

[74] Bader H, Ringsdorf H, Schmidt B. Water soluble polymers in medicine. Macromol. Mater. Eng. , 1984, 123/124(1): 457-485.

[75] 毛世瑞, 田野, 王琳琳. 药物纳米载体-聚合物胶束的研究进展. 沈阳药科大学学报, 2010, 27(12): 979-986.

[76] Teng Y, Morrisom M E, Munk P, et al. Release kinetics studies of aromatic molecules into water from block polymer micelles. Macromolecules, 1998, 31(11): 3578-3587.

[77] Choucair A, Eisenberg A. Interfacial solubilization of model amphiphilic molecules in block copolymer micelles. J. Am. Chem. Soc. , 2003, 125(39): 11 993-12 000.

[78] Dong Y, Feng S S. Poly(d,l-lactide-co-glycolide)/montmorillonite nanoparticles for oral delivery of anticancer drugs. Biomaterials, 2005, 26(30): 6068-6076.

[79] Shin I G, Kim S Y, Lee Y M, et al. Methoxy poly(ethylene glycol)/epsilon-caprolactone amphiphilic block copolymeric micelle containing indomethacin. I. preparation and characterization. J. Control Release, 1998, 51(1): 1-11.

[80] Lee A L, Wang Y, Cheng H Y, et al. The co-delivery of paclitaxel and herceptin using cationic micellar nanoparticles. Biomaterials, 2009, 30(5) :919-927.

第3篇
生物马达体系与合成分子机器

第 6 章　ATP 合酶在组装微胶囊上的重组

自然界中、生命组织中存在的各种组装体及其结构与功能的关系为研究人员在新型结构功能材料的设计和构造中提供了绝佳的范例和素材，也为科研人员解决新材料发展所存在的问题（如材料的老化、修复和再生）提供了新的契机[1-5]。分子仿生（molecular biomimetics）就是开展这方面研究的最重要手段。事实上，学习生物体的结构、功能和特性，结合分子自组装的技术手段不仅能改善现有材料的设计和性能，而且能够突破某些传统观念，一方面有助于更好地理解和模拟生物超分子体系，另一方面有助于构建新型的多功能纳米复合材料。也就是说，分子仿生不仅仅限于对生命体系的简单复制或模仿，随着现代生物学的发展，科学家们已可以直接应用生命单元自身去构造各种纳米杂化材料，这样可以避免仿生学中的很多制造方面的难题。

目前已知活细胞有几百种不同种类的分子马达，而每一种马达对应某种特定的功能。然而，在分子尺度上生物分子马达是非常复杂的集合体，它们中大多数的结构和运动机理仍然不清楚。这些蛋白质在细胞的生命活动中扮演着重要角色，它们通过在外界刺激下产生的响应性机械运动调控着特定的生命功能[6-11]。生物分子马达是被储存在细胞内的能量驱动的，两类最重要的细胞能量存储单元是腺苷三磷酸（adenosine 5'-triphosphate，ATP）或鸟苷三磷酸（GTP）以及跨膜电化学梯度。生物分子马达主要包括线性马达和旋转马达两大类型，其中线性马达有驱动蛋白（kinesin）、动力蛋白（dynein）、肌球蛋白（myosin）和 RNA 聚合酶等，而旋转马达主要是 ATP 合酶马达和细菌鞭毛马达。肌球蛋白、驱动蛋白、动力蛋白和 ATP 合酶等分子马达都大量存在于活细胞中。肌球蛋白马达驱动着肌肉的收缩，而驱动蛋白或动力蛋白马达则可将囊泡从细胞的一端传送到另一端。所有这些线性马达发生运动所消耗的能量都来自于通用"燃料"分子腺苷三磷酸（ATP）水解所产生的生物能。F_0F_1-ATP 合酶（F_0F_1-ATP synthase 或 F_0F_1-ATPase）就负责生命体系中 ATP 分子的催化合成。它们广泛地存在于线粒体、叶绿体和原核细胞的细胞膜中，在那里它们将跨膜的电化学质子梯度转化为 ADP～P 共价键（即合成 ATP 分子）。

现代生物技术与纳米科学的发展与交叉融合已经为设计新型杂化功能材料提供了可能。在构筑新型杂化功能材料过程中遇到的一个主要挑战在于如何将天然的分子机器（如马达蛋白）集成到活性仿生体系中。在本章中，我们将讨论如何将分子仿生技术应用到纳米功能材料工程中，并将着重综述将旋转分子马达 ATP

合酶组装到人工载体中并模拟细胞体系和过程的相关工作的最新进展。

6.1　F_0F_1-ATP 合酶——一种旋转分子马达

ATP 合酶又称为 F_0F_1-ATP 合酶,是一种知名的旋转马达,也可能是生物分子马达中认识得最清楚的一种[6-8]。F_0F_1-ATP 合酶(>500kDa)由两个独立的部分构成:F_0(约 120kDa)是嵌入膜内的疏水蛋白质,负责质子的迁移,而伸出膜外的水溶性 F_1(约 380kDa)部分则负责 ATP 的水解或合成。每个部分由多个亚基组成,而亚基的组成和数目在不同物种间不尽相同。膜外的 F_1 催化复合亚单元通过一个中心柄(stalk)和一个外周柄与细胞膜内的 F_0 复合亚单元相连。质子流过 F_0 将驱动中心柄的旋转,进而促使 F_1 合成 ATP(图 6-1)[7]。这种酶也可以催化相反的反应,即 F_1 中 ATP 的水解驱动质子在 F_0 中的泵浦。

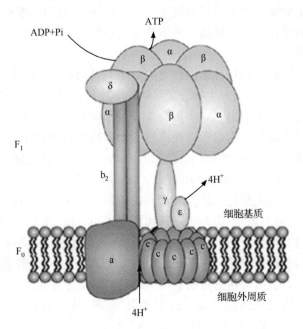

图 6-1　旋转分子马达 F_0F_1-ATP 合酶示意图

ATP 合酶利用质子梯度引起的跨膜电位驱动机械转动,从而将 ADP 和无机磷酸根合成 ATP。细菌的 F_1 由 $\alpha_3\beta_3\gamma\delta\varepsilon$ 亚基组成。α、β 亚基交替排列构成六聚催化环,类似橘瓣。中心柄 γ 亚基贯穿 $\alpha_3\beta_3$ 并与细胞膜内的 F_0 复合亚单元相连,质子流过亚基 a 和 c 的交界产生扭力,驱动中心柄 γ 亚基的旋转,进而促使 α、β 亚基构象变化合成 ATP。ε 亚基与 γ 亚基突出部分相连,作为 F_1 的内源控制器。δ 亚基连接 F_1 与外周柄 b_2。
F_0 部分由 ab_2c_{10-15} 亚基组成,c 亚基构成环形复合物,和 a 亚基一起组成质子通道[12,13]

马达的定子部分由 $\alpha_3\beta_3$、δ 和 a、b_2 亚基组成,转子部分由中心柄 γ 亚基、ε 亚基

和 F_0 中 c 亚单元环形结构组成,后者含有大量的羧基基团。质子在 c 亚单元环形结构所属羧基基团上的结合与释放便产生了旋转,带动中心柄旋转,而外周柄 b_2 作为定子可以阻止 F_1 中的 $\alpha_3\beta_3$ 复合体跟随中心柄的旋转而运动。F_0F_1-ATP 合酶中 F_0 和 F_1 部分都可被视为旋转分子马达,二者的旋转方向相反,F_0 主要利用跨膜质子梯度合成 ATP,F_1 部分也能消耗 ATP 向相反的方向旋转(图 6-2)。这两种旋转方式的竞争在细胞中完全取决于当时细胞需要完成的功能。

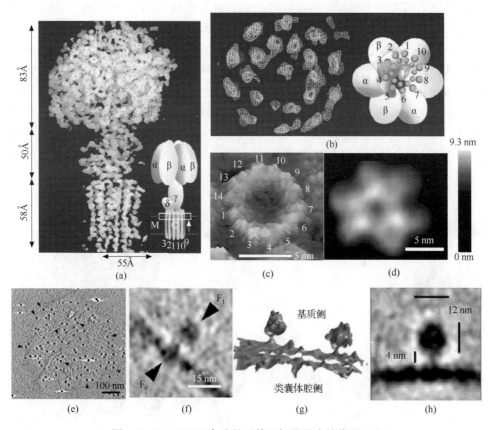

图 6-2　F_0F_1-ATP 合酶是目前已知的最小的分子马达

(a)酵母 F_1c_{10} 复合物的空间电子密度分布图,侧视图;(b)由 a 中箭头方向观测到的 c 环图,酵母 c 环有 10 个亚基[14];(c)菠菜叶绿体中 ATP 合酶转动环的原子力显微镜(AFM)图,此处 c 环亚基有 14 个[15];(d)单独的 $\alpha_3\beta_3$ 定子环 AFM 图,空载开放态下由复合物 C 端观察[16];(e)类囊体膜的快速冷冻电子断层成像,ATP 合酶的 cF_1 头基为图中黑色直径约为 12nm 的圆形部分,黑箭头所示;(f)快速冷冻豌豆类囊体中单个 ATP 合酶图,cF_1、中心柄、cF_0 均可分辨;(g)ATP 合酶类囊体中朝向示意;(h)菠菜类囊体中 ATP 合酶图[17]

6.1.1　ATP 合酶的转动机制

长期以来,研究人员对这种独特的 ATP 合酶进行了大量研究。20 世纪 40～50 年代发现细胞线粒体内呼吸作用和植物叶绿体光合作用能产生大量 ATP。1960 年,F_0F_1-ATP 合酶被从线粒体中分离出来。1961 年,Mitchell 提出化学渗透假说(chemiosmotic hypothesis),认为线粒体内膜上的氧化呼吸所释放的能量首先转化为跨膜质子梯度,后者再通过 ATP 合酶合成 ATP。70 年代末,Boyer 提出 ATP 合酶合成 ATP 的结合变构旋转催化机理(binding change rotating catalysis mechanism),认为 β 亚基是催化亚单位,每个亚基都有松弛(loose,ADP＋Pi)、紧密结合(tight,合成 ATP)、开放(open,ATP 释放,无底物结合)3 个状态。任意时刻,3 个的构象总是互不相同,且构象变化是由不对称的 γε 亚基由 F_0 带动的相对 $α_3β_3$ 的旋转来调节的。在循环过程中,亚基不断交替呈现构象变化,源源不断合成 ATP。3 个 β 亚基之间构象变化是协同性的,只有当 ADP 和 Pi 结合到一个位点时,ATP 才会从另一个位点被释放[18](图 6-3)。1994 年,Walker 得到了分辨率高达 2.8Å 的牛心线粒体晶体结构分析,有力证实了以上机理[19](图 6-4)。

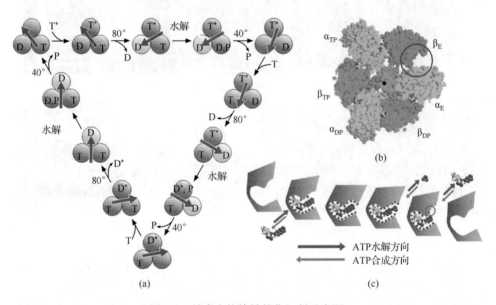

(a)　　　　　　　　　　　　　　　　　　　(c)

图 6-3　结合变构旋转催化机制示意图

(a)ATP 水解时可能的旋转催化示意图,圆圈内为 β 亚基结合状态,粗箭头为 γ 亚基朝向,从右上角开始,每水解一分子 ATP,γ 亚基逆时针旋转 120°,经过三角形的一个边,三个循环后回到原点,T*-new ATP,T-ATP,D*-new ADP,D-ADP,P-Pi。每次转动时伴随步进-驻停-步进-驻停的状态交替[20];(b) 根据晶体结构解析绘制的 F_1-ATP 合酶原子结构示意图,可以看到在无底物结合时($β_E$)处于开放状态,圆圈所示;

(c)酶催化合成 ATP 示意图。在 ATP 水解时,酶顺次经过无底物、松散、紧密 3 个状态[13]

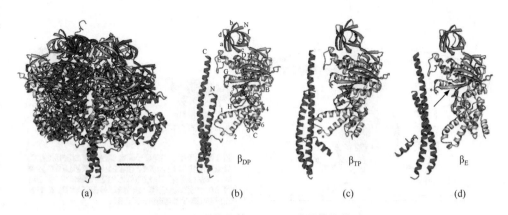

图 6-4 牛心线粒体 F_1-ATP 酶晶体结构图

(a)为牛心线粒体 F_1-ATP 酶晶体侧视图,标尺为 20Å,可以看到 γ 亚基贯穿于 $\alpha_3\beta_3$ 复合结构中;γ 亚基转动时将依次与各 β 亚基作用;(b)~(d)为 β 亚基随 γ 亚基转动构象变化图:(b) β_{DP} 为与 ADP、Pi 结合,松弛态;(c) β_{TP} 为与 AMP-PNP(ATP 类似物)结合,紧密态;(d) β_E 为无底物结合

6.1.2 马达转动的直接观测

在活体组织中证明转动的存在非常困难,复杂的生理环境对观察极微小元件构成巨大干扰,而元件自身数十纳米的直径也超出了光学观察的极限。对马达转动的直接观察可以由体外单分子实验获得。ATP 合酶转动观测方面最著名的实验是 Noji 对单个 F_1 马达转动的直接观察[21]。将荧光标记的肌动蛋白微丝结合在转轴 γ 亚基上起转动的放大作用,加入 ATP 后就能观测到微丝的转动,并能对其转动参数进行测量(图 6-5)(应注意到此时马达朝 ATP 水解方向转动,而在胞内正常情况马达朝向 ATP 合成方向)。进一步的实验将微珠分别连接在 γ 亚基和 F_o 上,得到了与微丝实验相似的转动结果,说明 F_0F_1 之间可能是刚性连接[22,23]。通过物理计算可以推出,单分子实验中引入的结合在蛋白上的微丝和微珠所引起的斯托克斯阻力对马达本身的影响可以忽略不计[24]。

对转动马达的观察依赖于所选择的时间分辨率,在较低的时间分辨率上观察,马达会表现出某一均匀速率;而在较高时间分辨率上观察,马达就会出现位置的涨落。用高速原子力显微镜就可以观察到 F_1 定子部分 $\alpha_3\beta_3$ 也存在某种类似于"转动"的涨落变化[16,25](图 6-6)。

6.1.3 马达的热力学效率和机械偶合

分子马达可以看作是将化学能转化为机械能的纳米机器,生物马达的功能依赖于它们的能量转化方式,它们将化学反应中释放出的能量转化为自身运动或对外做功的构型变化,并通过机械部件产生扭矩。

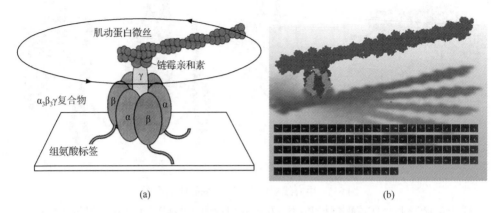

(a)　　　　　　　　　　(b)

图 6-5　在离体条件下利用肌动蛋白微丝观察单个 F_1 马达能由 ATP 的水解而使得 γ 亚基旋转[21]

(a)通过定点突变技术在 γ 亚基上引入半胱氨酸残基形成与生物素的结合位点,然后在每个 β 亚基的 N 端接上组氨酸残基的尾部,该尾部能与覆盖有 Ni-NTA(nitrilotriacetic)的玻璃固态基底高亲和力结合,达到固定的目的。之后用荧光标记生物素化的肌动蛋白微丝通过链霉亲和素与 γ 亚基上连接的生物素结合;(b)肌动蛋白微丝作为示踪,在荧光显微镜下监测到从膜一侧看微丝逆时针方向转动,在高负载下的扭矩大于 40pN·nm^{-1},远大于线性马达。系列研究证实 F_1 转动 360°需消耗 3 分子 ATP,在生理条件下转速约为 100 转/s

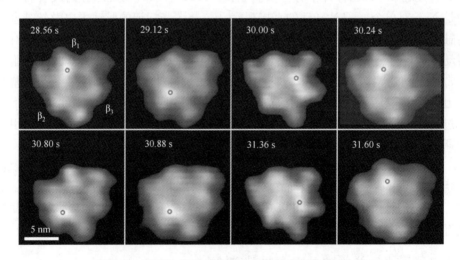

图 6-6　定子环 ATP 水解时 β 亚基构象变化 AFM 图
图中最亮部分用圆圈标记,为空载时的 β 亚基。可以看到
β 亚基构象在逆时针方向顺序变化,与中心柄转动方向相同

F_0 马达利用跨膜质子梯度来实现机械转动,F_1 马达利用 ATP 的水解能来驱

动,但方向与前者相反。在正常情况下,跨膜电化学梯度强,F_0 马达比 F_1 马达产生更大的扭矩,从而迫使后者逆转,反向由无机磷和 ADP 合成 ATP。如果跨膜电化学梯度较弱及在非闭合腔内时,平衡会向另一方倾斜,F_1 马达产生更大的扭矩,偶合的马达就利用 ATP 的水解逆质子梯度泵送质子[24](图 6-7)。

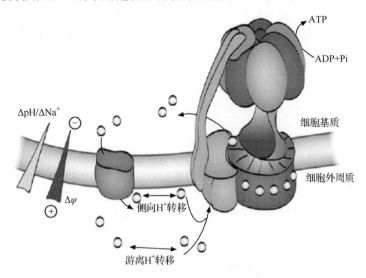

图 6-7　ATP 合成所需要的能量循环图[26]

由光、呼吸作用或脱羧作用驱动的初级质子泵在膜两侧形成电势差 $\Delta\Psi$(胞质侧带负电)和离子梯度(通常内部浓度较低)。这两种驱动力用于产生 F_0 马达的扭矩及随之进行的离子内流。通过膜表面的侧向转移,质子泵排出的质子被 ATP 合酶利用,而不是被周围环境消耗

电势差 $\Delta\Psi$ 和偶合离子的浓度梯度(ΔpH 或 ΔNa$^+$)在热力学上是等价的,但它们在动力学上并不等价,只有电势差能够克服实验条件下的活化能势垒,生成产物,即电势差才是 ATP 合成过程必不可少的驱动力[27]。

转动马达是典型的多蛋白机器,一圈相似的亚基围成一个转动环。跨膜运输一个氢离子伴随马达的一个构象变化,这就等价于转子相对定子的一个步进。转子处于某位置时离子从外周质进入马达,在另一位置时离子离开转子进入胞质,这形成了转子带有漂移的转动扩散。转子的扩散运动是热涨落引起的,并通过转子、定子和氢离子间的静电相互作用整流后变为定向运动。此时马达的驱动力是氢离子从外周质转移到胞质而引起的自由能差[24](图 6-8)。

外界施力也能影响生物马达的生化反应速率,马达速度与外界施力间必然通过机械能与化学能的转化机制联系在一起。马达内部和外部不同的力学和生化反应之间的偶合模式既是研究马达作用机理过程中的重点又是研究分子机制的手段。

由于观测到 ATP 水解带动 γ 亚基逆时针转动,研究人员认为在生物体中 γ

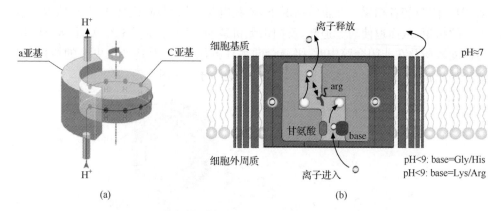

图 6-8　F_0部分转动示意图

(a)质子通过F_0部分转移带动 c 亚基旋转的可能方式[14]；(b)在嗜碱性生物体中质子捕获机理示意图。在 a/c 亚基界面至少有两个离子结合位点。合成 ATP 时，偶联离子(带正电)从入口处的第一个结合位点被精氨酸的静电斥力推到 a/c 界面的第二个结合位点，当有新的偶联离子进入通道与第一结合位点结合时，之前的离子被第二结合位点释放。图中甘氨酸/碱作为通道入口俘获质子[26]

亚基的相反方向的转动能够在 ATP 合酶 F_1 部分合成 ATP。Itoh 等把在玻璃表面的 F_1 γ 亚基连接上一个磁性珠子，当珠子在电磁铁的带动下按上述 ATP 水解方向相反方向旋转时，带动 γ 亚基同相转动，在周围介质中就能检测到 ATP 的合成[28,29]（图 6-9）。这进一步证实了机械能向化学能转化的能量转换机制，在蛋白马达特定位置施以转动力能够对相距较远的催化位点发生影响，让此位点处的反应远离平衡态。

在进一步的实验中，研究人员精确控制马达的外部扭矩（不只是控制连接探针的位置）和 ATP 水解化学势，观察到 F_1 马达不连续地以 120°的角速度步进，在这些步进中马达转动是可逆的[30]。在步进间隙的驻停态，转动并没有在特定位置固定，也没有呈现自由旋转的布朗运动，而是表现出双向的阶梯式的波动。对马达转动步进轨迹分析（图 6-10）可得到，对于 F_1 马达来说 ATP 的水解和合成可逆。

ATP 水解时的自由能变化量 $\Delta\mu$ 是体系能从水解反应中获得多少功的热力学限制因素。以上实验表明，F_1 马达旋转 120°所做的最大功与一分子 ATP 水解产生的 $\Delta\mu$ 相同。这说明 F_0F_1-ATP 合酶是高效的机械-化学自由能转换器，有近似 100%的热力学效率。同时，每一分子 ATP 水解都伴随 F_1 马达向水解方向的步进，说明这是一个机械化学紧偶联的体系。

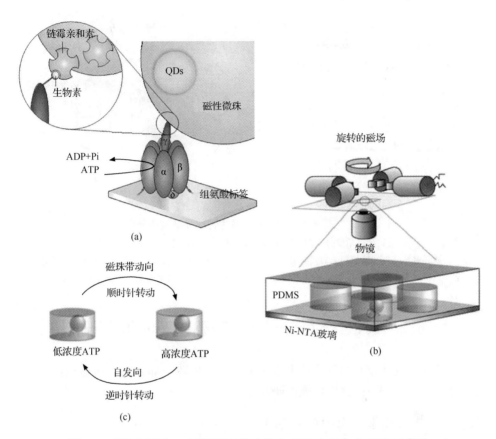

图 6-9　磁场作用下 γ 亚基顺时针转动带动 ATP 合酶合成 ATP 示意图

(a)γ 亚基与磁性珠子通过生物素-链霉亲和素连接;(b)单个磁珠子-F_1-ATPase 复合物封装在 PDMS 中,用旋转的磁场做磁镊带动磁珠顺时针转动,就能检测到 ATP 生成;(c)此封闭体系同时可以检测 ATP 的合成。撤去磁场后,合酶的反应自发转向水解 ATP 方向,水解之前合成的 ATP 带动珠子呈逆时针方向运动

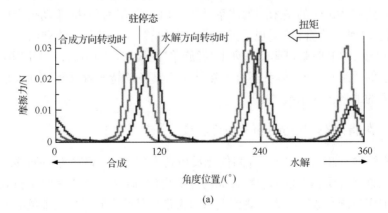

(a)

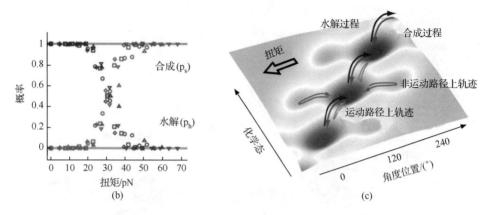

图 6-10　低 ATP 浓度下 F₁ 马达转动步进轨迹分析[30]

(a)扭矩作用下的马达步进角度分布图。三条曲线分别表示当马达处于 ATP 水解向转动、驻停态、ATP
合成转动时对其施加外部扭矩,马达转动的角度分布。三种状态下角度分布大致相同。(b)不同扭矩条
件下 F₁ 马达向 ATP 水解和合成方向步进的概率图。(c)马达转动时的自由能图和可能路径

6.2　ATP 合酶组装到人工载体上的仿生研究

目前对 ATP 合酶的分子仿生应用主要集中在转子部分转动机械能的利用和
定子部分仿生合成 ATP 生物能的研究上。

6.2.1　在无机基底上的阵列组装

F₀ 部分多亚基构成的转动环在质子流驱动下体现为亚基自身间相互作用的
类似涡轮转动,位移并不明显,所以机械能的利用主要针对 γ 亚基的规律摆动。与
用微丝观察 ATP 水解时合酶转动类似,Soong 等将基因工程修饰的 F₁ 部分与无
机纳米 Ni 棒结合,辅以用电子束刻蚀或纳米印刷技术制备的 Ni 基基底,就可以得
到单个马达精确定位的纳米阵列体系[31,32]。用 γ 亚基为马达,驱动纳米棒金属推
进器的仿生"纳米直升机"实现了人工基底上的有机-无机杂化阵列组装。环境中
含 2mmol/L ATP 时就可驱动阵列上"螺旋桨"的转动(图 6-11)。当使用带有金属
结合位点的重组马达时,体系还有天然马达不具备的特异性 Zn²⁺ 响应,是有可逆
开关能力的纳米机电系统[33]。

6.2.2　在脂质体(liposome)上的组装

没有镶嵌在膜内的 ATP 合酶催化反应自发向水解 ATP 方向偏移。受膜蛋
白嵌在完整闭合质膜上发挥生物合成功能的启发,研究人员考虑构建相对封闭的
人工囊泡作为研究载体。人工囊泡上重组膜蛋白是研究膜蛋白功能的有效分析手

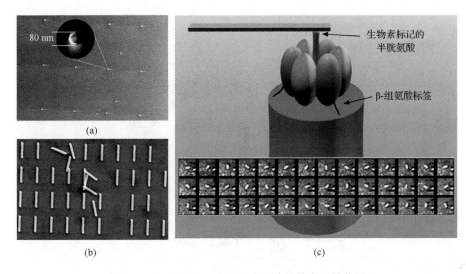

图 6-11　F_1-ATPase 分子马达驱动的纳米机械装置

(a)为阵列化的 Ni 基阵列；(b)为修饰过的 Ni 基纳米棒,做"螺旋桨"；(c)装置按阵列-马达-纳米棒的顺序依次添加组装,伴随体系中 ATP 的水解可以看到连接在 γ 亚基上的纳米棒螺旋桨发生逆时针方向的旋转

段,这使得膜蛋白与细胞环境分离,在不明显影响蛋白活性的情况下能够研究单一蛋白的功能和作用。可以通过人工干预改变囊泡外侧质子浓度,也可以通过功能蛋白改变囊泡内侧质子浓度,从而在囊泡两侧引入电化学梯度。

　　脂质体是由两亲性的脂分子在水相分散时形成的中空封闭囊泡。其疏水性尾端在中间、亲水性头端在两侧的脂双分子层结构与真实生物质膜的结构非常相似,且脂双层具有流动性的特点,是模拟活细胞和细胞器的最佳模型膜体系。将特定膜蛋白从生物膜上分离提纯后,重组插入选定膜材料制成的脂质体中,膜蛋白会以在天然膜中相似方式与脂双层结构作用,形成功能化的脂蛋白体。成分可控且单一的脂蛋白体不但可以研究膜蛋白的功能、作用机制,还可以分析蛋白-脂环境、多蛋白体系蛋白-蛋白相互作用、蛋白在膜上拓扑结构、蛋白与体系相互识别等。

　　将 ATP 合酶重组到脂质体上的研究由来已久。1974 年,E. Racker 等就提出把细菌视紫红质和牛心线粒体 ATP 合酶共同重组在脂质体上的双蛋白体系,并就蛋白的相互作用提出可信的生化证据[34]。P. Gräber 等将植物来源的 ATP 合酶重组于脂质体上,重组体系首先在较酸性环境下孵育,之后引入碱性缓冲液,在脂质体内外人为产生质子梯度,用荧光素-荧光素酶体系测量产生 ATP 的含量。计算体系内外 ΔpH 与 ATP 生成量的关系,在 $pH_{out}=8.45$ 时,$H^+/ATP=3.9±0.2$,反应的吉布斯自由能为 $(37±2)$ kJ/mol,是较好的化学渗透模型体系[图 6-12(a)和(b)][35]。重组后的脂蛋白体还可以通过溶胶-凝胶法固定在二氧化硅基质上,作为 ATP 的产生和储存器在较长时间内(至少一个月)保持活性

[图 6-12(c)][36]。

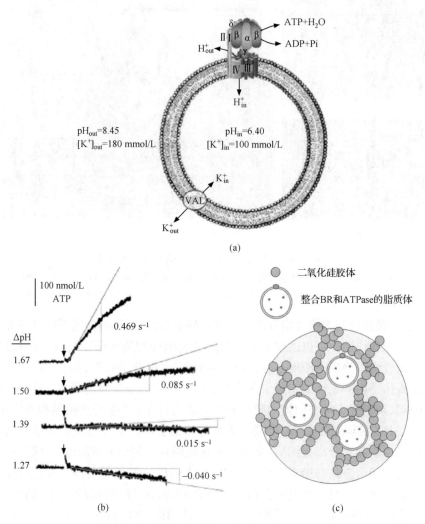

图 6-12　ATP 合酶在脂质体重组研究

(a)化学渗透体系示意图,脂蛋白体平均直径 120nm,包含 1.3×10^5 个磷脂分子和一个 CF_0F_1 马达。(b)在 (a)的体系中加入碱性介质提高脂蛋白体外侧 pH(箭头处加入),可以看到加入后 ATP 浓度立即发生变化。高 ΔpH 时观测到 ATP 合成,曲线上升;低 ΔpH 时 ATP 部分水解。(c)掺杂脂蛋白体的溶胶-凝胶材料。组装有 F_0F_1-ATPase 和 BR 的脂蛋白体与溶胶凝胶缓冲液相互作用,使脂蛋白体包封于凝胶内

　　重组的脂蛋白体不但可以进行化学渗透研究,还能用于观测亚基的相对转动。Diez 等用单分子荧光共振能量转移技术(FRET)观察膜两侧有质子梯度时 γ 亚基的转动[37,38]。荧光供体分子被标记在 γ 亚基,荧光受体分子被标记在 b 亚基。荧光受体和供体在一定范围内会发生能量共振转移引起荧光强度的变化,距离越近

转移效率越高。实验中发现伴随 ATP 合成,荧光强度有三种周期变化,由于 b 亚基是不动的,则说明 γ 亚基周期性的经过三个与 b 亚基距离不同的位点发生旋转。每次转到新位点时还会伴随 15ms 的停顿,ATP 合成和水解时旋转方向相反。这再次说明 ATP 合酶工作时 γ 亚基的确发生旋转(图 6-13)。

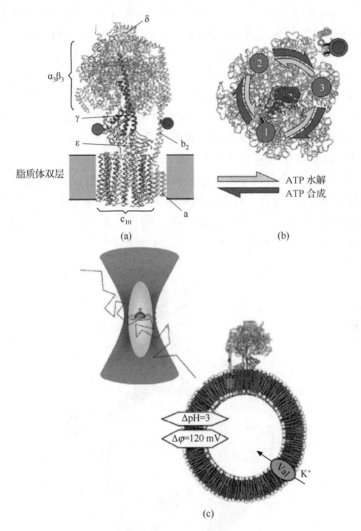

图 6-13　FRET 检测重组蛋白脂质体上跨膜质子梯度驱动大肠杆菌
F_0F_1-ATP 合酶 γ 亚基转动

(a)侧视图。FRET 供体与 γ 亚基连接,受体与 b 亚基连接。(b)从 F_0 侧看的横切图。①为供体分子与受体分子距离最远位置,经 120°、240° 旋转后到达②、③位置;③距离最近。(c)当自由扩散的单个蛋白脂质体穿过共聚焦测量面时观察到光强增强

6.2.3　在聚合物囊泡(polymersome)上的组装

聚合物囊泡是由聚合物膜形成的密闭中空结构,通常由两亲性的 AB 或 ABA 型嵌段共聚物构筑而成。囊泡的膜由位于中间的疏水性部分和位于内外表面的亲水性部分组成,疏水部分的微相分离被认为是形成这种自组装结构的驱动力[39]。聚合物囊泡的膜结构与生物质膜有相似之处,而其化学和机械稳定性又大大优于后者,因此聚合物囊泡在细胞膜的仿生学领域有独特的应用价值。

Montemagno 等在系列工作中将细菌来源的 F_0F_1-ATPase 与细菌视紫红质(bacteriorhodopsin,BR,一种光响应驱动的跨膜质子泵)共同重组在由 PEtOz-PDMS-PEtOz 构筑的聚合物囊泡中,形成了双蛋白偶联的蛋白聚合物囊泡[40,41]。当体系接受光照时,质子被泵进腔内引起腔内质子浓度局部增大,而随后质子通过ATP 合酶顺浓度梯度扩散带动 ATP 合酶在腔外产生 ATP(图 6-14)。整个体系具有较强的稳定性(三个月内 BR 都能保持质子泵的功能),可以在纳米机电系统中作为利用光能的供能器件。这个重组体系成功证明在单个聚合物囊泡上重组的两种跨膜蛋白均能保持分子马达的功能活性,并且能通过偶合反应实现生物合成过程,为后续研究 ATP 驱动的纳米器件奠定了基础。

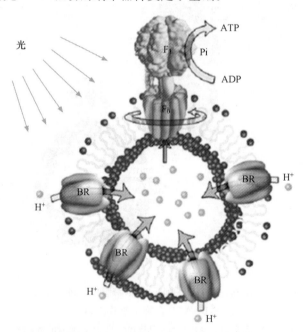

图 6-14　聚合物囊泡上重组 BR 和 F_0F_1-ATP 合酶示意图

ATP 合酶利用 BR 产生的质子梯度在囊泡外合成 ATP

6.2.4　在用磷脂修饰的层层组装微胶囊(microcapsule)上的组装

磷脂修饰的微胶囊是一种具有独特优点的分子马达组装体系。内部的层层组装微胶囊支撑能有效避免单纯脂质体的诸多缺陷,如制备时单层脂质体不易获得,储存时易相互融合、机械性能不佳等问题。而外侧的磷脂层修饰不但提供了膜蛋白锚定的位置,而且其在流动性和保持蛋白活性方面是聚合物囊泡所无法比拟的。制备时只需将脂蛋白体和微胶囊混合,非常方便。具体研究情况见 6.4 节。

6.3　层层组装微胶囊——智能的载体

在自然界生命体系中,质膜是磷脂分子自组装形成的柔软壁垒,可将细胞内外的环境分离,这种生物膜是闭合的、包含各种膜蛋白的磷脂双层结构。脂质体是由闭合磷脂双层的自组装形成的有序结构,也是最常见的生物膜模型,因为分区化(compartmentalization)是再现膜蛋白自然环境的一个基本前提条件,因而,协同有蛋白质的脂质体(proteoliposome,即蛋白脂质体)是一类典型的功能化分区[31]。然而,人工组装脂质体的尺寸、化学和机械稳定性都比较差,实际上使得有关的实验分析和理解变得很困难,也限制了脂质体在制备器件方面的应用。一个更好地解决此问题的方法是运用支持的膜系统,这有助于改善磷脂膜的机械和化学稳定性,并尽可能地增大蛋白质的构象自由度。这些新的仿生膜系统应包含适宜的分区,以使膜蛋白的自然环境得以重建。

层层组装(layer-by-layer,LbL)微胶囊是在组装核壳材料的基础上,采用可分解的胶体粒子作为膜板,层层组装上多层膜之后,除去模板,即可得到空心的胶囊。利用这种技术组装的胶囊除了具有简单易行、灵活多变的特点之外,胶囊的尺寸、形态、组成、囊壁的厚度以及均一性等性质是完全可控的,这对于胶囊的应用是十分重要的。另外,由于组装胶囊的材料可选择的范围很大,从无机粒子到有机聚合物,从合成物质到天然的生物材料,都被广泛地用作组装胶囊的材料,所以为制备各种各样的胶囊提供了可能,同时也为胶囊的功能化修饰提供了基础。通过改变囊壁的结构、组成或引入功能性组分,可获得具有各种功能的微胶囊。

将脂质体与合适的聚合物微胶囊在一定的条件下混合,脂质体转化为磷脂双层并覆盖在胶囊的外表面,形成磷脂修饰的聚电解质微胶囊,类似细胞膜的结构。磷脂分子在微胶囊壳层的成功吸附已通过各种显微和光谱技术得以证实。这些结果也表明由于聚电解质多层膜的支持,磷脂膜的稳定性和寿命已被极大改善。同时,通过吸附磷脂膜层,原有组装的微胶囊的渗透性也增强了。显然,这些磷脂分子修饰的聚合物微胶囊可以被视为一种理想的仿生支持膜系统来实现对真实细胞膜的模拟。同时,这种支撑膜系统也使新型仿生结构材料的设计与应用成为可能。

6.4　仿生微胶囊上的 ATP 生物合成

6.4.1　通过改变 pH 在聚合物胶囊中产生质子梯度

作为一种膜蛋白, F_0F_1-ATP 合酶已成功地在脂质体上实现重组来作为一种仿生膜。例如,含有细菌视紫红质和 F_0F_1-ATP 合酶的脂质体仿生系统已被成功构建,并展现了光驱动的 ATP 合成[34,40]。在这些系统中,BR 利用光照从周围环境中转移质子到脂质体内以产生一个质子梯度。接着,这一质子梯度被冲抵,因为 F_0F_1-ATP 合酶将质子跨越脂质体膜泵回并在脂质体外合成 ATP。然而,这仅仅是一个模型系统,由于脂质体自身的缺陷,含有膜蛋白的脂质体很难被认为是一种功能材料。为了创造可用的材料,系统必须变得更强,并且在更大的尺度很好地组装。李峻柏研究组报道了通过将 F_0F_1-ATP 合酶重组在磷脂分子双层膜修饰的聚电解质微胶囊的外壳上来模拟细胞中 ATP 的生物合成过程[图 6-15(a)][42]。首先,通过在三聚氰胺-甲醛树脂微米粒子模板上交替沉积带有负电荷的聚丙烯酸钠[poly(acrylic acid) (sodium salt),PAA]和带有正电荷的聚烯丙基胺盐酸盐[poly(allylamine hydrochloride),PAH],移除模板粒子后获得了微胶囊。通过调整聚电解质的组装层数及温度、盐浓度等参数可以很好地调节 PAA/PAH 多层微胶囊的渗透性[43-46]。特别是,这些组装的微胶囊很容易通过囊泡融合方法实现生物界面化,进而形成一种新型的仿生结构,即聚电解质多层支持的囊泡结构[3,47]。这一新系统大幅度地增加了囊泡的稳定性,并提供了更多的可能以控制所合成的微胶囊的渗透性。接着,通过注入不同 pH 的缓冲溶液可以实现质子浓度的梯度分布,即形成质子梯度[48,49]。在微胶囊内部的 pH 变化通过利用染料 pyranine(8-羟基-1,3,6-芘三磺酸三钠)的荧光发射强度来进行分析[50-53]。通过将染料溶液和微胶囊溶液混合,即可将 pyranine 包裹在微胶囊的空腔内[图 6-15(b)]。在微胶囊内部已有的带电物质将促使胶囊内的 pyranine 发生自沉积[42]。通过读取在荧光发射谱中位于 460 nm 和 406 nm 处的特征峰强度可以测量出胶囊内的 pH,因为 pyranine 染料在 460 nm 和 406 nm 处的相对荧光强度之比是对质子浓度依赖的。通过注入不同的缓冲溶液而在微胶囊的内外侧之间进行的酸碱转变就可以产生质子梯度。

将从植物中提取的 F_0F_1-ATP 合酶利用表面活性剂帮助的方法组装到脂质体中,获得 F_0F_1-ATP 合酶脂质体(F_0F_1-ATPase-proteoliposomes),接下来和聚电解质微胶囊溶液在磷脂分子的相转变温度以上一起进行保温。由于磷脂酸(phosphatidic acid)与阳离子聚电解质层之间的静电相互作用,蛋白脂质(proteolipid)将融合在微胶囊的外壳上,获得了协同有 F_0F_1-ATP 合酶的由磷脂分子修饰的微胶

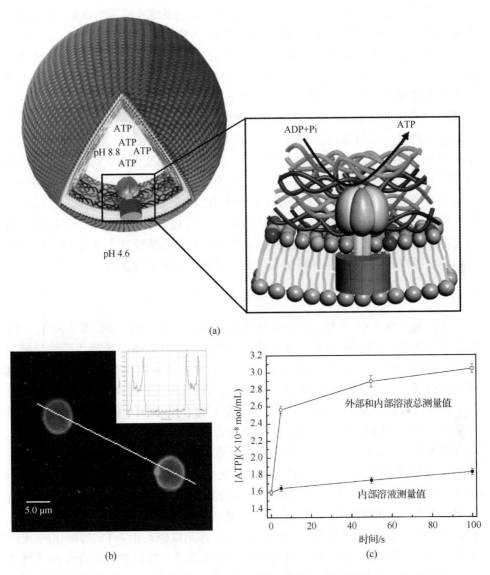

(a)

(b)　　　　　　　　　　　　　　　(c)

图 6-15　(a) F_0F_1-ATP 酶在磷脂分子覆盖的微胶囊上的排列的示意图。(b) 含有染料 pyranine 的 F_0F_1-ATP 酶/磷脂分子包裹的 (PAA/PAH)$_5$ 微胶囊的共聚焦激光扫描显微镜 (CLSM) 照片。内插图:沿着共聚焦图片上所示直线的荧光强度分布图。(c) 在胶囊内外侧溶液中的 ATP 的生物合成与反应时间的关系。ATP 的合成是在 F_0F_1-ATP 酶/磷脂分子修饰的聚电解质微胶囊上进行的,并且在胶囊外侧溶液中加入了 0.1% Triton X-100 溶液

囊。为了保持已合成的 ATP 分子在微胶囊的内部,通过快速注入相同体积的酸性缓冲溶液来产生质子梯度。

利用荧光素-荧光素酶(luciferin-luciferase)检测系统来监测溶液中 ATP 的产生量,可以方便地评估组装在胶囊外壳上 F_0F_1-ATP 合酶的生物活性。这一检测方法已被广泛用于特异性灵敏地评估 ATP 的产量或各种过程中 ATP 的合成或消耗速率[35,53,54]。这一方法主要基于如下事实:荧光素酶消耗 ATP 并产生光,所产生的光能够被用来定量探测 ATP 的浓度。因为发射光的强度与系统中存在的 ATP 的含量是成正比的,这样在仿生系统中所合成 ATP 的浓度可以方便地通过标准曲线测得。结果显示随着反应时间的增加,溶液中 ATP 含量也持续增加。重要的是,当破坏磷脂双层膜后检测到的 ATP 浓度明显更高,这表明 ATP 已部分地储存在微胶囊的内部[图 6-15(c)]。类似地,研究也发现 ATP 合成的速率也依赖于质子梯度的变化幅度。与基于脂质体的 ATP 生物合成相比,基于 LbL 组装微胶囊的 ATP 生物合成具有的最大优点是允许控制胶囊的尺寸、形状、组成和渗透性。F_0F_1-ATP 合酶能够协同在磷脂分子修饰的微胶囊上并保持其生物活性,表明这种仿生微胶囊也同样适于包裹的其他众多的活性蛋白。

6.4.2　葡萄糖氧化水解产生蛋白质胶囊内质子梯度

在此前的章节中,介绍了如何解决传统脂质体的稳定性问题,并实现了 ATP 合成过程在 LbL 组装聚电解质微胶囊上的重组。通过在微胶囊的内外侧之间进行的酸碱转变可以产生质子梯度。将这种质子梯度与 ATP 酶协同便可以重现真实细胞中的 ATP 生成行为。然而,通过注入不同 pH 缓冲溶液所产生的质子梯度并不能维持很长时间。一个进一步的挑战是如何在组装的仿生体系中设计一个持续的质子梯度,从而使得未来的器件应用成为可能。解决这一问题的方法仍然是向自然界学习。众所周知,葡萄糖的氧化新陈代谢是从细菌到人类的绝大多数生命体的能量来源之一[56,57]。葡萄糖的氧化是由葡糖氧化酶(glucose oxidase,GOD)来催化的。GOD 是一种二聚体蛋白,能够通过消耗分子氧催化从 β-D-葡萄糖到葡萄糖酸内酯的氧化。葡萄糖酸内酯能够进一步水解为葡萄糖酸,后者可以释放质子[55]。这一过程创造了一个质子梯度,并足以驱动由 ATP 酶催化的 ATP 生物合成。显然,可以将生物体内由氧化新陈代谢所产生的跨膜电化学质子梯度提供给线粒体 ATP 酶以能量用于合成 ATP 的生物过程,引入到活性仿生体系的设计和构筑中。

另一方面,通过 LbL 技术制备的微胶囊通常都是由两种或几种聚合物而构成的,这些聚合物主要通过静电相互作用结合在一起。为了获得纯的蛋白质胶囊,我们通过戊二醛(glutaraldehyde,GA)作为偶联剂的共价相互作用来构造血红蛋白(Hb)微胶囊[56-58]。研究表明相比聚电解质胶囊,共价交联蛋白质胶囊的渗透性有了极大地降低,这对于更好地调节被包埋小分子的储存和释放是非常有帮助的。蛋白质微胶囊提供了一个分区化,隔离了外界,并且限制了大尺寸材料的传输。按照与制备聚合物多层支撑脂质体的类似方法,在磷脂双层覆盖的蛋白质微胶囊上重组 F_0F_1-ATP 合酶,并通过在胶囊外侧体相溶液中由葡萄糖氧化酶催化的葡萄糖水解产生质子梯度,这样质子梯度可以维持更长时间。所产生的质子梯度促使在生物相容性空心蛋白质胶囊上 ATP 的持续合成,如图 6-16 所示。与以前的聚电解质微胶囊实验相似,为检测蛋白质胶囊内由葡萄糖催化氧化导致的 pH 变化,通过微胶囊与 pyranine 溶液的混合可将 pyranine 包埋在胶囊内部。接下来将 F_0F_1-ATP 合酶脂质体与蛋白质胶囊混合保温一定的时候后离心分离,即可得到镶嵌 F_0F_1-ATP 合酶的磷脂双层修饰的蛋白质胶囊。这样,pyranine 便被包裹在 Hb 蛋白质胶囊的内部,而 ATP 酶蛋白脂质体则组装在微胶囊的外壳上。

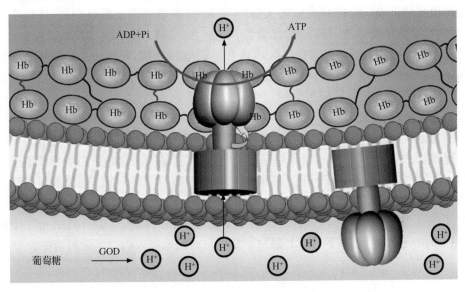

图 6-16　在磷脂分子包裹的血红蛋白微胶囊上重组的 F_0F_1-ATP
合酶催化 ATP 合成的示意图

将葡萄糖和葡萄糖氧化酶的溶液加入到 ATP 酶/磷脂修饰的蛋白质胶囊溶液中,葡萄糖的催化氧化反应会释放质子出来,并在微胶囊的内外侧之间形成质子梯度。pyranine 染料在 460 nm 和 406 nm 处相对荧光强度之比是对质子浓度依赖的。在 460 nm 处的荧光强度随时间的延长而减弱,而在 406 nm 处的荧光则增强,这表明在胶囊内部的溶液正在变得更加偏酸性。这是连续向内跨膜泵浦质子的结果。质子向内的输入产生的质子梯度提供了 ATP 酶旋转催化的驱动力,使得 ATP 能够从溶液中的 ADP 和无机磷被合成出来。标准的荧光素-荧光素酶分析表明随着反应时间的延长,ATP 的量持续增加。同样,当微胶囊上的磷脂分子膜被破坏后,ATP 的量明显增高,表明 ATP 主要是在微胶囊的内部被合成出来的。这样的组装微胶囊在生理条件下是非常稳定的,特别是表面活性剂存在的情况下。它们较长的存在寿命将有利于增强 ATP 的生产效率。

6.4.3　GOD 胶囊所产生的质子梯度

另一个产生跨越微胶囊的连续质子梯度的策略是直接用葡萄糖氧化酶作为构筑基元并利用戊二醛共价交联的方法制备微胶囊(图 6-17)[59]。使用类似的方法获得包裹 F_0F_1-ATP 合酶的磷脂修饰的葡萄糖氧化酶微胶囊。共聚焦激光扫描显微镜(CLSM)照片证明了磷脂分子已成功吸附在 GOD/GA 胶囊的外壳上。一旦将葡萄糖溶液注入悬浮液中,由 GOD 催化的葡萄糖水解便在胶囊壁的外侧发生。监测微胶囊内的 pH 变化,显示在葡萄糖氧化酶微胶囊溶液中质子连续产生,同时定量检测结果表明组成胶囊壁的大部分 GOD 分子是可用于酶反应的,这证实了 GOD/GA 微胶囊保持了酶的催化活性。进一步,GOD/GA 微胶囊对温度和 pH 的稳定性也被证实是良好的。对 ATP 含量的检测表明,F_0F_1-ATP 合酶能够将 ADP 和无机磷合成 ATP,同时测试表明 ATP 的产量随时间的延长而连续增加,这与质子的连续产生是相对应的。有趣的是,部分 ATP 的合成是在胶囊内的溶液中进行的,这可能是由于部分 F_1 亚单元伸展到胶囊内部的水溶液中所致。值得指出的是,现有的工作中并不需要特殊的步骤来取向蛋白质。根据已报道的重组过程,绝大多数蛋白质在小囊泡中是单一取向的,这是因为这些蛋白质分子由于其形状和膜内堆积而倾向于择优沿着特定方向插入膜中。当 F_0F_1-ATP 酶蛋白脂质体覆盖在仿生微胶囊表面时,在微胶囊表面支持的磷脂双分子层的形成使得 F_0F_1-ATP 酶采取更加随机的取向,这是由于蛋白质翻转与脂质体融合间的相互干扰(图 6-17),也就是说,F_0F_1-ATP 酶并不是单一取向地嵌入到仿生微胶囊中。

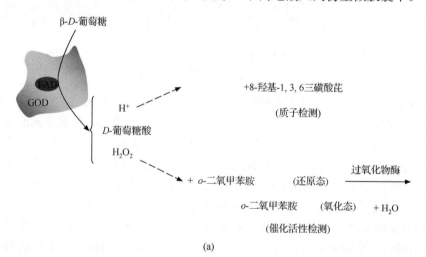

(a)

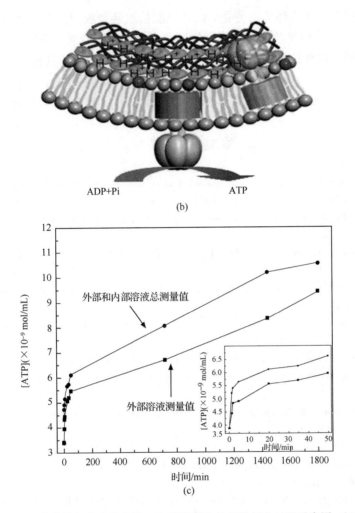

图 6-17　（a）葡萄糖氧化酶催化的 β-D-葡萄糖生物催化氧化过程示意图；（b）F_0F_1-ATP 酶在磷脂分子覆盖的 GOD 微胶囊上排列的示意图；（c）在 F_0F_1-ATP 酶/磷脂分子修饰的 GOD 微胶囊上进行的 ATP 生物合成与反应时间的关系。这里，内部溶液代表了在 0.1 % Triton X-100 加入后释放的 ATP 的量

6.5　总结与展望

旋转生物分子马达 F_0F_1-ATP 合酶能够被组装在磷脂分子修饰的聚电解质或蛋白质微胶囊中并保持其生物活性。通过酸碱转化或葡萄糖水解所产生的跨微胶囊质子梯度能够驱动 ATP 的合成，并且微胶囊能够作为储存合成的生物能量通货 ATP 的容器。通过应用这一系统，可以详细研究 ATP 酶在仿生体系中的功

能。此外,根据仿生体系环境的变化,ATP 也能从组装微胶囊内释放出来以提供所需的能量。F_0F_1-ATP 酶能够协同在磷脂分子修饰的微胶囊上并保持其生物活性这一事实表明,这种仿生微胶囊也应该同样适用于协同众多的其他活性膜蛋白。

（哈尔滨工业大学:林显坤、贺　强;中国科学院化学研究所:冯熙云、崔　岳）

参 考 文 献

[1] Bao G, Suresh S. Cell and molecular mechanics of biological materials. Nature Mater, 2003, 2:715-725.

[2] Heuvel M G L, Dekker C. Motor proteins at work for nanotechnology. Science, 2007, 317:333-336.

[3] He Q, Cui Y, Li J B. Molecular assembly and application of biomimetic microcapsules. Chem Soc Rev, 2009, 38:2292-2303.

[4] Wendell D W, Patti J, Montemagno C D. Using biological inspiration to engineer functional nanostructured materials. Small, 2006, 2:1324-1329.

[5] He Q, Duan L, Qi W, et al. Microcapsules containing a biomolecular motor for ATP biosynthesis. Adv Mater, 2008, 20:2933-2937.

[6] Lowe C R. Nanobiotechnology: the fabrication and applications of chemical and biological nanostructures. Curr Opin Struct Biol, 2000, 10:428-434.

[7] Junge W. ATP synthase and other motor proteins. Proc Natl Acad Sci, 1999, 96:4735-4737.

[8] Sabbert D, Junge W. Stepped versus continuous rotary motors at the molecular scale. Proc Natl Acad Sci, 1997, 94:2312-2317.

[9] Walker J E, Dickson V K. The peripheral stalk of the mitochondrial ATP synthase. Biochim Biophys Acta, 2006, 1757:286-296.

[10] Allison W S. F_1-ATPase: A molecular motor that hydrolyzes ATP with sequential opening and closing of catalytic c sites coupled to rotation of its γ subunit. Acc Chem Res, 1998, 31:819-826.

[11] 杨福愉. 生物膜. 北京:科学出版社, 2005.

[12] Okuno D, Iino R, Noji H. Rotation and structure of F_0F_1-ATP synthase. J Biol chem, 2011, 149, 6: 655-664.

[13] Rossmann M G, Rao V B. Viral molecular machines(advances in experimental medicine and biology). Springer Science Business Media, LLC 2012.

[14] Stock D, Leslie A G W, Walker J E. Molecular architecture of the rotary motor in ATP synthase. Science, 1999, 286:1700-1705.

[15] Seelert H, Poetsch A, et al. Proton-powered turbine of a plant motor. Nature, 2000, 405:418-419.

[16] Uchihashi T, Iino R, Ando T, et al. High-speed atomic force microscopy reveals rotary catalysis of rotorless F_1-ATPase. Science, 2011, 333:755-758.

[17] Daum B, Nicastro D, Austin I J, et al. Arrangement of photosystem II and ATP synthase in chloroplast membranes of spinach and pea . The Plant Cell, 2010, 22:1299-1312.

[18] Boyer P D. The ATP synthase-a splendid molecular machine. Annu Rev Biochem, 66:717-749.

[19] Abrahams J P, Leslie A G W, Lutter R, et al. Structure at 2.8Å resolution of F_1-ATPase from bovine heart mitochondria. Nature, 1994, 370:621-628.

[20] Junge W, Sielaff H, Engelbrecht S. Torque generation and elastic power transmission in the rotary F_0F_1-ATPase. Nature, 2009, 459:364-370.

[21] Noji H, Yasuda R, Yoshida M, et al. Direct observation of the rotation of F_1-ATPase. Nature, 1997, 386:299-302.

[22] Yasuda R, Noji H, Yoshida M. Resolution of distinct rotational substeps by submillisecond kinetic analysis of F_1-ATPase. Nature, 2001, 410:898-904.

[23] Ueno H, Suzuki T. ATP-driven stepwise rotation of F_0F_1-ATP synthase. PNAS, 2005, 102, 5: 1333-1338.

[24] (美)菲利普斯(Philips, R),等. 细胞的物理生物学. 涂展春,等 译. 北京:科学出版社, 2012.

[25] Junge W, Müller D J. Seeing a molecular motor at work. Science, 2011, 333:704-705.

[26] Ballmoos C, Cook G M, Dimroth P. Unique rotary ATP synthase and its biological diversity. Annu Rev Biophys, 2008, 37:43-64.

[27] Kaim G, Dimroth P. Voltage-generated torque drives the motor of the ATP synthase. EMBO, 1998, 17,20:5887-5895.

[28] Itoh H, Takahashi A, et al. Mechanically driven ATP synthesis by F_1-ATPase. Nature, 2004, 427: 465-468.

[29] Rondelez Y, Tresset G, et al. Highly coupled ATP synthesis by F_1-ATPase single molecules. Nature, 2005, 433:773-777.

[30] Toyabea S, Nakayamab T W, et al. Thermodynamic efficiency and mechanochemical coupling of F_1-ATPase. PNAS, 2011, 108, 44:17 951-17 956.

[31] Soong R K, Bachand G D, Neves H P, et al. Powering an inorganic nanodevice with a biomolecular motor. Science, 2000, 290:1555-1558.

[32] Bachand G D, R Soong K, Neves H P, et al. Precision attachment of individual F_1-ATPase biomolecular motors on nanofabricated substrates. Nano Lett, 2001,1:42-44.

[33] Liu H, Schmidt J J, et al. Control of a biomolecular motor-powered nanodevice with an engineered chemical switch. Nat Mater, 2002, 1:173-177.

[34] Racker E, Stoeckenius W. Reconstitution of purple membrane vesicles catalyzing light-driven proton uptake and adenosine triphosphate formation. J Bio Chem, 1974, 249, 2:662-663.

[35] Turina P, Samoray D, Gräber P. H^+/ATP ratio of proton transport-coupled ATP synthesis and hydrolysis catalysed by CF_0F_1-liposomes. EMBO, 2003, 22, 3:418-426.

[36] Luo T M, Soong R, et al. Photo-induced proton gradients and ATP biosynthesis produced by vesicles encapsulated in a silica matrix. Nature Materials, 2005, 4:220-224.

[37] Diez M, Zimmermann B, et al. Proton-powered subunit rotation in single membrane-bound F_0F_1-ATP synthase. Nat Struct Mol Biol, 2004, 11:135-141.

[38] Bienert R, Zimmermann B, et al. Time-dependent FRET with single enzymes : domain motions and catalysis in H^+-ATP synthases. Chem Phys Chem, 2011, 12:510-517.

[39] Dongen S F M, Hoog H P M de, et al. Biohybrid polymer capsules. Chem Rev, 2009, 109:6212-6274.

[40] Choi H J, Montemagno C D. Artificial organelle: ATP synthesis from Cellular mimetic polymersomes. Nano Lett, 2005, 5:2538-2542.

[41] Choi H J, Germain J, Montemagno C D. Effects of different reconstitution procedures on membrane protein activities in proteopolymersomes. Nanotechnology, 2006, 17:1826-1830.

[42] Duan L, He Q, Wang K W, et al. Adenosine triphosphate biosynthesis catalyzed by $F_0 F_1$-ATP syn-thase assembled in polymer microcapsules. Angew Chem Int Ed, 2007, 46:6996-7000.

[43] Donath E, Sukhorukov G B, Caruso F, et al. Novel hollow polymer shells by colloid-templated assembly of polyelectrolytes. Angew Chem Int Ed, 1998, 37:2201-2205.

[44] Decher G, Schlenoff J B. Multilayer Thin Films. Weinheim: Wiley-Vch Verlag GmbH, 2003.

[45] He Q, Möhwald H, Li J B. Self-assembly of composite nanotubes and their applications. Curr Opin Colloid Interface Sci, 2009, 14:115-125.

[46] Ge L Q, Möhwald H, Li J B. Polymer-stabilized phospholipid vesicles formed on polyelectrolyte multilayer capsules. Biochem Biophys Res Comm, 2003, 303:653-659.

[47] Li J B, Möhwald H, An Z H, et al. Molecular assembly of biomimetic microcapsules. Soft Matter, 2005, 1:259-264.

[48] Schmidt G, Gräber P. The rate of ATP synthesis by reconstituted $CF_0 F_1$ liposomes. Biochim Biophys Acta, 1985, 808:46-51.

[49] Richard P, Gräber P. Kinetics of ATP synthesis catalyzed by the H^+-ATPase from chloroplasts ($CF_0 F_1$) reconstituted into liposomes and coreconstituted with bacteriorhodopsin. Eur J Biochem, 1992, 210:287-291.

[50] Richard P, Pitard B, Rigaud J L. ATP bynthesis by the $F_0 F_1$-ATPase from the thermophilic bacillus PS3 co-reconstituted with bacteriorhodopsin into liposomes: evidence for stimulation of ATP synthesis by ATP bound to a noncatalytic binding site. J Biol Chem, 1995, 270:21 571-21 578.

[51] Mitome N, Suzuki T, Hayashi S, et al. Thermophilic ATP synthase has a decamer c-ring: indication of noninteger 10 : 3 H^+/ATP ratio and permissive elastic coupling. Proc Natl Acad Sci, 2004, 101: 12 159-12 164.

[52] Steinberg-Y frach G, Rigaud J, Durantini E N, et al. Light-driven production of ATP catalysed by $F_0 F_1$-ATP synthase in an artificial photosynthetic membrane. Nature, 1998, 392:479-482.

[53] Rigaud J L, Pitard B, Levy D. Reconstitution of membrane proteins into liposomes: application to energy-transducing membrane proteins. Biochi Biophy Acta, 1995, 1231:223-246.

[54] Capaldi R A, Aggeler R. Mechanism of the $F_1 F_0$-type ATP synthase, a biological rotary motor. Trends Biochem Sci, 2002, 27:154-160.

[55] Qi W, Duan L, Wang K W, et al. Motor protein $CF_0 F_1$ reconstituted in lipid-coated hemoglobin microcapsules for ATP synthesis. Adv Mater, 2008, 20:601-605.

[56] Qi W, Yan X H, Fei J B, et al. Triggered release of insulin from glucose-sensitive enzyme multilayer shells. Biomaterials, 2009, 30:2799-2806.

[57] Qi W, Yan X H, Duan L, et al. Glucose-sensitive microcapsules from glutaraldehyde cross-Linked hemoglobin and glucose oxidase. Biomacromolecules, 2009, 10:1212-1216.

[58] Duan L, He Q, Yan X H, et al. Hemoglobin protein hollow shells fabricated through covalent layer-by-layer technique. Biochem Biophys Res Comm, 2007, 354:357-362.

[59] Duan L, Qi W, Yan X H, et al. Proton gradients produced by glucose oxidase microcapsules containing motor $F_0 F_1$-ATPase for continuous ATP biosynthesis. J Phys Chem B, 2009, 113:395-399.

第7章 肌球蛋白分子马达的结构与运动机制

与原核细胞相比,真核细胞有庞大的体积和复杂的胞内系统。真核细胞胞内的物质转运不仅仅依赖于非特异性扩散,更依靠于主动运输。真核细胞的细胞骨架(cytoskeleton)系统是胞内运输的主要通路。在细胞骨架上运输物质的运载工具被称为分子马达蛋白(molecular motor protein)。按照蛋白结构,分子马达蛋白可分为三类:肌球蛋白(myosin)、驱动蛋白(kinesin)和动力蛋白(dynein)。驱动蛋白和动力蛋白在微管(microtubule)上运动,而肌球蛋白是在由肌动蛋白(actin)组成的微丝上运动的。这些分子马达的共同特征是具有将 ATP 水解释放的化学能转化为机械能,沿着轨道(微管或微丝)运动的能力。

肌球蛋白的分布广泛,含量丰富,在许多生命活动中起着关键作用,如肌肉收缩、细胞内各种细胞器和 mRNA 的转运、细胞分裂过程中中心体的分裂和姐妹染色体的分离等。近年来,随着生物信息学、生物化学、生物物理学的发展,特别是纳米技术手段的进步,对肌球蛋白分子马达又有了新的认识。

7.1 肌球蛋白的结构与分类

目前已知的肌球蛋白都包含以下三个结构域:位于 N′端的运动域又称为马达头部(motor domain)、颈部(neck region),以及 C′端的尾部(tail domain)。以肌球蛋白 V 为例(图 7-1[1]),马达头部由大约 700 个氨基酸残基组成,其中包含两个重要的活性位点:ATP 结合位点和微丝结合位点(actin-binding site)。马达头部的主要功能是将 ATP 水解产生的化学能转化成机械能。颈部又称为杠杆臂(lever arm),是钙调蛋白(calmodulin)或钙调蛋白的类似蛋白的结合部位。颈部起着放大马达头部在 ATP 水解循环(ATP turnover)过程中产生的构象变化的作用,此外还参与对马达头部活性的调节。尾部是运载货物结合部位,其结构决定了运载货物的种类,此外一些肌球蛋白(如 V 型和Ⅶ型)的尾部具有抑制头部活性的功能。

肌球蛋白家族是真核细胞中一类重要的功能蛋白,通过与细胞中的微丝结合,可以水解 ATP 并将产生的化学能转化成机械能。为了把肌球蛋白家族的各个成员区分开来,一般按照肌球蛋白被发现的顺序用罗马数字分类,分类的依据是相对保守的马达头部氨基酸序列的差异。近年来,越来越多种类的肌球蛋白被发现和鉴定,使用罗马数字分类变得很不方便,许多学者开始使用阿拉伯数字对肌球蛋白分类。

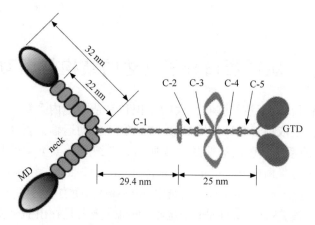

图 7-1 肌球蛋白 V 的结构模型图。MD,马达头部;neck,结合轻链的颈部,也称为杠
杆臂;C-1~C-5,颈部和尾部之间的五个螺旋区域;GTD,球状尾部结构域

一些类别的肌球蛋白分布广泛,如Ⅰ型、Ⅱ型和Ⅴ型在几乎所有的真核细胞中都存在。而有些类型的肌球蛋白的分布相对狭窄,如 XX 型肌球蛋白只存在于昆虫中,Ⅻ型只存在于线虫,Ⅷ和Ⅺ型只存在于植物中。人类有 38 个肌球蛋白基因,分属 12 类,包括 13 个Ⅱ型常规肌球蛋白基因和 25 个非常规肌球蛋白基因(图 7-2[2])。许多肌球蛋白基因还可以通过不同的转录剪切方式表达出多种形式的肌球蛋白。

7.2 肌球蛋白的功能

肌球蛋白最重要的功能就是发挥"分子马达"的效应,在细胞中进行物质转运。它们的货物多种多样,包括蛋白质、细胞器和 mRNA。肌球蛋白通过球形的尾部与货物结合,头部则结合在微丝上,利用水解 ATP 产生的能量,完成肌肉收缩或者拖动货物在细胞内运动到达目的地,在多种生命活动中发挥着不可替代的作用。这里简单介绍几种目前研究较为深入的肌球蛋白。

7.2.1 传统型肌球蛋白——myosin Ⅱ

myosin Ⅱ是第一种被发现的肌球蛋白。它的发现来自于对骨骼肌的研究。在骨骼肌细胞内,多个肌球蛋白分子组装成肌原纤维的粗丝,与由肌动蛋白聚合而成的细丝相互作用产生滑动,从而引起肌肉的收缩。人们将这种构成肌肉的主要成分的肌球蛋白称为Ⅱ型肌球蛋白(myosin-Ⅱ),也叫传统型肌球蛋白。其他类别的肌球蛋白又被称为非典型肌球蛋白。

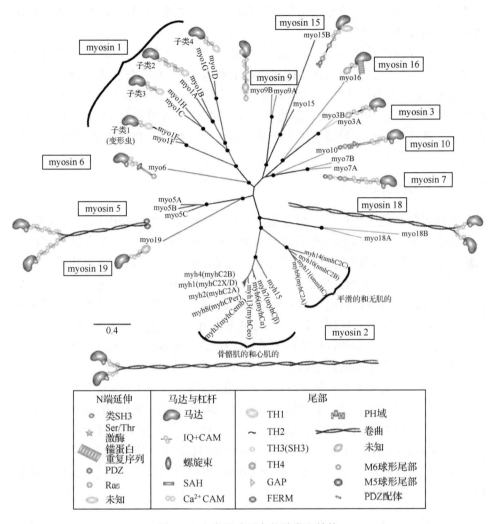

图 7-2 人类肌球蛋白的种类和结构

典型的Ⅱ型肌球蛋白分子包含两条重链和两条轻链,它的头部即马达结构域,能够与微丝结合,并具有 ATP 酶活性。Ⅱ型肌球蛋白分子存在于多种细胞。在肌细胞中,Ⅱ型肌球蛋白组装成肌原纤维的粗丝,其含量约占肌细胞总蛋白的一半,微丝与肌球蛋白丝的相对滑动引起肌肉收缩和 ATP 水解。在非肌细胞中,Ⅱ型肌球蛋白主要参与胞质分裂过程中收缩环的形成和张力纤维的活动。

7.2.2 Ⅰ型肌球蛋白

19 世纪 70 年代,一种与肌肉肌球蛋白结构不同的新型的肌球蛋白在阿米巴原虫中被发现,它是由一个头部和一个短短的尾部组成的,而且在体外不能形成聚合体组装成纤维。由于这是第一个在阿米巴原虫中被鉴定的肌球蛋白,所以被命名为Ⅰ型肌球蛋白。

　　Ⅰ型肌球蛋白是非传统型肌球蛋白中亚型最多的一类,从原生生物、酵母到脊椎动物都有发现。这些亚型在结构和功能上各有不同,有些与肠道微绒毛的超微结构有关,有些作为内耳纤毛中的接头马达蛋白[3]。其中,肌球蛋白 Ic 的 β 亚型在细胞核内分布,又被称为核肌球蛋白,被认为与转录调控和 RNA 聚合酶Ⅲ的功能有关。这些不同的功能是通过Ⅰ型肌球蛋白调节肌动蛋白的组装、交联与膜结构的结合来实现的。

7.2.3　Ⅴ型肌球蛋白

　　肌球蛋白Ⅴ是一个双头货物运输蛋白,在大多数动物的基因组中均有发现。除了传统的 myosin-Ⅱ,它可能是研究得最多的一种肌球蛋白。在大多数真核生物中,依赖于微丝的向细胞膜方向的运输一般都是由肌球蛋白Ⅴ来完成的。在小鼠中,肌球蛋白Ⅴ功能的缺失会导致小鼠毛色减轻并在出生后几周内死亡。Ⅴ型肌球蛋白对细胞内各种细胞器和 mRNA 的转运起着重要作用。已鉴定出许多种类的细胞器是由Ⅴ型肌球蛋白转运的,如在神经细胞中,包含 AMPA 受体的小泡从胞浆内转运到树突棘的过程依赖于Ⅴ型肌球蛋白;在黑色素细胞中,黑色素细胞器的转运也依赖于Ⅴ型肌球蛋白。

　　几乎每一种真核生物都至少含有一种肌球蛋白Ⅴ的基因,而且多种亚型的肌球蛋白Ⅴ基因同时表达在一种生物里的例子也并不罕见。例如,哺乳动物含有三种肌球蛋白Ⅴ的基因,分别称为 myo5a、myo5b 和 myo5c;酿酒酵母含有两种肌球蛋白Ⅴ的基因,分别称为 myo2 和 myo4;而果蝇只含有一种肌球蛋白Ⅴ的基因。因此可以说肌球蛋白Ⅴ是一个非常古老的肌球蛋白,很可能在进化上出现得比传统的 myosin-Ⅱ更早。

7.2.4　Ⅵ型肌球蛋白

　　Ⅵ型肌球蛋白在进化中十分保守,从线虫到人类的很多物种中均有表达。Ⅵ型肌球蛋白是一种非常特殊的肌球蛋白,在目前已鉴定的各类肌球蛋白中,它是唯一向细丝负极运动的肌球蛋白。Ⅵ型肌球蛋白也是少数几种被证明具有持续运动能力的肌球蛋白之一,它通过与不同的蛋白结合而发挥不同的生理功能,如胞吞、胞吐、维持高尔基形态和细胞迁移等。虽然现在已经知道Ⅵ型肌球蛋白在体外和体内均是单体结构,但尚无数据表明其在胞内以单体形态如何发挥生理功能。

7.3　肌球蛋白的运动机制

肌球蛋白的核心部件是马达头部,其功能是将 ATP 水解循环(ATP turn-over)中产生的化学能转化为机械能。

7.3.1　肌球蛋白 ATP 水解循环

通过与微丝相互作用,肌球蛋白马达头部可以将 ATP 水解为 ADP 和 Pi(磷酸),因此肌球蛋白也可以看作是一种 ATP 水解酶(ATPase)。

酶动力学研究表明,在 ATP 水解循环过程中,马达头部形成一系列不同的构象。图 7-3 是一个简化的肌球蛋白水解 ATP 循环的反应式,其中阴影部分表示在微丝存在下,反应发生的主要步骤:肌球蛋白与微丝形成紧密复合体(AM);ATP 的结合使 AM 复合体迅速解理(AM→AMT→MT);紧接着 ATP 被水解为 ADP 和 Pi(MT→MDPi);与微丝的再次结合促进了 Pi 和 ADP 的次序释放(MDPi→AMDPi→AMD→AM)。至此一个 ATP 水解循环结束。在没有微丝存在下,MDPi 复合体中 Pi 和 ADP 释放速度很慢,因此 ATP 水解循环很慢。微丝的结合促进了产物释放,因此肌球蛋白的 ATPase 活力又称微丝激活的 ATPase(actin-activated ATPase)。

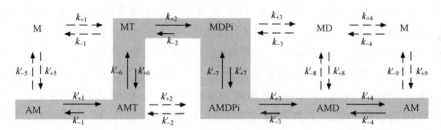

图 7-3　肌球蛋白水解 ATP 循环的反应式。M,肌球蛋白;A,微丝(肌动蛋白);
T,ATP;D,ADP;Pi,磷酸。阴影部分显示在微丝存在下 ATP 水解循环的主要步骤。
箭头长短代表反应速度的相对快慢

肌球蛋白马达头部的同源性很高,暗示它们在 ATP 水解循环中产生类似的构象变化。然而,马达头部结构的细微差异造成在 ATP 水解循环中间状态分布的不同,其马达运动特性也不同。例如持续马达 ATP 水解循环的限速步骤是 ADP 释放(即 AMD→AM),因此在 ATP 水解循环过程中,持续马达大部分时间处于与微丝结合状态;与之相反,非持续马达 ATP 水解循环的限速步骤是 Pi 释放(即 AMDPi→AMD),因此在 ATP 水解循环过程中,持续马达大部分时间处于与微丝分离状态。在 ATP 水解循环中,与微丝结合时间占整个反应时间的比例被称为占空比(duty ratio)。通常持续马达占空比大于 0.5,非持续马达占空比小于 0.5。

7.3.2　肌球蛋白的 ATP 水解循环与杠杆臂运动

与一般的酶类似,肌球蛋白马达头部在 ATP 水解循环过程中会发生构象变化。与一般酶不同的是,肌球蛋白马达头部的构象变化可以通过杠杆臂(即肌球蛋白的颈部)放大,并且是与轨道(即微丝)的相互作用偶联的。

早在 1971 年,Lymn 和 Taylor 就提出了著名的 Lymn-Taylor 模型(four-state cross-bridge cycle,又称四态模型)解释肌肉肌球蛋白在肌肉收缩过程中的构象变化。Lymn-Taylor 模型经历了四十多年的检验,不但圆满地解释了肌肉肌球蛋白在肌肉收缩过程中的构象变化,也是理解非常规肌球蛋白运动的基础。图 7-4 是 Lymn-Taylor 模型。在状态 I,马达头部与微丝形成僵直状态(rigor state,是一种非常紧密的结合状态,对应于图 7-3 的 AM),此时马达头部的 ATP 结合位点是空的,杠杆臂向下。ATP 的结合极大地降低了马达头部与微丝的结合能力,进入状态 II(post-rigor state,即后僵直状态,对应于图 7-3 的 MT),马达头部与微丝分离。紧接着 ATP 发生水解,并伴随着杠杆臂恢复向上状态,马达头部进入状态 III(即冲程前态,prepower stroke,对应于图 7-3 的 MDPi)。此时,ATP 的水解产物 ADP 和 Pi(磷酸)与马达头部形成稳定的复合体。与微丝的结合(状态 IV,对应于图 7-3 的 AMDPi),引起产物 Pi 和 ADP 的先后释放,即冲程(power stroke)进行(状态 IV 至 I,对应于图 7-3 的 AMDPi→AMD→AM)。产物的释放使马达头部的 ATP 结合位点清空,可以接受新的 ATP 结合,整个 ATP 水解循环结束。几点说明:①没有微丝存在下,ATP 的水解产物 ADP 和 Pi(磷酸)与马达头部形成稳定的复合体,产物无法释放,整个 ATP 水解循环几乎停止。②无 ATP 存在下,马达头部与微丝形成僵直状态。然而在生理条件下,由于 ATP 浓度很高,僵直状态很少存在。当动物死亡数小时后,由于肌肉中 ATP 被消耗殆尽,肌肉肌球蛋白纤维与微丝形成僵直状态,动物尸体呈僵直状态。马达头部的僵直状态即由此得名。

肌球蛋白分子马达的冲程大小依杠杆臂长短和角度变化大小而不同,从几纳米至几十纳米不等。一般而言,持续性马达的杠杆臂大于非持续性马达,其冲程一般为 30 nm 以上。冲程发生的方向决定了分子马达的运动方向,通过改变杠杆臂方向可以改变冲程方向,使向微丝负极运动的肌球蛋白分子马达变为向微丝正极运动(详见 7.3.4 小节"肌球蛋白运动的方向性")。

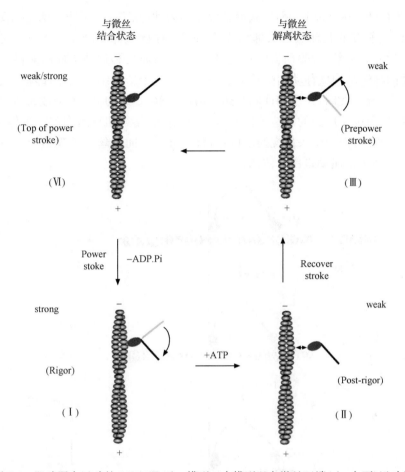

图 7-4　肌球蛋白运动的 Lymn-Taylor 模型。本模型以向微丝正端(＋,向下)运动的
肌球蛋白为例。weak 和 strong 分别代表马达头部与微丝状态弱和强;weak/strong 代表
马达头部与微丝结合由弱变强

7.3.3　肌球蛋白运动的持续性

　　肌球蛋白运动的持续性是指肌球蛋白可以沿着微丝连续运动而不解离的能
力。有些肌球蛋白(如 I 型和 II 型肌球蛋白)的头部与细丝的相互作用的时间很
短,因此,这类肌球蛋白只有以多分子状态才能产生有效的机械效应;与此相反,有
些肌球蛋白(如 V 型和 VI 型肌球蛋白)的头部与细丝的相互作用的时间很长,这样
单个或几个肌球蛋白分子就可以携带着运载物质在细丝上运动。前者被称为非持
续性马达,而后者被称为持续性马达。
　　具备持续性运动能力的肌球蛋白通常具有或可以形成双头结构,如肌球蛋白
V,它的两个头部与微丝交替结合,将 ATP 的水解与马达结构域的构象变化相偶

联,以步行(hand-over-hand)方式沿微丝连续运动(图 7-5)。在每个步行循环开始之前,位于前方的肌球蛋白头部结合 ADP 并与微丝紧密结合,当 ATP 结合到肌球蛋白后方的头部时,驱动蛋白发生构象变化,后面的马达结构域向前移动,并越过前面的马达结构域移动到微丝正极一侧的另一个新的结合位点,即移动了两个步长共 72nm。此时,位于前面的马达结构域水解 ATP 为 ADP,释放磷酸,与微丝紧密结合,而位于后面的马达结构域与 ADP 解离,使得肌球蛋白Ⅴ二聚体又处于开始时的状态,但两个头部交换了位置,整个分子则向微丝的正极移动了一步,步长 36nm,即 7 个肌动蛋白单体的长度。

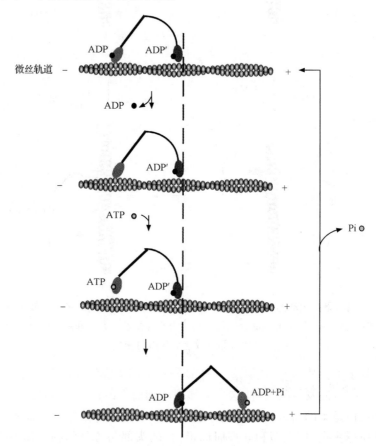

图 7-5　肌球蛋白Ⅴ的持续性步行运动

　　持续性肌球蛋白一般具有如下特性:马达头部在 ATP 水解循环中的占空比大于 0.5;冲程较非持续性马达长,一般为 30nm 以上;具有双头结构,双头结构在ATP 水解循环中起门控(gating)作用。

　　持续性肌球蛋白在 ATP 水解循环中,马达头部大部分时间处于与微丝结合的状态；而非持续性马达由于磷酸释放的限速作用，它在 ATP 水解循环中大部分时间头部处于与微丝的分离状态。因此，持续性马达与微丝结合的时间占整个反应时间的比例比非持续性马达长，即占空比更大。通常持续马达占空比大于 0.5，非持续马达占空比小于 0.5。

冲程长短通常也称为马达运动的"步长"。由于微丝轨道的螺旋重复单元长度为 36nm，持续性马达分子大于 30nm 的冲程保证了它在微丝上可以进行直线前进运动，而不是绕着微丝轨道做旋转运动，节省了大量能量和运动时间，也大大降低了马达分子从微丝上解离的概率。冲程长短是由马达分子的杠杆臂决定的，持续马达的杠杆臂通常较长。杠杆臂主要由肌球蛋白的颈部构成，持续马达的颈部通常比较长。例如肌球蛋白 V 的颈部是由 6 个 IQ 模序组成的，总长度约为 22nm（图 7-1），加上马达头部的尺寸（约为 10nm），肌球蛋白 V 可以轻松实现 36nm 的步长。除了颈部，肌球蛋白的其他部位也可以构成杠杆臂的一部分。肌球蛋白 Ⅵ 的颈部只含有 1 个 IQ 模序，比颈部具备 6 个 IQ 模序的肌球蛋白 V 长度要短得多，但是它却拥有和肌球蛋白 V 几乎相等的步长。原因可能就在于肌球蛋白 Ⅵ 的尾部一段区域可以延展构成杠杆臂的一部分，增大了运动的"步长"。肌球蛋白 X 也可以持续运动，其杠杆臂由颈部 3 个 IQ 模序和紧接其后的一段单链 a 螺旋构成。

持续性运动的肌球蛋白都具有双头结构。单头的分子马达可以通过不同的策略形成双头结构，从而进行持续运动。如酵母肌球蛋白 myo4p 的伴侣蛋白二聚体化，会促使 myo4p 两两相聚在一起[4]；肌球蛋白 Ⅵ 和接头蛋白 dab2 结合后，其内部一段可以引起二聚体化的序列便暴露出来，促使自身二聚体化；肌球蛋白 Ⅶa 和 X 与靶蛋白或靶细胞器结合时可以促使二聚体结构的形成。

双头结构在 ATP 水解循环中的门控（gating）效应对肌球蛋白马达分子的持续性运动至关重要。在微丝上持续运动过程中，肌球蛋白的双头需要保持至少有一个马达头部与微丝结合（图 7-5）。头部与 ATP 的结合会显著降低该头部与微丝结合的亲和力，继而从微丝上解离，此时由于另一个头部依然还结合在微丝上，使得马达分子不会从微丝上"掉落"下来；同时，解离头部的杠杆臂上力的释放会促使其杠杆臂的方向发生改变，使这个头部摆动到前面的位置；ATP 水解释放磷酸后，该头部与 ADP 的结合使其牢牢结合在微丝上，为后面的头部与微丝的解离创造条件。这样，在一个 ATP 水解的循环中，马达分子两个头部的这种门控调节作用促使它可以在微丝上进行连续运动而不解离。

7.3.4 肌球蛋白运动的方向性

细胞骨架微丝具有极性，正极的组装速度大于解聚速度，负极则相反。微丝的正极向细胞质的边缘延展，形成伪足或胞质分裂环使得细胞进行运动或者促进细胞分裂。大多数可以持续性运动的肌球蛋白通常都是沿着微丝的负极向正极运动,这些马达蛋白将细胞质中间内质网部位合成的蛋白质运输到其他位置,或者将线粒体等细胞器运输到需要能量合成的位置。但还有一些生命活动如胞吞、正反式高尔基体的平衡维持,以及极性细胞中物质的不对称转运等,还需要可以进行负向运动的分子马达。

在肌球蛋白家族中,目前只发现肌球蛋白Ⅵ可以从微丝的正极向负极运动。研究表明,在肌球蛋白Ⅵ的头部和颈部(杠杆臂)之间有一段53个氨基酸的插入片段,这个独特的插入片段使肌球蛋白Ⅵ的杠杆臂方向与其他肌球蛋白杠杆臂相反,在ATP水解循环过程中,其冲程方向也相反,因此肌球蛋白Ⅵ向微丝负极运动。通过分子生物学手段缺失这段插入片段后,肌球蛋白Ⅵ的运动方向变为向微丝正极运动。

7.4　肌球蛋白的调节机制

通过微丝相互作用,肌球蛋白可以将ATP水解产生的化学能转化成机械能。由于细胞内存在大量的微丝,肌球蛋白的含量也很丰富,一个重要问题是肌球蛋白的活力是如何调控的。如果肌球蛋白的活力无法调控,将带来两个严重后果。一是大量的能量将被浪费。例如人脑中的肌球蛋白Va的含量高达0.2mg/ml,如果肌球蛋白Va一直处于活性状态,其消耗的能量大约相当人的基础代谢的水平。另一个后果是肌球蛋白将大量积累在actin的末端,而不是actin的起始端。肌球蛋白必须位于actin的起始端才能行使其功能。这里以目前研究最为深入的对非常规肌球蛋白Ⅴ为例介绍肌球蛋白的调节机制。

肌球蛋白Va的运动活力是受钙离子(Ca^{2+})调节的:高Ca^{2+}条件可以激活肌球蛋白Va的运动活力。2004年笔者与其他两个实验室同时发现Ca^{2+}对肌球蛋白Va的激活伴随着肌球蛋白Va由低活性的折叠状态到高活性的伸展状态的构象变化[5-7],根据这一发现,我们提出了"尾部抑制假说"(tail-inhibition model):肌球蛋白Va的尾部是其抑制域;低钙条件下,肌球蛋白Va的头部与尾部折叠在一起形成抑制结构;高Ca^{2+}条件下,肌球蛋白Va的头部与尾部的相互作用被打破,变为伸展状态并具有很高的活力(图7-6)。

通过缺失重组分析,我们发现肌球蛋白Va的球状尾部(globular tail domain, GTD)是其抑制域[1]。在此基础上,我们确定了维持肌球蛋白Va抑制状态的关键氨基酸位点,并提出了肌球蛋白Va抑制状态的结构模型(图7-6):尾部在肌球蛋白Va头部的结合位点是由N端结构域和converter/lever arm组成[8]。由于ATP的水解循环与converter/lever arm的运动是相互偶联的,我们提出了"刹车机制"(brake mechanism)用以解释尾部对motor domain的抑制机理:尾部与motor domain结合,抑制了在ATP水解循环过程中converter/lever arm的运动,从

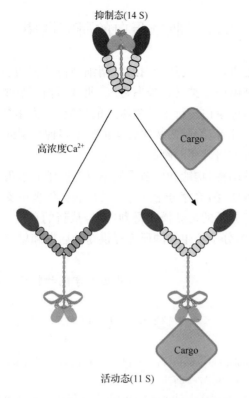

图 7-6　肌球蛋白 Va 活性调节的尾部抑制模型

而阻止了 motor domain 的化学循环。

　　我们提出的"刹车机制"可以很好地解释 Ca^{2+} 对肌球蛋白 Va 活性的调节机理：位于 IQ1 上的钙调蛋白（calmodulin, CaM）参与 motor domain 与尾部的结合，在高 Ca^{2+} 条件下，Ca^{2+} 与 CaM 结合并使其构象发生变化无法与尾部结合，进而解除了尾部的抑制作用。最近我们通过突变分析证明 Ca^{2+} 的确是通过位于 IQ1 上的钙调蛋白激活肌球蛋白 Va 的 ATP 水解酶活性的。

　　肌球蛋白 Va 的尾部不仅是抑制域也是其载体蛋白结合的部位，因此肌球蛋白 Va 尾部与载体蛋白的结合很可能影响尾部与头部的相互作用。"尾部抑制假说"的一个推测是载体蛋白的结合可能会直接激活肌球蛋白 Va 的活力。我们发现，肌球蛋白 Va 载体蛋白 Melanophilin 的确可以结合肌球蛋白 Va 的尾部，并且激活其 ATPase 活力[9]。目前，"尾部抑制假说"已被广泛接受并成为研究其他非典型肌球蛋白调节的范本。

7.5　肌球蛋白的研究展望

　　在真核生物细胞内,分子马达蛋白通过精细地协调完成各种物质的转运和分选。作为真核生物细胞中三类马达蛋白之一,肌球蛋白家族成员众多,功能广泛。目前仅对少数几种肌球蛋白进行了较为深入的研究,对大多数肌球蛋白的结构与功能认识还很肤浅。此外,细胞内物质转运依赖于多种类型的分子马达的协同,目前对多马达转运系统的研究还刚刚起步。

　　研究肌球蛋白的结构、功能和调节机制不仅有助于揭示蛋白质的运动机理,深入认识生命活动的本质,为治疗分子马达相关疾病提供理论支撑,还可以从生命体内这个精巧的"马达"分子的运动模式得到启发,从新的角度去认识和利用生物体内能量的转化规则,为分子仿生学的研究提供新的启发和思路。

(中国科学院动物研究所:张　洁、李向东)

参 考 文 献

[1] Li X D, et al. The globular tail domain of myosin Va functions as an inhibitor of the myosin Va motor. J Biol Chem, 2006,281(31):21 789-21 798.

[2] Knight M P a P. When a predicted coiled coil is really a single α-helix, in myosins and other proteins. Journal of the Royal Society of Chemistry, 2009,5: 2493-2503.

[3] M. Coluccio, L. Myosins. A superfamily of molecular motors. Myosin I,2008: Springer.

[4] Krementsova E B, et al. Two single-headed myosin V motors bound to a tetrameric adapter protein form a processive complex. J Cell Biol, 2011,195(4): 631-641.

[5] Li X D, et al. Ca^{2+}-induced activation of ATPase activity of myosin Va is accompanied with a large conformational change. Biochem Biophys Res Commun, 2004,315(3):538-545.

[6] Wang F, et al. Regulated conformation of myosin V. J Biol Chem, 2004,279(4):2333-2336.

[7] Krementsov D N, Krementsova E B, Trybus K M. Myosin V: regulation by calcium, calmodulin, and the tail domain. J Cell Biol, 2004,164(6):877-886.

[8] Li X D, et al. The globular tail domain puts on the brake to stop the ATPase cycle of myosin Va. Proc Natl Acad Sci USA, 2008,105(4): 1140-1145.

[9] Li X D R I, Mitsuo I. Activation of myosin Va function by melanophilin, a specific docking partner of myosin Va. J Biol Chem, 2005,280:17 815-17 822.

第8章 基于驱动蛋白的活性仿生体系

8.1 驱动蛋白的结构与功能

生物分子马达(biomolecular motor)是将化学能转化为力学能的生物大分子。这些大分子广泛存在于细胞内,它们是蛋白质,也可以是 DNA,常处在纳米尺度,因此也称纳米机器。生物分子马达将从环境中获得 ATP,将 ATP 水解时所释放出的化学能转变为机械能。通过改变自己的构象产生与轨道间的相对运动。在生物体内参与了胞质运输、DNA 复制、细胞分裂、肌肉收缩等一系列重要生命活动。马达蛋白是除 DNA 马达之外的另一类生物分子马达。马达蛋白的历史可以追溯到对肌肉收缩的研究,1846 年 Kuhne 及其同事首次将肌球蛋白和肌动蛋白细丝(actin filament)的复合物从肌肉组织中解剖出来。1985 年,Brady 和 Vale 等从鱿鱼的轴质中分离纯化出[1]驱动蛋白(kinesin)。此后,马达蛋白的研究越来越深入,科学家们相继发现了大量马达蛋白。

驱动蛋白是真核细胞中以微管(microtubule,MT)为轨道运输携带的"货物"做线性运动的一类生物分子马达。它在细胞生命活动中为一系列的输运过程提供动力,如胞内运输、蛋白质的输运、有丝分裂、纤毛摆动、鞭毛游动、信号转导、微管组装和解聚等(图 8-1)[2-7]。驱动蛋白有很多种,构成了庞大的驱动蛋白超家族(kinesin superfamily proteins,KIFs)。以马达区域的位置为依据,KIFs 可分为三大类:NH_2 端(N 端,N-kinesin)马达区域型、中间马达区域型(M kinesin)和 COOH 端(C 端,C-kinesin)区域型。按照新的驱动蛋白命名法[8],整个家族被分为 kinesin-1、kinesin-2 等 14 种,它们在体内负责运输的物质不同,部分分子马达运动方向也会不同(图 8-2 和图 8-3)。kinesin-1(以下简称 kinesin)是目前已知的自然界演化出的最小的分子马达,对它的认识也最广泛。

kinesin 是由两条轻链和两条重链组成(图 8-4),长约 80 nm 的杆状结构。它可以分为四个重要的结构域,第一个结构域为马达结构域(motor domain),由两个结构相同的头部组成,包含 350 个氨基酸残基,位于重链的 N 端。每个头上都有 ATP 催化位点和与微管的结合位点(图 8-5);第二个结构域是颈部连接域(neck linker),由两个可以伸屈的颈部;第三个结构域为二聚化结构域(dimerization domain),由两个单体 α 螺旋盘绕而成;第四个结构域为 C 端结构域(cargo domain),负责连接需要运输的"货物"。轻链与重链的尾部连接,在体内有调节货物的连接和运输的功能。

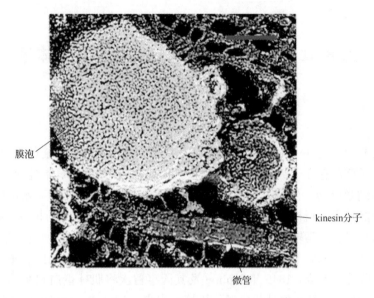

图 8-1　载有膜泡的 kinesin 在微管上的连接。标尺为 50 nm

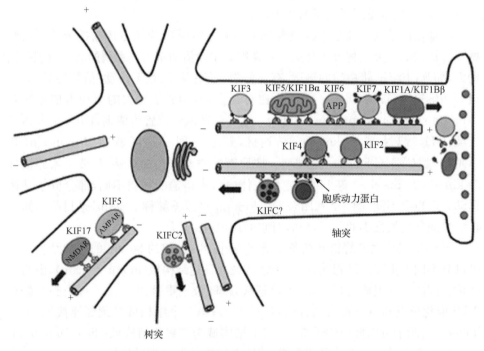

图 8-2　KIFs 在神经轴突中的运输模式[11]

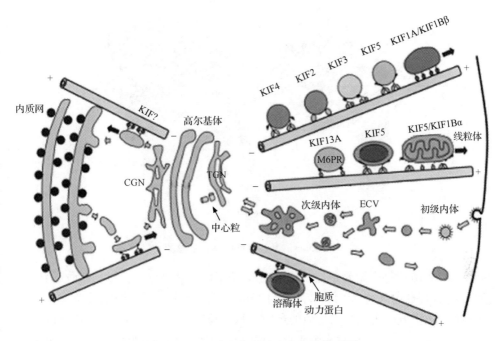

图 8-3 KIFs 在一般细胞中的运输模式[11]

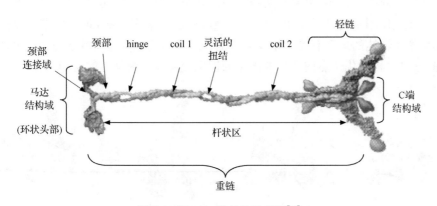

图 8-4 kinesin 的结构示意图[12]

驱动蛋白的运动机制一直是人们研究的焦点,目前普遍公认的驱动蛋白运动机制是"交臂"(hand-over-hand)模型[14],类似于人类的行走。驱动蛋白马达的运动很大程度上依赖马达区域构象的变化和灵活的颈部区域。头部晶体学分析显示头部区域有两个不同的结构[15]。kinesin 低温冷凝电子显微镜研究[16]以及截断的 kinesin 单体光谱研究比如电子顺磁共振和荧光共振能量转移[17]等也揭示了颈部连接域上不同的依赖核酸的结构。如图 8-6 所示,kinesin 的两个头部交替与微管(microtubule)结合,以滑动方式沿微管运动,运动的步长为微管蛋白二聚体的长

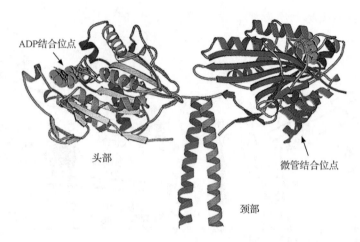

图 8-5　kinesin 马达区域的结构示意图[13]

度(8 nm)。微管是由微管蛋白二聚体(α-微管蛋白和 β-微管蛋白)组装而成的中空管状结构,其平均外径为 24nm,内径约 15nm,在细胞质中既是细胞骨架又充当分子马达运动轨道以实现胞内物质的运输。每个马达分子在脱离微管之前可以行走大约 800 nm[18,19]。运动时两个头部交替地与微管结合脱离,始终保持有一个头结合到微管上起固定作用,另一个头得以脱离微管向前运动。实验表明,马达两个头部间的相互作用是通过二聚化结构域和颈部连接域来实现的,颈部的结构及构象变化对整个马达的运动有非常重要的影响。通常认为颈部连接域起力学放大器的作用,它可以将催化位点内产生的微小的构象变化放大为马达的运动。

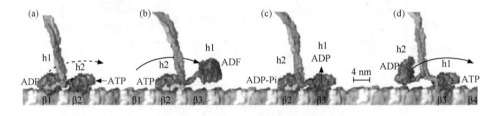

图 8-6　kinesin 运动机制模拟图[20]

　　实验发现马达的两个头部的化学状态是相互关联的,当其中的一个头处在一个化学态时,另一个头只能处于某一相应的化学态。驱动蛋白只和 β 亚基结合,单个驱动蛋白可以沿微管运动而不脱落。对单个的驱动蛋白沿微管的运动过程进行的观测表明,驱动蛋白的运动具有高度连续性,它在微管表面做平行于原纤维的运动。K. Svoboda 等[21]测出它的运动速度约为 800 nm/s,与阻力成反比。kinesin的运动与化学循环有关,其运动速度与每个头部水解 ATP 的速度有关。在实验中,溶液中有足够的 ATP 和室温条件下,kinesin 的运动速度在 500～1000 nm/s

之间[22]。实验发现,利用光钳或玻璃纤维施加阻力,直至阻力增加到 5～7 pN 时,它才停止运动,所以单个驱动蛋白能够产生的最大力为 5～7 pN[23-26]。没有与 ATP 结合的情况下,驱动蛋白与微管结合很强,能够承受 10 pN 以上的力。两个头部通过结合和水解 ATP,导致颈部发生构象改变,放大了马达区域构象的变化,实现整个马达分子沿微管爬行交替与微管结合,从而将尾部结合的"货物"等运送到需要的地方。

　　体外微管滑动运动(gliding assay)是验证 kinesin 活性的最佳方式。在 kinesin 修饰的流体池表面上,微管可以识别并连接到 kinesin 的头部马达区域,利用 ATP 产生的能量驱动微管滑行[27]。在 1～3 mmol/L MgATP 存在下,微管可以保持至少 3 h 的运动。如图 8-7 所示,当把 ATP 加入 kinesin 和微管的流体池后,微管立即开始在 kinesin 修饰的玻璃表面上运动。微管前端寻找运动的下一个合作 kinesin 分子,而后端随其前端的轨迹运动。微管运动的轨迹很多,具有随机性。如箭头所指,一根微管在原地盘旋运动后,寻找到新的 kinesin,从而改变轨迹开始直线运动。滑行运动对研究 kinesin 的活性具有很重要的作用。在饱和 ATP 浓度下,室温中 kinesin 的运动速度为 800 nm/s 左右,与细胞内 kinesin 在微管上的运动速度相当[28-30]。

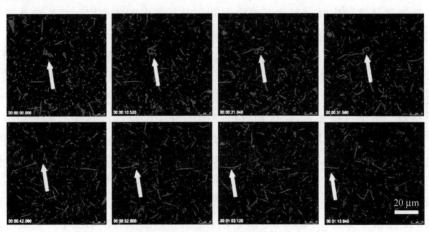

图 8-7　微管在 kinesin 修饰的玻璃表面上的滑行运动

　　驱动蛋白在胞质中做定向运动,不受宏观外力的影响。它运输负载的机械能直接来自 ATP 水解反应释放的化学能,而无需经过热能的形式,这种运动机理似乎违背了热力学第二定律,而且其能量转换率可达 50%,超过了人造马达的能量转化率(33%)。分子马达高的效率和运动的复杂说明生物分子马达的进化已经达到了相当高的水平,因此吸引了越来越多的生物学家、化学家、物理学家以及材料学家等的极大兴趣。生物分子马达工作的最新研究表明生物分子马达具有非常大的应用潜力。了解这种运动的结构基础,掌握能量转化机制可以更深刻地理解生命之谜,还可以人工构造出具有广阔应用前景的分子马达。例如,它们可作为分子尺度的机器人或其他纳米组成零件的一部分,构筑用作电路的分子导体和分子晶体管组成的网络结构,将来有可能完成在人体细胞内发放药物等医疗任务。这些技术仍处于研制初期,为了将生物分子马达真正应用在人类所构筑的器件中,仍需要更深的研究和发展。

8.2　基于驱动蛋白的活性仿生体系

随着纳米生物技术的发展,人们渴望精确地在微米和纳米上对多组分进行操作。设计由 kinesin-microtubule 体系驱动多组分材料,可以实现这一目的。研究 kinesin-microtubule 体系与微胶囊所组成的活性仿生体系,利用 kinesin-microtubule 体系对物质进行操作,有助于设计和构筑微米和纳米尺度上的器件。可以通过两种不同的方式实现驱动蛋白-微管体系与智能型载体微胶囊的组装,构筑以 kinesin-microtubule 运动体系为基础的活性仿生体系。这两种方式分别基于微管滑动运动(gliding assay)模式和驱动蛋白分步运动(stepping assay)模式。

微胶囊是通过成膜材料将胶囊内空间与其外部空间隔离以形成特定几何结构的物质。微胶囊一般是微米至毫米级,囊壁厚度在亚微米至几百微米范围内。

层层组装在均匀分散的模板材料上,例如三聚氰胺-甲醛树脂(MF)胶体颗粒、聚苯乙烯(PS)胶体颗粒、SiO_2 胶体颗粒、无机酸盐、红细胞和有机染料等[31,32]。聚电解质、表面活性剂、生物高分子、磷脂等高分子材料,或者无机物都可以用来作为壳层材料。组装过程如下:在带相反电荷的溶液中如聚烯丙基铵盐酸盐(PAH),由于静电引力的作用,PAH 吸附在二氧化硅(SiO_2)颗粒的表面上。一般,吸附的聚电解质电荷除与被吸附表面电荷中和后,初始表面电荷通常是过剩的。这样吸附 PAH 后粒子表面呈正电荷,可用来再吸附带相反电荷的聚电解质如聚苯乙烯磺酸钠(PSS)。如此循环组装到所需层数,最后除去作为模板的胶体颗粒(如 SiO_2 可在 HF 溶液中分解)。如图 8-8 所示,利用 LbL 组装的方法形成了多层聚电解质的有序排列。

在足够多的聚电解质吸附到模板表面上后,通过离心分离、膜过滤法等实现去除溶液中多余游离的聚电解质。离心分离法易导致吸附了聚电解质的模板发生团聚,去除模板后团聚也很难解聚,损失较大,但方法简单,适用于样品量较小或颗粒尺寸较大的组装。膜过滤法制备的微胶囊聚集程度低,微粒损失也较小,可用于大的样品量。但过滤时间较长,滤膜容易被堵塞。

微胶囊的形态和尺寸、成分、通透性能和机械强度等都可以控制,通过外部刺激如改变 pH、离子强度、超声控制等实现性能的调控[36-42]。小分子的物质可以透

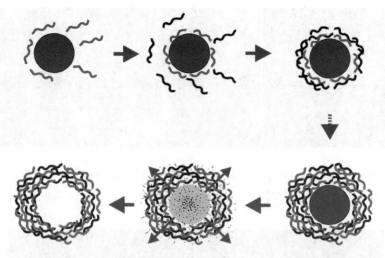

图 8-8　利用层层吸附技术获得的聚电解质微胶囊[33-35]

过聚电解质壳层,包埋在空腔内。微胶囊的囊壁使囊内外空间隔离,保护被包埋物的性能。囊壁的阻隔性和通透性可以调控包埋物质的释放速率,从而实现对被包埋物的缓释和控制释放。通过改变外部条件如改变 pH 等或远程控制如超声等,被包埋物质如药物能被按需释放。人们根据微胶囊和被包埋物质的性能特点,制备出不同组分和用途的微胶囊。微胶囊的稳定性较好,而且大量药物、染料、纳米微粒、蛋白质,甚至细胞都可被包埋形成各种功能化的微胶囊。因此在诸多领域如药物传递、催化反应和传感器等都具有潜在的应用前景[43,44]。

　　表面吸附链霉亲和素的(PSS/PAH)$_4$微胶囊通过链霉亲和素-生物素的特异性识别,可与含有生物素化的微管连接(图 8-9)。如图 8-10 所示,微胶囊吸附在罗丹明标记的微管上。链霉亲和素和生物素间强的非共价键结合力(K_d 约 10^{-14} mol/L)[45]保证了它们的相连。微管的直径只有 25 nm 左右,微胶囊的直径在微米级。

　　当 ATP 溶液注入流体池后,载有微胶囊的微管的滑行运动与无负载的微管的运动行为一样(图 8-10)。

　　修饰在表面上的 kinesin 的浓度较低时(2 nmol/L),负载有微胶囊的微管的运动形式受微胶囊连接的影响。如图 8-11 所示,以微胶囊连接处为支点,其前部的微管呈规则性前进运动,后部呈无规摆动。由此推测,当 kinesin 分子较少时,微管与表面 kinesin 形成的连接较少,微胶囊的重量对微管施加的力使得微管不易与表面吸附的 kinesin 产生平行连接。研究测量计算,负载的微管的运动速度在650～750 nm/s 之间。

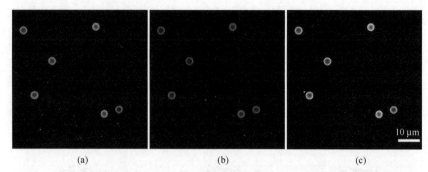

图 8-9　Texas-red 标记的链霉亲和素修饰的(PSS/FITC-PAH)$_4$微胶囊的荧光图片
(a)(PSS/FITC-PAH)$_4$微胶囊;(b) Texas-red 链霉亲和素;(c)Texas-red 链霉亲和素吸附在
(PSS/FITC-PAH)$_4$微胶囊上[46]

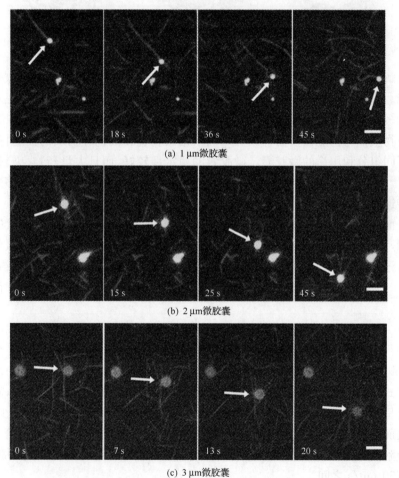

图 8-10　(PSS/FITC-PAH)$_4$微胶囊在 kinesin 吸附的表面上的运动。标尺为 5 μm。
箭头指向运动中的微胶囊[46]

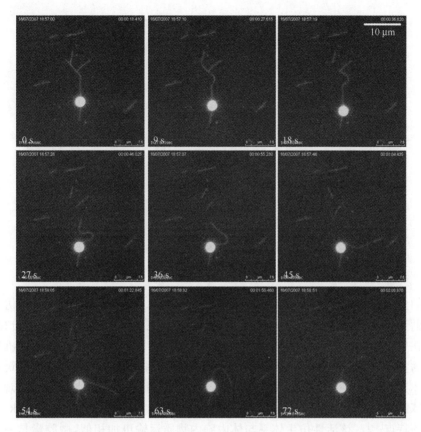

图 8-11　微管牵引 2 μm（PSS/PAH）₄微胶囊在 kinesin 修饰的表面上运动

理论上微管可以携带直径至 1 cm 的货物[47]。但实际实验中，并不是所有的与微管连接的微囊都运动，多种因素影响实验结果[48]。

（PSS/PAH）₄微胶囊在包埋异硫氰酸荧光素-葡聚糖（FITC-dextran）后，仍然可以与生物素修饰的微管连接，并在富有 kinesin 的玻璃表面上做滑行运动，如图 8-12所示。当把能量-ATP 注入流体池后，载有微胶囊的微管开始滑行运动。图 8-12中可见两个微胶囊可以同时被一根微管带动，而且速度并不下降。因此可以推断出包埋物质并不影响微管载动微胶囊运动，载动的货物的大小也不对其产生影响。

实验结果表明运动中的微管能够搭载并卸载微胶囊。微胶囊的尺寸在一定范围内不会影响微管运动速度等相关参数，但胶囊尺寸增大会降低其与微管的连接几率。此外，我们发现为了保证胶囊和微管有较大的连接几率，微管的生物素化程度应大于 30%。此体系实现了利用驱动蛋白在时间和空间上操纵微胶囊的运动，而且作为货物的微胶囊在包埋了物质之后，仍可以被微管驱动，且速度不变。利用

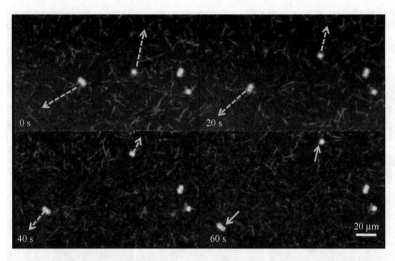

图 8-12　微管载动包埋有 FITC-dextran 的微胶囊在 kinesin 吸附的表面上滑动

微管的分子穿梭作用,能够实现微胶囊的长距离和大面积的运输。该活性仿生体系有助于设计和构筑新型纳米生物器件,以及实现在纳米尺度上操纵多组分材料。

　　在生物体细胞内,微管作为运动轨道相对固定,kinesin 作为分子马达机器沿微管的负端向正端运输物质。在体外借助微胶囊模拟膜泡运输的方式,构筑活性仿生体系。最近人们将乳液球等吸附到 kinesin 表面,在光学显微镜下能够观测到乳液球的运动,以此得到 kinesin 在微管上的运动位置、速度等,从而研究 kinesin运动的特点[49]。该活性仿生体系与体内胞内物质运输更加相似,微胶囊是一个理想的膜泡模拟结构,可以更好地模拟体内膜泡的运输和构筑有关细胞生命活动的活性仿生体系。另一方面,该体系研究探讨把生物功能体系与人工结构整合在一起,构筑新型纳米器件的潜在应用前景。

　　在 pH 为 6.9 的水溶液中,PSS 表面带负电荷,而 kinesin 的 C 端(氨基酸残基858-1031)是高度碱性区域[50],在中性水溶液中成正电性。因此静电引力等能够维持(PSS/PAH)$_4$PSS 微胶囊与 kinesin 的连接,当然还有非特异性吸附,分子间作用力的存在。为了防止 kinesin 吸附到微胶囊表面上后失去活性,在吸附 kinesin 之前吸附一层酪蛋白,实验证明,未吸附酪蛋白的微胶囊在吸附 kinesin 之后,其在微管上的运动几率比吸附了酪蛋白的几率小,从而推断酪蛋白有效地降低了kinesin 的失活率[51]。

　　在图 8-13 可以看出,液体的定向流动和微管的极性导致微管定向有序排列,有效地延长了作为轨道的微管的可使用长度。通过中间体 3-氨丙基三乙氧基硅烷的桥梁作用,将微管固定在玻璃表面上。玻璃表面由于 Si—O 键的水解带有大量的羟基,可与 3-氨丙基三乙氧基硅烷作用。而微管的表面有很多羧基,等电点在 5～5.5 之间[52]，在中性水溶液中略带负电，因此可与氨基硅烷化试剂的胺基作用。

图 8-13　用 3-氨丙基三乙氧基硅烷固定的微管的荧光图片

　　如图 8-14 所示，微管被固定在流体池底部表面上，通过 ATP 获得能量，kinesin 修饰后的微胶囊可以沿微管从负极走向正极（图 8-15）。微胶囊依靠 kinesin-microtubule 体系实现运输，kinesin 成功吸附在微胶囊上并保持活性是实验的关键，且 kinesin 分子吸附在微胶囊的表面后仍可以与微管识别和相互作用。kinesin 的尾部连接在微胶囊的表面上，而其头部以"交臂"的形式在固定好的微管上运动。这类似于 kinesin 在体内的运动行为[53-55]。体内的 kinesin 也是头部载着细胞器等货物沿着相对较固定的微管从细胞的中心向细胞的边缘运动[56]。

　　用氨基硅烷化固定好的微管的活性不会降低[58]，通过测量微胶囊在一定时间内在微管上的运动距离，可以得出其平均速度约 700 nm/s。与之前关于运输乳液球、量子点等的报道中关于速度的计算一致[59,60]，也与体内 kinesin 运动的速度一样，而且从图 8-15 中可以看出在弯曲的微管上，kinesin 仍可以携货物沿弯曲的轨道运动。这更加体现了 kinesin 的灵活性。正如在体内，kinesin 携膜泡运输时遇到形态多变的微管，直达目的地[61,62]。

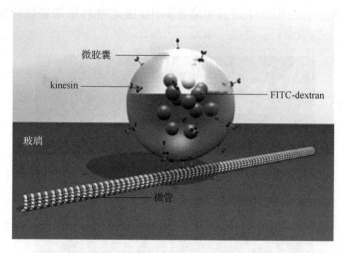

图 8-14 FITC-dextran 包埋在 $(PSS/PAH)_4 PSS$ 微胶囊中,kinesin 组装在微胶囊
表面上,并驱动微胶囊沿微管运动[57]

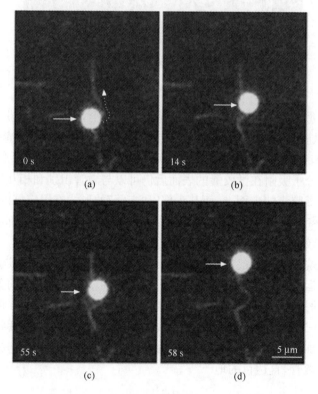

图 8-15 空心微胶囊沿微管的时间推移系列图。实心箭头指向运动的微胶囊,
虚箭头是微胶囊运动的方向

在驱动蛋白直接驱动微胶囊的活性仿生体系中,微胶囊模拟细胞内的膜泡细胞器,吸附了驱动蛋白后,实现了在微管上的滑动运动,而且微胶囊也能像膜泡细胞器一样装载物质,微胶囊运动的速度与被装载物无关。但微胶囊的运动范围依赖于微管的长度,优点是该活性仿生体系的构筑模式与体内膜泡的运输方式类似,有望为研究复杂的细胞内运输提供模型,推动驱动蛋白运动机制的研究,而且该体系组装了一种以驱动蛋白为基础的纳米生物器件。

(中国科学院化学研究所:冯熙云、崔　岳、李峻柏;国家纳米科学中心:宋卫星)

参 考 文 献

[1] Vale R D, Reese T S, Sheetz M P. Identification of a novel force-generating protein, kinesin, involved in microtubule-based motility. Cell, 1985, 42:39-50.

[2] Lye R J. Porter M E, Scholey J M, et al. Identification of a microtubule-based cytoplasmic motor in the nematode C elegans. Cell, 1987, 51:309-318.

[3] Paschal B M, Shpetner H S, Vale R B. MAP 1C is a microtubule-activated ATPase which translocates microtubules *in vitro* and has dynein-like properties. J Cell Biol, 1987, 105:1273-1282.

[4] Tabish M Z, Siddiqui K, Nishikawa K, et al. Exclusive elegans osm-3 kinesin gene in chemosensory neurons opens to the external environment. J Mol Biol, 1995, 247:377-389.

[5] Hirokawa N. Axonal transport and the cytoskeleton. Curr Opin Neurobiol,1993, 3:724-731.

[6] Cole D G, Cande W Z, Baskin R J, et al. Isolation of a sea urchin egg kinesin-related protein using peptide antibodies. J Cell Sci, 1992, 101:291-301.

[7] Aizawa H, Sekine Y, Takemura R, et al. Kinesin family in murine central nervous system. J Cell Biol, 1992, 119:1287-1296.

[8] Lawrence C J, Dawe R K, Christie K R, et al. A standardized kinesin nomenclature. J Cell Biol, 2004, 167:19-22.

[9] Hess H, Vogel V. Molecular shuttles based on motor proteins: active transport in synthetic environments. Rev Mol Biotechnol, 2001, 82:67-85.

[10] Hirokawa N. Kinesin and dynein superfamily proteins and the mechanism of organelle transport. Science, 1998, 279: 519-526.

[11] Schliwa M. Molecular Motors. Weinheim: WILEY-VCH Verlag GmbH & Co. KgaA, 2003.

[12] Vale R D. The molecular motor toolbox for intracellular transport. Cell, 2003, 112:467-480.

[13] Kozielski F,Sack S, et al. The crystal structure of dimeric kinesin and implictions for microtubule dependent motility. Cell,1997,91:985-984.

[14] Vale R D, Milligan R A. The way things move, looking under the hood of molecular motor proteins. Science,2000, 288:88-95.

[15] Kull F J, Sablin E P, Lau R, et al. Crystal structure of the kinesin motor domain reveals a structural similarity to myosin. Nature, 1996, 380:550-555.

[16] Kozielski F, Sack S, Marx A, et al. The crystal structure of dimeric kinesin and implications for micro-

tubule-dependent motility. Cell, 1997, 91:985-994.

[17] Rice S, Lin A W, Safer D, et al. A structural change in the kinesin motor protein that drives motility. Nature, 1999, 402:778-783.

[18] Block S M, Goldstein L S, Schnapp B J. Bead movement by single kinesin molecules studied with optical tweezers. Nature, 1990, 348:348-352.

[19] Howard J, Hudspeth A J, Vale R D. Movement of microtubules by single kinesin molecules. Nature, 1989, 342:154-158.

[20] Tomishige M, Stuurman N, Vale R D. Single-molecule observations of neck linker conformational changes in the kinesin motor protein. Nat Struct Mol Biol, 2006, 13:887-894.

[21] Svoboda K, Block S M. Biological applications of optical forces. Annu Rev Biophys Biomol Struct, 1994, 23:247-285.

[22] Coy D L, Wagenbach M, Howard J. Kinesin takes one 8 nm step for each ATP that it hydrolyzes. J Biol Chem, 1999, 274:3667-3671.

[23] Kawaguchi K, Ishiwata S. Temperature dependence of force, velocity, and processivity of single kinesin molecules. Biochem Biophys Res Commun, 2000, 272:895-899.

[24] Vissher K, Schnitzer M J, Block S M. Single kinesin molecules studied with a molecular force clamp. Nature, 1999, 400:184-189.

[25] Kojima H, Muto E, Higuchi H, et al. Mechanics of single kinesin molecules measured by optical trapping nanometry. Biophys J, 1997, 73:2012-2022.

[26] Meyhofer E, Howard J. The force generated by a single kinesin molecule against an elastic load. Proc Natl Acad Sci, USA, 1995, 92:574-578.

[27] Bakewell D J G, Nicolau D V. Protein linear molecular motor-powered nanodevices. Aust J Chem, 2007, 60:314-332.

[28] Alberts B. The cell as a collection of protein machines: preparing the next generation of molecular biologists. Cell, 1998, 92:291-294.

[29] Hirokawa N. Kinesin and dynein superfamily proteins and the mechanism of organelle transport. Science, 1998, 279:519-526.

[30] Schliwa M, Woehlke G. Molecular motors. Nature, 2003, 422:759-765.

[31] Caruso F, Caruso R A, Möhwald H. Production of hollow microspheres from nanostructured composite particles. Chem Mater, 1999, 11:3309-3314.

[32] Caruso R A, Susha A, Caruso F. Multilayered titania, silica, and laponite nanoparticles coatings on polystyrene colloidal templates and resulting inorganic hollow spheres. Chem Mater, 2001, 13:400-409.

[33] Caruso F, Lichtenfeld H, Giersig M, et al. Electrostatic self-assembly of silica nanoparticles-polyelectrolyte multilayers on polystyrene latex particles. J Am Chem Soc, 1998, 120:8523-8524.

[34] Caruso F, Caruso R A, Möhwald H. Nanoengineering of inorganic and hybrid hollow spheres by colloidal templating. Science, 1998, 282:1111-1114.

[35] Donath E, Sukhorukov G B, Caruso F, et al. Novel hollow polymer shells by colloid-templated assembly of polyelectrolytes. Angew Chem Inter Ed, 1998, 37:2201-2205.

[36] Lvov Y, Antipov A, Möhwald H, et al. Urease encapsulation in nanoorganized microshells. Nano

Lett, 2001, 1:125-128.

[37] Georgieva R, Moya S, Hin M, et al. Permeation of macromolecules into polyelectrolyte microcasules. Biomacromolecules, 2002, 3:517-524.

[38] Ibarz G. , Dähne L, Donath E, et al. Smart micro- and nanocontainers for storage, transport, and release. Adv Mater, 2001, 13:1324-1327.

[39] An Z H, Möhwald H, Li J. pH controlled permeability of lipid/protein biomimetic microcapsules. Biomacromolecules, 2006, 7:580-585.

[40] Mendelsohn J D, Barrett C J, Chan V, et al. Fabrication of microprous thin films from polyeletrolyte multilayers. Langmuir, 2000, 16:5017-5023.

[41] Yoo D, Shiratori S, Rubner M F. Controlling bilayer composition and surface wettability of sequentially adsorbed multilayers of weak polyelectrolytes. Macromolecules, 1998, 31:4309-4318.

[42] Sukhorukov G B, Rogach A L, Garstka M. Multifunctionalized polymer microcapsules, novel tools for biological and pharmacological applications. Small, 2007, 3:944-955.

[43] Song W, He Q, Möhwald H, et al. Smart polyelectrolyte microcapsules as carriers for water-soluble small molecular drug. J Control Release, 2009, 139:160-166.

[44] Park M K, Xia C, Advincula R C, et al. Langmuir, 2001, 17:7670-7674.

[45] Howarth M, Chinnapen D J, Gerrow K, et al. A monovalent streptavidin with a single femtomolar biotin binding site. Nat Methods, 2006, 3:267-273.

[46] Song W, Möhwald H, Li J. Movement of polymer microcarriers using a biomolecular motor. Biomaterials, 2010, 31:1287-1292.

[47] Kumar C S S R. Nanodevices for the life sciences. Weinheim: Wiley-VCH, 2006.

[48] Backhand M, Tent A M, Bunker B C, et al. Physical factors affecting kinesin-based transport of synthetic nanoparticle cargo. J Nanosci Nanotechnol, 2005, 5:718-722.

[49] Muto E, Sakai H, Kaseda K. Long-range cooperative binding of kinesin to a microtubule in the presence of ATP. J Cell Biol, 168:691-696.

[50] Skoufias D A, Cole D G, Wedman K P, et al. The carboxyl-terminal domain of kinesin heavy chain is important for membrane binding. J Biol Chem, 1994, 269:1477-1485.

[51] Block S M, Goldstein L S, Schnapp B J. Bead movement by single kinesin molecules studied with optical tweezers. Nature, 1990, 348:348-352.

[52] Jun Z. Microtubule protocols in methods in molecular medicine. Totowa, N. J. : Humana Press, 2007.

[53] Bachand G D, Rivera S B, Boal A K, et al. Developing nanoscale materials using biomimetic assembly processes, Mat Rec Soc Symp Proc, 2004, 782:3-10.

[54] Ionov L, Stamm M, Diez S. Size sorting of protein assemblies using polymeric gradient surfaces. Nano Lett, 2005, 5:1910-1914.

[55] Hess H, Bachand G D, Vogel V. Powering nanodevices with biomolecular motors, Chem Eur J, 2004, 10:2110-2116.

[56] Vale R D. The molecular motor toolbox for intracellular transport. Cell, 2003, 112:467-480.

[57] Song W, He Q, Cui Y, et al. Assembled capsules transportation driven by motor proteins. Biochem Bioph Res Co, 2009, 379:175-178.

[58] Jeney S, Florin E, Hörber J K H. Kinesin protocol, methods in molecular biology. Humana Press,

2001, 164:91-108.

[59] Böhm K J, Stracke R, Unger E, et al. Factors determining kinesin-driven microtubule motility *in vitro*. Cell Biol Int, 1997, 21:854-857.

[60] Hirokawa N. Kinesin and dynein superfamily proteins and the mechanism of organelle transport. Science, 1998, 279:519-526.

[61] Tomishige M, Stuurman N, Vale R D. Single-molecule observations of neck linker conformational changes in the kinesin motor protein. Nat Struct Mol Biol, 2006, 13:887-894.

[62] Vale R D, Milligan R A. The way things move, looking under the hood of molecular motor proteins. Science, 2000, 288:88-95.

第9章 功能性互锁分子

互锁分子(mechanically interlocked molecules)是一类由两个或两个以上的分子单元之间通过非共价键方式锁套在一起的分子体系,虽然体系中的分子单元之间不以共价键相连,但是要让它们相互分开则必须涉及共价键的断裂,从这个意义上说互锁分子是一个分子,而不是超分子体系。互锁分子包括轮烷(rotaxanes)、索烃(catenanes)、结(knots)和波罗米昂环(borromean rings)等。其中轮烷和索烃是互锁分子的典型代表,而且近十多年来,随着超分子合成化学的发展,越来越多的轮烷和索烃的合成方法见诸报道[1-3],特别是近些年来复杂的、具有独特功能的轮烷和索烃层出不穷,因此本章节重点就介绍这两类功能性互锁分子,其他形式的互锁分子可以参见综述或书籍[4-8]。

轮烷是一类由环状分子和线状分子构成的互锁体系,如图 9-1(a)所示。其中线性分子穿过一个或者多个环状分子,并且其两端有大的阻挡基团,能够有效防止环状分子脱离,从而形成一个稳定的体系。线性分子上套一个环的,称之为[2]轮烷;套两个环的则为[3]轮烷,依此类推。

索烃则由一个或多个环同时嵌在另外一个环中[图 9-1(b)],就像钥匙串在钥匙圈里一样。由两个环相互锁套的,称之为[2]索烃;三个环的则为[3]索烃,依此类推。

轮烷和索烃的合成离不开超分子化学和传统的共价合成化学,但是它们又具有与以共价键连接的分子或超分子体系不同的特点,特殊的结构使它们在分子机器、分子器件、化学传感器及探针,甚至在催化剂、光能收集及医学等领域等都有重要的应用前景。下面我们将就这些方面一一进行介绍。

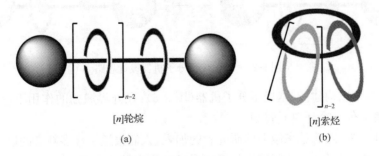

[n]轮烷

(a)

[n]索烃

(b)

图 9-1 轮烷和索烃的结构示意图

9.1　分子机器及分子器件

　　互锁分子内部各个单元之间是机械式地锁套在一起,是一个稳定的整体,但是在不同方向上,单元之间又有一定的运动自由度。以[2]轮烷作例子,环状分子可以沿着直线部分做往复运动,也可以线性单元为中心做旋转运动;对于[2]索烃,则一个环可以在另外一个环中进行滑动或者转动。这有点类似于宏观的机器,把不同的零部件组装在一起,然后实现机械运动,所以轮烷和索烃是在分子尺度下构建微观机器(也就是分子机器)的理想体系。

　　构建轮烷型分子机器的思路参见图 9-2。在线状分子中安插两个能与环状单元相互结合的识别点 1 和 2,并且使得识别点 1 与环状单元的结合力大于识别点2,这时环状单元停留在识别点 1 上,形成稳态 1;识别点 1 还能在外界激励(如氧化)的作用下转化为识别点 1′,而识别点 1′ 与环状单元的结合力又小于识别点 2,这时就形成不稳定的亚稳态 1;亚稳态 1 的环状单元将自发地转移到识别点 2 上,形成稳态 2;这时如果再给一个外界激励(如还原),使识别点 1′又恢复到原有状态即识别点 1,这时又形成了亚稳态 2;环状单元将又回到初始位置,重新形成稳态1,又可以进行下一轮的运作。这就是一个[2]轮烷分子机器:体系可以在外界激励的作用下,环状单元发生“梭式”往复运动。

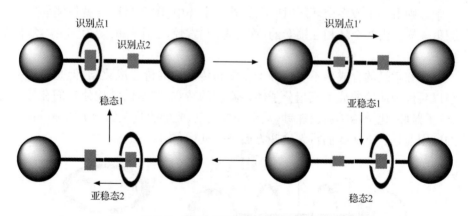

图 9-2　[2]轮烷型分子机器设计思路

　　同样,可以构建[2]索烃型分子机器(图 9-3):在外界激励的作用下,一个环单元围绕着另外一个环单元转动。

　　十几年来,随着越来越多的研究者的加入,人们报道了许多新奇的以互锁分子作为分子机器的例子,期间特别是近年来已有不少综述和书籍[9-13],本节将不重复这些文章的例子,仅摘取最新的一些研究成果供大家参考。

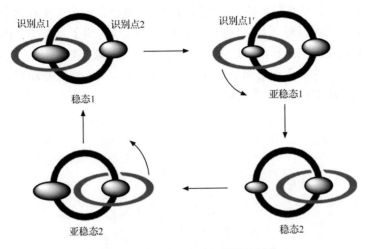

图 9-3　[2]索烃型分子机器设计思路

最近 Chiu 及合作者报道了一个酸/碱驱动的[2]轮烷分子机器[14]，如图 9-4 所示。线状分子由一个脲单元、一个氨基单元和两个二叔丁基苯阻挡基团组成；环状分子则含有吡啶二酰胺及三个氧乙烯单元。在碱性条件下，环状单元停留在脲站点，而加入高氯酸以后，线状分子上的氨基被质子化，与环状分子的氧乙烯单元形成强的氢键作用，大环转移到氨基上。事实上，酸/碱驱动的[2]轮烷分子机器体系已经有不少报道，而本例子的突出地方在于该体系在酸性条件下能在正戊醇中可以形成胶体，而一旦加入叔丁醇钾后，环状分子移动的同时，胶体转为溶液；再加入高氯酸，环状分子转移到氨基，溶液又转为胶体。

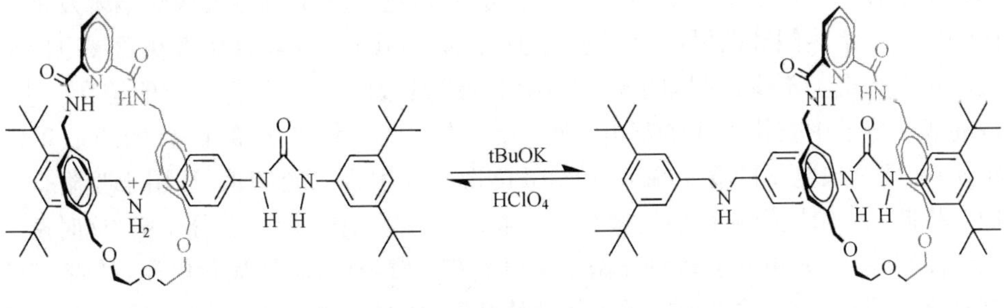

图 9-4　酸/碱驱动[2]轮烷型分子机器

绝大多数报道的[2]索烃类分子机器的运动方式是：其中一个环在外界激励的驱动下绕着另外一个环转动。而最近 Stoddart 研究小组则构建了双驱动[2]索烃分子机器[15]：在某种驱动下 A 环绕着 B 环转动；而在另一种驱动下，则是 B 环绕着 A 环转动，如图 9-5 所示。该索烃结构中的一个环含两个富电子基团：对苯二醚和四硫富瓦烯(TTF)；另一个环则含两个缺电子基团：联吡啶及二氮杂芘阳离子。

初始条件下,TTF 夹在两个缺电子基团当中而二氮杂芘阳离子夹在两个富电子基团之间。该体系可以对 TTF 进行电化学氧化/还原,对应了富电子环围绕缺电子环上的二氮杂芘阳离子转动。也可以往体系中加三乙烯二胺/三氟乙酸,由于三乙烯二胺与二氮杂芘阳离子之间形成强的 CT 络合物,因此酸碱驱动对应了缺电子环围绕富电子环中的 TTF 单元转动。

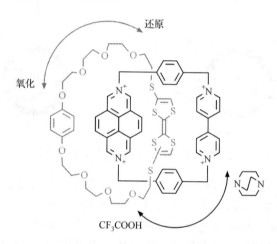

图 9-5 氧化/还原和酸/碱双驱动[2]索烃型分子机器

纳米级的发动机在机器人、光学及微流体系统中有广泛的应用。这些装置到目前为止主要采取诸如石印等化大为小的方法,而这种方法很难达到 100nm 以下的尺度。相反,运用原子或分子这些基本单元来构建纳米发动机的这种积小为大的方法很容易实现纳米级别的动作。近几年来,运用分子机器去构建纳米发动机已经成为一个热门和前沿的研究领域,这方面 Stoddart 及其合作者在发展电驱动发动机上取得了不少成果,图 9-6 是该研究组最近的一个例子[16]。他们在[3]轮烷的线状分子中安排了 4 个富电子识别点:内侧两个萘二醚单元,外侧两个 TTF 单元;在两个缺电子的双紫精大环(CBPQT)上面引入二硫醚爪子,用于吸附金表面。将此[3]轮烷吸附在事先涂好一层金膜的微悬臂上,形成单分子膜,这时两个大环停留在 TTF 单元上。将此微悬臂浸泡在电解液中,施加氧化电压,随着 TTF 被氧化为阳离子态,两个缺电子大环转移到内侧的萘二醚单元,这种直线运动会牵引两个二硫醚爪子,使微悬臂发生弯曲;转换电极的极性可以使 TTF 氧化态再被还原成中性态,两个大环又回复到初始位置,微悬臂的弯曲也消失。

事实上,生物体体内有许多分子机器,我们称之为生物分子机器,这些机器是在水相中运行的。但是到目前为止,绝大多数报道的合成分子机器是在有机溶剂中工作的,设计能够在水溶液中工作的分子机器有助于我们深入了解生物分子机器,更有助于其将来在生物体中的运用。最近 Stoddart 及其合作者 Sauvage 报道

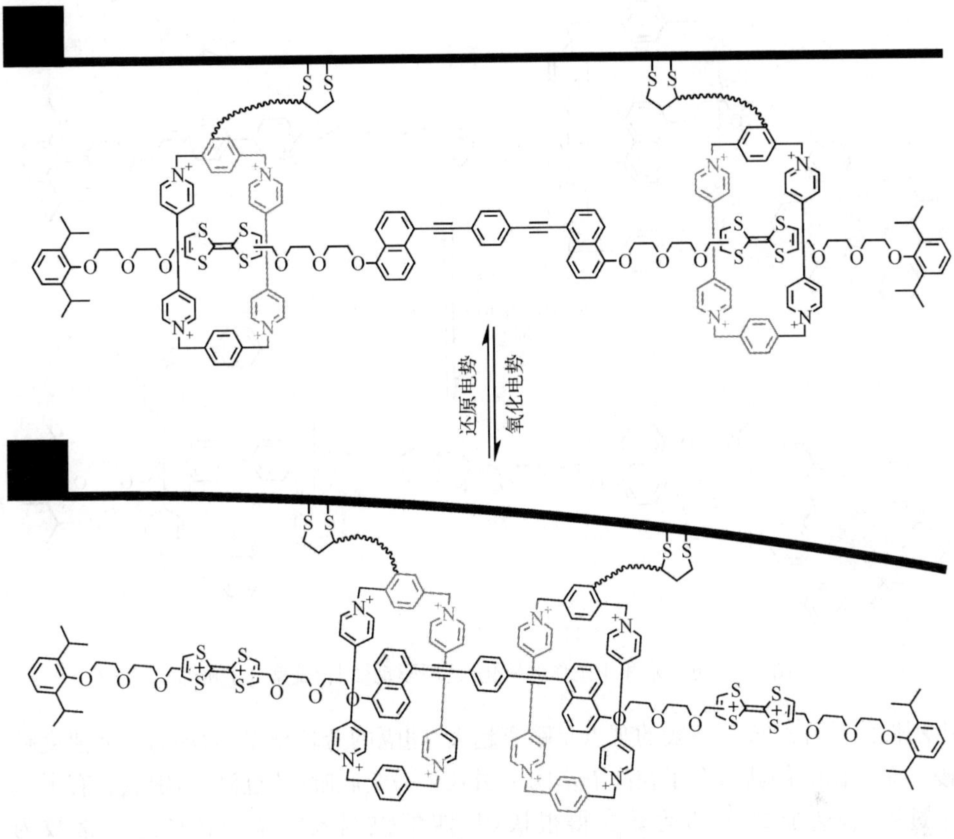

图 9-6　轮烷型分子机器构建的微悬臂

了一个光驱动的、可以在水相中工作的[2]轮烷体系[17]，见图 9-7。其线性单元中含萘二醚和紫精单元，其中　个阻挡基团为联吡啶钌，环状分子为缺电子双紫精大环。在水中，开始时大环停留在萘二醚单元上；当有三乙醇胺存在时，光照溶液会使联吡啶钌将三个电子分别转移到三个紫精单元上，形成阳离子自由基。有意思的是，这三个阳离子自由基（环状分子上的两个与直线单元上的一个）有较强的自由基配对相互作用，从而使环状单元从萘二醚上运动到紫精阳离子自由基上。一旦这种状态暴露在氧气气氛下，阳离子自由基又被重新氧化成紫精，环状分子也回到原有的位置。

铜离子可以形成稳定的五配位结构，即铜离子与一个双位点和一个三位点配体形成配合物；亚铜离子则可以形成稳定的四配位结构，即亚铜离子与两个双位点配体形成配合物。利用这种现象可以构建电化学氧化/还原驱动分子机器。这类机器以 Sauvage 研究小组为代表，他们最近构建了图 9-8 所示的[2]轮烷分子机器[18]。这个体系最大的特点在于两个识别点之间的距离大（23Å），而且这个间隔

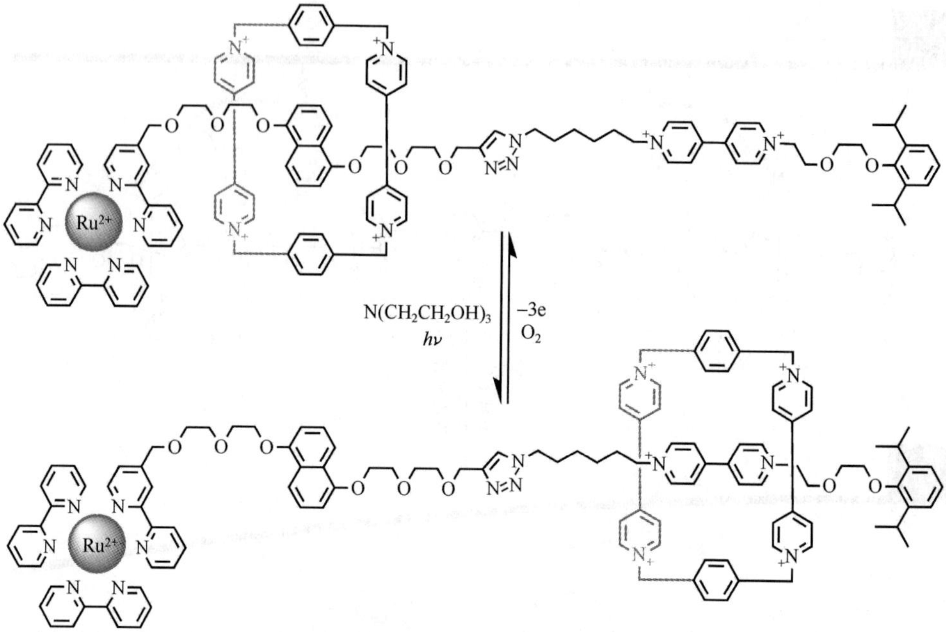

图 9-7　可在水相中工作的氧化/还原驱动[2]轮烷型分子机器

由刚性的芳环组成。一般的观点是距离越大,间隔的芳环越多,大环的运动速度越慢。而他们的创新点在于在间隔基团中引入了一个联吡啶"过渡"识别点。有了这个过渡点,这个 23Å 的运动变得很快(从四配位到五配位的转换速率常数为 0.4 s^{-1};从五配位回到四配位的速率常数约为 50 s^{-1}),比其他运动距离较短但是没有过渡点的类似物[19,20]要快不少。

　　仔细观察上面的这些分子机器的例子,它们的工作过程都是类似的,即大环先停留在稳定的初始状态,然后在外界激励的驱动下,大环转移到另一个稳定态,这时如果又用另一个外界激励,大环可以返回原位,从而完成一次分子水平的运动,这便是分子机器在分子尺度上所形成的可逆的双稳态,这就让人们联想到是否可以利用这种二进制的双稳态去实现分子尺度上的开关、信息存储及逻辑运算,这就是分子机器在分子器件上的应用,这种可能性已经被许多报道所证实。Stoddart 研究小组最近制备了一组索烃型分子开关[21],其分子结构中均含有双紫精缺电子大环,另一大环则含有 TTF 单元,见图 9-9。这些索烃在初始状态下 TTF 单元夹在双紫精大环中间,一旦其被氧化成阳离子,则静电排斥使 TTF 大环发生转动,将 TTF 阳离子转出环外,对应了一个开和一个关的状态。而开关 A 与 B 的不同之处在于后者中 TTF 大环还引入萘二醚富电子基团,当 TTF 大环被氧化而转出来后,萘二醚转到双紫精大环之间,也形成较为稳定的络合物。这时再将 TTF 阳

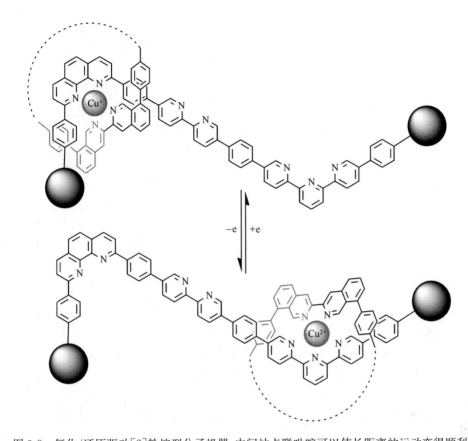

图 9-8　氧化/还原驱动［2］轮烷型分子机器,中间站点联吡啶可以使长距离的运动变得顺利

离子还原成 TTF 时,A 的 TTF 大环直接转回原有位置,而 B 则需要克服一定的能垒才能使 TTF 转回原位,所以 A 是一个单刀单掷开关,而 B 像一个单刀双掷开关。

分子机器构建分子器件时必须满足特定空间里一定数目的分子机器能够协调地进行工作。由于在溶液中分子机器的分布是杂乱无章而且相对位置一直在变化,这显然对构建分子器件是不利的,因此发展全固态分子元件是分子机器研究的一个重要研究方向。但是分子机器有其本身的特点,它在特定外界能量的激励下,体系内部的各个组成单元之间发生相对移动。在溶液中,分子机器的自由运动空间比较大,这种相对运动可以顺利进行;一旦将分子机器体系直接沉积在固体支撑物上,这时机器分子之间相互叠压,再加上支撑物的限制作用,分子机器内组成部分之间发生相对位移的难度增加,因此很多原本在溶液中运行得很好的分子机器一旦被制备成固体器件后,绝大多数会停止正常工作或者响应时间大幅增加。要使固体分子机器能正常工作就需要减少分子间的相互叠压,或者增加分子机器的

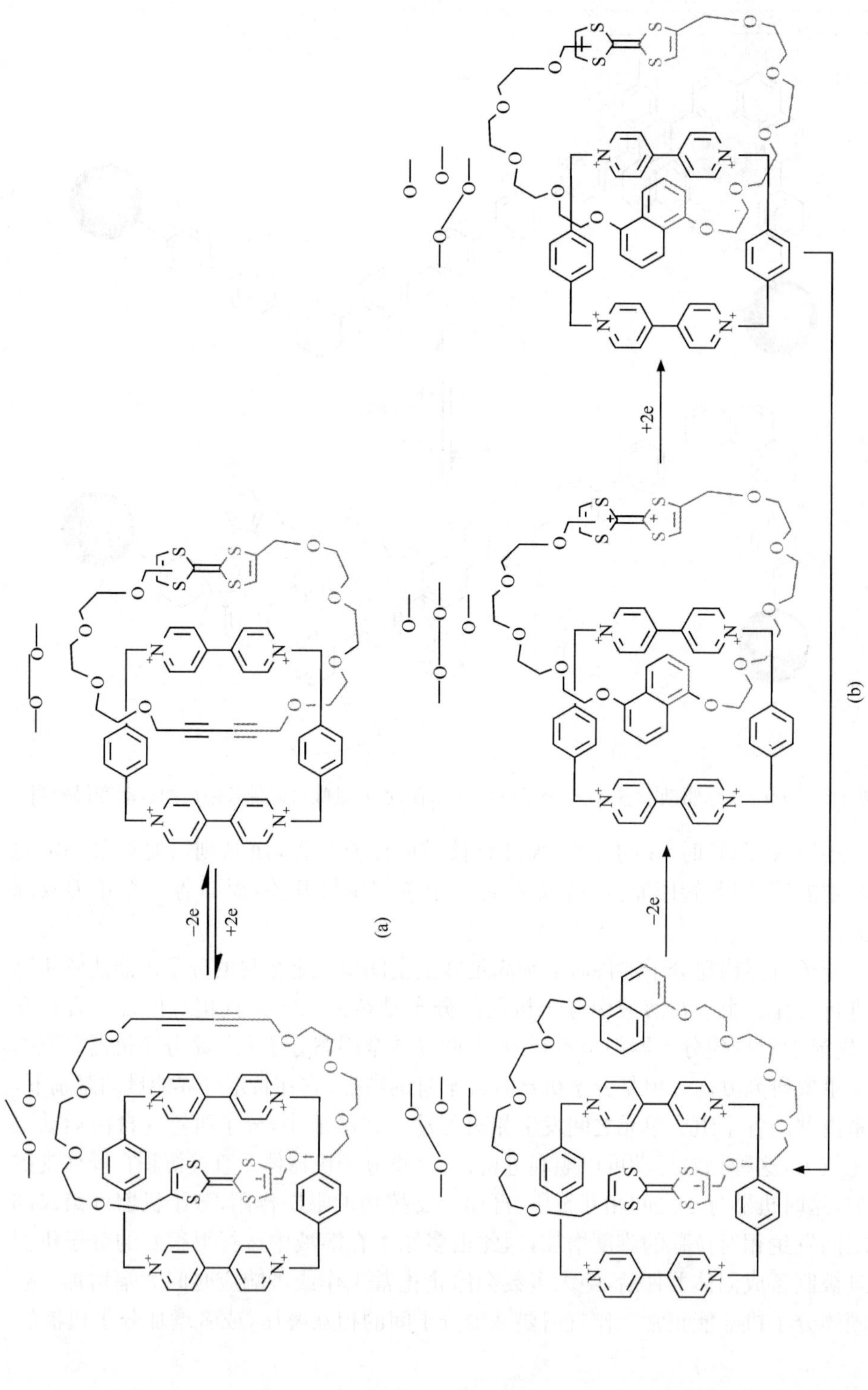

(a)

(b)

图 9-9　[2]索烃分子机器构建的单刀单掷及单刀双掷分子开关

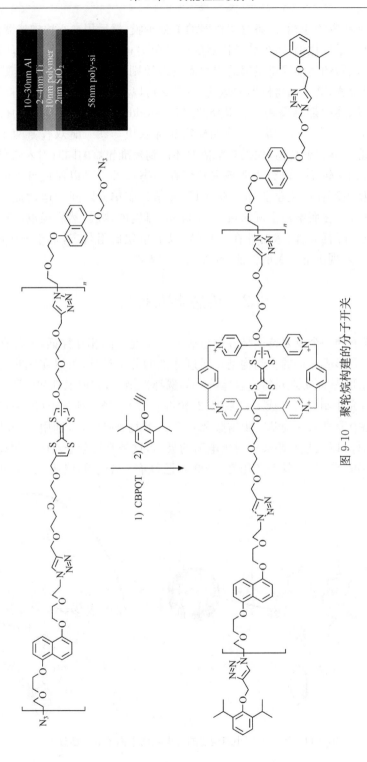

图 9-10　聚轮烷构建的分子开关

运动空间,这些方法包括:制备分子机器的单分子膜,然后用夹心法构建器件;对固体支撑物进行柔性修饰,减少分子机器的运动阻力;制备分子机器凝胶,因为凝胶态可为分子机器的运动提供足够的空间而其性质则接近固体;制备"松散"状态的分子机器聚合物,既不妨碍机器的运动,本身又可以成膜。事实上这些方法在上面提及的这些综述中都有反映。这里介绍最近 Stoddart 研究小组构建的聚轮烷固态分子开关[22],如图 9-10 所示。将四硫富瓦烯双炔与萘二醚双叠氮两个单体经 Click 缩合得到链状聚合物,加入双紫精大环得到聚准轮烷的同时引入二异丙基苯阻挡基团得到聚轮烷。研究表明该聚轮烷在固态条件下可以保持自由的盘卷形态,为双紫精大环在电化学驱动下在 TTF 和萘二醚单元之间的运动提供足够的空间。将聚合物在底电极上旋涂成大约 10nm 厚度的薄膜,然后经电子束沉积盖上顶电极,这样得到的固态器件在+1.5V 以上呈现低阻状态,低于−0.8V 又恢复高阻状态,表现出电开关的性能,开关电流比大约为 7。

9.2　传感器及探针

互锁分子的一个重要特征是各个组成分子单元之间相互穿插,因此在相互交汇的地方就会形成独特的空间构型。通过仔细的分子设计,可以在这些交汇处引入功能性基团,从而实现对特定客体分子的选择性结合,完成识别和检测的功能。

Beer 研究小组设计合成了一系列[2]轮烷和[2]索烃互锁分子(图 9-11),在两个组成单元中分别引入间苯二甲酰胺及 3,5-二甲酰胺吡啶盐,利用四个酰胺基团上的氢键给体,以及吡啶阳离子对负电荷的吸引,这类互锁分子对卤素阴离子表现出了良好的识别功能。其课题组在 2009 年已经有一个小的综述[23],这里就不再

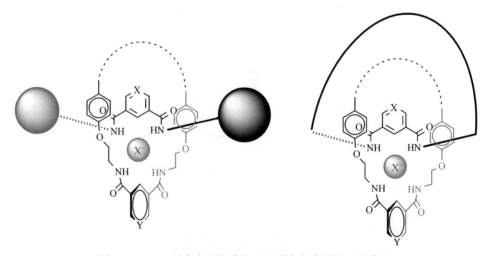

图 9-11　Beer 研究小组构建的可识别卤素离子的互锁分子

赘述其前面的工作。2009 年以后该课题组也有不少相关的研究成果[24-31]，以下举两个代表性的例子。

图 9-12 中的［2］轮烷，其环状单元中含间苯二甲酰胺和两个缺电子紫精结构，线状单元则含富电子的吲哚并咔唑结构。缺电子与富电子基团之间的 π-π 相互作用使大环分子停留在吲哚并咔唑上，这时在两者交汇处出现了两个酰胺和两个咔唑氨基共四个氢键给体，以及紫精正电荷所形成的一个立体空间，这个空间对氯离子表现出优良的选择性识别作用，并且其对氯离子的结合力要远远大于单独的环状分子或线状分子[32]。

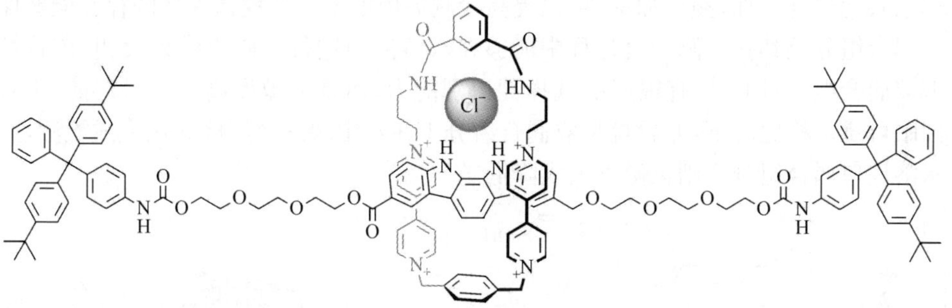

图 9-12 氯离子识别［2］轮烷

类似地在环状单元上引入间苯二甲酰胺氢键给体，而在线状分子上引入碘代三氮唑阳离子，该研究小组制备了图 9-13 所示的［2］轮烷[33]。研究结果表明，三氮唑上的碘原子与卤素离子会形成碘—卤素键，从而极大增加了其对卤素离子的结合能力，特别是对溴离子具有良好的选择性识别作用。

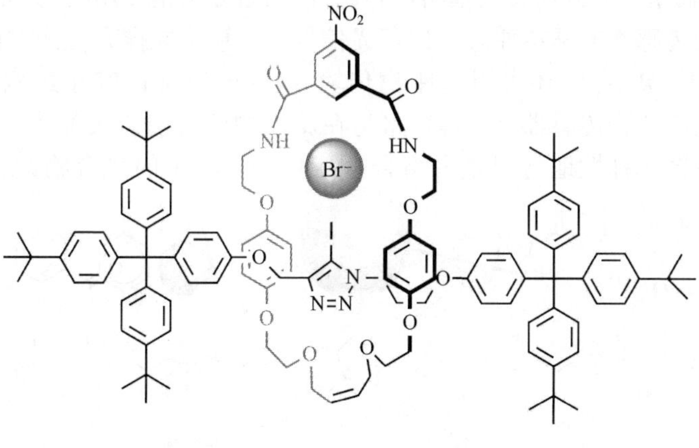

图 9-13 溴离子识别［2］轮烷

Beer 小组构建的这些卤素离子传感器在工作时需要磁作为辅助手段才能实

现,因此这种方法的局限性是明显的:既离不开大型仪器,操作也比较烦琐。相比之下,比色法作为检测手段具有设备简单,操作简便的优点,甚至用肉眼就可以进行辨别。它是一种利用特定物质与待测组分进行显色反应而得到有色化合物为基础,通过比较或测量得到的有色物质溶液的颜色深浅来确定待测物含量的方法,是一种常用的分析手段。Park 小组最近报道了显色型轮烷传感器[34],其利用二苯乙烯二胺重氮盐在环糊精的存在下与 8-羟基喹啉进行偶合,得到了全共轭双偶氮 8-羟基喹啉[2]轮烷,如图 9-14 所示。从结构上看,该轮烷首尾都是偶合点,可与特定金属离子进行偶合,得到聚合型络合物。又由于其全共轭的特点,络合聚合后体系共轭程度增加,颜色加深,可以提高检测灵敏度度。环糊精大环的存在能够保证偶合组分及其在检测聚合过程中能够在水溶液中进行。研究结果表明,该轮烷型双偶合组分对 Cu^{2+} 有很好的选择性识别能力,而且灵敏度高($<0.17\mu g/mL$),肉眼可辨。相比之下,非轮烷型双偶合组分 1 在水中缺乏溶解度无法完成检测,而水溶性单偶合组分 2 则灵敏度大大降低。

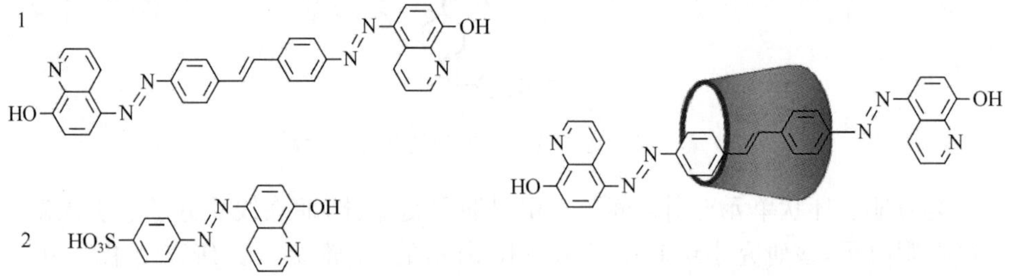

图 9-14　Park 小组构建的 Cu^{2+} 比色型传感器

在传感器分子中引入荧光基团,当其与待测组分发生作用时,荧光性能发生改变,这是荧光传感器的基本原理。以荧光信号作为输出同样有检测方便的优点,而且响应时间短、灵敏高,还可以远距离传输。Hayashida 研究小组构建了图 9-15 所示的[2]轮烷荧光传感器[35],其思路是在轮烷的两端引入荧光素荧光体。研究表明,该轮烷会选择性地与组蛋白络合,得到一个 3∶1 的络合物,结合常数高达

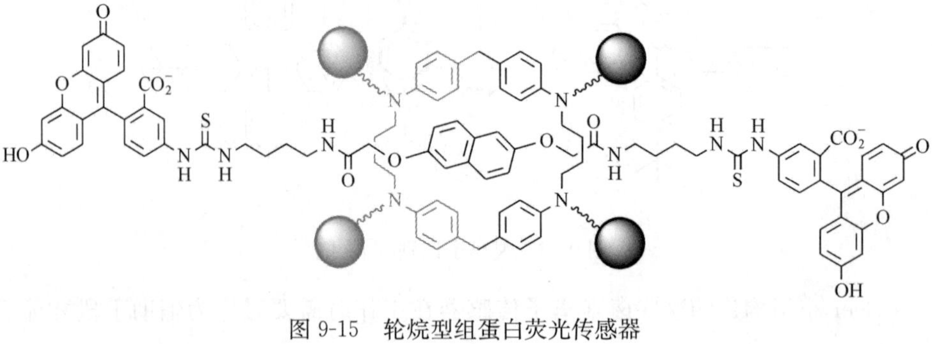

图 9-15　轮烷型组蛋白荧光传感器

2.3×10^6 L/mol,而且结合后荧光量子效率增加了近一倍。而该轮烷对其他一些诸如卵白蛋白、花生、肌球素、伴刀豆球蛋白 A 及细胞色素等蛋白质则几乎不发生作用。

方酸上的两个氧是氢键受体,Smith 小组利用这个性质构建了图 9-16 所示的方酸染料[2]轮烷体系[36]。在没有加入氯离子之前,两个间苯二甲酰胺大环与方酸位点之间形成四个氢键;而一旦加入氯离子,氯离子在三氮唑的协助下与间苯二甲酰胺形成较强的氢键作用,大环转移到三氮唑上。值得注意的是,这种转移会使体系在 655nm 处的荧光增加 3 倍,而且这种转移是可逆的。不足的是这种荧光氯离子传感器的灵敏度较低,只能达到 mmol/L 级,还有待提高。

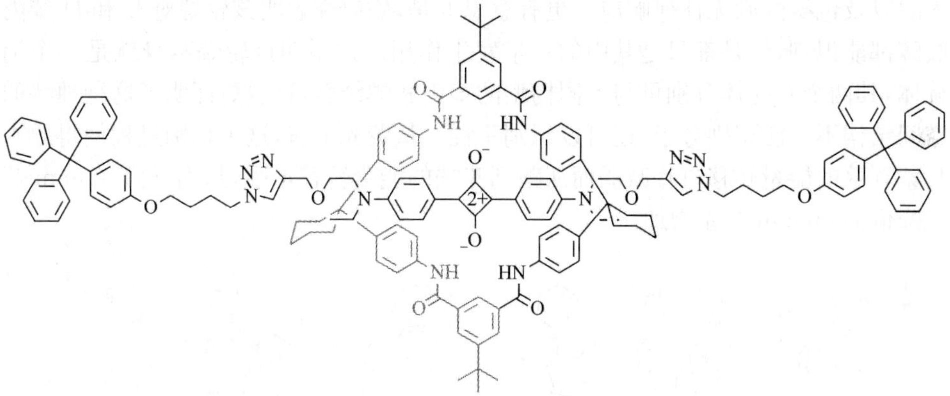

图 9-16 能够识别氯离子的[2]轮烷荧光传感器

在溶液中利用荧光传感器进行检测操作比较烦琐,也不利于多次甚至连续的检测。将传感器固定在支撑物上做成器件就能较好地克服这些缺点,常用的方法之一就是将传感器做成聚合物,然后经旋涂得到薄膜传感器。Swager 研究小组将[2]轮烷进行聚合,将轮烷悬挂在聚合物的主链上,得到图 9-17 所示的聚轮烷[37]。

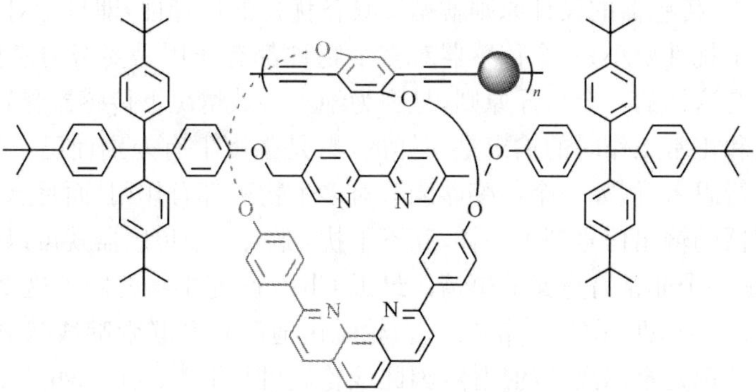

图 9-17 聚轮烷荧光传感器

由于轮烷中含有邻二氮杂菲和联吡啶这些氢键受体，因此轮烷聚合物对一些诸如苯酚、醇类氢键给体有相互作用，当聚合物暴露在这些羟基化合物蒸汽中会产生荧光猝灭现象。值得一提的是，只含单独的大环单元的聚合物对这些蒸汽几乎没有响应。

上面的这个例子说明，虽然互锁分子各个组成单元之间不以共价键连接，但其有特殊的空间排列，从而经常使互锁分子具备各个组成单元所不具备的独特的识别功能，图 9-18 又是一个例子[38]。该[2]轮烷环状单元含萘荧光团，线性分子两端则由咔唑和蒽荧光体组成，其间还分散着诸如多醚、酰胺及羟基这类氢键给体/受体。研究表明，该轮烷的空间构型能选择性地识别苯丙胺醇，而对氨基丙醇、脯氨醇以及色氨醇则无任何响应。更有意思的是，磁研究表明该轮烷对 L- 和 D- 苯丙胺醇都能识别，但是都只是其中的一半发生作用。这说明该轮烷本身就是一个消旋体，其两个对应体分别可与不同构型的苯丙胺醇结合，这也更证明了这种独特的空间结构不但能识别分子，还可以识别手性。从荧光上看，这个识别过程使得原本从萘到蒽的能量转移过程减弱而从萘到咔唑的能量转移增强，从而导致 416nm 荧光降低而 368nm 荧光增加。

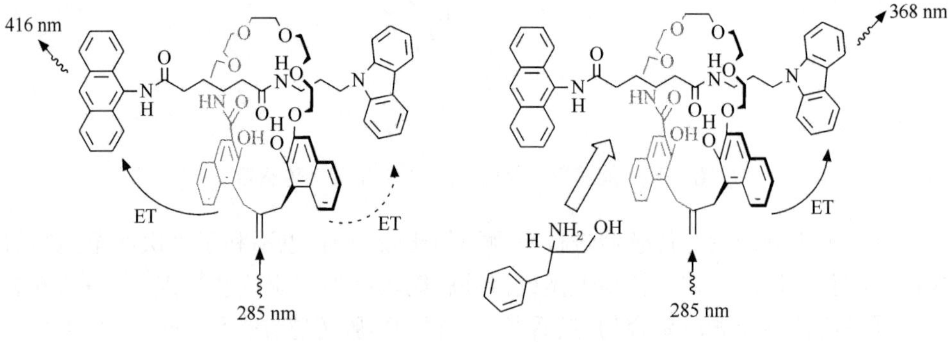

图 9-18　手性识别[2]轮烷荧光传感器

一般来讲，传感器的设计原则就是要具备优良的选择性，即只针对某个物种而其他物种的干扰性要小，一个传感器对多个物种都有作用是要努力避免的一种情形。之所以有这样的一个指导原则，是因为绝大多数情况下传感器受到干扰时，其产生的输出和正常工作时的输出是一样的，只是强度上有差别而已。如果我们换一种方式进行思考，假如一个传感器能够对多个物种都有作用，而且这些作用的结果能使传感器的输出信号都不一样，互不干扰，那么一个传感器就可以检测多个物种，这反而是一个非常有意义的事情。最近 Chen 研究小组就做了这么一件事情，他们构建了图 9-19 所示的[2]轮烷[39]。轮烷由冠醚环和联吡啶线状分子组成，而醚键和联吡啶都是金属离子的配体，因此该轮烷可与 Li$^+$、Na$^+$、Mg^{2+}、Ca^{2+} 及 K$^+$ 离子进行结合，而有意思的是这些结合使轮烷冠醚环上的芳香氢质子在磁上表现出完全不同的化学位移,从而提供了一种能够在水溶液中同时检测这些离子的方法。

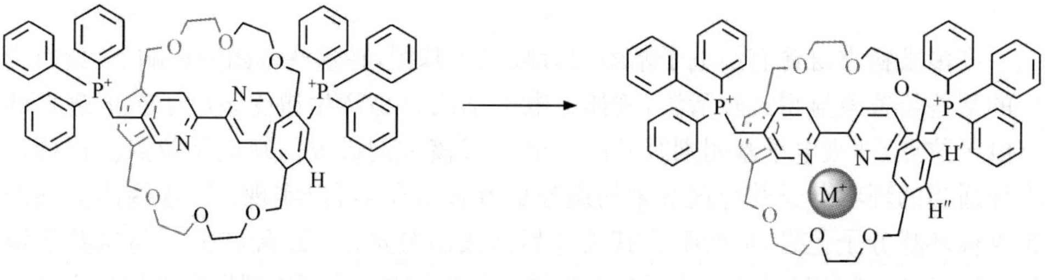

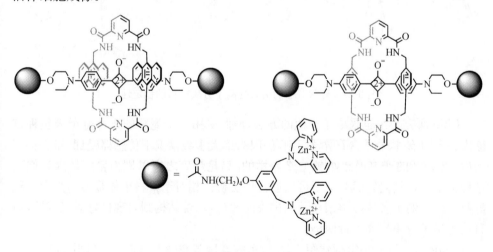

图 9-19　能在磁上同时识别 Li^+、Na^+、Mg^{2+}、Ca^{2+} 及 K^+ 的轮烷型传感器

　　生物细胞成像是近年来热门和前沿的一个研究话题,在生物医学领域有重大的应用前景。生物细胞成像最重要的原理就是荧光探针根据需要进入细胞中不同的部位,之后对荧光体进行光激发,就可以得到细胞的荧光图,从而得到相关的医学信息。由于近红外或远红外光在生物体中具有穿透力强、分散弱的优点,而且生物体背景荧光在此区域也可以忽略,因此在近红外或远红外吸收并发出荧光的荧光探针是生物细胞成像的主要候选之一。目前采用的这类染料主要是羰花菁染料,但是这类染料有一些缺点,如稳定性不够好、量子产率比较低等。Smith 研究小组最近发展了一类轮烷型方酸型羰花菁近红外染料[40],其利用酰胺大环与方酸氧之间的氢键来提高染料的稳定性,既避免受生物体内亲核物质的进攻,也提高了光稳定性,因此该研究小组甚至成功地运用图 9-20 中的两个[2]轮烷染料进行了活体细胞成像。

图 9-20　可用于细胞成像的轮烷型荧光探针

9.3 提高染料稳定性

许多染料本身含有给电子基团或者吸电子基团,在这些基团的影响下,染料当中的某些位置就显得比较活泼,例如给电子基团容易产生遭受亲电子试剂进攻的富电子位点,而吸电子基团则容易产生遭受亲核试剂进攻的缺电子位点。选择或设计适当的环状分子并与这些染料组建成互锁分子,可以实现:① 这些活泼性的位点被环状分子包裹,从而阻止其被外界活泼组分进攻;② 环状分子与这些活泼位点通过分子间相互作用,降低甚至抵消其活泼强度;从而达到提高染料稳定性的目的。

例如,图 9-21 中的方酸类染料,其分子结构为 A-π-D-π-A,中间的方酸环缺电子,导致其 2 位和 4 位容易遭受亲核试剂进攻而导致结构破坏。Smith 研究小组利用酰胺基团与方酸氧之间的氢键作用发展了一类轮烷型方酸近红外染料[41],活泼的方酸环被酰胺大环包裹,避免其受亲核物质的进攻,提高了稳定性,而且由于这类方酸染料吸收和荧光都在红外,轮烷结构又能有效阻止其聚集态的产生,提高了光学性能,是一类有望用于生物体的传感器和细胞成像的荧光探针。

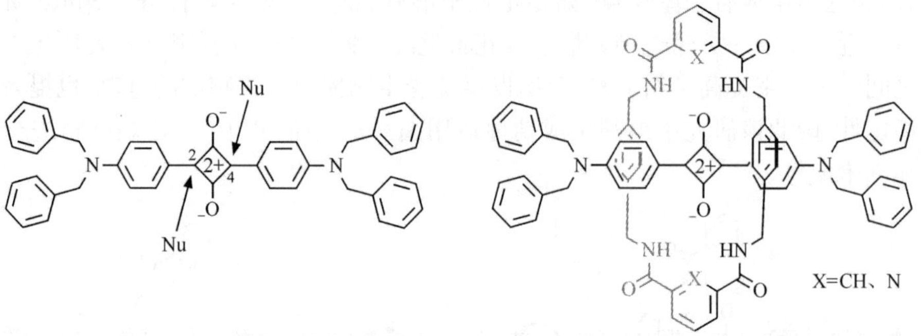

图 9-21 环状分子的引入提高了方酸染料的稳定性

Chiu 研究小组也采取了类似的方法,他们采用一个笼状的大环分子来包裹方酸染料[42]。笼状分子含有两个 18-冠-6 单元,当其与方酸染料及高氯酸钠混合 7 天后,以 78% 的产率得到如图 9-22 所示的[2]轮烷。之所以称为轮烷是因为这个结构很稳定,不容易瓦解,甚至可以进行柱层析。相对于染料单体很容易受十二硫醇及含巯基的半胱氨酸类亲核试剂进攻而褪色,轮烷结构则表现良好的稳定性,而且荧光量子效率提高了近两倍。

Anderson 研究小组构建图 9-23 所示的寡聚苯胺[2]轮烷[43]。利用 4,4′-二氨基苯胺在葫芦脲[7]存在下与芳醛阻挡基团脱水成席夫碱,之后还原席夫碱基团得到目标轮烷,产率高达 85%。没有套葫芦脲的线状分子在加入过硫酸铵氧化剂

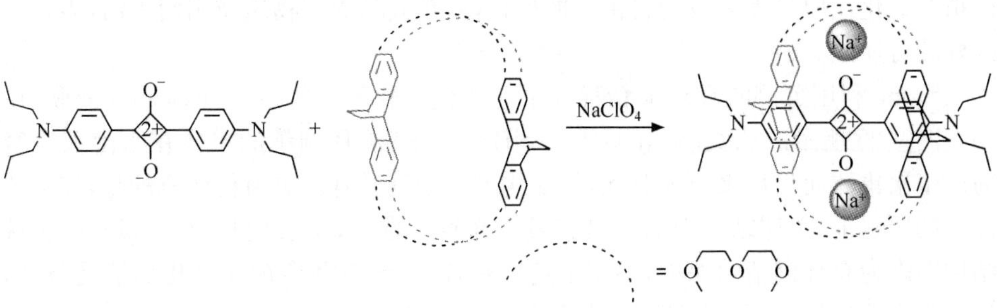

图 9-22　Na$^+$ 及笼状分子的包裹提高了方酸染料的稳定性

后,进行了双电子氧化,即失去一个电子成阳离子自由基后,再进一步失去一个电子得到醌型双正离子。相比之下,轮烷结构几乎只进行单电子氧化得到阳离子自由基。这说明,虽然葫芦脲不能很好地保护寡聚苯胺,但是却能很好地保护和稳定其第一氧化态。

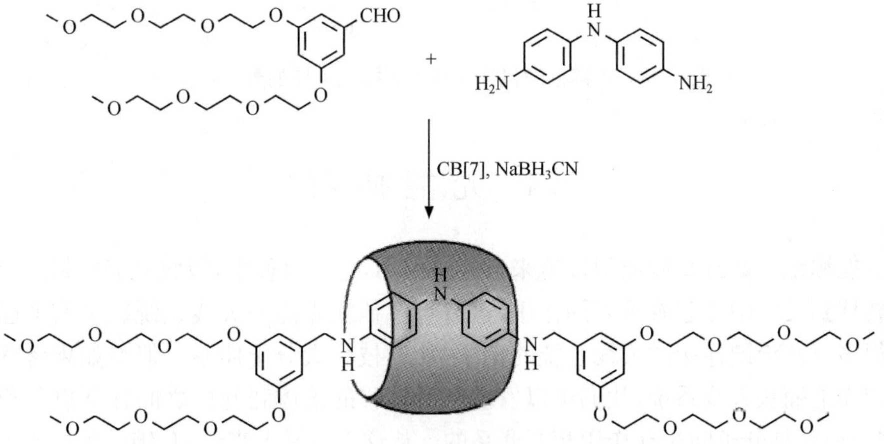

图 9-23　用葫芦脲包裹寡聚苯胺

Anderson 研究小组还制备了图 9-24 所示的菁染料[2]轮烷体系[44]。相比未套环单体,轮烷体系的光稳定性(752nm 激光照射)提高了近四倍。更有意思的是,循环伏安测试表明,单体的氧化还原过程是不可逆的,而轮烷体系则由于有环

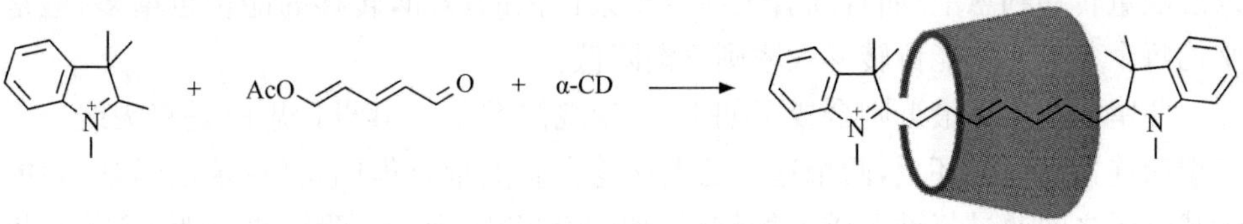

图 9-24　环糊精的包裹提高了菁染料的稳定性

糊精对氧化还原过程生成的自由基的保护,避免其与周围物质作用而失活,表现出良好的可逆性。

　　Stone 利用蒽硼酸在环糊精存在下与碘代三联苯二羧酸进行 Suzuki 偶联,得到了图 9-25 所示的蒽类[2]轮烷[45]。相比没有套上环糊精的单体在水溶液中容易产生聚集体而出现聚集体荧光,轮烷构型产物则没有。更值得注意的是,在强紫外光的照射下,单体结构中的蒽迅速发生光致二聚合,半衰期只有 13min;而轮烷结构则因为有环糊精的保护,不发生这类聚合,虽然蒽环会被光氧化而遭受破坏,但是半衰期也在 2h 左右,光稳定性有了大幅度的提高。

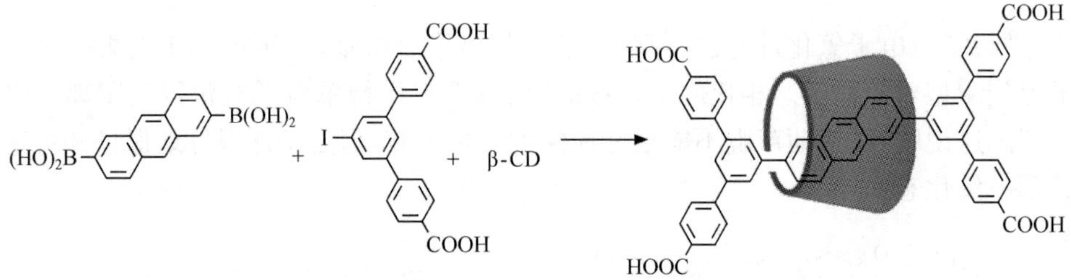

图 9-25　环糊精的包裹提高了蒽类荧光体的光稳定性

9.4　光 能 捕 获

　　能源绝大部分直接或间接地来自光合作用,这个过程中,吸收光能并将这个能量转移到反应中心起着重要的作用,这有点像捕获光能的天线系统。事实上已经有很多以共价键连接的天线系统的例子,如树枝状大分子体系。但是如果考察天然的光能捕获天线系统,我们可以发现能量转移的给体和受体之间并不以共价键连接,而是靠分子间相互作用相互联系的。从这个意义上来说,互锁分子也不以共价键连接,用它们来构建光能捕获天线系统更接近自然的情形。Ueno 研究小组构建了以下聚轮烷体系(图 9-26)[46]:将不同比例的环糊精及萘修饰环糊精套在聚氧乙烯链上,两端再与蒽阻挡基团连接。其中环糊精环上的萘单元作为吸收光能的天线分子,两端的蒽单元作为能量收集核心。研究表明,萘吸收光能后,会把激发态能量转移到蒽上,而且随着天线分子萘比例的增加,转移的能量也增多,但是平均每个萘单元的能量转移效率则逐渐降低。

　　裴坚研究小组最近则合成了如下[3]轮烷体系[47]。其设计思路是将天线分子三聚茚连接到冠醚环上,两个这样的大环与含有能量收集单元(双苯乙烯基苯)的棒状分子之间通过氢键形成轮烷体系,如图 9-27 所示。实验结果表明,简单地将天线分子及能量收集单元混合,体系的荧光基本是这些单元的线性叠加,而轮烷体

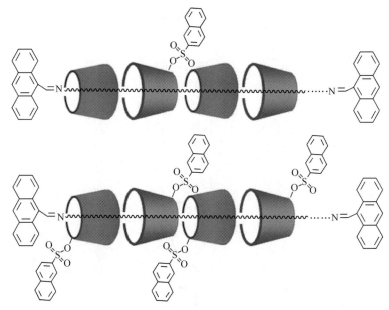

$H_2N\text{\small\textasciitilde\textasciitilde\textasciitilde\textasciitilde\textasciitilde} \cdots \cdots NH_2 = NH_2CH_2CH_2O(CH_2CH_2O)_nCH_2CH_2NH_2$

图 9-26　聚轮烷型光能天线体系

系中天线分子的荧光几乎完全消失,只出现能量收集单元的荧光,这证明了轮烷结构中天线分子能有效地将激发态能量转移到能量收集单元上。

9.5　催　化　剂

　　互锁分子具有独特的空间结构,这种空间结构是否有利于手性催化反应的进行呢? Takata 研究小组最近进行了这方面的验证[48]。其思路是在催化剂分子中引入噻唑季铵盐,用于催化两分子苯甲醛的安息香缩合反应,之后分别考察引入手性引发单元联萘醚的非轮烷结构催化剂 1 及轮烷结构催化剂 2 和 3(图 9-28)对产物 ee 值的影响。实验结果表明,非轮烷结构催化剂产物的 ee 值低至 3%,而两个轮烷结构催化剂产物的 ee 值可以达到 30% 左右,这说明了轮烷构型确实对手性催化有影响,虽然这方面的机理还没有完全弄清楚,但为互锁分子在手性催化方面的应用研究打开了新的空间。

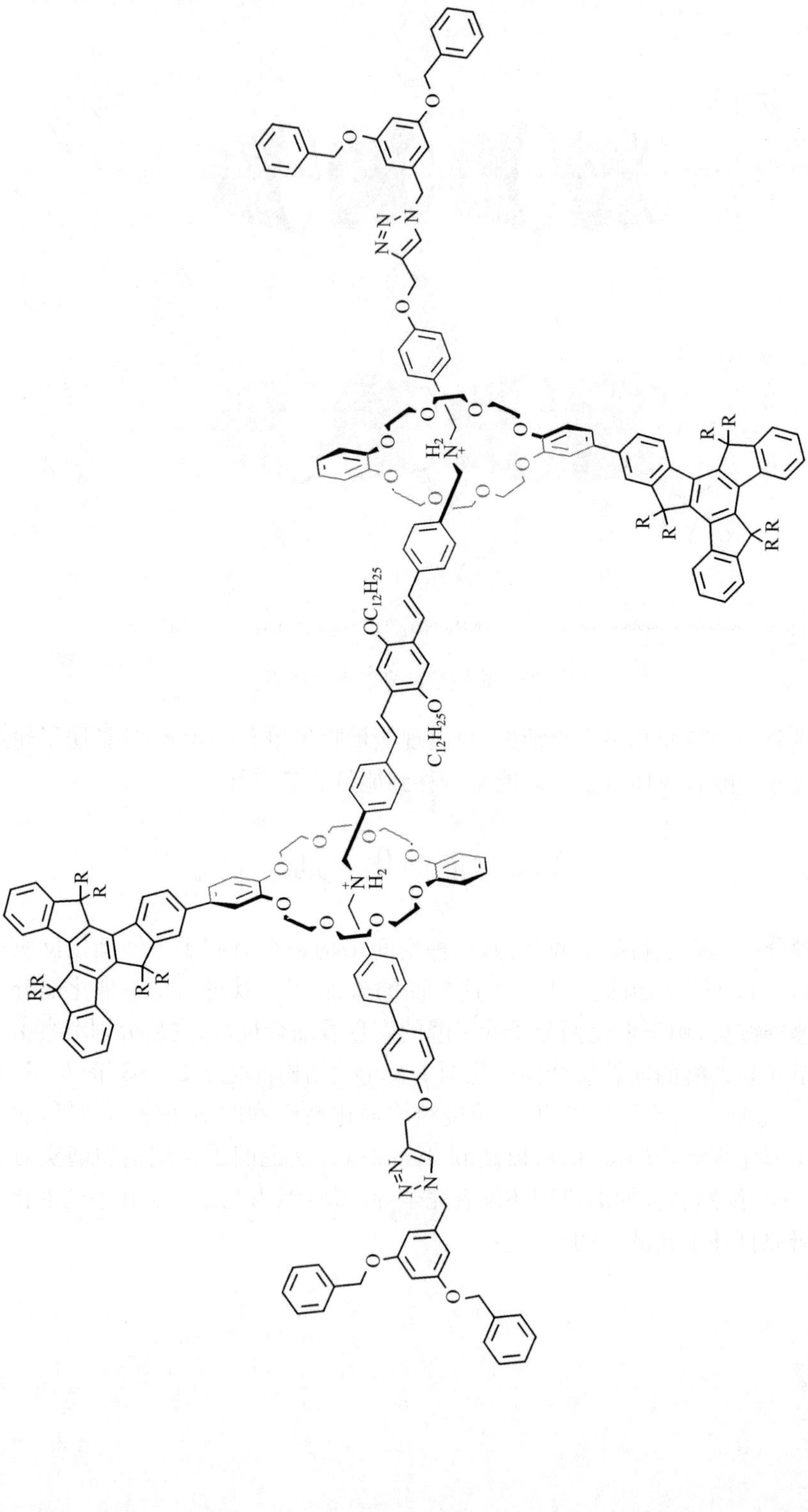

图 9-27 ［3］轮烷光能天线体系

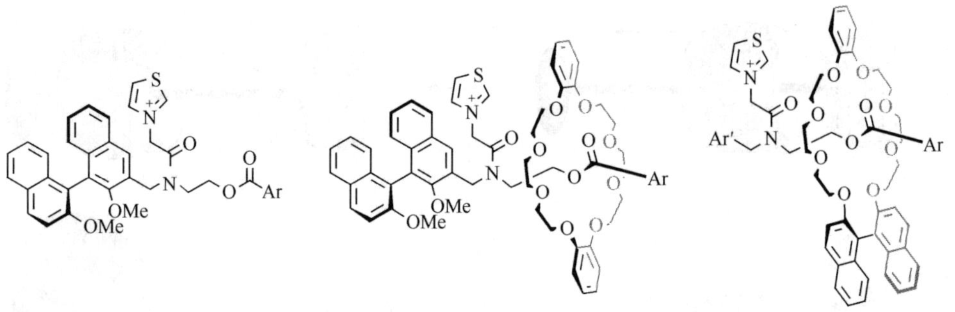

图 9-28 用于安息香缩合反应的非轮烷及轮烷结构催化剂

9.6 药 物 传 输

近年来,利用纳米技术对变性疾病的诊断和监控越来越受研究者瞩目,特别是将诊断和治疗试剂传送到特定部位的药物输送系统已经成为纳米医学的前沿领域。药物输送系统是将微胶囊及可控分子机械装置结合在一起的纳米机器,其指导原则就是:在没有到达指定部位时,药物被密封在微胶囊中,而当胶囊到达目标部位时,对其施加给药信号,则分子机械打开微胶囊并释放出其中的药剂。药物输送系统的优点是显而易见的:第一,它在没有到达治疗部位前不释放,这可以减少传统给药方式在到达病灶前的药物损失,减少用药量;第二,它直接针对病灶给药,可以减少对其他正常组织的伤害。药物输送系统有多种类型,其中就有利用轮烷分子的空间结构特点而设计的两种类型的纳米药物输送装置,如图 9-29 所示。第一种类型是在纳米多孔颗粒的孔壁上连接轮烷型分子机器,利用分子机器在外界激励的作用下,大环单元产生梭式往复运动,对应了大环单元盖住孔的开口及远离孔的开口,如果孔内装载药物分子,就可以实现封闭和释放两个动作。第二种类型和前一种有类似的地方,同样先在纳米多孔颗粒的孔壁上连接轮烷分子,利用大环单元封闭开口;不同的地方在于其释放药物的方式是通过外界激励使轮烷分子瓦解,大环单元脱离开口,从而实现药物释放。这方面的例子在 2011 年 Stoddart 及合作者 Zink 的综述文章里已经描述得很详细了[49],这里仅介绍最近 Kros 报道的一个例子供大家参考[50],见图 9-30。该研究小组先在纳米多孔硅上引入末端带有双硫醚的酰胺间隔基,然后往孔中注入荧光素分子,再在间隔基上套入 α-环糊精封住荧光素,最后接上一个十二肽封住环糊精。该轮烷纳米装置中的双硫醚可以在还原气氛中,如在细胞质中或二硫苏糖醇的存在下,还原断裂为两个硫醇,之后环糊精解离,荧光素分子也随之释放出来。实验结果表明,在 HeLa 细胞中,利用谷胱甘肽还原上述双硫醚也可以使 98% 的荧光素分子释放出来。

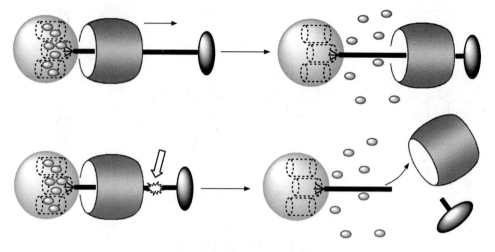

图 9-29　轮烷型可控药物释放的两种思路

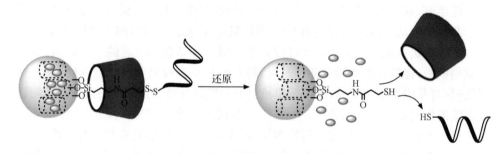

图 9-30　还原断裂双硫醚释放荧光素分子

9.7　总结与展望

　　互锁分子开始的时候由于其合成具有很强的挑战性,所以那时只不过是化学家展示其高超合成技巧的演练场。近 20 年来,随着超分子合成化学的发展,人们发展出许多诸如自组装、模板导向等合成互锁分子的方法,已经能够很方便高效地制备这些复杂体系,从而使得越来越多的研究者能够进一步从分子设计的角度对这些体系进行功能化并深入研究其性能,前面介绍的这些例子就是这个进程的体现。这些例子当中,有一小部分可以用于解决实际问题,但是绝大多数的这些互锁分子虽然具有特定的“功能”,但是这些“功能”距离其实际应用还有很长的路要走,如作为分子机器要功能化必须解决如何让许多机器分子整齐排列并相互协调运行;作为分子器件还要考虑相互之间的信号沟通与交流,以及如何进一步将单独器件进行集成进而完成复杂的功能;作为药物输送体系的研究则相对处于较为初级的阶段,大多数实验在溶液中进行,在细胞、动物活体中研究的例子很少,因此需要更多的生物学实验等。也正是因为如此,可以想象未来互锁分子的研究将会有相当一部分集中在其功能化的完善和实现当中,我们也不会惊讶会有越来越多的研究者进入互锁分子领域,并挖掘出其崭新的应用。

致谢

感谢国家重点基础研究发展规划（2011CB808400）、国家自然科学基金（21072058）及中央高校基本科研业务费的资助。

（华东理工大学：王巧纯、田　禾）

参 考 文 献

[1] Ma X, Tian H. Bright functional rotaxanes. Chem Soc Rev, 2010, 39: 70-80.

[2] Qu D H, Tian H. Novel and efficient templates for assembly of rotaxanes and catenanes. Chem Sci, 2011, 2: 1011-1015.

[3] Beves J E, Blight B A, Campbell C J, et al. Strategies and tactics for metal-directed synthesis of rotaxanes, knots, catenanes, and higher order links. Angew Chem Int Ed, 2011, 50: 9260-9327.

[4] Schill G. Catenanes, Rotaxanes and Knots. New York: Academic Press, 1971.

[5] Amabilino D B, Stoddart J F. Interlocked and intertwined structures and superstructures. Chem Rev, 1995, 95: 2725-2828.

[6] Sauvage J P, Dietrich-Buchecker C O. Molecular catenanes, rotaxanes and knots: a journey through the world of molecular topology. New York: John Wiley and Sons: 1999.

[7] Champin B, Mobian P, Sauvage J P. Transition metal complexes as molecular machine prototypes. Chem Soc Rev, 2007, 36: 358-366.

[8] Stoddart J F, Colquhoun H M. Big and little meccano. Tetrahedron, 2008, 64: 8231-8263.

[9] Balzani V, Credi A, Raymo F M, et al. Artificial molecular machines. Angew Chem Int Ed, 2000, 39: 3348-3391.

[10] Tian H, Wang Q. Recent progress on switchable rotaxanes. Chem Soc Rev, 2006, 35: 361-374.

[11] Browne W R, Feringa B L. Making molecular machines work. Nature Nanotechnol, 2006, 1: 25-35.

[12] Kay E R, Leigh D A, Zerbetto F. Synthetic molecular motors and mechanical machines. Angew Chem Int Ed, 2007, 46: 72-191.

[13] Balzani V, Credi A, Venturi M. Molecular devices and machines: concepts and perspectives for the nanoworld. Verlag: Wiley-VCH, 2008.

[14] Hsueh S Y, Kuo C T, Lu T W, et al. Acid/base- and anion-controllable organogels formed from a urea-based molecular switch. Angew Chem Int Ed, 2010, 49: 9170-9173.

[15] Fang L, Wang C, Fahrenbach A C, et al. Dual stimulus switching of a [2]catenane in water. Angew Chem Int Ed, 2011, 50: 1805-1809.

[16] Juluri B K, Kumar A S, Liu Y, et al. A mechanical actuator driven electrochemically by artificial molecular muscles. ACS NANO, 2009, 3: 91-300.

[17] Li H, Fahrenbach A C, Coskun A, et al. A light-stimulated molecular switch driven by radical – radical interactions in water. Angew Chem Int Ed, 2011, 50: 6782-6788.

[18] Collin J P, Durola F, Lux J, et al. A rapidly shuttling copper-complexed [2]rotaxane with three different chelating groups in its Axis. Angew Chem Int Ed, 2009, 48: 8532-8535.

[19] Durola F, Sauvage J P. Fast electrochemically-induced translation of the ring in a copper complexed [2] rotaxane: the *bi-iso*quinoline effect Angew Chem Int Ed, 2007, 46: 3537-3540.

[20] Durola F, Lux J, Sauvage J P. A fast-moving copper-based molecular shuttle: synthesis and dynamic properties. Chem Eur J, 2009, 15: 412-4134.

[21] Spruell J M, Paxton W F, Olsen J C, et al. A push-button molecular switch. J Am Chem Soc, 2009, 131: 11 571-11 580.

[22] Zhang W, DeIonno E, Dichtel W R, et al. J Mater Chem, 2011, 21: 1487-1495.

[23] Chmielewski M J, Davis J J, Beer P D. Interlocked host rotaxane and catenane structures for sensing charged guest species via optical and electrochemical methodologies. Org Biomol Chem, 2009, 7: 415-424.

[24] Phipps D E, Beer P D. A [2]catenane containing an upper-rim functionalized calix[4]arene for anion recognition. Tetrahedron Letters, 2009, 50: 3454-3457.

[25] Hancock L M, Beer P D. Chloride recognition in aqueous media by a rotaxane prepared via a new synthetic pathway. Chem Eur J, 2009, 15: 42-44.

[26] McConnell A J, Serpell C J, Thompson A L, et al. Calix[4]arene-based rotaxane host systems for anion recognition. Chem Eur J, 2010, 16: 1256-1264.

[27] Hancock L M, Gilday L C, Carvalho S, et al. Rotaxanes capable of recognising chloride in aqueous media. Chem Eur J, 2010, 16: 13 082-13 094.

[28] Evans N H, Serpell C J, White N G, et al. A 1,2,3,4,5-pentaphenylferrocene-stoppered rotaxane capable of electrochemical anion recognition. Chem Eur J, 2011, 17: 12 347-12 354.

[29] Leontiev A V, Jemmett C A, Beer P D. Anion recognition and cation-induced molecular motion in a heteroditopic [2]rotaxane. Chem Eur J, 2011, 17: 816-825.

[30] Evans N H, Serpell C J, Beer P D. A [2]catenane displaying pirouetting motion triggered by debenzylation and locked by chloride anion recognition. Chem Eur J, 2011, 17: 7734-7738.

[31] Evans N H, Beer P D. A ferrocene functionalized rotaxane host system capable of the electrochemical recognition of chloride. Org Biomol Chem, 2011, 9: 92-100.

[32] Brown A, Mullen K M, Ryu J, et al. Interlocked host anion recognition by an indolocarbazole-containing [2]rotaxane. J Am Chem Soc, 2009, 131: 4937-4952.

[33] Kilah N L, Wise M D, Serpell C J, et al. Enhancement of anion recognition exhibited by a halogen-bonding rotaxane host system. J Am Chem Soc, 2010, 132: 11 893-11 895.

[34] Park J S, Jeong S, Dho S, et al. Colorimetric sensing of Cu^{2+} using a cyclodextrin dye rotaxane. Dyes and Pigments, 2010, 87: 49-54.

[35] Hayashida O, Uchiyama M. Rotaxane-type resorcinarene tetramers as histone-sensing fluorescent receptors. Org Biomol Chem, 2008, 6: 3166-3170.

[36] Gassensmith J J, Matthys S, Lee J J, et al. Squaraine rotaxane as a reversible optical chloride sensor. Chem Eur J, 2010, 16: 2916-2921.

[37] Kwan P H, MacLachlan M J, Swager T M. Rotaxanated conjugated sensory polymers. J Am Chem

Soc, 2004, 126: 8638-8639.

[38] Kameta N, Nagawa Y, Karikomi M, et al. Chiral sensing for amino acid derivative based on a [2]rotaxane composed of an asymmetric rotor and an asymmetric axle. Chem Commun, 2006: 3714-3716.

[39] Chen N C, Huang P Y, Lai C C, et al. A [2]rotaxane-based ^{1}H NMR spectroscopic probe for the simultaneous identification of physiologically important metal ions in solution. Chem Commun, 2007: 4122-4124.

[40] White A G, Fu N, Leevy W M, et al. Optical imaging of bacterial infection in living mice using deep-red fluorescent squaraine rotaxane probes. Bioconjugate Chem, 2010, 21: 1297-1304.

[41] Arunkumar E, Fu N, Smith B D. Squaraine-derived rotaxanes: highly stable, fluorescent near-IR dyes Chem Eur J, 2006, 12: 4684-4690.

[42] Hsueh S Y, Lai C C, Liu Y H, et al. Protecting a squaraine near-IR dye through its incorporation in a slippage-derived [2]rotaxane. Org Lett, 2007, 9: 4523-4526.

[43] Eelkema R, Maeda K, Odell B, et al. Radical cation stabilization in a cucurbituril oligoaniline rotaxane. J Am Chem Soc, 2007, 129: 12 384-12 385.

[44] Yau C M S, Pascu S I, Odom S A, et al. Stabilisation of a heptamethine cyanine dye by rotaxane encapsulation. Chem Commun, 2008: 2897-2899.

[45] Stone M T, Anderson H L. A cyclodextrin-insulated anthracene rotaxane with enhanced fluorescence and photostability. Chem Commun, 2007: 2387-2389.

[46] Tamura M, Gao D, Ueno A. A polyrotaxane series containing α-cyclodextrin and naphthalene-modified α-cyclodextrin as a light-harvesting antenna system. Chem Eur J, 2001, 7: 1390-1397.

[47] Wang J Y, Han J M, Yan J, et al. A mechanically interlocked [3]rotaxane as a light-harvesting antenna: synthesis, characterization, and intramolecular energy transfer. Chem Eur J, 2009, 15: 3585-3594.

[48] Tachibana Y, Kihara N, Takata T. Asymmetric benzoin condensation catalyzed by chiral rotaxanes tethering a thiazolium salt moiety via the cooperation of the component: can rotaxane be an effective reaction field?. J Am Chem Soc, 2004, 126: 3438-3439.

[49] Ambrogio M W, Thomas C R, Zhao Y L, et al. Mechanized silica nanoparticles: a new frontier in theranostic nanomedicine. Acc Chem Res, 2011, 44: 903-913.

[50] Porta F, Lamers G E M, Zink J I, et al. Peptide modified mesoporous silica nanocontainers. Phys Chem Chem Phys, 2011, 13: 9982-9985.

第 4 篇
仿生体系的设计与模拟

第 10 章　核酸树状分子功能体系的制备及性能

树状大分子(dendrimer)是近年来蓬勃发展的一类具有特殊结构与性能的新型有机化合物。高代数树状大分子具有非常规整的三维球形结构,其表面含有大量功能基团、内部具有可调的空腔,是构建分子仿生体系的理想分子基块[1,2]。脱氧核糖核酸(DNA)作为一类结构精美的生物大分子,不仅在分子生物学和遗传学领域扮演着无可替代的角色,而且也越来越受到化学家和材料学家的青睐。DNA具有可编程性、二级结构的多样性、物理化学性质稳定等特点,已经成为材料领域的一颗明星。目前,人们利用碱基的精确配对和序列可编程的特性,可以将设计好的 DNA 序列编织成一维线段[3]、二维网格[4]乃至三维[5]的多面体结构。显然,将树状大分子和 DNA 这两类具有特殊拓扑结构的精美分子基块有机结合起来,必将产生功能更丰富的超分子及材料构筑基元,将成为纳米功能材料、生物医学等领域的新增长点,为功能化分子仿生体系的设计提供全新的分子平台。

10.1　核酸树状分子功能体系的制备

从分子组成上区分,核酸树状分子体系主要有两大类:由纯 DNA 序列构成的DNA 树状分子体系和 DNA-树状分子杂合体系。

10.1.1　纯 DNA 序列树状分子体系的构建

树状 DNA 的构建早在 1993 年即被 Damha[6]提出,但是一直没有得到足够的重视。随着生物检测技术和分子生物学的发展,对生物分子,尤其是对 DNA 的快速高效检测成为了新兴的研究方向。人们开始意识到树状分子的结构优势:有近似球形的空间结构和较多数量的外围官能团。如果将 DNA 置于树状分子的外围,将有效提高单位空间中 DNA 的数量。1997 年,Shchepinov 课题组首次报道了树状结构的 DNA[7],他们在固相载体上重复引入带有多个活性位点的亚膦酰亚胺试剂,构建了基本的树状结构,再通过 DNA 合成仪在树状结构的外围平行合成多个短链 DNA(图 10-1)。树状结构 DNA 中的单链不仅可以进行正常的互补配对,还表现出了很高的稳定性。之后,他们拓展了这一领域的工作,制备了一大类树状结构 DNA,并将其作为 PCR 引物和检测序列,均表现出较高的效率[8]。

利用固相合成来制备树状 DNA 是一类非常简洁高效的方法,为超分子和材料化学提供了新的思路。但是单纯的固相合成方法还存在一些不足之处:首先,发

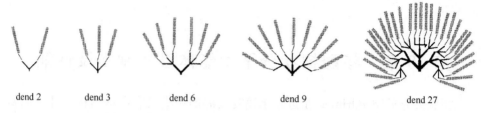

| dend 2 | dend 3 | dend 6 | dend 9 | dend 27 |

图 10-1　基于共价键连接的 DNA 树状分子结构示意图

散法构建树状分子会产生不可避免的结构缺陷,而且随着代数的升高和空间位阻的增加,这些缺陷使得 DNA 合成中出现的错误被不断放大,造成整个分子的结构不规整。因此,该方法很难制备具有较多数目和较长序列的 DNA 树状分子。

20 世纪末,以 Seeman 为代表的科学家利用 DNA 作为基本单元用于超分子结构的构建,他们通过序列设计和双链配对制备了一系列有序二维及三维的 DNA 组装体[3,4],人们意识到树状结构的 DNA 也可以通过序列设计和 DNA 双链互补来实现。1997 年 Nilsen 课题组基于上述概念,提出了利用互补链来构建 DNA 树状分子[9](图 10-2)。他们首先将两条只有中间部分互补的 DNA 链杂交,得到有四个黏性末端的单体,然后再将单体和另外一组带有互补链黏性末端的单体杂交,即可得到更高代数的 DNA 树状分子,由此他们制备了 G1～G6 DNA 树状分子,但是没有对 DNA 树状分子的组装行为和构型做出明确的阐释。

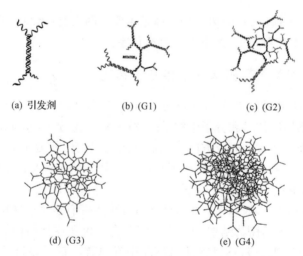

(a) 引发剂　　　　　(b) (G1)　　　　　(c) (G2)

(d) (G3)　　　　　　　(e) (G4)

图 10-2　基于双链互补配对的 DNA 树状分子的结构模型图

2003 年,Luo 课题组在上述序列设计的基础上提出了利用可控组装制备 DNA 树状分子的改进方法[10]。与 Nilsen 的双链单元不同,他们制备了由三条互补的 DNA 单链组装而成的各向异性 Y 型 DNA,以此作为组装的基本单元。将该单元以 3：1 的比例通过黏性末端连接在核心单元 Y_0 上,再通过酶将黏性末端连接起来,即得到一代树状分子 G1,以相似的策略将 Y_2 连接到 G1 外围的黏性末端上可以得到二代树状分子 G2,重复该类操作可以得到高达五代的 DNA 树状分子 G5［图 10-3(a)］,并用凝胶电泳色谱证实了不同代数 DNA 树状分子的存在［图 10-3(b)］。Y 单元的各向异性避免了环状副产物的形成,即自偶合的发生。他们利用原子力显微镜(AFM)和透射电镜(TEM)对树状结构的形貌进行了分析,验证了最初的设计。这是最早通过 DNA 组装构建三维组装体的报道之一。

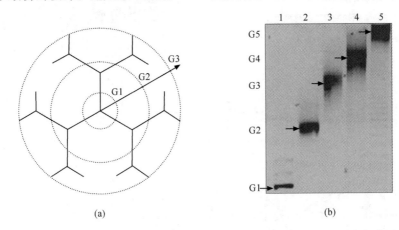

图 10-3　DNA 树状分子结构示意图(a)和 G1～G5 树状分子的凝胶电泳色谱图(b)

在随后的工作中,他们将 X 型和 Y 型 DNA 单元结合,构建了具有快速检测功能的 DNA 树状结构[11]。他们将 X 型 DNA 作为连接单元,把 Y 型 DNA 检测单元组装成树状结构。在 Y 型 DNA 上连接有红绿两种颜色的荧光量子点(quantum dots)和可以光聚合的单体基团,当目标序列将两个检测单元通过双链连接起来时,量子点表现出不同的颜色(图 10-4)。理论上,通过改变 DNA 的序列设计和量子点的数目和种类,可以实现近乎无穷多的检测量。

2011 年,Qu 和 Nakatani 课题组提出用光来控制 DNA 树状分子的形成,发展了刺激响应性的 DNA 树状分子体系[12](图 10-5)。与 Luo 的思路相似,他们也采用了多个 Y 型 DNA 作为基本组装单元,但在黏性末端设计了 G：G 碱基错配,来保证 Y_0 和 Y_1 之间无法自发通过双链组装。光控部分采用的是 Nakatani 课题组应用较多的 NCDA 分子,基本结构是连接有 2-甲基萘啶的偶氮苯。当受到 360 nm 的紫外光照射时,偶氮苯主要以顺式构型存在,两端的萘啶分子与 DNA 上的 G：G 错配结合,将不完全互补双链固定在一起;当受到 430 nm 的紫外光照射时,偶氮苯转化为反式构型,萘啶分子与 G：G 错配不再结合,双链解离为单链。Qu 等利用 NCDA 对光敏感和对 G：G 错配碱基的识别,来控制 Y_0 和 Y_1 单元之间的解离和组装,实现了光控 DNA 树状分子的形成和解离。

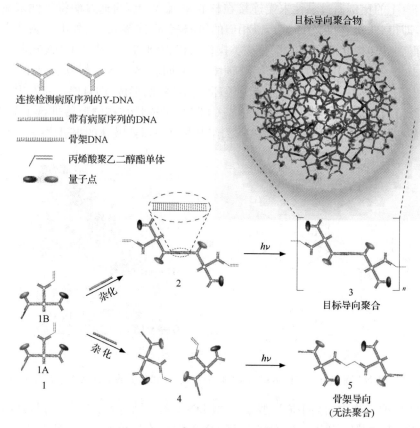

图 10-4 树状结构 DNA 光聚合的示意图

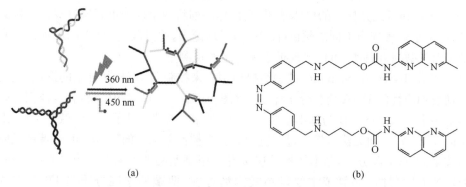

图 10-5 光响应 DNA 树状分子的结构模型(a)和 NCDA 的分子结构(b)

10.1.2 DNA-树状分子杂合体的构建

将树状大分子和 DNA 这两类具有特殊拓扑结构的精美分子基团有机结合起

来,将产生功能更丰富的超分子及材料构筑基元,近年来已成为纳米功能材料、生物医学等领域的新增长点。构建 DNA-树状分子杂合体系,首先要解决的问题是如何将 DNA 与树状分子进行连接,常用的连接方法有如下几种:接枝法(grafting strategy)和固相合成法(solid-phase strategy)。接枝法是通过将 3′端或 5′端修饰有官能团的 DNA 与树状分子上的功能基团经过简单的转换反应来制备目标分子。

图 10-6 中列出了接枝法常用的反应。随着 DNA 的合成和官能化修饰日臻成熟,官能团修饰的 DNA 都已经商业化,其中氨基和巯基修饰最常见。由于在 DNA 5′端修饰氨基的成本相对较低,而且氨基和羧基或者活性酯在缩合试剂的存在下可形成稳定的酰胺键,故被大量用在 DNA 杂合分子的制备上[13,14]。巯基修饰的 DNA 成本较高,但其形成二硫键[15]或进行 Michale 加成[16]的效率很高,也得到了广泛应用。利用接枝法合成 DNA-树状分子杂合体系的操作简单,对实验设备的要求也较低,是目前应用较多的方法。

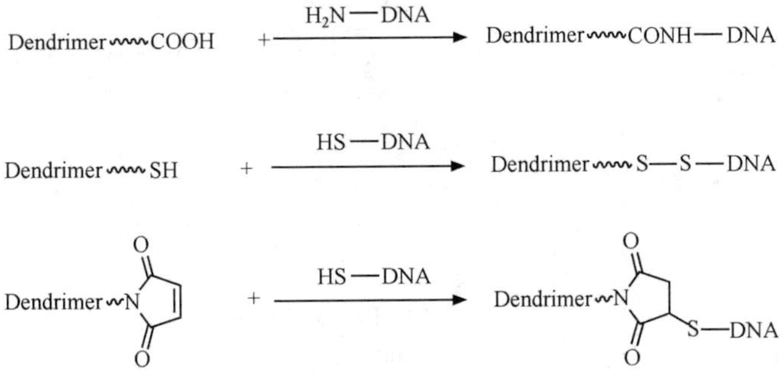

图 10-6 接枝法的合成原理

2003 年,Simanek 课题组首次报道了以共价键连接的 DNA-树状分子杂合体[17](图 10-7)。他们在聚氰胺树状分子的外围和核心分别修饰了 2-巯基吡啶作为活性位点,与 DNA 5′端修饰的巯基通过二硫键结合,形成得到 DNA-树状分子杂合体。为了证实所得产物为共价键链接而非 DNA 与树状分子通过静电作用形成的复合物,他们用基质辅助激光电离解析串联飞行时间(MALDI-TOF)质谱和聚丙烯酰胺凝胶电泳色谱对目标产物进行了结构分析,并且辅以化学降解等手段,证实了 DNA-树状分子共价杂合体的存在。

随后,Tomalia 课题组将聚酰胺型(PAMAM)树状分子与单链 DNA 通过二硫键连接起来,得到了 DNA-PAMAM 树状杂合体[18]。由于传统的 PAMAM 树状分子外围多为带正电荷的氨基,易与 DNA 发生静电相互作用,因此他们将树状分子的外围修饰为带负电荷的羧基;并在核心官能团修饰了巯基,通过双官能化试剂与 5′端氨基修饰的 DNA 连接,得到了结构明确的杂合体分子,并经过 MALDI-

TOF 质谱实验结果的证实。此外,他们还研究了杂合体分子中 DNA 与另一分子中互补 DNA 序列的配对情况,发现 DNA 双链的形成和热稳定性基本上不受树状分子的影响,从而发展了合成高代数 DNA-PAMAM 树状分子复合体系的新方法。

同年,Baker. Jr 课题组也报道了 PAMAM 树状分子与 DNA 的连接[19],但与 Tomalia 报道的不同,他们将 DNA 连接在了树状分子的外围(图 10-8)。PAMAM 树状分子外围带正电荷的氨基被乙酰基封端,以降低静电相互作用,剩余的氨基作为活性位点与 DNA 连接。通过调节外层 DNA 的长度以及互补序列,可以构建由

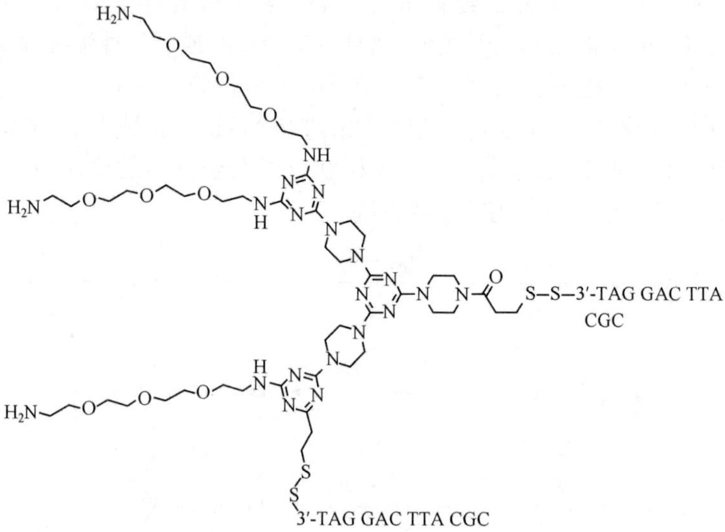

(a)

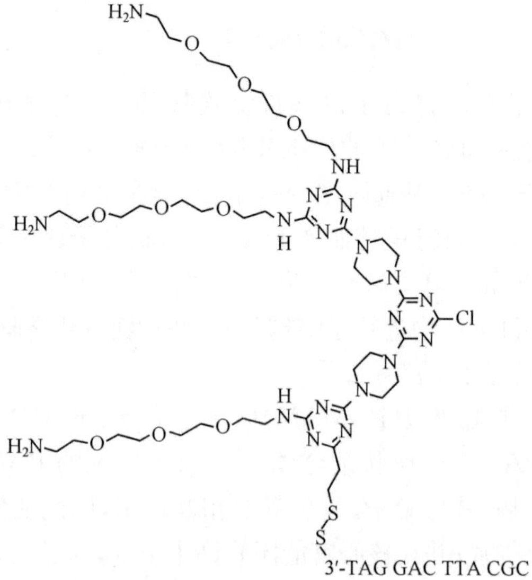

(b)

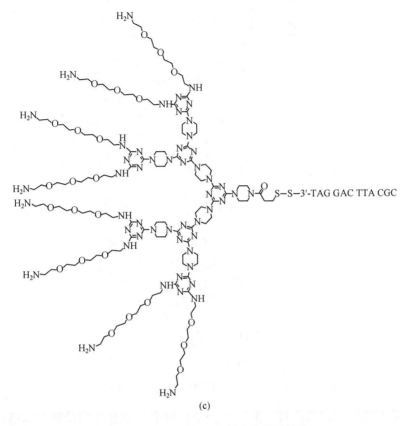

(c)

图 10-7　DNA-Melamine 树状分子的结构

（a）DNA 连接在树状分子外围和核心；（b）DNA 连接在树状分子外围；（c）DNA 连接在树状分子核心

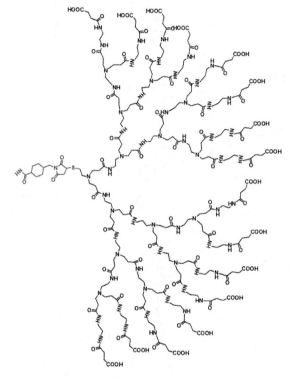

图 10-8　DNA-PAMAM 树状分子复合体的分子结构

多个树状分子组成的复合体（图 10-9）。虽然没有得到分子质量和结构精确可控的 DNA 复合体分子，但这种方法设计巧妙，复合体的合成容易且结构多样。基于同样的合成策略，他们还利用 DNA 双链将两种负载了不同功能分子的树状分子连接成一个纳米簇，实现了复合体的多功能化[20]。

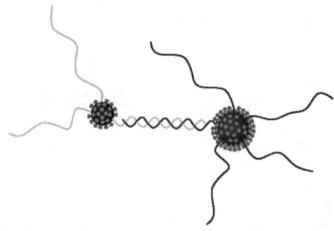

图 10-9　DNA-PAMAM 树状分子杂合体的组装及高级树状分子复合体的构建

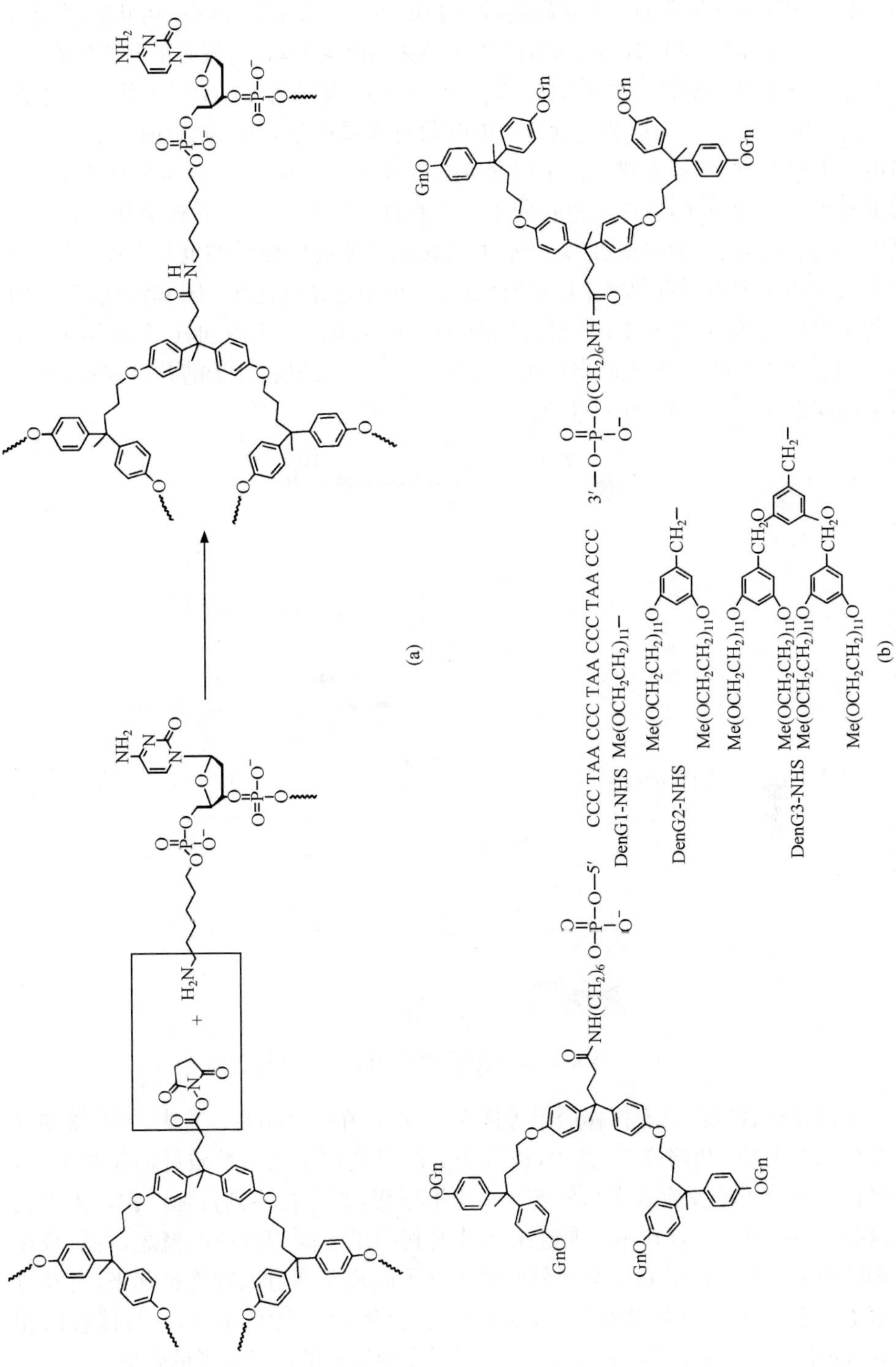

图 10-10　DNA-PAMAM 树状分子的合成

2011年,范青华和刘冬生课题组设计合成了一类新颖的 DNA-树状分子杂合体[21]。他们以两端都修饰有氨基的 DNA 马达为起始原料,与核心部分修饰有 N-羟基丁二酰亚胺酯的两亲性树状分子反应,通过酰胺键将 DNA 与树状分子连接起来[图 10-10(a)]。为避免树状分子中电荷对体系产生影响,他们选用了一类不带电荷的树状分子,该类树状分子以聚芳醚树状分子作为骨架,在其外围连接单分散的寡聚乙二醇单元,以保证树状分子的亲水性。实验证明该类树状分子具有优良的水溶性,其较大的体积对 N-羟基丁二酰亚胺酯的反应活性也几乎没有影响。尽管反应体系中不可避免地生成单取代产物,但通过条件优化,仍以较好收率得到了两端均修饰有树状分子的目标产物[图 10-10(b)]。他们同样通过 MALDI-TOF 质谱和聚丙烯酰胺凝胶电泳色谱证实了 DNA 与树状分子的共价连接,分子质量的误差在 1% 以内(图 10-11)。

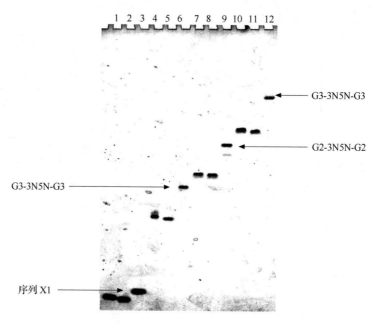

图 10-11　DNA-聚醚树状分子杂合体的凝胶电泳色谱

虽然接枝合成法具有操作简单等优点,但也存在一些不足。首先,带有氨基或巯基修饰的 DNA 价格高昂;其次,该方法一般只适用于水溶性较好的树状分子,疏水性树状分子的反应效率和分离产率均不理想,甚至得不到目标产物。为了克服这些缺点,2002 年,Fréchet 课题组巧妙地利用了半固相合成的概念,将负载在固相载体上 DNA 的 5′OH 与聚酯型树状分子的羧基通过酯键连接起来,再经过水解等一系列处理即可得到 DNA-树状分子杂合体[22](图 10-12)。与接枝法相比,半固相合成的成本要低得多,而且适用于多种结构的树状分子的合成。

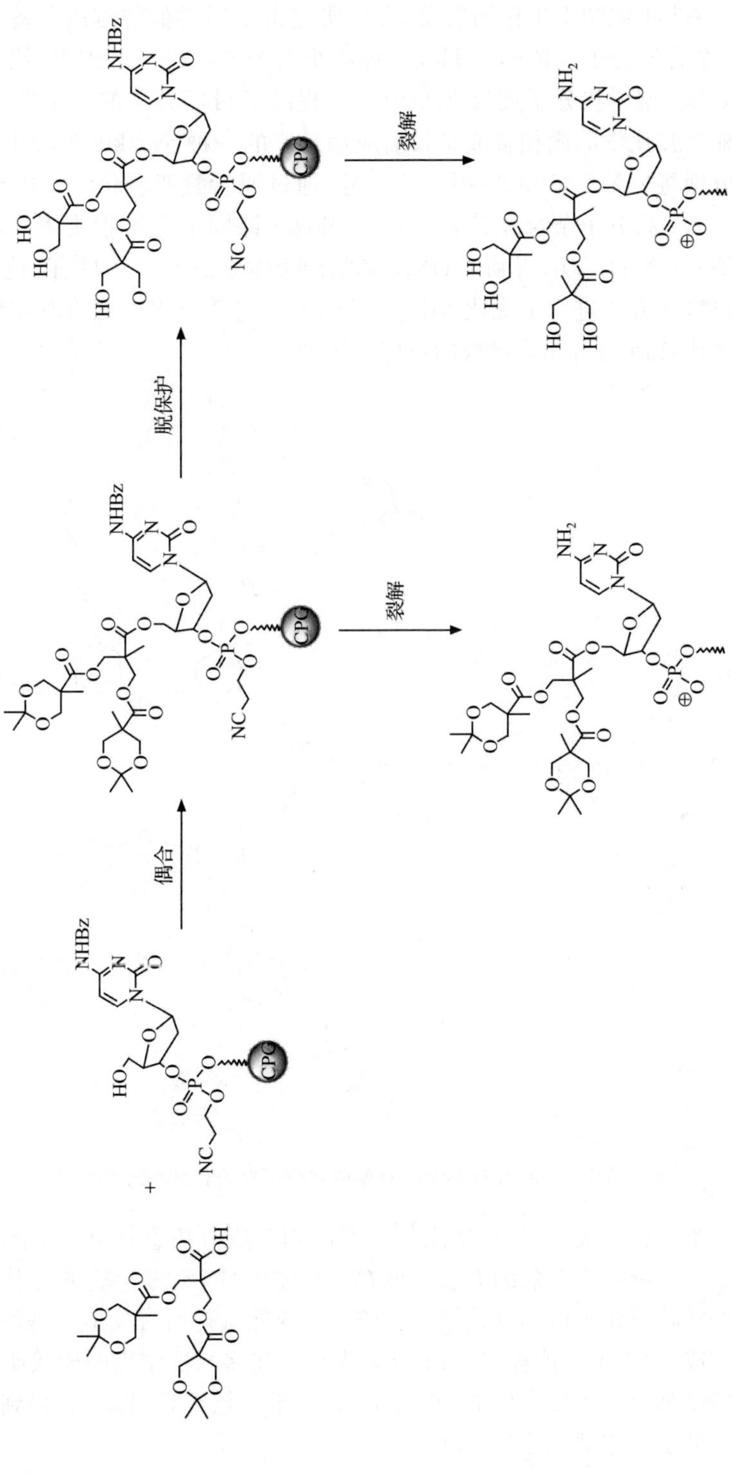

图 10-12　DNA-聚酯树状分子杂合体的半固相合成

　　受 Fréchet 课题组工作的启发,多个研究组采用类似的方法制备了不同结构的 DNA 杂合体分子。Robert Häner 课题组对该方法进行了改进,他们通过酰胺键将 Fréchet 型树状分子连接在 DNA 上,提高了目标分子的稳定性[23]。但是基于亚膦酰亚胺化学的固相合成是目前应用最广的一种,Mirkin[24] 和 Herrmann[25] 课题组分别将聚苯乙烯和聚(甲基乙二醇)通过亚膦酰亚胺化学连接到 DNA 上,得到了 DNA-高分子杂合体(图 10-13)。Boxer 课题组也将脂质体分子通过该方法连接到 DNA 的 5′端,得到了 DNA-磷脂杂合体分子[26]。2011 年,范青华和刘冬生课题组将该方法进行了优化,制备了 DNA 与完全疏水性聚芳醚型树状分子连接的杂合体,得到了 μmol 量级的目标产物[27]。

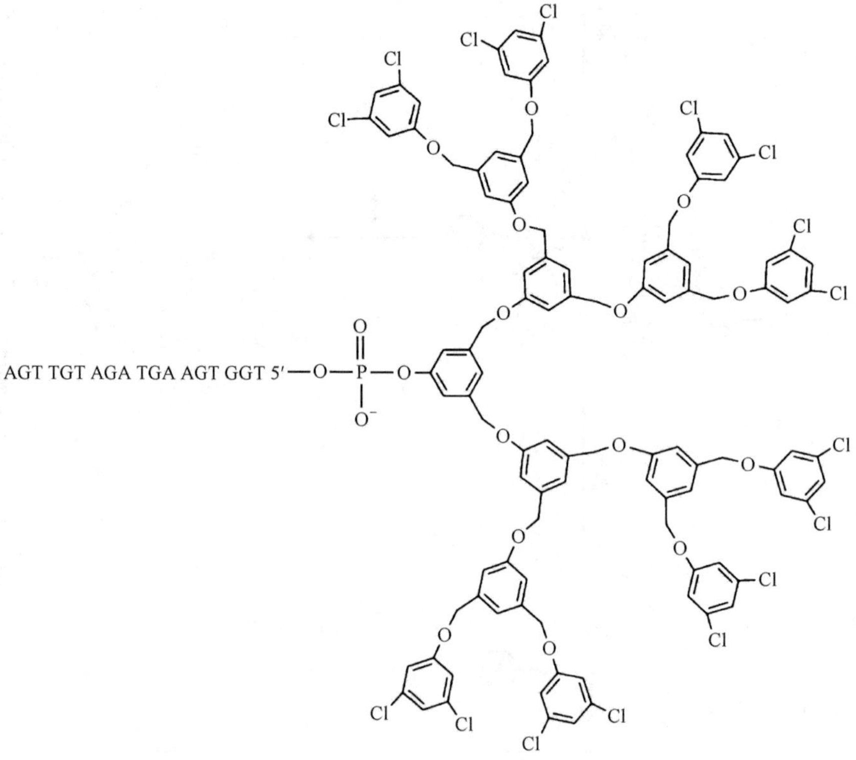

图 10-13　DNA-聚芳醚型树状分子杂合体的分子结构

　　除了半固相合成法以外,使用传统的固相合成方法直接制备 DNA-树状结构杂合体也是一种行之有效的方法。该方法通过在 DNA 的 5′端重复引入含有亚膦酰亚胺的枝状单元来得到树状结构。该方法的优点是所有反应步骤均在 DNA 合成仪上完成,简化了合成操作。Fréchet 课题组将多活性位点的树状亚膦酰亚胺试剂和间隔试剂交替连接在反义 DNA 上,并在最外层连接甘露糖,得到了 DNA-树状分子单糖杂合体[28](图 10-14)。

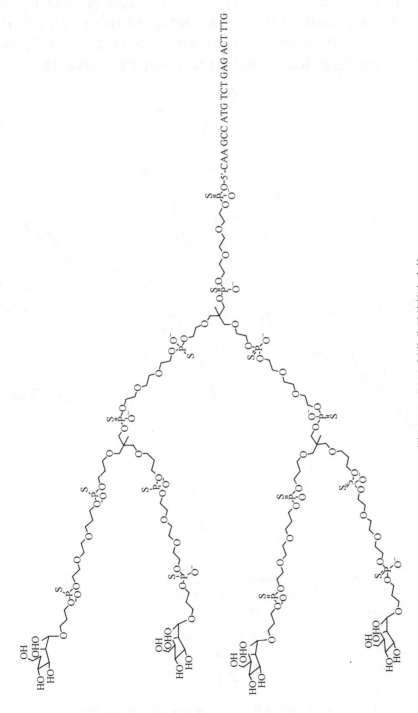

图 10-14　DNA-树状分子单糖杂合体

　　基于同样的策略,Földes-Papp 课题组[29]和 Sleiman 课题组[30]将多活性位点的树状亚膦酰亚胺试剂重复连接在 DNA 上,制备了两类新型的 DAN-树状分子杂合体。Földes-Papp 还进一步将一些功能基元,如荧光基团或单分散寡聚乙二醇单元等连接到树状分子杂合体的外围,构建了功能性的 DNA-树状分子杂合体体系(图 10-15)。

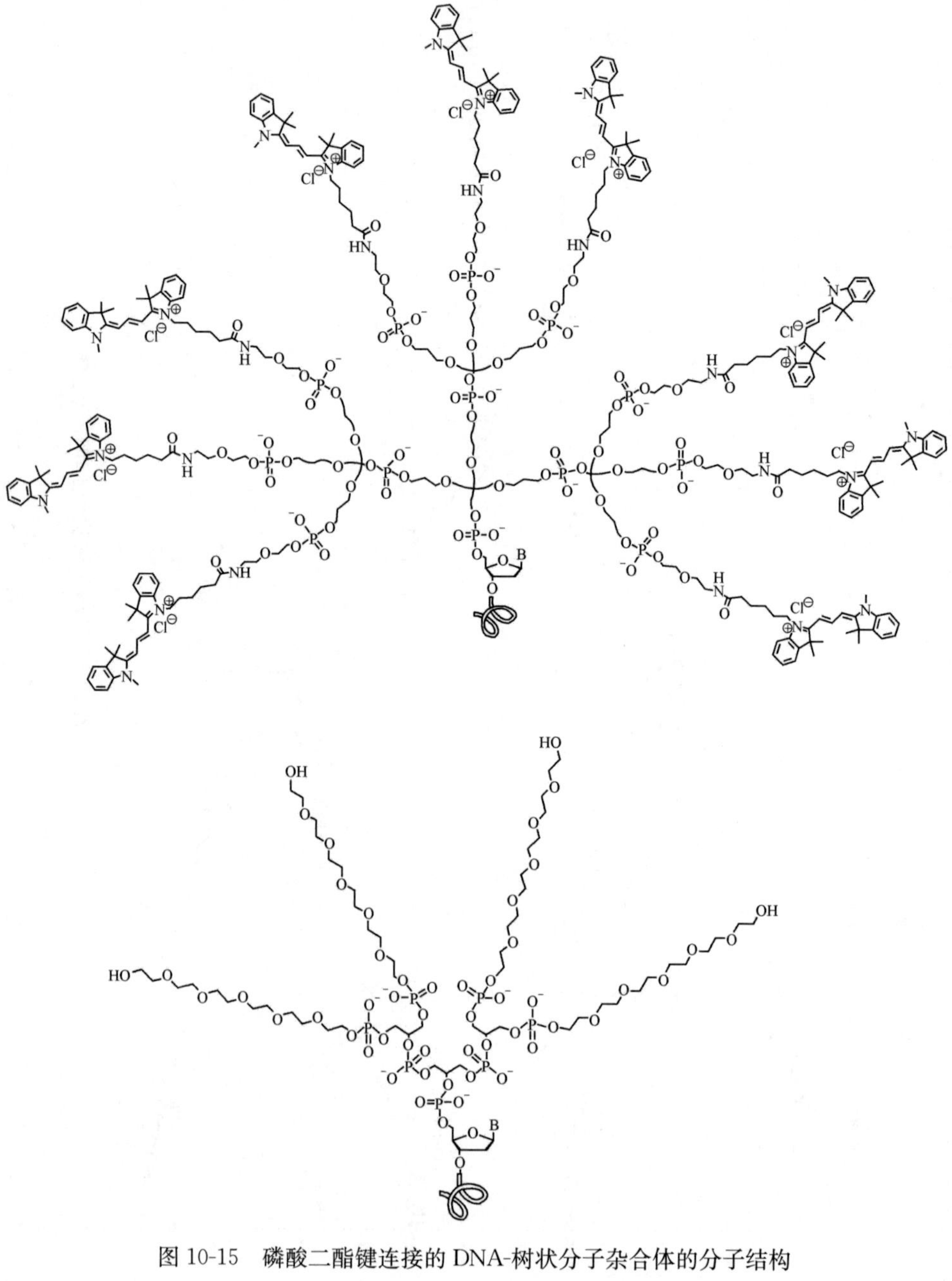

图 10-15　磷酸二酯键连接的 DNA-树状分子杂合体的分子结构

10.2　核酸树状分子功能体系的应用

10.2.1　高灵敏度 DNA 的检测

发展 DNA-树状分子杂化体和树状结构 DNA 的一个重要初衷就是实现 DNA 的高灵敏检测。在现代医学与生物学中,生物芯片是极其重要的检测单元,其中 DNA 芯片在基因组学、致病基因,以及生化武器检测、环境检测和生物信息学等领域中占据着越来越重要的位置[31]。DNA 芯片的检测基础是负载在基底上的检测 DNA 可与溶液中的目标 DNA 形成双链,因此制备高效率、高灵敏 DNA 芯片的根本途径之一就是如何提高杂交效率。现有的负载手段一般是将 DNA 通过化学键或者较强的非共价键相互作用直接负载在芯片上,但是传统的负载方法无法对检测序列的密度进行精确控制:过低的密度会导致检测效率下降,而过高的密度会导致 DNA 链之间过于拥挤,无法和目标序列有效形成双链。因此,控制芯片上检测 DNA 序列的密度和排列方式是提高检测效率的关键因素。

在芯片上修饰 DNA 首先要对基底进行活化,常规的方法是将硅片表面的羟基通过硅烷化试剂改性为氨基,以便于和 5′ 端修饰官能团的 DNA 链接。但是由于硅烷化试剂很难在硅片或者玻璃片表面形成很均匀的一层,因此制备均匀分布的 DNA 检测阵列非常困难。2001 年,Niemeyer 课题组将氨基硅烷化后的硅片通过双活性酯(DSC)或者双异硫氰酸酯(PDITC)链接 PAMAM 树状分子,使硅片表

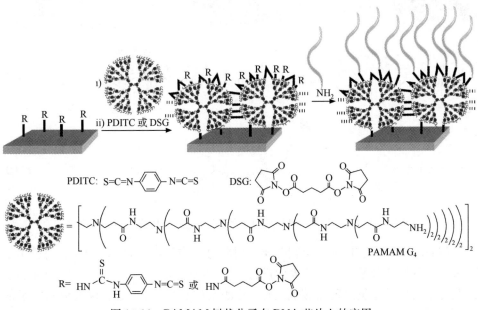

图 10-16　PAMAM 树状分子在 DNA 芯片上的应用

面均匀涂覆了一层 PAMAM 树状分子,这样硅片表面平整度得到了极大改善,氨基密度也大幅增加,使得 DNA 检测序列的负载量增加了一倍[32],而且树状分子的引入增强了检测序列在芯片上的稳定性,延长了芯片的寿命(图 10-16)。2004 年,Lee 课题组也报道了类似的实验,他们将硅片与 PAMAM 树状分子之间的连接键换成了更稳定的氨基,延长了芯片的寿命[33]。

但是人们很快意识到这个方法的缺陷:第 4 代 PAMAM 树状分子的外围有 64 个氨基,即使只有 20%连接上 DNA 检测序列,负载量也应该超过 10 倍,而不仅仅是两倍。分析发现双酰胺化试剂(如 DAC 和 PDITC 等)将 DNA 上的氨基连接在 PAMAM 上的同时,也使得 PAMAM 外层的氨基发生了自偶联,从而降低了有效氨基的密度[32]。随后 Niemeyer 等对其进行了改进,将双酰胺化试剂改为分步连接,虽然增加了操作步骤,但是有效避免了氨基自偶联的发生。改进后的芯片检测效率较传统芯片提高了一个数量级,检测精度也在多次使用中得到了较好的保持[34](图 10-17)。

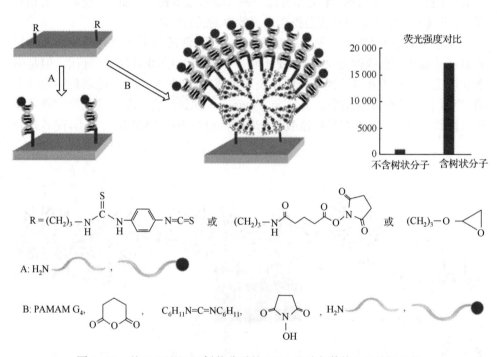

图 10-17 基于 PAMAM 树状分子的 DNA 芯片与传统上芯片的比较

Majoral 课题组自 1999 年就开始将树状分子应用在生物芯片上,他们选用了一种含磷的树状分子对芯片的表面进行改性,并通过原子力显微镜(AFM)证实了树状分子可以较完整地覆盖玻璃/石英表面[35](图 10-18)。由于该类树状分子的外围基团是醛基,不需加入缩合试剂即可和 DNA 末端修饰的氨基高效地形成亚胺键,简化了操作步骤。以涂覆了四代树状分子的芯片为例,其结合效率和浓度适用范围已经可以和商业化的芯片相媲美,并且在检测下限方面远胜于后者,达到了 1 pmol/L,而且该芯片表现出了良好的稳定性和重复使用性能。

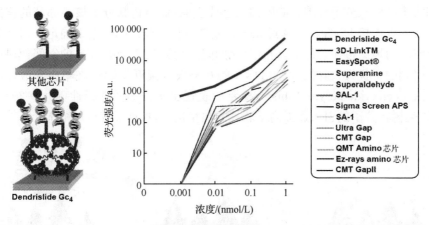

图 10-18　含磷树状分子在 DNA 芯片上的应用

2006 年,Majoral 课题组将他们的体系成功拓展至蛋白质的检测[36]。为了不影响蛋白质的三级结构,他们设计了一个非常巧妙的体系,将外层连接有 DNA 的磷脂囊泡作为待检测单元,再使用不同的染料对囊泡的膜和空腔部分分别进行荧光标记,以方便检测(图 10-19)。该检测单元可以包裹蛋白质以及其他结构不稳定的分子,而不用担心蛋白质的失活。

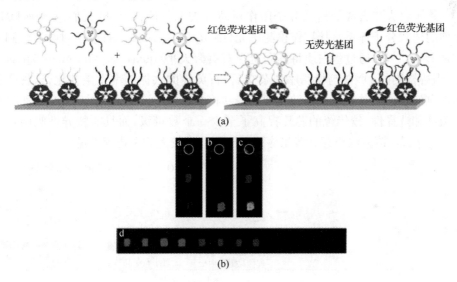

图 10-19　DNA-囊泡检测单元在蛋白芯片上的应用原理(a);芯片上不同的荧光分子及组合(b)

虽然各种树状分子改性的芯片不断被报道,但是都没有解决精确控制 DNA 检测序列密度的问题,而实现 DNA 检测序列在芯片上的有序排布是提高芯片检测灵敏度的有效措施。Park 等提出利用树状分子的位阻作用来控制 DNA 密度,他们将锥型树状分子外围官能团锚在芯片表面,而将树状分子核心部分的官能团裸露在外以连接 DNA[37]。通过原子力显微镜和高分辨扫描电镜确定了树状分子可以较均匀地涂覆在芯片上,树状单元的间距约为 3.2 nm。充足的空间使得检测序列受到的干扰大大降低,检测 DNA 的互补效率接近 100%,在单核苷酸标记性(single-nucleotide polymorphism)检测中表现出了极高的选择性(图 10-20)。此外,该类树状分子的引入还提高了芯片的热稳定性,扩展了其应用范围。

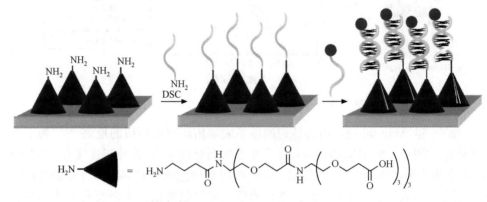

图 10-20　利用树状分子的空间位阻来调节 DNA 在芯片上的密度

除了将人工合成的树状分子用作对芯片表面的改性之外,人们还将纯 DNA 序列的树状分子体系直接用作检测单元(图 10-21)。Nilsen 通过序列设计得到了树状 DNA[9],并通过蛋白质将其固定在石英微天平(quartz crystal microbalance)上,当待检测的 DNA 与检测序列杂交后,石英片的共振频率发生变化,这种变化通过电信号输出并经过相关转化即可得到相关数据。该检测单元表现出了很高的灵敏度和选择性,较传统的芯片提高了至少一个数量级,而且非特异性吸附也很低[38]。但是,该方法也存在背景序列对检测造成较大的干扰等不足。

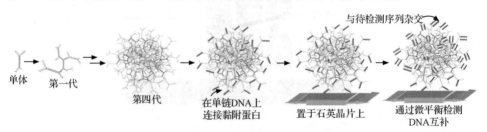

图 10-21　纯 DNA 序列树状分子体系在生物芯片上的应用

在 DNA 芯片中,控制单位面积内 DNA 检测序列的密度和增加单位面积内荧光基团的数量,均有助于提高检测效率及检测灵敏度,这两者在很大程度上又是矛盾的。因此,兼顾两者的有效途径就是提高单条检测序列上 DNA 的荧光基团的数量。Földes-Papp 课题组利用树状分子的结构特点,将 Cy3 荧光基团连接在 AB$_2$ 和 AB$_3$ 型树状结构 DNA 的外围,其荧光信号的强度最高可达单个荧光分子的 30 倍(图 10-22)。有趣的是,树状结构的荧光基团几乎不影响 DNA 的杂交效率[29]。

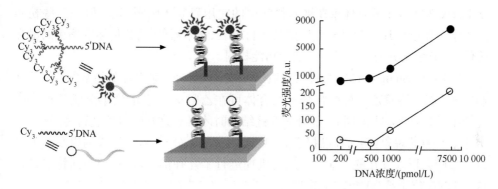

图 10-22　利用树状分子结构来增强 DNA 末端荧光信号

为了进一步提高检测的灵敏度,一些公司开发出了基于 Nilsen 树状结构 DNA 的检测芯片,在树状 DNA 的外层引入了大量荧光基团来作为检测单元,如 Genisphere Inc. 公司的 3DNA® dendrimer[39,40]。实验证明这种设计对于超微量样品的精确分析有极大的帮助,而且树状分子外围可以连接不同种类和不同数目的荧光基团,实现多通道检测(图 10-23)。

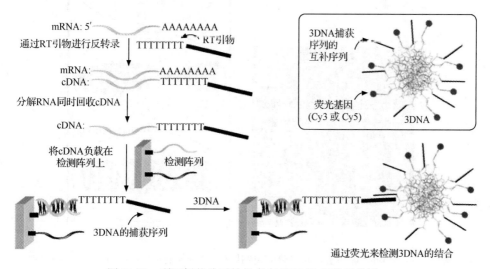

图 10-23　利用树状分子结构来实现 DNA 超微量检测

10.2.2　在纳米科学中的应用

DNA 和树状分子本身就具有完美的纳米级结构,作为二者结合的产物,DNA-树状分子复合体系无疑具有更加精美的结构、更好的可控性和更强的可设计性。因此,这一体系的构建必将为新颖纳米结构的设计合成注入新鲜的血液。众所周知,结构决定性能,新型纳米结构带来的更加丰富的性能值得期待。虽然关于 DNA-树状分子复合体系在纳米科学中的应用研究才刚刚起步,但是一些初步的探索工作已经让科学家们意识到其在自组装、纳米器件、药物传输等领域的潜在价值,可能会发展为一类新型的纳米功能材料。

2010 年,Sleiman 课题组首次报道了 DNA-树状分子杂合体的组装行为[30],他们发现 DNA-寡聚乙二醇树状分子杂合体可在乙腈-水混合溶液中形成长程有序的纤维结构,但是只有 DNA 部分为双链结构时才具有这样的自组装行为,这是一个非常有趣的现象:因为在已报道的 DNA 两亲复合分子中,所形成的组装体都是以球形胶束形式存在的。他们对组装机理进行了几种推测,但一个共同特点是都认为 DNA 位于纤维的内核(图 10-24)。

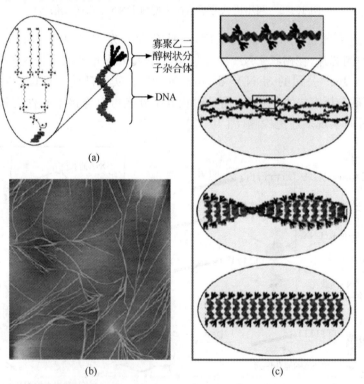

图 10-24　Sleiman 课题组合成的 DNA-树状分子杂合体的结构(a);杂合体组装成的
纤维结构的 AFM 表征(b);推测的多种组装机理(c)

　　最近,范青华和刘冬生课题组报道了一类新型的两亲性 DNA-树状分子杂合体的水相组装行为[27]。他们选择了具有 π-π 相互作用的强疏水聚醚型树状分子为研究对象,通过半固相合成方法得到了一类两亲性 DNA-树状杂合体。在研究该类两亲分子的组装行为时,他们发现,将杂合体分子直接溶于水中不经过退火,组装体的形貌是无规的。退火过程有助于两亲分子以较低的能量形式进行组装,形成一种热力学更稳定的纤维形貌。从冷冻透射电镜的结果显示纤维的直径大约是两亲分子理论长度的两倍,据此他们推测可能的组装机理是树状分子由于疏水作用聚集于核心而 DNA 包裹于外围。由于排列紧密和较高的电荷密度,DNA 处于较为伸展的状态(图 10-25)。

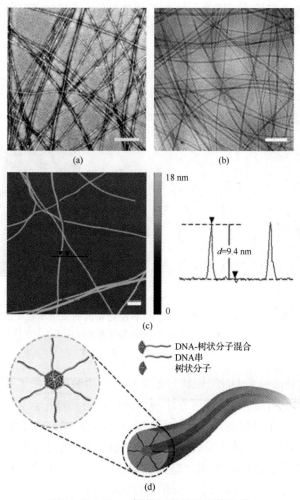

图 10-25　DNA-树状两亲分子组装形貌

(a) 在透射电镜下的形貌;(b) 在冷冻透射电镜下的形貌;(c) 在原子力显微镜下的形貌及高度;
(d) DNA-树状两亲分子的组装机理,标尺为 200nm

　　为了验证这一假想,他们选择了不同代数的树状分子和不同长度的 DNA 的组合,发现组装体的直径随树状分子代数的降低和 DNA 长度的变短而减小,这从一个侧面证实了之前的推测。为了进一步证实这一机理,他们将疏水性染料尼罗红与纤维混合,发现尼罗红可以被负载在疏水区域从而表现出强的荧光发射峰,同时在荧光显微镜下还可以观察到亮红色的纤维,这证实了疏水内核的存在。此外,他们也充分利用 DNA 的互补配对性质,将纤维用作金纳米颗粒的组装模板。当互补 DNA 链修饰的金纳米粒子与纤维进行混合时,可以观察到金纳米粒子沿纤维有序聚集成线;而加入非互补 DNA 修饰的金纳米粒子时,则仅能观察到金纳米粒子的随机分布,这说明金纳米粒子的有序聚集确实是由于 DNA 的互补配对作用。该实验也进一步证实了 DNA 处在组装体外围。同时他们还将修饰荧光基团的互补序列与两亲分子进行共组装,观察到了大量绿色纤维(图 10-26)。

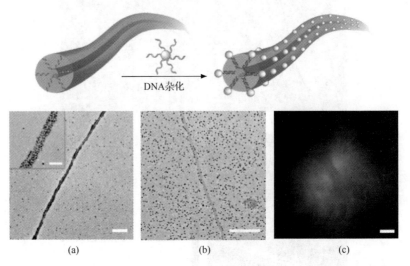

图 10-26　以两亲 DNA-树状分子组装体为模板的金纳米粒子的聚集
(a) 互补 DNA 修饰的金颗粒;(b) 非互补 DNA 修饰的金颗粒;(c) 杂化体与荧光修饰
DNA 互补后组装成的绿色纤维

　　随后,他们对该两亲 DNA-树状分子杂合体的组装行为做了更加详细的研究。发现除了可以得到纤维,利用透析方法制样还可以得到球形胶束,而且通过可逆地改变组装条件可以重复得到纤维和球形胶束两种组装体。向纤维组装体系中加入少量四氢呋喃,可使纤维转变成胶束;而将四氢呋喃透析掉之后再进行退火,胶束又可以转变成纤维。他们还利用动态光散射进一步表征了这一可逆转变过程,发现组装体的直径呈现从 10 nm 到 1mm 左右的循环转变(图 10-27)。

　　他们进一步使用 X 射线衍射对组装体系进行了研究,证实了导致纤维形成的重要驱动力是树状分子之间的 π-π 堆积,而这种相互作用在胶束中并没有观察到。

他们首次从理论角度出发研究了该两亲性 DNA-树状分子杂合体的组装行为,为新型功能性杂合体系的设计提供了理论依据。

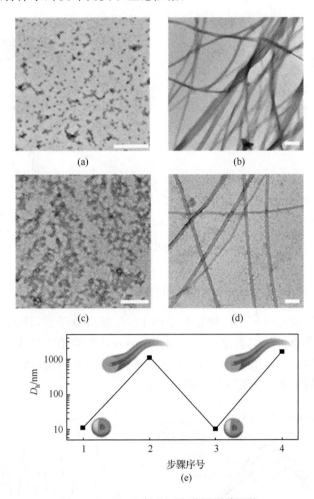

图 10-27　DNA-树状两亲分子形貌调控

(a) 透析后的胶束;(b) 退火后形成的纤维;(c) 加入四氢呋喃后重新形成的胶束;
(d) 重新退火后形成的纤维;(e) 不同组装结构转换在动态光散射上的体现

除了在两亲性自组装方面的研究,DNA-树状分子复合物也被用于构建响应性体系。范青华和刘冬生课题组在 2010 年首次报道了 pH 响应的 i-motif DNA-树状分子杂合体系[21]。i-motif 是一类富含 C 碱基的单链 DNA 序列,其在溶液中的二级结构可随 pH 变化,即 pH 4.5 时形成紧凑的四链体,而在 pH 8 下将重新回到无规卷曲状态,因此被用作 pH 响应性分子马达。在该设计中,DNA 分子马达的两端连接树状分子,其"开合"将改变连接在 DNA 两端树状分子间的距离,进而实现对树状分子融合和解离的控制(图 10-28)。为了避免静电作用的干扰,他们没有使用经典的 PAMAM 类树状分子,而是重新设计合成了一类水溶性很好的聚醚型树状分子,通过酰胺键连接在 DNA 的两端。

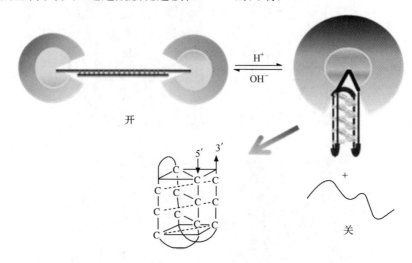

图 10-28　DNA 马达控制的树状分子的融合与解离示意图

在得到了连接有一～三代树状分子的 DNA 复合分子后,他们对复合体系的响应性进行了研究。圆二色谱(circular dichroism)实验结果证实,尽管两端都连接树状分子,但是 i-motif 的形成和解离并没有受到明显影响,而且通过调节 pH,可以实现体系的重复"开-关"过程(图 10-29)。

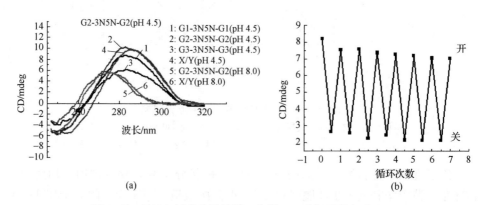

图 10-29　DNA-树状分子的圆二色谱(a);重复开关实验(b)

为了对照,他们还合成了仅在 DNA 一端连接树状分子的杂合体。发现 i-motif 结构的形成和解离不仅不受树状分子代数的影响,也不受树状分子数目的影响,即所有连接树状分子的 DNA 都可以在低 pH 下形成四链结构,并在高 pH

下和互补链形成双链(图 10-30)。

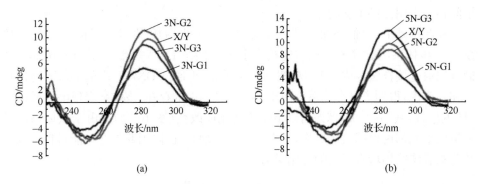

图 10-30　3′端氨基 DNA-树状分子的圆二色谱(a)；5′端氨基 DNA-树状分子的圆二色谱(b)

在研究引入的树状分子对该体系稳定性的影响时,他们发现了一个极为有趣的现象,即 DNA 单边修饰有树状分子的杂化体的热稳定性与纯 DNA 接近,而双边修饰的体系稳定性较前者有了很大的提高。这种稳定性的增加体现为 i-motif 结构熔点的上升。从图 10-31 可以看出,双边修饰体系的熔点在 75～78℃左右,较纯 DNA 和单边修饰体系(63～66℃)有十几摄氏度的提高,表明树状分子间的相互作用对体系稳定性的增加起重要的作用。

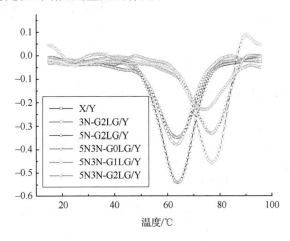

图 10-31　DNA-树状分子的熔点微分曲线

通过对该体系的模拟,他们认为 i-motif 结构的形成缩短了树状分子间的距离,使得 DNA 两端树状分子中疏水的聚芳醚内核相互靠近,最终实现了树状分子的融合,从而增强了整个结构的稳定性。此时解离 i-motif 结构不仅仅要克服 DNA 自身氢键相互作用和碱基的 π-π 堆积,还要克服树状分子内核间的非共价相互作用,因此需要更高的能量。该体系为首例对环境刺激具有响应性的 DNA-树状分子复合体系,将在智能载药系统方面具有潜在的应用前景,同时还为研究大分子间相互作用提供了新的方向。

在此基础上,他们还报道了一类基于 DNA-蛋白质-树状分子的智能复合体系[41]。该体系由链霉亲和素和连接在上面的四个 DNA-树状分子单元构成。他们首先通过接枝法合成了 DNA-树状分子单元,再通过 DNA 3′端的 biotin 与链霉亲和素连接,得到了复合体系。由于 i-motif DNA 的存在,该体系表现出了较好的 pH 响应性,其"开—关"状态可随 pH 的变化而改变(图 10-32)。由于该体系的各个组成单元都可根据需要更换,具有极好的模块化性能,因此将在智能材料的构建及药物载体等领域有很大的应用潜力。

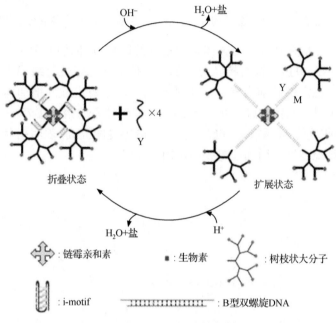

M: NH$_2$-5′-TTCCCTAACCCTAACCCTAACCCTT-3′-biotin
Y: 3′-GATTGTGATTGTGATTG-5′

图 10-32　pH 响应的 DNA-蛋白质-树状分子复合体系

10.3　总结与展望

树状分子与 DNA 结合概念的提出不过 20 年,真正意义上的发展只有 10 年左右,但不管是在理论研究还是应用探索方面均已取得瞩目的进展。通过将 DNA 的互补配对特性与固相合成和有机合成技术相结合,发展了 DNA 树状分子杂合体的多种合成方法,并由此构建了结构多样以及功能化的 DNA 树状分子杂合体。

由于 DNA 杂合体具有超支化的可控结构以及 DNA 的可编程性和精美配对特性，基于 DNA 树状分子杂合体的一系列高性能生物芯片被开发出来，并成功应用于 DNA 和蛋白质等的高灵敏度检测。另一方面，DNA 树状分子杂合体作为一类全新的超分子及功能材料构筑基元，已初步显示了其与传统两亲分子不同的组装行为，以及强大的功能化潜力。基于树状分子的结构特点，以及 DNA 分子的二级结构的多样性和具有对外界刺激响应性的特点，相信 DNA 树状分子杂合体将为功能材料的构建和分子仿生体系的设计提供全新的分子平台。除构建高性能生物芯片以外，还将为制备具有生物学响应的仿生材料，以及为智能载药和可控释放体系的设计等提供全新的选择。

（中国石油大学：孙亚伟；中国科学院化学研究所：王立颖、范青华；清华大学：刘冬生）

参 考 文 献

[1] Tomalia D A, Naylor A M, Goddard W A. Starburst dendrimers: molecular-level control of size, shape, surface chemistry, topology, and flexibility from atoms to macroscopic matter. Angew Chem, 1990, 102: 119-157; Angew Chem Int Ed Engl, 1990, 29: 138-175.

[2] Boas U, Heegaard P M H. Dendrimers in drug research. Chem Soc Rev, 2004, 33: 43-63.

[3] Wang T, Schiffels D, Martinez C S, et al. Design and characterization of 1D nanotubes and 2D periodic arrays self-assembled from DNA multi-helix bundles. J Am Chem Soc, 1993, 115: 2119-2124.

[4] Winfree E, Liu F, Wenzler L A, et al. Design and self-assembly of two-dimensional DNA crystals. Nature, 1998, 394: 539-544.

[5] Andersen E S, Dong M, Nielsen M M, et al. Self-assembly of a nanoscale DNA box with a controllable lid. Nature, 2009, 459: 73-75.

[6] Hudson R H E , Damha M J. Nucleic acid dendrimers: novel biopolymer structures. J Am Chem Soc, 1993, 115: 2119-2124.

[7] Shchepinov M S, Udalova I A, Bridgman A J. Oligonucleotide dendrimers: synthesis and use as polylabelled DNA probes. Nucleic Acids Research, 1997, 25: 4444-4454.

[8] Shchepinov M S, Mir K U, Elder J K. Oligonucleotide dendrimers: stable nano-structures. Nucleic Acids Research, 1999, 55: 3035-3041.

[9] Nilsen T W, Grayzel J, Prensky W. Dendritic nucleic acid structures. J Theor Biol, 1997, 187: 273-284.

[10] Li Y G, Tseng Y D, Kwon S Y, et al. Controlled assembly of dendrimer-like DNA. Nature Materials, 2004, 3: 38-42.

[11] Lee J B, Roh Y H, Um S H, et al. Multifunctional nanoarchitectures from DNA-based ABC monomers. Nature Nanotechnology, 2009, 4: 430-436.

[12] Wang C Y, Pu F, Lin Y H, et al. Molecular-glue-triggered DNA assembly to form a robust and photoresponsive nano-network. Chem Eur J, 2011, 17: 8189-8194

[13] Jeong J H, Kim S H, Kim S W, et al. Polyelectrolyte complex micelles composed of c-rafantisense oli-

godeoxynucleotide-poly(ethylene glycol) conjugate and poly(ethylenimine): effect of systemic adminis-tration on tumor growth. Bioconjugate Chem, 2005, 16: 1034-1037.

[14] Takei Y G, Aoki T, Sanui K, et al. Temperature-responsive bioconjugates. 1. synthesis of tempera-ture-responsive oligomers with reactive end groups and their coupling to biomolecules. Bioconjugate Chem, 1993, 4: 42-46.

[15] Takei Y G, Aoki T, Sanui K, et al. Temperature-responsive bioconjugates. 3. antibody-poly(*N-iso*-propylacrylamide) conjugates for temperature-modulated precipitations and affinity bioseparations. Bio-conjugate Chem, 1994, 5: 577-582.

[16] Oishi M, Hayama T, Akiyama Y, et al. Supramolecular assemblies for the cytoplasmic delivery of anti-sense oligodeoxynucleotide: polyioncomplex (PIC) micelles based on poly(ethylene glycol)-SS-oligode-oxynucleotideconjugate. Biomacromolecules, 2005, 6: 2449-2454.

[17] Bell S A, McLean M E, Oh S K, et al. Synthesis and characterization of covalently linked single-stran-ded DNA oligonucleotide dendron conjugates. Bioconjugate Chem, 2003, 14: 488-493.

[18] DeMattei C R, Huang B H, Tomalia D A. Designed dendrimer syntheses by self-assembly of single-site, ssDNA functionalized dendrons. Nano Lett, 2004, 4: 771-777.

[19] Choi Y S, Mecke A, Orr B G, et al. DNA-directed synthesis of generation 7 and 5 PAMAM dendrimer nanoclusters. Nano Lett, 2004, 4: 391-397.

[20] Wang Y, Boros P, Liu J, et al. DNA/Dendrimer complexes mediate gene transfer into murine cardiac transplants *ex Vivo*. Mol Ther, 2000, 2: 602-608.

[21] Sun Y W, Liu H J, Xu L J, et al. DNA-molecular-motor controlled dendron association. Langmuir, 2010, 26: 12 496-12 499.

[22] Goh S L, Francis M B, Fréchet J M J. Self-assembled oligonucleotide-polyester dendrimers. Chem Commun, 2002, 24: 2954-2945.

[23] Skobridis K, Hüskenb D, Nicklinc P, et al. Hybridization and cellular uptake properties of lipophilic ol-igonucleotide-dendrimer conjugates. ARKIVOC, 2005, 4: 459-469.

[24] Li Z, Zhang Y, Fullhart P, et al. Reversible and chemically programmable micelle assembly with DNA block-*co*polymer amphiphiles. Nano Lett, 2004, 4: 1055-1058.

[25] Alemdaroglu F E, Ding K, Berger R, et al. DNA-templated synthesis in three dimensions: introducing a micellar scaffold for organic reactions. Angew Chem Int Ed, 2006, 45: 4206-4210.

[26] Chan Y H, Lengerich B, Boxer S G. Lipid-anchored DNA mediates vesicle fusion as observed by lipid and content mixing. Biointerphases, 2008, 3: FA17-FA21.

[27] Wang L Y, Feng Y, Sun Y W, et al. Amphiphilic DNA-dendron hybrid - a new building block for func-tional assemblies. Soft Matter, 2011, 7: 7187-7190.

[28] Dubber M, Fréchet J M J. Solid-phase synthesis of multivalent glycoconjugates on a DNA synthesizer. Bioconjugate Chem, 2003, 14: 239-246.

[29] Streibel H M, Birch-Hirschfeld E, Egerer R, et al. Enhancing sensitivity of human herpes virus diagno-sis with DNA microarrays using dendrimers. Exp Mol Pathol, 2004, 77: 89-97.

[30] Carneiro K M M, Aldaye F A, Sleiman H F. Long-range assembly of DNA into nanofibers and highly ordered networks. J Am Chem Soc, 1993, 115: 2119-2124.

[31] Rosi N L, Mirkin C A. Nanostructures in biodiagnostics. Chem Rev, 2005, 105: 1547-1562.

[32] Benters R, Niemeyer C M, Wöhrle D. Dendrimer-activated solid supports for nucleic acid and protein

microarrays. BioChem, 2001, 2: 686-694.

[33] Park J W, Jung Y, Jung Y H, et al. Preparation of oligonucleotide arrays with high-density DNA deposition and high hybridization efficiency. Bull. Korean Chem Soc, 2004, 25: 1667-1670.

[34] Benters R, Niemeyer C M, Drutschmann D, et al. DNA microarrays with PAMAM dendritic linker systems. Nucleic Acids Res, 2002, 30: e10.

[35] Le Berre V, Trevisiol E, Dagkessamanskaia A, et al. Dendrimeric coating of glass slides for sensitive DNA microarrays analysis. Nucleic Acids Res, 2003, 31: e88.

[36] Chaize B, Nguyen M, Ruysschaert T, et al. Microstructured liposome array. Bioconjugate Chem, 2006, 17: 245-247.

[37] Hong B J, Oh S J, Youn T O, et al. Nanoscale-controlledspacing provides DNA microarrays with the SNP discrimination efficiency in solution phase. Langmuir, 2005, 21: 4257-4261.

[38] Hong B J, Sunkara V, Park J W. DNA microarrays on nanoscale-controlled surface. Nucleic Acids Res, 2005, 33: e106.

[39] Wang J, Jiang M, Nilsen T W, et al. Dendritic nucleic acid probes for DNA biosensors. J Am Chem Soc, 1998, 120: 8281-8282.

[40] Stears R L, Getts R C, Gullans S R. A novel, sensitive detection system for high-density microarrays using dendrimer technology. Physiol Genomics, 2000, 3: 93-99.

[41] Chen P, Sun Y W, Liu H J, et al. A pH responsive dendron-DNA-protein hybrid supramolecular system. Soft Matter, 2011, 6: 2143-2145.

第 11 章　仿生药物载体的设计、构建和应用

　　药物载体的设计与构建在现代药物制剂的研发中占有举足轻重的地位。药物载体的基本功能是将药物成分与复杂的机体环境隔离开来，避免药物活性的损失和毒副作用的产生。而通过对载体的基质成分和物理结构的调节，还可以预先设定药物进入机体后释放的时间、方式和速率。利用药物载体对机体特定组织器官或者细胞类型的生物亲和性，能够使药物随载体一起输送到机体的靶向位点，实现精确给药，如此不仅可以极大地提升药物的生物利用度，还可以显著降低因药物施用造成的系统毒性。此外，选择适当的药物载体可以拓展药物的给药途径，使得给药操作在临床上更易实施和为患者所接受[1]。

　　随着纳米科学和材料科学的迅速发展，研究人员已经有能力根据特定药物的给药需求，来设计各种具有独特功能的药物载体。如通过选用合适的基质材料和进行表面修饰，可以使载体获得亲水性表面性质，改善其系统循环。由此实现的药物长效缓释可以使血药浓度长期稳定在目标水平，有望在各种慢性病（如糖尿病）的治疗中避免因频繁注射给药给患者造成的痛苦[2]。其次，药物载体可以通过靶向分子的嫁接获得靶向特定细胞或组织的能力。利用这种靶向定位能力，药物载体可以携带药物精确地到达病灶部位，这方面的研究有望在癌症治疗等领域实现革命性的突破[3]。另外，利用迅速发展的纳米技术，研究人员还可以将特殊的磁、光、热等功能成分引入药物载体当中。这些功能化的载体不仅能够利用对外部光、电、磁信号的响应最大限度地发挥药物靶向递送能力，还可以将诊断与治疗结合，或者实现化疗与磁疗、热疗等物理性治疗手段的结合，获得最佳的治疗效果[4, 5]。

　　然而，随着对包括药物载体在内的微纳米材料与生物机体相互作用的基础研究的深入，研究人员开始认识到药物载体的尺寸大小、机械性质和表面结构等各种细微因素对药物的免疫清除、系统循环以及细胞摄取等过程有非常深刻的影响，具有决定最终药物治疗效果的重要性[6]。相关的研究一方面为药物载体的设计提供了更具科学性的理论依据，但另一方面也意味着研发人员不得不考虑越来越多的因素，极大地增加了研发新型药物制剂载体的挑战性。除此以外，尽管复杂的设计使得前期的研发成本不断增加，但由于生物机体的极端复杂性，经过精心设计的药物制剂在最终临床试验中的表现往往与前期体外实验的结果存在较大差异。因此，许多在前期研发过程中表现出巨大潜力的药物制剂在经过临床试验后却不得不宣告失败[7, 8]。这种情况无疑进一步增加了新药开发的风险性，极大地延缓人类攻克病魔的脚步。

受自然界各种生物近乎完美的功能、结构的启示,人们已经通过仿生技术在生物学研究和工程技术实践之间架起了一座桥梁,并由此构建出许多具有优异性能的仿生功能材料和仿生功能结构[9]。随着近年来的不断发展,医药制剂领域最新的一些研究成果也向人们证明了仿生技术在医药领域获得应用的可能。依靠不断累积的生物学知识,通过模仿人体的内源性功能成分(如细胞和蛋白)或者与机体紧密相关的天然外源性成分(如细菌和病毒),研究人员已经设计出一些具有极好应用潜力的仿生药物制剂和功能成分。通过对机体内源性功能成分的模仿,这些仿生药物制剂不仅能与机体内部环境实现完美的兼容,更为重要的是能够获得其仿生对象的特征性质(如长效系统循环等),帮助其实现高效的药物递送。而借鉴于天然外源性成分特别是各种病原体的仿生设计,在新型疫苗制剂的开发上也已经取得了令人瞩目的成就。相比传统的人工药物制剂,仿生药物具有一些独特之处:①通过仿生设计,仿生药物制剂在给药效率等方面明显优于传统药物制剂,具有高效性;②每一种仿生药物制剂均是针对机体的某一种成分进行仿生设计,只能应用于某一种或某一类药物,具有很强的针对性;③仿生药物制剂由于在成分、形态或功能上十分接近其仿生对象,因此基本遵循其仿生对象的体内运转路径,避免了传统药物制剂在临床试验与前期试验中可能存在的巨大差异,因此其研发过程具有更好的可预见性。

仿生药剂学作为一门极具发展潜力的新兴学科,正处于逐步形成和系统化发展的过程当中。尽管目前整个学科体系还远未达到完整的程度,但现有的研究成果已经可以为我们描绘出未来学科发展的大体脉络。同时,仿生药剂学又是一门交叉学科,其发展不仅取决于医药学的进步,也需要包括生物学、材料学和纳米技术等多学科领域的进一步发展和这些学科技术的有机结合。在本章中,我们希望通过总结迄今为止在仿生药剂领域已有的研究成果,为各领域有意于仿生药物制剂开发的研究工作者提供参考,以期共同促进仿生药物制剂学科的发展。

11.1　形态仿生

在对包括自身在内的生物机体的结构和功能的研究当中,人类惊奇地发现不论是低等生物如病毒、细菌、真菌,还是多细胞生命体内部经过分化并行使不同功能的细胞,其特定的形态结构都极大地有助于其生物学功能的发挥。如病毒和细菌的微小尺寸有利于其对宿主细胞的侵染和在宿主群体之间的传播;大脑中的神经元细胞所具有的星状结构,使得神经元细胞之间能够通过相互连接形成神经网络,从而实现信号在不同神经元之间的传导;脊椎动物血液中的血细胞如红细胞和血小板凭借它们的扁平外形,能够通过窄小的微血管并逃脱脾脏的清除。事实上,这些生物或者生物体有机组分的形态与其生物功能的高度契合是历经千万年演化后的结果。感叹于这些生物成分在形态与功能上的高度统一,研究人员通过设计与生物或其成分形态相仿的药物载体,获得了一些具有卓越性能的生物医药产品。

11.1.1　人工生物膜-脂质体

近几十年来,包括高分子纳微球、胶束和树枝状大分子在内的不同类型的药物载体平台都得到了广泛的研究和应用。然而,转换视角就能发现,机体内部本身就赫然存在大量行使封装、递送和控释客体成分功能的结构单元,其中最为人所熟知的一种就是细胞膜。细胞膜是包被机体所有细胞的最外层屏障,其屏障作用能够保持胞质内生物和化学成分的相对稳定,对维持细胞正常新陈代谢具有重要作用。同时细胞膜又具有选择透过性,小分子物质能够自由透过细胞膜,而大分子物质的进出则受到细胞膜蛋白的严格控制。此外,细胞膜的流动性结构又使得各种功能性蛋白成分(如用于信息传导的受体蛋白和用于转运物质的通道蛋白)能够穿插其中,赋予细胞膜更为复杂的功能。在亚细胞水平上,细胞内部的各种细胞器,如线粒体、核糖体、高尔基体、内质网、溶酶体和液泡等同样也是由与细胞膜具有相似结构的生物质膜包覆形成。这些生物质膜对维持细胞及其细胞器的日常新陈代谢和独立功能均具有十分重要的作用。

脂质是细胞膜和包裹细胞器的生物质膜的基本成分,组成上包括70%以上的磷脂和约30%胆固醇。其中磷脂是一种两亲性分子,每个磷脂分子中的磷酸和碱基形成亲水性基团,朝向细胞外液或者胞质方向,而磷脂分子中的脂肪酸烃链形成疏水性基团则在膜的内部两两相对,这样脂质以双分子层的形式形成支撑整个细胞的骨架结构,而镶嵌其中的各种蛋白质则发挥着物质交换、信号转导以及稳定细胞膜结构的作用。英国学者 Bangham[10] 在 1965 年首次发现磷脂分子分散在水相后会自发形成具有磷脂双分子层结构的闭合囊泡,并将其命名为脂质体。由于脂质体的结构与天然生物膜相似,脂质体作为生物膜的模拟体系在推动细胞生物学等相关研究的发展中起着非常重要的作用,又被称为人工生物膜。由于与生物膜相仿的结构和成分,脂质体具有良好的生物降解性和生物相容性,机体能够容易地分解和代谢脂质体。同时由于脂质体还拥有与细胞相同的中空结构,其内部空腔可以被用于装载药物活性成分。更为重要的是,流动性的膜结构使得磷脂双分子层中能够自由地嵌入各种专一性配体等功能性成分,使脂质体获得诸如针对特定细胞或组织的定向输送等高级功能。因此,从脂质体诞生之日起,学者们就开始研究将脂质体作为药物治疗和免疫治疗的运载系统的可行性。到目前为止,脂质体作为载体已经在恶性肿瘤和传染性疾病的治疗上实现临床应用,同时在自体免疫疾病、关节炎以及哮喘等疾病的治疗方面也表现出了极大的潜力[11-14]。

利用脂质体的中空囊泡结构特征可以方便地装载化学药物或者其他生物活性成分,不仅能保护这些客体成分免受体内环境的影响,同时能避免这些客体成分对机体产生系统毒性等不良影响[15]。对于未经任何表面修饰的脂质体来说，经静脉注射之后脂质体主要在肝和脾中被网状内皮细胞吞噬，是治疗疟疾和利什曼病等网状内皮细胞系统疾病理想的药物载体。而通过对脂质体的尺寸大小和表面电荷等性质进行控制，还可以对脂质体的体内分布、系统循环周期以及血清清除率等关键药代动力学参数进行调节[16]。此外，脂质体的一个显著优势在于其磷脂双分子层结构上的灵活性，脂质膜中可以方便地嵌入介导特异性靶向或环境响应性控释的功能成分。因此，脂质体载体的使用将稳定的防泄漏脂质膜结构和特异靶向/释放机制结合在一起，在降低系统毒性的同时可以极大地提高药物在作用部位的有效浓度[17]。

与通过同样的细胞膜结构发展出多种多样的细胞种类一样，基于同样的脂质体平台，通过引入不同的功能性成分可以创造出许多新型的功能载体，从而适应不同疫苗制剂或药物递送系统对载体体系的要求。如通过嵌入磷脂酰胆碱和胆酸得到的具有极好皮肤渗透效果的变形脂质体（transferosomes），利用古细菌外膜磷脂制备的具有诱导超强免疫应答的古细菌脂质体（archaeosomes），用非离子表面活性剂取代磷脂分子制成的非离子表面活性剂囊泡（niosomes），以及通过细菌外膜重构形成的具有强免疫原性的蛋白体（proteosomes）等[18]。在这些特殊脂质体当中，获得最广泛研究的一类脂质体是通过嵌入病毒包膜蛋白而构建的病毒小体（virosomes）。下面以病毒小体为例，介绍脂质体在疫苗制剂和药物制剂等领域的研究和应用情况。

病毒小体是将病毒表面的功能性蛋白嵌入脂质体的双分子层而制得的一类特殊脂质体。包括流感病毒、水疱性口炎病毒和新城疫病毒等病毒的包膜蛋白都已经被成功用于病毒小体的制备[19]。利用其脂质层中嵌入的功能性病毒蛋白，病毒小体保留了病毒的膜融合能力，能够模拟病毒感染动物机体的过程。更为重要的是，由于只使用少量低毒性病毒蛋白而不涉及其遗传性物质，病毒小体在获得同病毒相似的细胞入侵能力的同时避免了在活体疫苗使用过程中的生物安全性问题，这一特点使得病毒小体在疫苗制剂领域受到极大的关注。通过选择合适的病毒蛋白，研究人员可以赋予病毒小体不同的功能。以目前处于研发前沿的一种病毒小体-免疫增强重建流感病毒体（immunopotentiating reconstituted influenza virosomes，IRIVs）为例，IRIVs 是将流感病毒表面的糖蛋白-红血球凝聚素（hem agglutinin，HA）和神经氨酸苷酶（neuraminidase，NA）嵌入普通脂质体双分子层制得的球形囊泡，平均粒径在 150 nm 左右[20]。病毒蛋白 HA 的加入赋予了 IRIV体系的一些关键性的特征，HA 的第一个作用是可以特异性识别并结合抗原提呈细胞（antigen presenting cells，APCs）上的唾液酸受体，从而让 IRIV 颗粒通过受体介导的内吞被 APCs 摄取；在被靶细胞摄取后形成的溶酶体酸环境中，HA 受激发而发生构形上的改变，引发 IRIV 颗粒与溶酶体的膜融合，借此将封装在病毒小体内部或者结合在其表面的抗原释放到细胞质中。由于经 MHC I 类分子途径的抗原提呈仅发生在细胞浆中,HA 的作用帮助经 IRIVs 递送的外源性抗原实现均衡的 MHC I/MHC II 提呈,从而同时诱导细胞免疫和体液免疫(图 11-1)。

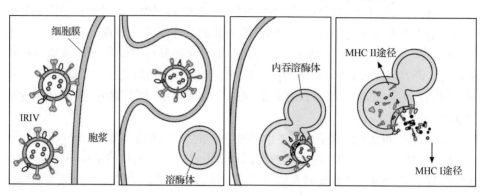

图 11-1　IRIVs 通过受体介导内吞被 APCs 摄取,随后通过与溶酶体的融合,将抗原释放到
细胞质中,经 MHC I 类分子途径实现抗原提呈[11]

目前,已有两种基于 IRIVs 的人用疫苗在 29 个国家上市,基于病毒小体的疫苗制剂对疾病的预防效果和人体耐受性已经得到了证明[21, 22]。由于基于病毒小体的疫苗制剂可以同时引发细胞和体液免疫,因此其未来的发展方向不仅仅局限于疾病预防,还有可能被应用在慢性传染病和癌症的免疫治疗上。

在肿瘤的化学药物治疗方面,脂质体类载体可以凭借其微小尺寸,利用肿瘤新生血管特殊的高通透和滞留效应(enhanced penetration and retention,EPR)实现对肿瘤组织的被动靶向。利用脂质体灵活的膜结构,还可以在脂质体膜上引入对肿瘤细胞具有高亲和力的配体分子或者抗体,这样经由 EPR 效应进入肿瘤组织后,脂质体可以被高表达相应受体或抗原的肿瘤细胞摄取。利用这种多级靶向策略,研究人员已经构建出了许多极具应用潜力的抗肿瘤药物递送系统[23]。

除了有利于靶向性给药能力的获取,脂质体的结构特点也方便了各类环境响应型脂质体的开发,极大地有利于药物在病灶部位的控释[24, 25]。以 pH 响应型脂质体为例,研究人员通过选用对 pH 变化敏感的磷脂分子(如二油酰磷脂酰乙醇胺等)作为原料,构建出了能够对环境 pH 变化作出响应的功能化脂质体载体。当这些特殊脂质体被靶细胞内吞并进入溶酶体囊泡之后,环境 pH 会从细胞外环境的 7.4 降至 5.3~6.3,此时脂肪酯羧基的质子化就会引发脂质体膜结构的改变,促使脂质体膜与溶酶体膜的融合。通过这种方式,pH 敏感型脂质体能够将其携带的客体药物分子导入细胞胞浆中[26]。这种溶酶体逃逸机制极大地有利于需要作用于特定细胞器的化学药物的给药,对于需要进入细胞核内发挥作用的基因药物的递送也具有十分重要的意义。另外,由于肿瘤细胞环境的 pH 比正常组织环境低,

pH 响应型脂质体装载的药物可以选择性地释放到肿瘤细胞间隙,这种胞外释放可以实现对局部细胞的杀伤效果,附带杀伤那些缺乏过表达受体或抗原的肿瘤细胞[3]。

11.1.2　仿病毒结构的病毒样颗粒

对于保护动物机体的免疫系统来说,侵染机体的细菌和病毒是其最主要的作用目标。因此,在各类疫苗当中,经过减毒的活病毒疫苗(attenuated vaccine)由于较好地保留了病原微生物的关键特征,常常能够表现出强烈的免疫原性。但是对具有免疫缺陷的人群而言,这类疫苗的施用可能会导致严重的反应,同时在极小的概率下减毒疫苗会恢复生物毒性[27]。而后续发展起来的裂解疫苗或亚单位疫苗(subunit vaccine)虽然能够保证疫苗使用的生物安全性,但其所激发的免疫应答水平较弱,往往难以实现理想的疫苗接种效果[28]。这种现状迫使人们寻找一种既可以尽可能多地保留病原体的关键免疫学特征,同时又能完全避免病原体毒性出现复苏的疫苗制剂。

病毒在增殖过程需要宿主细胞提供场所和原料,新合成的病毒核酸和衣壳蛋白随后在宿主细胞内实现组装,形成完整的子代病毒。受病毒增殖过程的启示,近年来研究人员发现,利用转基因技术,许多病毒的衣壳蛋白可以在哺乳动物细胞表达系统、杆状病毒/昆虫细胞表达系统、酵母表达系统及大肠杆菌等原核表达系统中得以表达,随后还能通过自组装,形成与天然病毒具有相似空间构型和抗原表位但不含病毒核酸的病毒样颗粒(virus-like particles,VLPs)[29]。VLPs 由于缺少病毒基因组,不能进行自主复制,在形态上与真正病毒粒子相似,可通过和病毒感染一样的途径呈递给免疫细胞,从而有效诱导机体产生强烈而持久的免疫应答。同时由于 VLPs 完全不包含病毒的遗传物质,可以保证其作为疫苗使用时的安全性。目前,研究人员已经制备出了包括流感病毒样颗粒、肝炎病毒样颗粒和人乳头瘤病毒样颗粒在内的超过 30 种不同动物病毒的 VLPs[30]。

VLPs 由于具有和病毒颗粒类似的大小和形状,因此特别容易被树突状细胞(DCs)摄取[31]。经过 DCs 加工处理后的病毒抗原可以被 MHC II 类分子提呈,促进 DCs 的成熟和迁移。此外,外源的 VLPs 也能通过交叉提呈的方式,通过 MHC I 类途径进行提呈,从而活化 CD8+ T 细胞,实现 CD8+ T 细胞介导的细胞免疫反应,从而清除已经通过侵染进入宿主细胞的病毒。由于 VLPs 对于 DCs 的靶向性和对天然病毒颗粒的空间构象和抗原表位的完整保留,因此其作为原型病毒的预防性疫苗使用时能够表现出极强的免疫原性,不但能激发体液免疫,还可以激发细胞和粘膜免疫[32, 33]。目前,基于多种 VLPs 的人用和兽用疫苗目前已经处于临床试验和应用阶段。如由人乳头瘤病毒的 L1 蛋白构成的 VLPs 已经作为人乳头瘤病毒的疫苗获得批准并得到应用[34]。除了作为原型病毒的疫苗之外,通过在

VLPs 结构中嵌入异源性抗原表位,可以为那些缺乏良好免疫原性的病毒抗原如来自 HIV 和 HCV 的抗原提供展示给抗原提呈细胞的机会。然而对于这类嵌合型 VLPs 来说,其应用上最大的局限性在于 VLPs 常常只能容纳尺寸较小的外源性抗原表位,而一些尺寸较大的抗原表位如红血球凝聚素蛋白则难以被整合到 VLPs 的结构中[29]。

除了用于疫苗制剂之外,VLPs 由于能够大量地被细胞摄取,目前在药物递送系统方面也逐渐受到关注。通常衣壳蛋白的碱性多肽片段部位都朝向衣壳空腔,这种朝向上的选择使得衣壳蛋白可以很好地中和 DNA/RNA 的磷酸基骨架的负电性,通过非特异性离子相互作用形成稳定的结构[35]。利用这一机理,除核酸以外的其他一些带有合适电荷的小分子客体成分也可以被装载到 VLPs 的内部空腔或者表面。VLPs 对核酸分子的装载主要通过两种方式来实现。第一种方式被称为"渗压冲击法",将完整的 VLPs 转移到低浓度离子缓冲液中,这一过程能够增大 VLPs 表层亚单位之间的间隙,随后在 VLPs 内表层阳离子电荷的牵引作用下,核酸分子可以透过 VLPs 的壳层进入其内部空腔中[34]。另一种方法是在核酸共存的条件下进行亚单位的自组装,即在形成 VLPs 的过程中直接原位装载核酸分子[36]。采用这些方法,目前长度达 4Kb 的双链 DNA 已经能够被成功地装载到 VLPs 内部。

至今,广大研究人员对 VLPs 在基因药物和小分子药物递送方面的应用研究已经进行了大量的工作。以日本大阪大学的一项研究为例,研究人员对以乙型肝炎病毒(HBV)为原型的 VLPs 作为基因药物和小分子药物递送载体的效果进行了系统的研究[37]。通过 HBV 特定遗传编码片段在酵母细胞中的表达,研究人员获取了天然病毒的衣壳蛋白 pre-S1、pre-S2 和 S 蛋白,并进一步合成出 HBV 的VLPs。随后通过电穿孔技术将核酸分子封装到 VLPs 内。由于其表面上存在肝实质细胞靶向的 pre-S 多肽,该 VLPs 具备特异性靶向肝实质细胞的能力。动物实验的结果显示,装载了编码绿色荧光蛋白的核酸片段的 HVB VLPs 经由静脉注射到小鼠模型体内之后,绿色荧光蛋白只会特异性地在肝肿瘤部位表达,表明该 HVB VLPs 可以特异性地向肝实质细胞递送基因片段。当使用 HVB VLPs 进行编码凝血因子IX基因的递送时,小鼠体内表达的凝血因子IX的表达水平可以满足 B 型血友病的治疗要求,在血友病治疗方面表现出极好的应用潜力。

目前 VLPs 在药物递送系统应用上面临的主要障碍是其载体材料本身的免疫原性。由于在组成结构中使用了病毒的结构蛋白,VLPs 在进入机体后会引发不必要的免疫反应。同时在体内运输过程容易遭受到免疫系统的干扰,如抗体中和、免疫细胞清除等。这些因素都会极大地降低由 VLPs 递送的药物的生物利用度[34]。

11.1.3　仿丝状病毒的长效系统循环载体

　　药物在机体内部需要通过全身血液循环抵达目标细胞以发挥其治疗作用，因此，药物载体设计的目标之一是维持载体较长的系统循环时间。微米级的颗粒在经过人体主要器官的微血管时会被清除，因此对于需要长效系统循环的药物而言，可考虑的载体通常是三维尺度均为纳米级的纳米颗粒。在以往的研究当中，被考察最多的载体包括病毒颗粒、脂质体和量子点。这些颗粒性的纳米载体在血液中的系统循环时间一般为数小时，较长的可达一天。尽管在以往的研究当中，大多数研究人员都相信实现长效系统循环的突破口在于对这些球形纳米颗粒进行有效的表面改性或修饰，然而对于自然界中各种与宿主血液系统息息相关的病原微生物的观察结果却提示人们解决方法并非仅此一条。借助血液系统循环在机体内部实现转染是许多病毒必备的能力，而对病毒进行观察后可以发现许多对机体具有高侵染能力的病毒在外形上并非呈现单一的颗粒状，如埃博拉纤丝病毒为长度可达 14 μm 的丝状，而丝状流感病毒的长度则可超过 20 μm[38]。更进一步的实验证据表明，这些丝状病毒都能够成功地在血液中进行循环，并侵染到非网状内皮系统器官的肺中[39]。受此启发，美国宾夕法尼亚大学的研究人员[40]对具有与丝状病毒相似外形的载体体系在血液循环系统中的表现进行了系统评价，并与传统的颗粒型载体进行了比较。

　　着在该研究中，研究人员选用具有合适亲水、疏水嵌段比例的两亲性嵌段共聚物为原料，通过自组装成功地制备出了丝状胶束。所得到的丝状胶束的半径为 22～60 nm，长度可达 18 μm（图 11-2）。由于巨噬细胞是单核巨噬细胞系统（mononuclear phagocytic system，MPS）吞噬清除功能的主要执行者，研究人员首先对巨噬

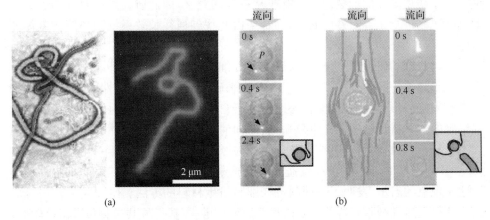

图 11-2　(a)丝状病毒(左)与丝状胶束(右)；(b)丝状胶束利用其特殊外形有效逃脱巨噬细胞的吞噬，标尺的长度为 5 μm[40]

细胞对丝状胶束的吞噬情况进行了考察。同时为了贴近真实血管中的液流环境，研究人员选择在定向流动的培养液中进行相关实验。实验的结果显示在模拟的血液循环系统中，丝状胶束可以有效地逃脱巨噬细胞的吞噬(图 11-2)。以小鼠为模型的动物实验的结果也显示，长度大于 8 μm 的丝状胶束在血液中的存留时间可以超过一周。根据以往临床研究中积累的经验，纳米载体体系在人体系统循环中停留的时间一般是在小鼠系统循环中的三倍，因此，该丝状胶束体系若应用于人体，其系统循环时间将有望达到一个月之久。

基于丝状胶束优异的系统循环表现，研究人员进一步对其在抗肿瘤化疗给药上的应用潜力进行了评价。在以荷瘤裸鼠为模型的动物实验中，用长度为 8 μm 的丝状胶束装载抗肿瘤药物紫杉醇进行单次尾静脉注射给药。经丝状胶束封装后，小鼠对紫杉醇的耐受浓度可以从原药的 1 mg/kg(体重)增加到 8 mg/kg(体重)。当注射用量为 8 mg/kg(体重)时，丝状胶束体系可以有效地诱发肿瘤细胞凋亡，促使肿瘤萎缩，效果远优于目前已有的颗粒型纳米胶束载药体系。以另一种已经处于临床 I 实验阶段的一种载紫杉醇胶束为例，其需 8 倍剂量注射 3 次，才能够获得与丝状胶束体系单次注射相同的肿瘤治疗效果。通过这一数据对比，研究人员证明了具有仿生外形的丝状病毒在肿瘤治疗方面的巨大应用潜力。

11.1.4　红细胞仿生的药物递送系统

红细胞(red blood cell, RBC)是脊椎动物血液中最主要的一类血细胞，担负着向机体各个组织输送氧、葡萄糖以及氨基酸等必需养分并回收二氧化碳等代谢产物的职责。为了与遍布全身的组织器官进行物质交换，红细胞在血液循环系统中可以自由地流动，寿命长达 120 天。正如上一节中所提到的，药物载体的系统循环能力对于实现高效的药物递送具有非常重要的意义，因此研究人员对红细胞的长效循环机制进行了针对性的研究，并希望由此找到通往长效系统循环药物载体的道路。

经过长期的研究积累，研究人员发现红细胞优异的系统循环能力在很大程度上得益于其独特的物理特征。由于具有扁平碟状外形和富有弹性的膜结构，红细胞具有很好的形变能力，能够轻松地在小于自身直径的狭小微血管中穿行。尽管红细胞的这一特征已经为人所熟知，然而如何制备具有红细胞外形和力学性质的人工材料，对于材料科学和生物学领域的研究人员一直是一个巨大的挑战。Mitragotri 等[41]受由球形的网织红血球形成成熟的红细胞过程中伴随的细胞外形塌缩这一现象的启示，发明了一种制备红细胞仿生材料的方法。研究人员首先合成出尺寸与天然红细胞相近的 7 μm 大小的聚乳酸-羟基乙酸共聚物(PLGA)微球，对其进行异丙醇处理使 PLGA 基质发生局部流体化，球形的 PLGA 微球因此发生形状改变，转变为具有扁平外形的模板颗粒。随后采用层层自组装技术将血红蛋白(hemoglobin，Hb)和聚苯乙烯磺酸钠(PSS)通过疏水作用和电荷吸引作用交替吸附到模板颗粒表面，并用戊二醛进行交联以稳定壳层结构。最后用体积比为1∶2的异丙醇/四氢呋喃溶剂完全去除 PLGA 模板，外围的 Hb/PSS 壳层发生定向塌陷，即形成具有和天然红细胞同样外形和尺寸的人造红细胞(sRBC)(图 11-3)。

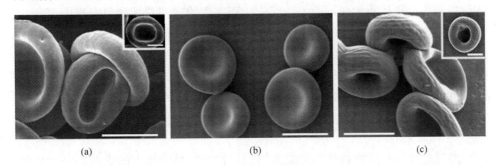

(a)　　　　　　　　(b)　　　　　　　　(c)

图 11-3　天然红细胞(a)，仿红细胞外形的 PLGA 模板颗粒(b)和 sRBC(c)，标尺长度均为 5 μm(内嵌中为 2 μm)[41]

天然红细胞具有的弹性膜结构是其在血管液流中畅行无阻的一个重要保障。对 sRBC 的研究表明其弹性模数为 92.8 kPa，虽然未达到天然红细胞 15.2 kPa 的水平，但也完全满足了适应大幅形变的要求。进一步的实验显示富有弹性的 sRBC 能够顺利地通过小于自身直径的内径 5 μm 的毛细玻璃管道，且离开玻璃管后还能够恢复原来的形貌。除了研究 sRBC 利用形变穿越狭小管道的能力之外，研究人员通过实验还证实了 sRBC 可以被赋予与天然红细胞一样的氧输送功能。实验数据表明，负载活性血红蛋白的 sRBC 能够实现与天然红细胞基本相当的氧结合能力，约 90％的氧分子在一周之后仍能得到保留。

研究人员同样对 sRBC 在药物递送方面的应用潜力进行了评价。以不同分子质量右旋糖酐为模式药物的研究结果显示，在溶液体系中共存的 3kDa 和 10kDa 的右旋糖酐分子都可以被装载到 sRBC 内部空腔中，并能以可控的方式被释放。在证实了 sRBC 与血液的良好相容性和缓释药物的能力之后，研究人员对 sRBC 用于肝素给药的可行性进行了考察。肝素是临床上广泛应用于防治血栓栓塞性疾病、弥漫性血管内凝血的一种抗凝剂，但直接静脉注射肝素会导致严重的副作用，如血小板减少症、转氨酶升高、血钾过高、脱发和骨质疏松等。在初步的体外实验中，研究显示 sRBC 能够实现 70 μg/mg 的高装载率和长达数天的药物缓释，有望在血栓类疾病的治疗方面取得应用。

11.2　成分仿生

在过去的生物学研究中，人们发现无论是最低等的微生物还是高等动物的个体细胞,其复杂生命活动的完成不仅有赖于其有利的外形,更多的时候还得益于其组成结构中的各种功能性成分。这些生物功能性成分通过有机的统筹与整合,能够协同完成各种从工程学角度看来极端复杂的生命活动。对于细胞生物学和分子生物学领域的研究人员来说,对于这些生物功能成分的运行机理的研究,往往能够提供揭示生命机体重大谜题的关键线索。而在生物医药领域的研究当中,研究人员也希望通过与这些天然生物功能成分或人工合成类似物的整合,赋予人造材料一些关键生物学功能,并最终实现预防和治疗疾病的目的。在此,我们将这种通过使用生物功能成分实现对生物关键功能仿生的方法称为"成分仿生",下面我们将对成分仿生技术在生物医药领域取得的一些振奋人心的研究成果进行介绍。

11.2.1　生物源疫苗佐剂

通过疫苗接种防治各种感染类疾病是近代医学最为伟大的成就之一。然而,正如前面所提到的,不论是活体疫苗还是亚单位疫苗,都存在生物安全性或者免疫原性方面的问题,严重阻碍了疫苗制剂的发展。为了获得同时具有良好生物安全性和强免疫原性的疫苗制剂,研究人员开始寻找能够非特异性增强抗原免疫原性,或改变免疫反应类型的免疫增强剂或免疫调节剂,即疫苗佐剂[42]。通过将疫苗佐剂与抗原结合施用,有望实现高效而安全的免疫激发效果。由于机体的免疫系统是在长期与病原微生物的对抗中逐渐发展和完善起来的,对于外源性微生物结构中的多种成分都具有先天的敏感性,因此在过去的研究当中陆续发现多种病原体成分,如特征性核酸片段、胞壁脂多糖和肽聚糖等都具有极好的免疫激活能力[28]。通过将这些生物来源的疫苗佐剂与抗原一起使用,研究人员已经成功开发出许多高效的疫苗制剂,并在临床上实现了应用。事实上,疫苗制剂已经成为目前成分仿生技术的优势体现得最为突出的一大医药领域。

核酸是所有生命的基本物质,过去几十年里积累的大量研究证据显示,病原体所释放的核酸可以激活宿主的免疫系统。与高等动物不同,细菌和病毒的核酸序列中通常含有非甲基化胞苷酸鸟苷酸基序(cytosine phosphorylated guanine, CpG)。通过与位于 B 细胞和浆细胞样树突状细胞(plasmacytoid dendritic cell, pDCs)的晚期溶酶体中的 Toll 样受体 9(TLR9)作用,CpG 可以激活这些重要的免疫相关细胞并诱发一系列的免疫反应[43]。受 CpG 相关研究的启发,研究人员仿照病原体核酸序列人工合成出同样含有 CpG 基序的寡聚脱氧核苷酸(CpG oligodeoxynucleotide,CpG ODN),结果发现这些人工 CpG ODN 同样具有和天然 CpG 核酸片段一样的免疫刺激作用。目前,经过大量研究的验证,CpG ODN 作为疫苗佐剂的效果已经获得了广泛认同,已经被用于治疗感染类疾病如疟疾、乙型肝炎、流感和炭疽热的研究当中,而对于治疗恶性黑色素瘤、乳腺癌、卵巢癌和肺癌等的疫苗制剂的研究也已经处于临床 I 期试验阶段[44]。

除了直接模拟天然病原体核酸的序列和结构,研究人员也通过结构改造对 CpG ODN 的使用效果进行了进一步的提升。其中比较有效的一种策略是在 CpG ODN 的设计中,用磷硫酰(phosphorothioate,PTO)主链取代多聚核苷酸的磷酸二酯(phosphodiester,PO)主链。这样可以起到避免体外和体内环境中的核酸酶对 CpG ODN 的降解作用,从而极大地增加 CpG ODN 的稳定性[45]。目前,在各项研究中研究人员所使用的 CpG ODN 的结构都不尽相同。根据其结构以及对不同免疫细胞的激活效果,可将 CpG ODN 分为 3 类[46]:①A 型 CpG ODN,又称 D 型 CpG ODN,在结构上包括 PTO 多聚鸟嘌呤核苷酸回文结构和含有 CpG 基序的 PO 链段。A 型 CpG ODN 可以刺激 pDCs 产生大量 α 干扰素(IFN-α),进而激活天然杀伤细胞并引起 γ 干扰素(IFN-γ)的分泌。但 A 型 CpG ODN 刺激 B 细胞活化的作用普遍较弱。②B 型 CpG ODN,又称 K 型 CpG ODN,完全由 PTO 主链构成,其结构中同时包含多个 CpG 基序,能够刺激 B 细胞活化并诱导 pDCs 和单核细胞的成熟,但刺激 pDCs 产生 IFN-α 的作用较弱。③C 型 CpG ODN 和 B 型 CpG ODN 相同,也完全由 PTO 主链构成,兼具 A 型 CpG ODN 和 B 型 CpG ODN 的作用。

除了核酸之外,病原体的一些结构性成分如组成细胞壁的脂多糖(lipopolysaccharide,LPS)、肽聚糖和甘露糖等也被证实具有很好的免疫激活效果[47],下面将以脂多糖为例进行介绍。脂多糖又称为内毒素,是革兰氏阴性菌细胞壁结构特有的组成成分。脂多糖在结构上由多糖和类脂 A 组成,其中类脂 A 被证实具有很好的佐剂效应。脂多糖的类脂 A 部分能够与 DCs 和巨噬细胞表面的 TLR4 受体作用,从而起到免疫刺激剂的作用[48]。虽然脂多糖的免疫刺激效果很早就为人所知晓,但由于完整的脂多糖在机体内部会引起严重的炎症,甚至导致死亡,极大地阻碍了其作为疫苗佐剂的应用研究。为了降低脂多糖使用的安全风险,目前普遍被采用的策略是对脂多糖进行水解脱毒处理。经纯化得到的单磷酰脂质 A (monophosphoryl lipid A,MPL)可以很好地保留脂多糖的佐剂效果,且不会出现如脂多糖一样的毒性作用[49]。动物实验的数据显示 MPL 的毒性仅为脂多糖的千分之一[50]。人体疫苗试验的结果也表明 MPL 具有与铝佐剂相当的安全性,即便在高达 100 mg/m^2(体表面积)的高静脉注射剂量下也不会产生肝肾毒性。MPL 接触免疫系统之后,优先诱导 IgG2a 抗体的产生,主要提高 Th1 型免疫反应。对 MPL 的疫苗佐剂效果的临床试验的结果显示,与不使用 MPL 的对照组相比,MPL 的加入能够使血清中的抗体滴度增加 10~20 倍[51]。目前,多种基于 MPL 佐剂的疫苗制剂已经实现或接近临床使用,如处于临床Ⅲ期试验阶段的乙型肝炎疫苗 FENDrix®、处于临床Ⅱ/Ⅲ期试验阶段的 HPV-16 和 HPV-18 疫苗 Cervarix®。在肿瘤疫苗方面,Malacine® 已经被加拿大 FDA 批准用于转移性黑色素瘤的治疗,而可用于小细胞肺癌治疗的 stimuvax® 也已经处于临床Ⅲ期试验阶段[47]。

11.2.2　穿膜肽

正如前面所提到的,细胞膜是维持机体局部微环境稳定的天然屏障,能够阻止细胞外部成分特别是大分子和亲水性物质自由进入细胞内部。由于细胞膜对胞内外环境的这种隔离作用,对于需要进入细胞内部才能发挥效果的基因或化学药物,在传统治疗中通常需要进行高剂量的给药以保证胞内药物浓度达到目标水平,不仅提高了治疗成本,而且极大地增加了毒副作用产生的几率。因此,如何实现高效的跨细胞膜给药对于药物治疗来说具有十分重要的意义。

从 20 世纪 90 年代开始,研究人员先后发现来源于人免疫缺陷病毒 HIV-1 的转录活化因子(trans-activating transcriptional activator,Tat)、单纯疱疹病毒 1 型(herpes simplex virus type 1,HSV-1)VP22 转录因子和果蝇同源异型域(antp)等天然蛋白都具有自由穿透细胞膜的能力[52]。通过对 Tat 和 antp 的结构与跨膜活性关系的研究发现,使这些天然蛋白获得自由跨膜能力的是由 10～16 个氨基酸所组成的具有特定氨基酸序列的多肽片段。研究人员同样也尝试通过人工合成来制备具有类似结构的多肽,研究结果显示这些人工合成的类似物同样具有跨膜转运客体分子的能力。鉴于其特殊的细胞膜穿透行为,这一类天然或人工合成的多肽被统称为穿膜肽(cell-penetrating peptide,CPP)。

过去的研究表明穿膜肽的跨膜过程可能存在多种机制,如通过直接渗透穿越细胞膜,通过易位形成的暂时性结构和内吞作用介导入膜等[53,54]。尽管更为深入的机理研究还有待进行,但学术界普遍认为穿膜肽与细胞表面呈负电性的物质如硫酸乙酰肝素、磷脂酸和唾液酸之间的电荷相互作用是一个非常关键的因素[55]。事实上,富含正电荷的多聚精氨酸就是一种很好的穿膜肽。这种非受体介导的跨膜方式也决定了穿膜肽的跨膜几乎不受细胞类型的限制,同时大量的研究发现穿膜肽可以携带多种物质,包括亲水性蛋白、多肽、DNA 甚至颗粒性物质进行细胞间或细胞内的传输,因此穿膜肽在药物递送领域引起了研究人员的广泛关注。

虽然穿膜肽优异的跨膜递送能力使其在药物递送方面极具应用潜力,但由于其对目标细胞缺乏选择性,因此在应用穿膜肽进行给药时还必须解决选择性给药的问题。目前在大多数研究当中所采用的策略是通过化学键或者电荷作用在穿膜肽上偶合上负电性分子或多肽片段,从而暂时屏蔽穿膜肽的细胞膜穿透能力。而只有穿膜肽到达特定组织或靶向细胞附近,在局部特殊的微环境和酶的作用与屏蔽分子剥离,才重新获得细胞膜穿透能力。通过这种方法可以在抵达病灶部位之前屏蔽穿膜肽的活性,从而避免不必要的细胞摄取的发生[56]。由于肿瘤细胞与众不同的代谢活动,这一策略可被用在癌症治疗中。此类研究最早报道于 2004 年,研究人员将多聚精氨酸与负电性的肽段通过可被基质金属蛋白酶(matrix metalloprotease,MMP)剪切的多肽片段相连接,形成具有发夹结构的嵌合物,这种结构能够有效地屏蔽多聚精氨酸的跨膜能力,从而避免被血管壁细胞的不必要摄取[57]。当抵达肿瘤细胞部位之后,由于肿瘤组织中大量存在基质金属蛋白酶,因此发夹状嵌合物在肿瘤组织环境中会被酶解,释放出具有跨膜活性的穿膜肽。此时穿膜肽就可以负载着客体分子进入肿瘤细胞,实现向细胞内部的药物递送。在动物实验中,研究人员证明利用这种技术可以有效地将荧光染料定向输送到肿瘤细胞内部,显示出极好的选择性。

除了以上方法之外,通过将穿膜肽与载体体系结合也可以有效地避免穿膜肽携带药物分子进入非目标细胞[58]。经过适当工程化改造的凝胶、纳米胶囊、脂质体等载体能够有效地实现局部靶向,并在局部微环境的刺激或者在外加诱导条件如局部近红外光照或加热的作用下释放出客体成分。与这些载体系统结合,穿膜肽能够在载体到达了病灶部位之后才被释放出来,随后携带药物分子进入目标细胞发挥药效。通过这种方式,能够更为有效地避免穿膜肽与非目标细胞的接触,提高给药的靶向性。

11.2.3　红细胞膜仿生技术

对于需要经由系统循环向全身各组织器官或特定病灶部位进行药物递送,以及需要在较长时间内通过缓释来维持血药浓度的载体体系而言,是否能够保证载体在血液系统中的长效循环是决定治疗效果的关键。许多人工材料在进入血液系统后会由于疏水作用迅速地吸附血清蛋白和抗体蛋白等血浆蛋白成分,并进一步诱发吞噬细胞的清除机制。目前解决这一问题的最有效的方法是对载体材料进行聚乙二醇化(PEGylation)修饰,以此屏蔽材料的疏水性表面,避免血浆蛋白吸附对载体稳定性造成不良影响[59]。此外,研究人员同时也在积极寻找除 PEG 化修饰之外的其他赋予药物载体材料良好亲水性质的方法。

在前面已经提到,红细胞能够实现长效系统循环得益于其特殊的外形、尺寸和机械强度能够帮助其通过窄小的血管和逃脱脾窦的清除。而细胞生物学方面的更为细致的研究表明,红细胞的一些细胞膜成分如整合素相关蛋白 CD47 对于抑制吞噬细胞的清除起到非常关键的作用[60]。包含独特成分的细胞膜恰如一个完美的隐形外衣,帮助红细胞在血液系统中不受任何干扰地行使物质转运功能。受此启示,美国加利福尼亚大学的研究人员[61]首次尝试用来源于天然红细胞的细胞膜对纳米颗粒进行包覆,并成功地实现了对纳米颗粒系统循环能力的提升。研究人员首先提取出小鼠的红细胞,在低渗溶液条件下去除血细胞内部的血红蛋白等内容物,从而得到完整的红细胞膜结构。利用挤压过膜过程中的压力作用,由细胞膜形成的中空囊泡能够与约 70 nm 大小的 PLGA 高分子纳米颗粒融合,完全包覆在其表面(图 11-4)。由于在纳米颗粒表面包覆上了包括磷脂和 CD47 等蛋白成分在内的完整红细胞膜结构,这些纳米颗粒在血液系统中可以维持很好的稳定性。动物实验的研究结果表明,经尾静脉注射24h和48h后,这些仿红细胞纳米颗粒体系在小鼠血液中的存留率分别为29%和16%,远远超过PEG修饰的PLGA纳米颗粒的11%和2%。尽管仿红细胞纳米颗粒体系的循环效果仍无法与天然红细胞相比,后续的给药研究也未见报道,但这一工作显然将有助于摆脱长效系统循环体系开发工作中对PEG的依赖。

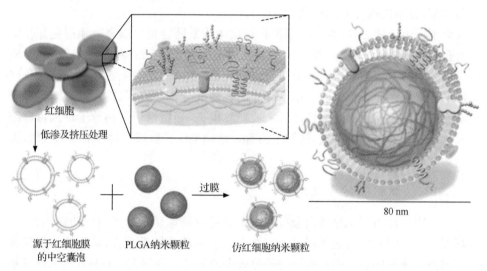

图11-4　仿红细胞纳米颗粒体系的构建[61]

11.3　仿 生 制 备

由于研究人员的不懈努力,各种新颖的药物制剂设计方案不断地涌现出来。在为药物制剂学科带来不断向前发展的动力的同时,这也给剂型材料的制备技术提出了更高的要求。新型剂型材料不仅需要能够实现药物或其他生物活性成分的负载,很多时候还必须能够对局部微环境的变化做出响应,从而实现客体成分的定点释放。除此之外,考虑到在微纳米尺度的载体平台上有效整合各种功能单位的需求的不断增加,近年来许多研究人员都一直致力于对剂型材料微观结构的精确控制。然而,尽管在材料制备技术上研究人员已经取得了巨大进步,但具有理想微观结构的药物制剂材料的制备仍然是一项非常棘手的任务。

与通过人工调控剂材料的微观结构所遭遇的困境不同,自然界中的许多生物都表现出极高超的合成控制能力。这种控制能力不仅体现在其新陈代谢所涉及的各种生物大分子的合成与分解上,同时也体现在生物体内各种生物矿物的结构控制上。通过从分子水平对无机矿物的晶体形状、大小、位相和排列进行精确控制,生物矿物能够具备无机矿物所无法比拟的特殊光、磁和力学性能,从而发挥听觉感受、重力感应以及强化特定生物组织等特殊功能。受此启示,研究人员通过对生物矿化过程的研究,将其中的一些合成理念成功地应用到生物医药材料的开发上。

骨骼是大量存在于脊椎动物体内的一种生物矿物,其主要成分为羟基磷灰石(hydroxyapatide,HAp)和骨胶原(collagen,Col)。尽管化学成分十分简单,但由于骨组织中的 HAp 以纳米晶体为最小单元,并在骨胶原纤维的引导下形成了跨越多个空间尺度的多级结构,使得骨组织能够具有远优于普通磷酸钙矿物的强度和韧性。为了满足骨组织损伤修复中对天然骨骼的替代材料的巨大需求,研究人员一直都在尝试通过各种方法制备与天然骨骼具有相仿构造的 HAp-Col 复合材料。目前,利用模板灌注成型或者冻干过程中的相分离过程,研究人员已经能够成功地制备出具有多孔结构的 HAp-Col 复合材料。但是由于这些材料在更微小尺寸上缺乏对结构的有效控制,因此不论是从机械性能还是细胞黏附能力方面都远不如天然骨组织,难以满足临床应用的要求[62,63]。

骨组织的多级结构起源于骨骼形成过程中对 HAp 结晶和排列方式的有效控制。在成骨过程中,成骨细胞不断向外分泌骨胶质、Ca^{2+} 和 $HPO4^{2-}$,并通过调节细胞周边微环境诱发这些成分的相互识别和矿化。在这一过程中,一方面由于成骨细胞本身占据了一定的空间,使得矿化只能在细胞间隙进行,从而在形成后的骨组织中留下了较大的空隙结构;另一方面由于骨胶质利用其生物大分子结构为HAp 提供了成核位点,诱发 HAp 结晶并对生成的 HAp 晶体的排列和取向进行有效控制,保证了规整的纳米晶体组合的形成。利用骨组织矿化成型过程中骨胶质与无机离子之间相互识别和自组装机制,Tanaka 小组[64]成功在体外环境中实现了骨胶原对 HAp 结晶过程的控制,并由此制备出了具有骨组织样纳米结构的 HAp-Col 复合材料。对这种复合材料的晶体结构进行分析发现,其中的 HAp 纳米晶体是通过与天然骨组织几乎相同的方式组装而成。对其力学性能的检测也显示,其抗折强度和弹性系数分别为 40 MPa 和 2.5 GPa,具有和天然骨组织相当的强度和韧性。进一步的动物实验还表明,在作为受损骨组织修复材料使用时,这种HAp-Col 复合材料具备良好的生物学性能,能够被破骨细胞分解吸收并帮助成骨细胞分泌形成新生骨组织。

正如上面所提到的,基质材料的多级结构在药物制剂的开发上同样极具吸引力。Ma(马光辉)小组[65]利用生物大分子介导的生物矿化,精巧地构建出一种在恶性肿瘤治疗上极具应用潜力的碳酸钙药物载体。在该项研究中,研究人员选用水溶性的淀粉作为介导碳酸钙矿化的生物大分子。由于淀粉分子通过分子链内或链间相互作用形成了大量的二级结构,同时通过在成核和结晶过程中与无机离子之间的相互作用,淀粉分子能够对碳酸钙微晶起到"定向黏合剂"的作用。借助其多变的构象,淀粉分子能够引导微晶的定向排列,使矿化结晶过程沿着不同的结晶取向进行，从而介导具有多级结构的碳酸钙中空微囊载体的形成（图 11-5）。利用其中空内腔结构，由此制备出的多糖/碳酸钙复合微囊能够有效地装载抗肿瘤药物阿霉素（doxorubicin，DOX）。此外，由于是由大量微晶单元组装而成，因此多糖/碳酸钙复合微囊与其他的碳酸钙载体相比对酸性环境更为敏感。相应细胞实验的结果显示，这种碳酸钙微囊载体在肿瘤组织或肿瘤细胞内部会迅速崩解并释放出 DOX，表现出极为灵敏的环境响应性。同时，更进一步的研究结果还显示，带正电荷的 DOX 还可以依附于微囊崩解后释放出的碳酸钙微晶，在电荷相互作用下向细胞核聚集甚至进入细胞核，显现出远优于 DOX 单独作用时的肿瘤细胞杀伤效果。

图 11-5　水溶性直链淀粉介导下合成的中空碳酸钙微囊载体的照片[65]

11.4　程　序　仿　生

经过研究人员的不懈努力，各种具有独特功能的药物载体体系的研究均已经取得了可喜的进展。然而，尽管设计十分精巧，大多数载体体系的最终使用效果仍不尽理想。与人工载体体系的效率低下相反，机体内部的各种细胞、功能蛋白和信号分子同样处于机体环境之下，却能够高效地完成其预定功能。这一方面归功于这些生物成分在结构与功能上的完美统一，另一方面则得益于机体内部存在有效的协调机制，能够促使各生物成分按照既定的程序，高效地协同合作以实现相对复杂的生理功能。在近几年的一些研究中，研究人员也开始尝试通过构建能够参与机体特定生理过程的载体材料，利用机体的天然运作程序来完成对疾病的预防或治疗。

11.4.1　仿凝血过程的级联放大给药

在过去的 30 多年中，对于纳米材料的体内靶向递送的研究主要集中在对于纳米载体个体的性质调控上，包括其几何外形、表面化学性质、配体种类及其修饰密度等[6]。通常情况下,数以亿计的纳米载体被同时注射到体内,但最终能够顺利到达预定目标并发挥治疗作用的往往却只是其中的很少一部分。与这种被动地期待能够有更多的载体抵达目标部位的情况不同,在人体内部的许多生理过程中都存在完善的信号放大和引导机制,当部分功能成分识别到目标信号之后,通过信号放大和通信机制,能够有效地诱导更多的功能成分陆续抵达该部位。这种信号放大机制保证了机体内部有限的资源能够得到最大程度的利用。

由血小板主导的凝血过程是借助于信号放大机制得以高效完成的生理过程中的一个范例。血小板(blood platelet)是哺乳动物血液中的主要成分之一,其主要功能是止血和修复受损血管。当血管发生损伤时,血液中的血小板首先通过黏附沉积在受损血管所暴露出来的胶原纤维上,聚集成团,形成止血栓以堵塞血管破裂口。首批血小板在血管缺损部位聚集后,会进一步释放出各种凝血因子,诱使血浆内的可溶性纤维蛋白原(fibrinogen)转变成不溶性的纤维蛋白(fibrin)。细长丝状的纤维蛋白相互交织成网,把血浆中包括血小板在内的更多的血细胞网罗起来,形成冻胶状的血凝块,最终实现血小板在血管受损部位的大量聚集。在此过程中,首批到达的血小板不仅起到初步修补受损血管的作用,更重要的是通过诱发纤维蛋白网络的形成,引导更多的血细胞到达血管破损部位,从而起到放大血管受损信号的作用[66]。

在用于肿瘤治疗的纳米药物递送系统的研究中,最初研究人员希望利用肿瘤部位新生脉管系统的不完整性,使纳米药物载体能够优先聚集在肿瘤部位。然而,并不是所有类型的肿瘤都对纳米颗粒具有 EPR 效应,即便具有 EPR 效应,肿瘤组织内部由于缺乏完整的淋巴引流系统而产生的高渗高压环境,也会使得这种被动靶向的效果大打折扣。因此,在许多研究当中,人们将靶向递送的目标瞄准肿瘤新生脉管上的特异性分子受体,相对于肿瘤细胞上的特异性受体,这些脉管上的受体更易被纳米颗粒载体接触到。但不论采取何种靶向策略,目前已报道的绝大多数药物递送系统的递送效率都不尽如人意。为了克服这一难题,同时也受上述血小板的信号放大机制的启发,美国伯纳姆医学研究所癌症研究中心的研究人员[67]成功地设计出了一套具有靶向信号放大功能的纳米药物递送系统。通过模拟血管修复过程中血小板的靶向绑定、激活以及后续血小板的募集过程,纳米药物递送体系能够同时完成对肿瘤组织的特异性识别和病灶位置信号的放大,在恶性肿瘤治疗方面显示出极好的应用潜力。

与正常的血管不同,肿瘤新生血管的结构较不完整,因此其对于血浆成分和肿瘤组织的隔绝效果并不理想。血浆中的纤维蛋白原在肿瘤组织释放的组织因子的作用下会转变为蛋白纤维,从而在肿瘤血管的内壁和血管周围的肿瘤组织中形成蛋白纤维凝块[68]。针对肿瘤新生血管的这一特点,研究人员首先从噬菌体展示文库中筛选出对蛋白纤维具有高度亲和力的多肽序列 CREKA(Cys-Arg-Glu-Lys-

Ala）。将此多肽序列偶联到超顺磁氧化铁（SPIO）纳米颗粒后,可以构建出对蛋白纤维具有特异亲和性的纳米颗粒系统。体内实验的结果表明,CREKA-SPIO 纳米颗粒会首先在肿瘤血管中的蛋白纤维凝块处聚集。同时由于 EPR 效应,部分 CREKA- SPIO 纳米颗粒会透过血管向肿瘤组织渗透并最终与肿瘤基质中的蛋白纤维凝块结合。更为重要的是,这些初期到达的 CREKA- SPIO 纳米颗粒利用其表面的 CREKA 多肽序列的凝血功能,会引起肿瘤血管中血栓的形成[图 11-6（a）]。而这些血栓的存在会吸引更多纳米颗粒的进一步聚集,起到肿瘤靶点信号放大的目的。通过这种对血小板凝血过程的仿生,能够大幅提升纳米颗粒靶向聚集到肿瘤组织的效率。为了证明这一方法在肿瘤靶向给药上的应用可能,研究人员通过对脂质体进行 CREKA 偶联,发现 CREKA-脂质体同样也具有肿瘤靶向、血栓形成和靶向信号放大能力[图 11-6（b）]。尽管后续的载药治疗并未进行,但在脂质体这一被广泛研究的纳米药物载体上的拓展性,为这种仿凝血过程的靶向信号放大技术在抗肿瘤药物靶向递送方面应用的可行性提供了保证。

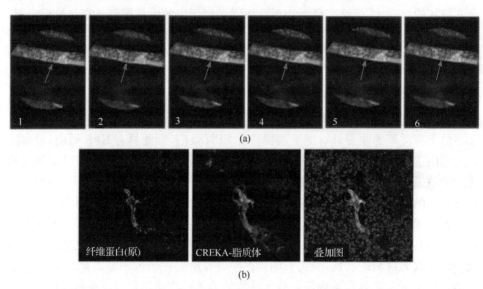

图 11-6　注射 CREKA- SPIO 纳米颗粒后在小鼠肿瘤血管中形成的血栓(a),在一分钟拍摄期间,
红细胞未见流动;CREKA-脂质体通过与纤维蛋白(原)的作用聚集在肿瘤血管中(b)[67]

同样也是利用机体的内在凝血机制,美国麻省理工学院的研究人员[68]在最近的一项研究中开发出了另外一套可用于肿瘤治疗的靶向递送系统。按照设计,这一系统由两种分别发挥靶向信号放大和信号响应功能的"模块"共同组成。其中靶向信号放大"模块"在识别肿瘤组织后,会将肿瘤的位置"广播"给分布于系统循环中的信号响应"模块",将其募集到肿瘤部位。该研究同时设计了两种不同的信号放大"模块",一种是能够将外部光能转化为局部热能,从而造成肿瘤脉管破损,引

起局部凝血的金纳米棒；另一种是经过蛋白工程改造得到的肿瘤靶向性组织因子（tumor-targeted tissue factor，tTF），tTF 在识别到肿瘤血管特异性受体后同样也会激活凝血过程。在信号响应"模块"部分，研究人员则分别尝试使用了磁性氧化铁纳米颗粒和装载抗肿瘤药物阿霉素的脂质体（图 11-7）。

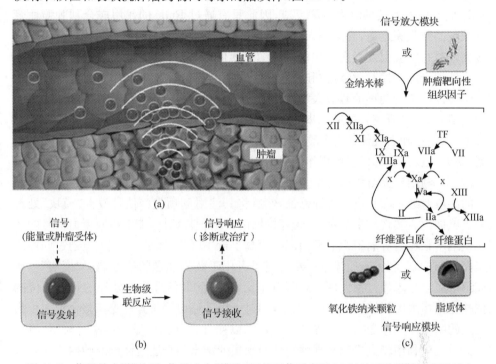

图 11-7　信号放大"模块"与信号响应"模块"间的通信示意图（a）以及两种"模块"的设计和信号放大原理图[（b）和（c）][68]

使用金纳米棒作为肿瘤位点信号放大"模块"时，PEG 化修饰的金纳米棒首先利用肿瘤血管特有的 EPR 效应到达肿瘤组织。由于金纳米材料在光照激发下，可以通过表面等离子体共振现象将所吸收的光能转化为荧光信号或者热能。因此在随后利用近红外光照射肿瘤部位时，可以通过金纳米棒的作用在肿瘤部位释放热能。实验数据显示，通过这种方式可以将肿瘤部位温度加热到 49℃。这种局部高温能够有效地引起肿瘤血管破裂，引导血液系统中的纤维蛋白原在肿瘤部位聚集，从而形成局部凝血现象。

在另一部分的研究中，研究人员通过使用对肿瘤血管具有特异亲和性的组织因子，同样实现了诱发肿瘤部位凝血的目的。这种肿瘤靶向性组织因子在结构上由 RGD（Arg-Gly-Asp）短肽和组织因子所共同组成。其中，组织因子是与凝血和血栓形成紧密相关的一种跨膜单链糖蛋白。正常情况下，组织因子仅存在于一些组织细胞和血管壁外膜细胞当中，只有当血管壁的完整性遭到破坏时组织因子才进入血液系统,引发外源性凝血程序。而 RGD 短肽序列则是一种能够与在多种肿瘤细胞和新生血管内皮细胞表面过表达的特异性分子标记-整合素 $\alpha_v\beta_3$ 特异性结合的配体。通过在结构中融合 RGD 短肽序列,肿瘤靶向性组织因子可以靶向锚定到肿瘤血管细胞表面。由于组织因子需要定位到细胞质膜后才能与凝血因子 VII 结合,引发后续的凝血级联反应,因此只有通过 RGD 的作用嵌合到肿瘤血管壁细胞的细胞膜之后,肿瘤靶向性组织因子才能够诱发血栓的形成,而处于正常血液循环时并不会引发凝血。相对于金纳米棒体系,该体系完整的信号放大过程不需要外加光源的控制,在深位和弥散性肿瘤的诊断和治疗具有更好的应用潜力。

在证明了这两种信号放大"模块"通过不同方式均能够特异性识别和放大肿瘤位置信号之后,研究人员进一步尝试利用其释放的信号来引导信号响应"模块"的聚集,以期在肿瘤成像或者药物治疗上实现应用。为了方便对体内实验结果的观察,研究人员首先选择了可用作造影剂的磁性荧光氧化铁纳米颗粒作为信号响应"模块"。利用对血凝块中纤维蛋白或凝血因子 XIII(转谷氨酰胺酶)具有特异亲和性的肽段对纳米颗粒进行表面修饰,然后将其注射到预先经信号放大"模块"处理的小鼠体内。实现结果显示,与未经修饰的纳米颗粒相比,能够接收凝血信号的氧化铁纳米颗粒对肿瘤组织的靶向能力提高了近 10 倍。随后,研究人员通过同样的表面修饰策略,利用脂质体进一步构建了可用于药物递送的信号响应"模块"。研究结果显示与未进行预处理的对照组相比,经过前期信号放大处理的肿瘤部位的抗肿瘤药物浓度能够提高 40 倍以上,相对于以肿瘤血管特异性受体整合素 $\alpha_v\beta_3$ 为靶点的脂质体其递送效率也提高了 6 倍。以接种人乳腺肿瘤的小鼠为模型,研究人员对这一利用凝血机制实现肿瘤靶向聚集的纳米药物递送体系的肿瘤治疗效果进行了评价。实验结果表明,按照 2 mg/kg(体重)的剂量单次注射阿霉素后,直到第 24 天为止小鼠体内肿瘤的生长完全停滞,表现出优异的肿瘤生长抑制效果。

11.4.2 仿病原体侵染过程的免疫治疗

肿瘤疫苗开发是人们在恶性肿瘤治疗方面的一大热门研究领域。肿瘤疫苗的原理是通过激活人体自身的免疫系统,利用肿瘤细胞或肿瘤抗原物质诱导机体的特异性细胞免疫和体液免疫反应,增强机体的抗癌能力,阻止肿瘤的生长、扩散和复发,从而达到清除或控制肿瘤的目的。理论上来讲,通过肿瘤疫苗的施用主要启动以肿瘤特异性细胞毒性 T 淋巴细胞(cytotoxic T lymphocyte,CTL)反应为主的肿瘤细胞杀伤。由于肿瘤疫苗是一种系统性治疗方法,对于防止肿瘤病灶转移具有很好的效果,又由于不使用化学药物,不会伤及机体正常组织。此外,肿瘤疫苗还具有其他治疗手段不可能具有的免疫记忆性,在防止肿瘤复发上具有不可替代的地位[69]。由于肿瘤疫苗的这些优势,研究人员到目前为止已经对其开展了大量的研究工作。根据这些研究结果,人们认识到高效肿瘤疫苗的获得,一方面有赖于对肿瘤相关分子机制的深入研究,寻找能够被有效提纯和制剂化的肿瘤特异性抗原或肿瘤相关抗原,另一方面则有赖于这些抗原被抗原提呈细胞的有效摄取和提呈,从而有效激发机体的适应性免疫应答。事实上,抗原提呈效果的不尽理想正是阻碍当前肿瘤疫苗发展的一大瓶颈[70]。

为了让抗原能够有效地与人体内最主要的抗原提呈细胞——树突状细胞作用,研究人员尝试将患者体内的 DCs 分离到体外环境中进行抗原激活,再回输至患者体内。这些经体外激活并回输到患者体内的 DCs 归巢至淋巴结,通过抗原呈递激活栖息其中的 T 淋巴细胞,从而激发机体的免疫应答。由此也发展出了肿瘤疫苗的一个新分支——树突状细胞肿瘤疫苗[71]。尽管在树突状细胞肿瘤疫苗领域目前已经取得了一些不错的进展,但是由于涉及 DCs 的分离和体外培养,不仅需要花费高昂的治疗费用,也要求医务人员具有相应的技术能力。更为严重的是,在目前的技术水平下,回输后的超过 90% 的 DCs 在归巢至淋巴结之前就已经死亡,最终往往只有约 0.5%～2.0% 的 DCs 能够发挥其抗原提呈功能[72]。

与效率低下的人工疫苗制剂相反,机体对病原微生物的侵染却十分敏感。详细的研究显示,病原微生物的感染会引起局部的炎症细胞因子浓度升高,此外,病原微生物在侵染机体的过程中还会释放出一些自身生物成分。由炎症细胞因子和这些病原微生物成分所营造的微环境会引起 DCs 的募集并促进其活化,从而使机体对病原入侵产生强烈的免疫应答。受体内巡游的 DCs 会主动向病原微生物侵染形成的微环境聚集这一现象的启发,Mooney 小组[73]开发出了一种特殊的肿瘤疫苗。在注射这种疫苗制剂之后,能够在接种部位获得与病原体感染相似的微环境,从而有效地诱发 DCs 募集、摄取和提呈肿瘤抗原。这些 DCs 归巢至淋巴结后能够激发强烈的免疫应答,目前在以小鼠为对象的动物实验上已经取得了极好的肿瘤防治效果。

在这项研究中,研究人员首先合成了一种大孔 PLGA 基质材料,并用其装载粒细胞-巨噬细胞集落刺激因子(granulocyte-macrophage colony-stimulating factor, GM-CSF)、CpG ODN 和包含抗原的肿瘤细胞裂解物。其中 GM-CSF 是一种能够募集 DCs 并促进其增殖和活化的细胞因子,而 CpG ODN 则是细菌特有的核酸序列,被人体免疫系统视为病原微生物侵染的"危险信号"。PLGA 骨架材料则不仅起到储存和控释 GM-CSF 和 CpG ODN 的作用,还为募集而来并进行增殖活化的 DCs 提供生存场所。将该疫苗制剂埋植到小鼠皮下,经组织染色观察发现,通过 GM-CSF 的缓释,大量的 DCs 被募集到 PLGA 基质中。PLGA 基质中 CpG ODN通过与 DCs 的 TLR9 受体识别,能够有效地刺激 DCs 熟化。因此,首批被募集的 DCs 在 GM-CSF 和 CpG ODN 的共同作用下,不但自身能够有效地摄取抗原和实现激活,同时还会分泌出更多的 GM-CSF,进一步诱导更多 DCs 的到来。实验数据显示,模拟病原微生物核酸成分的 CpG ODN 的存在使得 PLGA 基质中熟化DCs的数量增加$2.5\sim4.5$倍,熟化DC的总量可以超过1×10^6个,达到树突状细胞肿瘤疫苗的水平。随后,伴随着GM-CSF的耗竭,熟化的DCs在表面趋化因子CCR7的作用下会自发归巢到附近的淋巴结,激活能够特异性杀伤肿瘤细胞的细胞毒性T淋巴细胞。研究人员最后选取恶性黑色素瘤细胞对该疫苗制剂的肿瘤预防效果进行了评价。结果表明,在接种疫苗14天之后再行注射肿瘤细胞,对肿瘤形成的预防成功率可以达到90%,具有极好的应用潜力。

11.5　结　语

通过以机体内部的内源性或者与机体紧密相关的外源性功能成分为对象的仿生设计,仿生药物制剂能够实现传统药物制剂难以比拟的疾病预防和治疗效果。同时由于仿生药物制剂在成分、形态或关键生物学功能上与其仿生对象十分接近,在进入机体之后能够循其仿生对象的运转路径,因此在研发前期就可以对其临床使用效果进行比较准确的预测。基于这些优势,仿生药物制剂在未来的生物医药研发中必然会成为一个非常重要的发展趋势。

迄今为止,仿生药物制剂的研究和开发工作依然处于起步阶段,远远未能形成系统的学科体系。这一方面是由于每一种新型仿生药物制剂都需要根据不同疾病的特点进行针对性的设计,因此不同的研究之间难以寻找到明显的共同点。另一方面则是由于成熟的研究方法体系的缺乏极大地限制了仿生药物制剂学科的全面发展。然而,尽管至今为止的每一项研究所针对的疾病和采用的研究方法都不尽相同,但人们在这些研究中取得的成功经验还是能够为日后的研究提供许多有价值的参考。

总结已有的研究工作可以发现,所有新型仿生药物制剂的成功开发都是建立在对体内生理环境和机体相关运作机制深入理解的基础之上。对正常机体和各种疾病的研究上的一些重大发现,往往能够直接推动人们在仿生药物制剂开发上的研究取得突破性进展,如穿膜肽在生物医药领域的应用就直接得益于研究人员对人免疫缺陷病毒细胞侵染机制的深入研究。除此以外,生理学和病理学知识的拓展还能够帮助研究人员设计出更为合理的仿生药物制剂,保证新型药物制剂研发的成功率。

最后,作为一门交叉学科,新型仿生药剂学的发展除了需要人类对于自身机体更为透彻的认识之外,还要依赖于材料学科和纳米技术的发展。材料学科的发展不仅能够为生物医药领域的研究人员提供更多具备优异性能的医药材料,还能为医药学领域的研究人员提出的精巧的仿生药物制剂设计提供技术保障。鉴于仿生药剂学的交叉学科特点,不同学科的研究人员之间的合作将会对仿生药物制剂学科的发展产生强大的推动作用。

（中国科学院过程工程研究所：魏　巍、马光辉）

参 考 文 献

[1] LaVan D A, McGuire T, Langer R. Small-scale systems for *in vivo* drug delivery. Nature Biotechnology, 2003, 21: 1184-1191.

[2] Prencipe G, Tabakman S M, Welsher K, et al. PEG branched polymer for functionalization of nanomaterials with ultralong blood circulation. Journal of the American Chemical Society, 2009, 131: 4783-4787.

[3] Peer D, Karp J M, Hong S, et al. Nanocarriers as an emerging platform for cancer therapy. Nature Nanotechnology, 2007, 2: 751-760.

[4] Kumar C S S R, Mohammad F. Magnetic nanomaterials for hyperthermia-based therapy and controlled drug delivery. Advanced Drug Delivery Reviews, 2011, 63: 789-808.

[5] Sun C, Lee J S H, Zhang M Q. Magnetic nanoparticles in MR imaging and drug delivery. Advanced Drug Delivery Reviews, 2008, 60: 1252-1265.

[6] Mitragotri S, Lahann J. Physical approaches to biomaterial design. Nature Materials, 2009, 8: 15-23.

[7] Park J-H, Gu L, von Maltzahn G, et al. Biodegradable luminescent porous silicon nanoparticles for *in vivo* applications. Nature Materials, 2009, 8: 331-336.

[8] Huang X, Zhuang J, Teng X, et al. The promotion of human malignant melanoma growth by mesoporous silica nanoparticles through decreased reactive oxygen species. Biomaterials, 2010, 31: 6142-6153.

[9] Feng L, Li S H, Li Y S, et al. Super-hydrophobic surfaces: from natural to artificial. Advanced Materials, 2002, 14: 1857-1860.

[10] Wei R, Alving C R, Richards R L, et al. Liposome spin immunoassay: a new sensitive method for detecting lipid substances in aqueous media. Journal of Immunological Methods, 1975, 9: 165-170.

[11] Felnerova D, Viret J F, Gluck R, et al. Liposomes and virosomes as delivery systems for antigens, nucleic acids and drugs. Current Opinion in Biotechnology, 2004, 15: 518-529.

[12] Jordan M B, van Rooijen N, Izui S, et al. Liposomal clodronate as a novel agent for treating autoinmune hemolytic anemia in a mouse model. Blood, 2003, 101: 594-601.

[13] Metselaar J M, Wauben M H M, Wagenaar-Hilbers J P A, et al. Complete remission of experimental arthritis by joint targeting of glucocorticoids with long-circulating liposomes. Arthritis and Rheumatism, 2003, 48: 2059-2066.

[14] Konduri K S, Nandedkar S, Duzgunes N, et al. Efficacy of liposomal budesonide in experimental asthma. Journal of Allergy and Clinical Immunology, 2003, 111: 321-327.

[15] Ikehara Y, Kojima N. Development of a novel oligomannose-coated liposome-based anticancer drug-delivery system for intraperitoneal cancer. Current Opinion in Molecular Therapeutics, 2007, 9: 53-61.

[16] Lan K L, Ou-Yang F, Yen S H, et al. Cationic liposome coupled endostatin gene for treatment of peritoneal colon cancer. Clinical & Experimental Metastasis, 2010, 27: 307-318.

[17] Chen X A, Wang X H, Wang Y S, et al. Improved tumor-targeting drug delivery and therapeutic effi-

cacy by cationic liposome modified with truncated bFGF peptide. Journal of Controlled Release, 2010, 145: 17-25.

[18] Kersten G F A, Crommelin D J A. Liposomes and ISCOMs. Vaccine, 2003, 21: 915-920.

[19] Zurbriggen R. Immuno stimulating reconstituted influenza virosomes. Vaccine, 2003, 21: 921-924.

[20] Gluck R, Metcalfe I C. Novel approaches in the development of immunopotentiating reconstituted influenza virosomes as efficient antigen carrier systems. Vaccine, 2003, 21: 611-615.

[21] Mischler R, Metcalfe I C. Inflexal® V a trivalent virosome subunit influenza vaccine: production. Vaccine, 2002, 20, Supplement 5: B17-B23.

[22] Zurbriggen R, Novak-Hofer I, Seelig A, et al. IRIV-adjuvanted hepatitis a vaccine: *in vivo* absorption and biophysical characterization. Progress in Lipid Research, 2000, 39: 3-18.

[23] Brannon-Peppas L, Blanchette J O. Nanoparticle and targeted systems for cancer therapy. Advanced Drug Delivery Reviews, 2004, 56: 1649-1659.

[24] Gao W W, Chan J M, Farokhzad O C. pH-responsive nanoparticles for drug delivery. Molecular Pharmaceutics, 2010, 7: 1913-1920.

[25] Needham D, Dewhirst M W. The development and testing of a new temperature-sensitive drug delivery system for the treatment of solid tumors. Advanced Drug Delivery Reviews, 2001, 53: 285-305.

[26] Christopher M E, Karpoff N E C, Viswanathan S, et al. Cytokine response to liposome-encapsulated poly ICLC prophylaxis of influenza A virus infection. Cytokine, 2008, 43: 314.

[27] Kotton C N. Vaccination and immunization against travel-related diseases in immunocompromised hosts. Expert Review of Vaccines, 2008, 7: 663-672.

[28] Demento S L, Siefert A L, Bandyopadhyay A, et al. Pathogen-associated molecular patterns on biomaterials: a paradigm for engineering new vaccines. Trends in Biotechnology, 2011, 29: 294-306.

[29] Grgacic E V L, Anderson D A. Virus-like particles: Passport to immune recognition. Methods, 2006, 40: 60-65.

[30] Noad R, Roy P. Virus-like particles as immunogens. Trends in Microbiology, 2003, 11: 438-444.

[31] Paliard X, Liu Y, Wagner R, et al. Priming of strong, broad, and long-lived HIV type 1 p55(gag)-specific CD8(+) cytotoxic T cells after administration of a virus-like particle vaccine in rhesus macaques. Aids Research and Human Retroviruses, 2000, 16: 273-282.

[32] Tacket C O, Sztein M B, Losonsky G A, et al. Humoral, mucosal, and cellular immune responses to oral norwalk virus-like particles in volunteers. Clinical Immunology, 2003, 108: 241-247.

[33] Chen J, Ni G, Liu X S. Papillomavirus virus like particle-based therapeutic vaccine against human papillomavirus infection related diseases: immunological problems and future directions. Cellular Immunology, 2011, 269: 5-9.

[34] Garcea R L, Gissmann L. Virus-like particles as vaccines and vessels for the delivery of small molecules. Current Opinion in Biotechnology, 2004, 15: 513-517.

[35] Petry H, Goldmann C, Ast O, et al. The use of virus-like particles for gene transfer. Current Opinion in Molecular Therapeutics, 2003, 5: 524-528.

[36] Henke S, Rohmann A, Bertling W M, et al. Enhanced *in vitro* oligonucleotide and plasmid DNA transport by VP1 virus-like particles. Pharmaceutical Research, 2000, 17: 1062-1070.

[37] Yamada T, Iwasaki Y, Tada H, et al. Nanoparticles for the delivery of genes and drugs to human hepatocytes. Nature Biotechnology, 2003, 21: 885-890.

［38］Simpson-Holley M，Ellis D，Fisher D，et al. A functional link between the actin cytoskeleton and lipid rafts during budding of filamentous influenza virions. Virology，2002，301：212-225.

［39］Baskerville A，Bowen E T W，Platt G S，et al. Pathology of experimental ebola virus-infection in monkeys. Journal of Pathology，1978，125：131-138.

［40］Geng Y，Dalhaimer P，Cai S S，et al. Shape effects of filaments versus spherical particles in flow and drug delivery. Nature Nanotechnology，2007，2：249-255.

［41］Doshi N，Zahr A S，Bhaskar S，et al. Red blood cell-mimicking synthetic biomaterial particles. Proceedings of the National Academy of Sciences of the United States of America，2009，106：21 495-21 499.

［42］Reed S G，Bertholet S，Coler R N，et al. New horizons in adjuvants for vaccine development. Trends in Immunology，2009，30：23-32.

［43］Krieg A M. CpG motifs in bacterial DNA and their immune effects. Annual Review of Immunology，2002，20：709-760.

［44］Vollmer J，Krieg A M. Immunotherapeutic applications of CpG oligodeoxynucleotide TLR9 agonists. Advanced Drug Delivery Reviews，2009，61：195-204.

［45］Wilson H L，Dar A，Napper S K，et al. Immune mechanisms and therapeutic potential of CpG oligodeoxynucleotides. International Reviews of Immunology，2006，25：183-213.

［46］Klinman D M，Currie D，Gursel I，et al. Use of CpG oligodeoxynucleotides as immune adjuvants. Immunological Reviews，2004，199：201-216.

［47］Steinhagen F，Kinjo T，Bode C，et al. TLR-based immune adjuvants. Vaccine，2011，29：3341-3355.

［48］Galanos C，Luderitz O，Rietschel E T，et al. Synthetic and natural escherichia-coli free lipid-A express identical endotoxic activities. European Journal of Biochemistry，1985，148：1-5.

［49］Johnson A G，Tomai M，Solem L，et al. Characterization of a nontoxic monophosphoryl lipid-A. Reviews of Infectious Diseases，1987，9：S512-S516.

［50］Johnson A G. Molecular adjuvants and immunomodulators -new approaches to immunization. Clinical Microbiology Reviews，1994，7：277-289.

［51］Moore A，McCarthy L，Mills K H G. The adjuvant combination monophosphoryl lipid A and QS21 switches T cell responses induced with a soluble recombinant HIV protein from Th2 to Th1. Vaccine，1999，17：2517-2527.

［52］Vives E，Schmidt J，Pelegrin A. Cell-penetrating and cell-targeting peptides in drug delivery. Biochimica Et Biophysica Acta-Reviews on Cancer，2008，1786：126-138.

［53］Thoren P E G，Persson D，Esbjorner E K，et al. Membrane binding and translocation of cell-penetrating peptides. Biochemistry，2004，43：3471-3489.

［54］Derossi D，Calvet S，Trembleau A，et al. Cell internalization of the third helix of the antennapedia homeodomain is receptor-independent. Journal of Biological Chemistry，1996，271：18 188-18 193.

［55］Brooks H，Lebleu B，Vives E. Tat peptide-mediated cellular delivery：Back to basics. Advanced Drug Delivery Reviews，2005，57：559-577.

［56］Sethuraman V A，Bae Y H. TAT peptide-based micelle system for potential active targeting of anticancer agents to acidic solid tumors. Journal of Controlled Release，2007，118：216-224.

［57］Jiang T，Olson E S，Nguyen Q T，et al. Tumor imaging by means of proteolytic activation of cell-penetrating peptides. Proceedings of the National Academy of Sciences of the United States of America，

2004, 101: 17 867-17 872.

[58] Kale A A, Torchilin V P. Enhanced transfection of tumor cells *in vivo* using "Smart" pH-sensitive TAT-modified pegylated liposomes. Journal of Drug Targeting, 2007, 15: 538-545.

[59] Davis M E, Chen Z, Shin D M. Nanoparticle therapeutics: an emerging treatment modality for cancer. Nature Reviews Drug Discovery, 2008, 7: 771-782.

[60] Tsai R K, Rodriguez P L, Discher D E. Self inhibition of phagocytosis: the affinity of marker of self CD47 for SIRP alpha dictates potency of inhibition but only at low expression levels. Blood Cells Molecules and Diseases, 2010, 45: 67-74.

[61] Hu CM J, Zhang L, Aryal S, et al. Erythrocyte membrane-camouflaged polymeric nanoparticles as a biomimetic delivery platform. Proceedings of the National Academy of Sciences of the United States of America, 2011, 108: 10 980-10 985.

[62] Wahl D A, Czernuszka J T. Collagen-hydroxyapatite composites for hard tissue repair. European Cells & Materials, 2006, 11: 43-56.

[63] Kikuchi M, Ikoma T, Itoh S, et al. Biomimetic synthesis of bone-like nanocomposites using the self-organization mechanism of hydroxyapatite and collagen. Composites Science and Technology, 2004, 64: 819-825.

[64] Kikuchi M, Itoh S, Ichinose S, et al. Self-organization mechanism in a bone-like hydroxyapatite/collagen nanocomposite synthesized *in vitro* and its biological reaction *in vivo*. Biomaterials, 2001, 22: 1705-1711.

[65] Wei W, Ma GH, Hu G, et al. Preparation of hierarchical hollow $CaCO_3$ particles and the application as anticancer drug carrier. Journal of the American Chemical Society, 2008, 130: 15 808-15 810.

[66] Heemskerk J W M, Bevers E M, Lindhout T. Platelet activation and blood coagulation. Thrombosis and Haemostasis, 2002, 88: 186-193.

[67] Simberg D, Duza T, Park J H, et al. Biomimetic amplification of nanoparticle homing to tumors. Proceedings of the National Academy of Sciences of the United States of America, 2007, 104: 932-936.

[68] von Maltzahn G, Park J-H, Lin K Y, et al. Nanoparticles that communicate *in vivo* to amplify tumour targeting. Nature Materials, 2011, 10: 545-552.

[69] Rosenberg S A, Yang J C, Restifo N P. Cancer immunotherapy: moving beyond current vaccines. Nature Medicine, 2004, 10: 909-915.

[70] Tabi Z, Man S. Challenges for cancer vaccine development. Advanced Drug Delivery Reviews, 2006, 58: 902-915.

[71] Steinman R M, Banchereau J. Taking dendritic cells into medicine. Nature, 2007, 449:419-426.

[72] Gilboa E. DC-based cancer vaccines. Journal of Clinical Investigation, 2007, 117: 1195-1203.

[73] Ali O A, Huebsch N, Cao L, et al. Infection-mimicking materials to program dendritic cells *in situ*. Nature Materials, 2009, 8: 151-158.

第12章 基于生物模板的仿生功能材料

自然生物物质是由其相应功能结构单元如核酸、多糖、蛋白质和矿物质等通过特定的方式自发组装而形成的,具有微观复合、宏观完美的结构和形貌特征;进而表现出人工合成材料所难以比拟的特异的性质和功能。以特定客体材料对自然物质进行结构复制或者表面修饰能够把自然物质天赋的独特结构和人工设计的材料功能完美地结合起来,为新型功能材料的设计和制备提供了一条便利的捷径。这可以看作是分子仿生科学在功能材料领域内的一个分支。近年来纳米科技和表面科学的发展为该方向的研究提供了丰富的技术手段,催生了大量的具有可观实用价值的以自然生物物质为模板和支架的人造功能材料。其中突出的一个例子是以自然纤维素物质为基础所进行的功能纳米材料的合成和应用。

生物物质所具有的特殊的性质和功能归因于其本身完美的构造和复杂的形貌特征,采用化学的方法对其精细结构和复杂形貌以特定客体材料进行复制和表面修饰,是仿生材料领域中一个活跃的研究方向。该方法简单易行、合成条件温和、成本低廉,可以用于制备包括无机、有机、高分子等在内的多种功能材料。近几十年以来,材料科学家们已经对自然界中多种具有层次结构组成和复杂形貌特征的生物物质进行了深入的研究和探索,并利用其为模板,制备了多种多样的功能材料。例如,Mann 等利用细菌作为模板,制备了具有有序微孔结构的二氧化硅材料[1];Meldrum 和 Seshadri 等利用海胆类生物的骨骼作为模板,制备了多孔结构的金材料[2];另外,Wang 以蝴蝶翅膀作为模板,采用低温原子层沉积的方法,制备了厚度可控的多晶 Al_2O_3 薄膜[3]。除此之外,硅藻[4]、活细胞[5]、蛋壳薄膜[6]、木头[7,8]、花粉[9]还有丝绸[10]等天然生物材料都曾被用作模板,以此制备得到了多种多样的有机的或无机的复合材料。生物物质多种多样,构造各异,进而导致了所合成材料在结构和功能上的多姿多彩。用于材料制备的化学方法也各不相同,包括化学气相沉积、原子层沉积、气固相交换反应以及溶胶-凝胶法等。值得指出的是,生物物质本身的结构微小且精细,大多数已报道的研究工作往往只是在微观层次上复制了生物物质的形貌和结构特征,在纳米以至分子层次上的精细结构复制往往被忽略,使得生物物质独特的精细阶层结构无法完全体现在人工合成的材料当中,致使相关材料的开发与应用受到一定的限制。

解决此问题的一个途径是通过适当的方法,如表面溶胶-凝胶过程,在自然生物物质三维结构的表面上沉积客体物质的超薄膜,进而达成对其结构从宏观到纳米层次上的精确复制。表面溶胶-凝胶方法是一种可控的在特定表面上沉积纳米厚度金属氧化物凝胶薄膜的化学方法。通过这种方法,Huang 等利用天然纤维素物质(滤纸、棉花、衣服等)为模板,通过层层自组装的方法,成功制备了天然纤维素物质的化石——二氧化钛纳米管材料[11]。同自然界中存在的硅化木一样,这种基于天然纤维素物质为模板的二氧化钛从纳米层次上精细而完美地复制了天然纤维素本身微观复杂的多级结构。应用这种方法,一系列氧化物纳米管材料如二氧化锆、二氧化硅、二氧化锡等被以自然纤维素物质为模板而合成出来。不仅如此,通过表面溶胶-凝胶法在纤维素表面沉积的氧化物超薄膜活化了原本化学惰性的纤维素表面,为其表面的进一步修饰或客体物质组装提供了一个完美的平台。如图12-1 所示,应用这个平台,通过纤维素表面的修饰或进一步组装其他的客体基质,如小分子化合物、聚合物、生物大分子、纳米颗粒和胶体粒子等,得到了一系列基于天然纤维素物质的功能纳米材料。

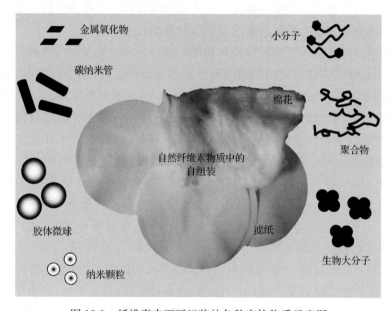

图 12-1　纤维素表面可组装的各种客体物质示意图

12.1　天然纤维素简介

天然纤维素是自然界中含量最多、分布最广的一种多糖,在植物体中约有 50% 的碳以纤维素的形式存在。木材、棉花、黄麻等植物中存在大量的纤维素,其中以棉花中纤维素的含量最高。如图12-2 所示,纤维素是由β-D 吡喃型葡萄糖基通过 1,4 位上两个羟基之间脱水后形成的糖苷键相互连接而组成的直链型聚合物。这种特殊的分子结构赋予了纤维素许多优良的性质,如良好的亲水性、手性、可降解性等。同时,纤维素中存在大量的羟基,这些羟基之间存在较强的氢键作用,使直链型的结构单元之间相互连接,组成了一个相互交错的网状结构。图 12-3 展示了多种植物纤维素的微观形貌。实际上,直链型的结构单元之间通过氢键相互交联,组成了初级的纳米纤维单元,这些纳米纤维单元相互缠绕成微米结构的纤维,进而构成了纤维素的网状结构[12]。因此,纤维素是由纳米到微米层次上的多级结构组成的,每一根微米结构的纤维都是纳米结构纤维的集合体。这种微纳米的多级结构赋予了纤维素优良的物理及化学性质,如高的机械强度、良好的化学稳定性及耐腐蚀性等。

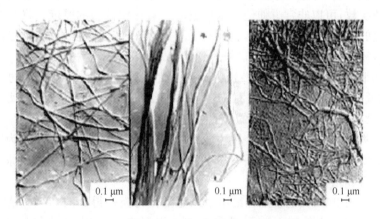

图 12-2　纤维素的分子结构(n 为聚合度)

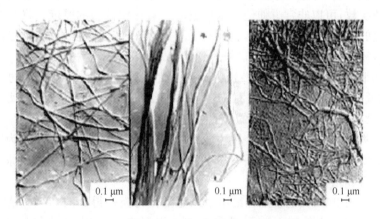

图 12-3　各类植物纤维素的扫描电镜照片

左,藻类植物;中,棉籽绒;右,云杉

　　通常情况下,由于纤维素本身的化学惰性,客体化学物质在纤维素表面的组装受到很大的限制。要解决这个问题,必须克服纤维素表面的化学惰性,为化学物质在纤维素表面的组装搭建一个完美的构建平台。这个平台既要活化纤维素表面的化学活性,又必须完好保留纤维素的结构特点和形貌特征,因此纳米层次的超薄膜是一个理想的选择。下面就从这个理想平台的搭建开始,对基于天然纤维素物质的自组装而制备的各种功能材料做简单的介绍。

12.2　基于天然纤维素物质的各种纳米功能材料

12.2.1　无机纳米材料

1. 二氧化钛纳米管材料

模仿自然界中硅化木的形成过程,利用表面溶胶-凝胶法,Huang 等制备了基于天然纤维素物质为模板的二氧化钛纳米管材料[11]。如图 12-4(a)所示,将一张实验室常用的滤纸置于抽滤装置中,用无水乙醇洗涤干燥后,将一定量的二氧化钛前体物钛酸四丁酯溶液[$Ti(OC_4H_9)_4$,浓度为 100 mmol/L,溶解于体积比为1︰1的乙醇/甲苯溶剂中]吸附于滤纸上,静置 3 min,使钛酸四丁酯溶液完全浸润滤纸,多余的钛酸四丁酯溶液用无水乙醇冲洗干净,在滤纸表面上形成钛酸四丁酯的单分子层,然后将一定量的纯水慢慢通过滤纸。前驱物钛酸四丁酯水解后,便可在纤维素的每根纤维上包裹一层厚度约为 0.5 nm 的二氧化钛凝胶膜。水解后形成的二氧化钛凝胶表面含有大量的羟基,还可以进行下一层的吸附再沉积。经过这样的几个循环后,每根纤维素的表面都包裹了厚度均匀的二氧化钛凝胶层。通过控制循环次数,可以非常方便地控制形成的二氧化钛薄膜的厚度。将沉积了二氧化钛凝胶的滤纸置于马弗炉中,在 450 ℃ 的温度下煅烧除去滤纸后,便得到了锐钛矿型二氧化钛纳米管材料。这样得到的二氧化钛纳米管材料从宏观上看来,就像一片滤纸,但它实际上却是二氧化钛的块状材料,如同自然中形成的硅化木一样,是滤纸的人造化石。如图 12-4(b)所示,滤纸纤维在沉积了二氧化钛凝胶层之后,形貌没有发生变化,纤维素的形貌被完整细致地保留在滤纸纤维素/二氧化钛凝胶复合物中;待在空气中煅烧除去滤纸后,二氧化钛纳米管的管径因为煅烧发生了一定程度的收缩,但形貌没有发生明显变化,依然逼真形象地再现了原来滤纸纤维素的形貌和结构特点。

图 12-5 中的三幅电镜照片给出了以滤纸作为模板得到的二氧化钛纳米管材料的微观结构。从图 12-5(a)可以看到,制备得到的二氧化钛纳米管材料完全保留了滤纸纤维素的形貌特征,二氧化钛纳米管相互交织在一起,组成了一个网状结构。图 12-5(b)和图 12-5(c)所示的透射电镜照片显示,经过 20 次的沉积循环并煅烧后得到的二氧化钛纳米管管壁均匀,厚度大约为 10 nm,而且管壁是由锐钛矿型的二氧化钛颗粒组成的。纤维素的精细结构得到了完美精确的复制,甚至纳米纤维的分叉结构都清晰再现。图 12-5(d)和图 12-5(e)展示了分别以普通棉布和棉花作为模板得到的二氧化钛纳米管材料。从电镜照片可以看到,两模板的精细结构都得到了完美的保留,二氧化钛纳米管相互交结缠绕在一起,再现了原来模板的精细结构。

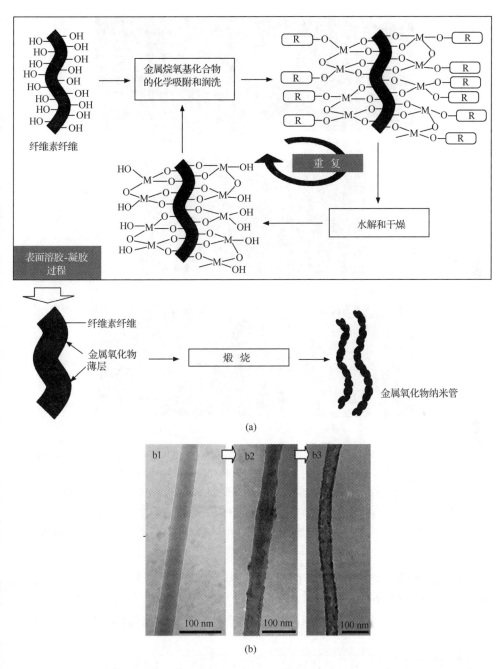

(a)

(b)

图 12-4　（a）以天然纤维素为模板制备二氧化钛纳米管材料的过程示意图；（b）滤纸纤维素的透射电镜图片 b1；滤纸纤维素/二氧化钛凝胶复合物的电镜图片 b2；二氧化钛纳米管的电镜图片 b3

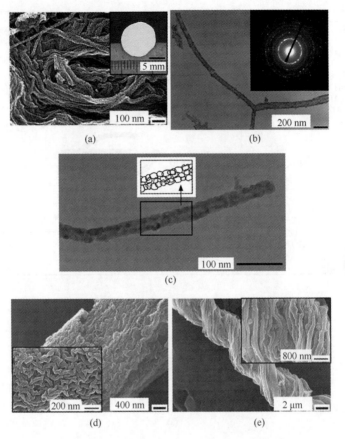

图 12-5　（a）以滤纸为模板制备的二氧化钛纳米管材料的扫描电镜图片，插图为煅烧后的
样品的照片；（b）和（c）是二氧化钛纳米管的透射电镜图片；（b）中插入的是样品的选区电子
衍射（SAED）图像；（c）中插入的是方框中所示部分的二氧化钛纳米管的结构示意图；（d）以
普通棉布作为模板制备得到的二氧化钛纳米管材料的扫描电镜图片，插图为高倍扫描电镜
下得到的样品图片；（e）以棉花作为模板制备得到的二氧化钛纳米管材料的扫描电镜图片，
插图为高倍扫描电镜下得到的样品图片

　　应用同种方法，我们还制备了以金红石为主要晶相的二氧化钛纳米管[13]。如
图 12-6 所示，制备方法依前所述，将沉积了一定厚度的滤纸/二氧化钛凝胶复合物
用火焰直接燃烧除掉滤纸模板后，可得到以金红石为主要晶相的二氧化钛纳米管
材料。

　　图 12-7 为金红石型二氧化钛纳米管的电镜图片。从扫描电镜图上可以看到，
滤纸模板的构造特点及形貌特征在金红石型二氧化钛纳米管材料中得到了完整的
保留。透射电镜图片显示纳米管是由二氧化钛颗粒组成的，颗粒大小比较均匀，平
均粒径约为 70 nm。样品的晶格条纹和选区电子衍射图谱显示其晶相为金红石型

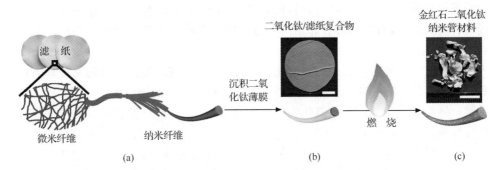

图 12-6　以滤纸为模板制备金红石型二氧化钛纳米管示意图,标尺为 1 cm

二氧化钛。同文献报道的采用水热法或溶胶-凝胶法制备得到的颗粒状金红石型二氧化钛相比,这种纳米管材料拥有较大的比表面积[14, 15],并且具有非常好的光催化性能,这都归因于其特殊的多级层次的纤维管状结构。

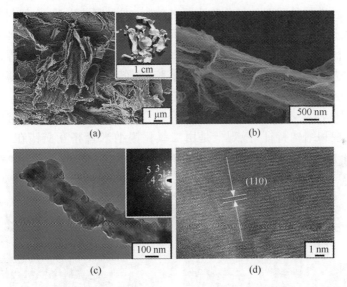

图 12-7　以滤纸为模板制备的金红石型二氧化钛纳米管的电镜照片
(a)和(b)为样品的扫描电镜图片,其中(a)中插图为样品的照片;(c)为样品的透射电镜图片,
插图为样品的选区电子衍射照片;(d)为样品的高倍透射电镜照片

除此之外,Kemell 以滤纸为模板,采用原子层沉积法,从纳米层次上精确复制了滤纸的形貌结构,制备了二氧化钛纳米管材料。同表面溶胶-凝胶法类似,通过控制沉积次数,二氧化钛薄膜的厚度可以得到精确控制[16]。同样,应用原子层沉积法,以纤维素为模板,Kemell 还制备了氧化铝薄膜包裹的纤维素材料,并将铱纳米颗粒沉积在氧化物薄膜的表面并应用于催化领域[17]。除了应用滤纸纤维素作

为模板材料外,其他的纤维素材料,如树叶[18]或细菌纤维素[19]等也被用作生物模板,制备得到了具有特殊形貌和结构并对有机污染物具有良好降解作用的二氧化钛纳米管材料。

二氧化钛是非常重要的金属氧化物半导体材料,在环境保护及污水治理方面都具有很高的研究和应用价值。这种以生物模板为导向的制备方法不但为我们提供了一种简洁而有效的金属氧化物材料的合成方法,还把自然物质本身所固有的优良性质,如大的比表面积等引入到人工材料中去,具有很好的推广及应用价值。

以滤纸作为生物模板材料,借助表面溶胶-凝胶法,我们还利用锆酸四丁酯为前驱物,制备了二氧化锆纳米管材料。通过金属氧化物薄膜的引入,原本化学惰性的纤维素表面被活化,为纤维素表面进一步的组装奠定了基础,搭建了完美的构建平台,成为组建各种功能纳米材料的桥梁。

2. 二氧化锡纳米管材料

二氧化锡是一种重要的氧化物半导体材料,在太阳能电池、电极材料等方面具有广泛的用途。由于存在氧空位或金属间隙原子,二氧化锡是一种典型的 n 型半导体功能材料,在气体检测传感方面具有非常重要的作用。Huang 等采用生物模板合成的方法,以滤纸为模板,借助表面溶胶-凝胶法,将二氧化锡超薄膜沉积在滤纸上,在空气中煅烧除掉模板后,得到了二氧化锡纳米管材料[20]。

如图 12-8 所示,从扫描电镜照片上可以看到,二氧化锡纳米管材料完全复制了滤纸的形貌和结构特征,微观上是由二氧化锡纳米管相互交错在一起组成的。

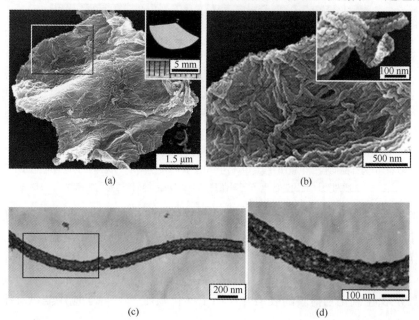

(a)　　　　　　　　　　　　　　(b)

(c)　　　　　　　　　　　　　　(d)

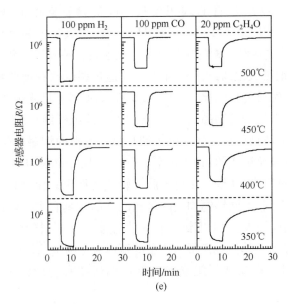

图 12-8　以滤纸为模板制备的二氧化锡纳米管材料的电镜照片及气体传感响应曲线
（a）和（b）是二氧化锡纳米管的扫描电镜图片，（a）中插图是样品的照片，（b）中插图是样品的
高倍扫描电镜照片；（c）和（d）是样品的透射电镜照片，其中（d）为（c）中方框部分的放大图；
（e）为二氧化锡纳米管对 H_2、CO 和 C_2H_4O 在不同温度下的气体传感响应曲线

高倍扫描电镜下也可以看到开口的管道结构。透射电镜照片显示，单根二氧化锡纳米管的直径大约为 100 nm 左右，管壁厚度约为 10～15 nm，由大小分布均一的二氧化锡颗粒组成，且直径不大于 5 nm。这种结构与 Imai 所制备的二氧化锡空心管道结构[21]有很大的区别。虽然 Imai 也采用了棉花作为模板制备得到了二氧化锡的空心管道结构，但因其对棉花的结构仅仅从微米层次上进行了复制，很多纳米层次上的精细结构未得到保留，所以得到的只是微米层次上的空心管道。众所周知，大的比表面积有利于气体与传感器的充分接触，因此对提高半导体传感器的灵敏度具有非常重要的作用。用这种二氧化锡纳米管材料对 H_2、CO 和 C_2H_4O 传感的结果却没有达到期望的高灵敏度。这可能是因为纤维素本身极其复杂的多级结构，致使气体不能充分地与传感器本身接触所造成的。

3. 铟锡氧化物纳米管材料

铟锡氧化物（ITO）为 n 型半导体材料，由于具有优异的光电性能，如良好的透光性、红外线反射性、低膜电阻等，在家电及信息产业中具有广阔的市场应用。文献报道的铟锡氧化物大多集中在铟锡氧化物透明薄膜上，对一维铟锡氧化物纳米材料的制备和研究却相对较少。天然纤维素作为一种理想的生物材料，是

制备一维铟锡氧化物纳米管的理想模板。以实验室常用的滤纸作为模板，$In(OCH_2CH_2OMe)_3$ 和 $Sn(O^iPr)_4 \cdot {}^iPrOH$ 分别作为氧化铟和氧化锡的前驱物，通过表面溶胶-凝胶法在纤维素的每根纤维上层层自组装铟锡氧化物的凝胶层，然后除掉滤纸，得到铟锡氧化物纳米管材料[22]。通过调配两种前驱物的配比，可方便地控制铟和锡的物质的量比。如图 12-9 所示，通过煅烧除掉滤纸之后的铟锡氧化物是滤纸微观形貌的复制品，它完好地保留了滤纸纤维素的结构特点和形貌特征，每根纳米管都清晰可见。透射电镜照片显示单根的铟锡氧化物纳米管是由微小的铟锡氧化物颗粒组成的，其直径小于 10 nm，尺寸也很均匀。选区电子衍射图片显示，在煅烧过程中，铟锡氧化物凝胶层转变成铟锡氧化物颗粒的多晶结构。从图 12-9(e) 可以看到，不同铟锡物质的量比的样品均具有半导体性能，而且导电率随着温度的升高而增大，其中铟锡物质的量比为 9∶1 时，样品的导电率最高，为 0.53 S/cm，且明显高于其他以模板法制备的铟锡氧化物纳米材料[23, 24]，这种优良的导电性能也归因于样品从纤维素模板继承的所特有的微纳米多层次的复杂结构。

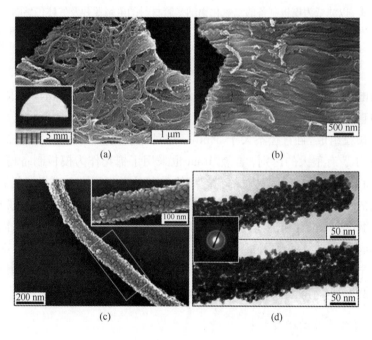

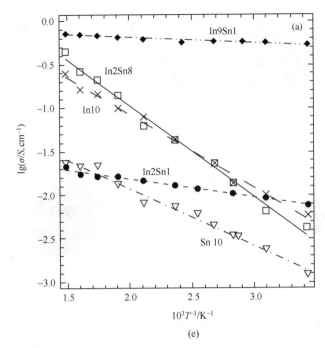

图 12-9　以滤纸为模板制备的铟锡氧化物纳米管材料的电镜照片及样品的导电曲线,样品中铟和锡的物质的量比为 2∶1

(a)和(b)为样品的扫描电镜照片,(a)中插图为样品的照片;(c)和(d)为样品的透射电镜照片,(c)中插图为方框部分样品的放大图,(d)中插图为样品的选区电子衍射(SAED)图;(e)为铟锡不同物质的量比样品的导电曲线

4. 硅纳米线材料

硅是一种重要的半导体材料,广泛应用于太阳能电池、半导体器件及集成电路中。Bao 等通过镁热还原法,在相对较低的温度下,将硅藻土转变为多孔硅纳米材料[25]。这种方法虽然制备得到了具有天然物质形貌的硅材料,但原料本身却局限在本身含有硅元素的天然物质中,而对天然物质本身的仿生却没有很大的进展。Zhang 等以天然纤维素物质为模板,通过表面溶胶-凝胶法,先制备得到了二氧化硅纳米管,然后通过氮气氛围中的低温镁热还原,将二氧化硅纳米管转变为硅纳米线[26],制备过程如图 12-10 所示。

如图 12-10(c)所示,通过镁热还原后,样品为黑色的块状材料,宏观形貌没有发生改变。通过电镜可以观察到(图 12-11),样品在微观上依然复制了原滤纸模板的形貌和结构特征,硅纳米线相互缠绕在一起,组成大尺度的微米管,每根硅纳米线在透射电镜下也清晰可见。高倍透射电镜下可以看到很清晰的硅的晶格条

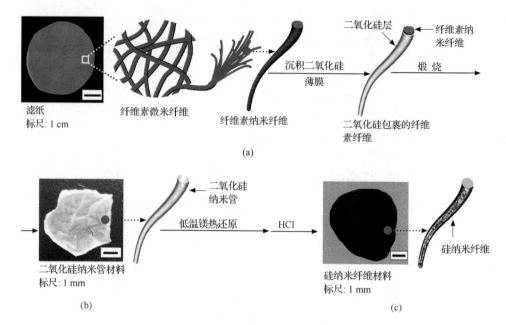

图 12-10　以天然纤维素为模板制备硅纳米线过程示意图

纹,说明通过镁热还原后,二氧化硅转变成了硅单质。选区电子衍射证实得到的样品为硅的单晶纳米线,X 射线衍射(XRD)图谱的出峰位置也与标准的硅单质的衍射峰相吻合。由于样品在微观上完全复制了滤纸的形貌和结构特征,因此样品具有相对较大的比表面积。在紫外光的照射下,样品可以发出蓝色的荧光[图 12-12(b)];当用绿光去照射样品时,样品还可以发出红色的荧光,如图 12-12(c)所示。

5. 中孔氧化物纳米管材料

以滤纸纤维素和十六烷基三甲基溴化铵(CTAB)为双模板,Zhang 等制备了中孔二氧化硅纳米管材料[27],制备过程如图 12-13 所示。首先用表面溶胶-凝胶法在滤纸纤维素的表面包裹一层厚度大约为 2.5 nm 的二氧化钛超薄膜,因为二氧化钛凝胶的表面含有很多羟基,使得被包裹的滤纸纤维呈负电性,从而有利于表面活性剂 CTAB 吸附于表面上。待 CTAB 在表面吸附并形成胶束后,再通过溶胶-凝胶法在表面包裹二氧化硅薄膜。之后将滤纸和 CTAB 等有机物以及二氧化钛薄膜通过煅烧和硫酸蒸煮的方法分别除掉之后,便得到了中孔二氧化硅纳米管材料。

从扫描电镜照片上可以看到,二氧化硅纳米管在微观上依然复制了原来滤纸的形貌和结构特点,管末端可以清晰地看到开口结构;从透射电镜照片上可以看到,二氧化硅纳米管的管壁厚度大约为 30~40 nm,而且管壁的厚度非常均匀。管壁上有很多无规则的孔道,其直径大约为 2 nm(图 12-14)。

图 12-11　以滤纸为模板制备的纳米硅材料

(a)和(b)为硅纳米线的扫描电镜照片；(c)和(d)为硅纳米线的透射电镜图片；(e)为硅纳米线的
选区电子衍射照片；(f)为 X 射线衍射(XRD)图谱

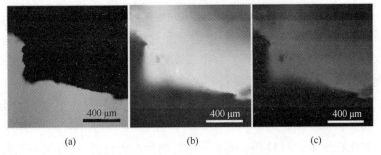

图 12-12　(a)硅纳米线的明场显微照片；(b)紫外光激发下样品的荧光显微照片；
(c)绿光激发下样品的荧光显微照片

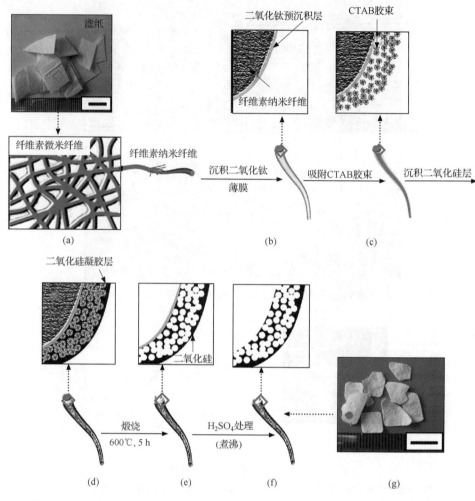

图 12-13 以滤纸为模板制备中孔二氧化硅纳米管材料的过程示意图,其中样品照片中的标尺尺度为 1 cm

应用这种双模板的方法,分别以滤纸纤维素材料和表面活性剂 CTAB 作为硬模板和软模板,Huang 等还制备了中孔二氧化钛纳米管材料[28]。同上面提到的中孔二氧化硅纳米管材料类似,制备得到的中孔二氧化钛纳米管材料在微观上也完全复制了滤纸纤维素的形貌和结构特点,管壁厚度均匀且孔道均匀地分布在管壁上。

中孔氧化物纳米管材料是一类非常重要的纳米管材料,具有很多重要的用途。这种双模板合成的方法,为我们提供了一种简单易行的合成中孔氧化物纳米管材料的途径。

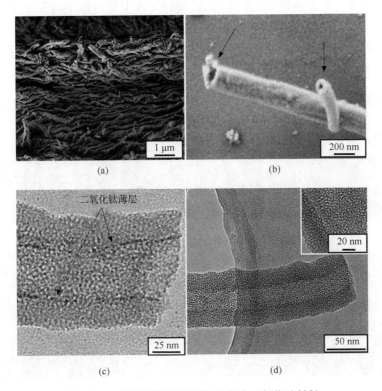

图 12-14 以滤纸为模板制备的中孔二氧化硅材料

(a)和(b)为中孔二氧化硅纳米管材料的扫描电镜照片;(c)为除去二氧化钛薄膜之前二氧化硅纳米管样品的透射电镜照片;(d)为除去二氧化钛薄膜之后样品的透射电镜照片,其中插图为样品局部放大的透射电镜照片

6. 其他以天然纤维素为基质的纳米材料

天然纤维素材料不仅可以用作模板,还可以作为重要的碳源来制备一些复合材料。Liu 等利用天然纤维素材料作为模板,通过表面溶胶-凝胶法在纤维素的每一根纤维上包裹二氧化钛超薄膜后,在氮气氛围中煅烧至 450 ℃,使纤维素碳化成无定形的活性炭,从而制备得到了锐钛矿型二氧化钛薄膜包裹的碳纳米纤维材料[29]。如图 12-15 所示,二氧化钛薄膜包裹的碳纳米纤维材料复制了滤纸纤维素的微观形貌和结构特点,从放大的扫描电镜照片上可以看到,二氧化钛薄膜均匀地包裹在碳纳米纤维的表面;从样品的透射电镜照片上可以看到,经过碳化后,滤纸纤维转变为多孔的碳纤维,孔道直径大约为 3~6 nm,而且每一根碳纤维的表面都包裹着二氧化钛薄膜,其厚度非常均匀,大约为 12 nm。选区电子衍射照片显示,在高温碳化过程中,二氧化钛凝胶层转变成锐钛矿型的二氧化钛多晶颗粒。高倍

透射电镜照片上可以看到,这层二氧化钛薄膜实际上是由微小的二氧化钛纳米颗粒组成的。颗粒尺寸比较均匀,平均直径是 4.5 nm。与在空气中煅烧得到的二氧化钛纳米管相比,二氧化钛颗粒的尺寸明显减小。这说明,在碳化的过程中,碳纤维的存在能够有效阻止二氧化钛纳米颗粒之间的聚集。

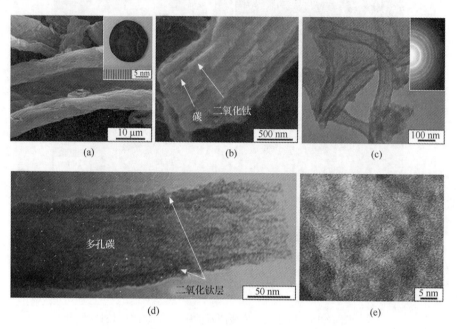

图 12-15　二氧化钛/碳复合纳米纤维材料

(a)和(b)为二氧化钛包裹的碳纳米纤维材料的扫描电镜照片,其中(a)中插图为样品的照片;(c)和(d)为样品的透射电镜照片,(c)中插图为样品的选区电子衍射照片;(e)为样品的高倍透射电镜照片

由于多孔碳纤维的存在,加上二氧化钛的晶粒尺寸较小,这种二氧化钛包裹的碳纳米纤维材料的比表面积高达 404 m²/g,因此在有机污染物如有机染料的降解方面具有很高的活性。如图 12-16 所示,与在空气中煅烧得到的二氧化钛纳米管相比,二氧化钛包裹的碳纳米纤维材料无论在染料的吸附还是紫外光照降解方面都表现出良好的性能,因此这种材料在环境治理及水的净化方面具有较高的潜在利用价值。

当二氧化钛包裹的滤纸纤维素材料在较高温度碳化时,纤维素在碳化过程中还可以转变为石墨或同包裹在纤维素上的其他物质发生化学反应,得到具有天然纤维素材料微观形貌和结构特征的碳化物,如碳化钛材料[30]等。

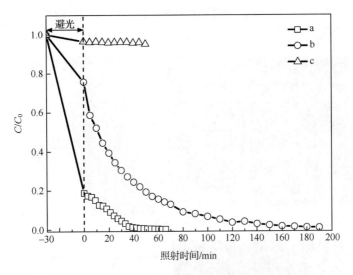

图 12-16　不同材料对亚甲蓝在紫外光照下的降解曲线。其中曲线 a 为纤维素在氮气中碳化后得到的碳材料的降解曲线，曲线 b 为二氧化钛纳米管的降解曲线，曲线 c 为二氧化钛包裹的碳纳米纤维材料的降解曲线

12.2.2　聚合物纳米材料

1. 聚吡咯包裹的纤维素纳米材料

聚吡咯、聚噻吩及聚苯胺等导电聚合物由于具有良好的导电性及光学特性，在工业生产及军工方面有非常诱人的应用前景。天然纤维素材料本身具有较大的比表面积及较高的机械强度，可以作为理想的支架材料。Huang 等以滤纸纤维素为支架，制备了聚吡咯包裹的纤维素纳米材料[31]。在 Cu^{2+} 的诱导下，吡咯单体发生聚合，控制聚合条件，如控制聚合时间等，使其转变为聚合度较低的溶液。将滤纸浸泡在低聚合度的聚吡咯溶液中，静置 2 h，使聚吡咯溶液进一步聚合沉积在纤维素的每根纤维上。将多余的聚吡咯溶液抽干、洗涤、干燥后，便得到聚吡咯包裹的纤维素纳米材料。

图 12-17 是样品的电镜照片。从扫描电镜照片上可以看到，聚吡咯薄膜的包裹并没有破坏纤维素纳米材料的微观结构。如图 12-17(b)所示，由于电子束对聚吡咯有机层的破坏，样品的核壳结构清晰可见。从样品的透射电镜照片上可以看到，聚吡咯薄膜均匀包裹在纤维素纳米纤维上，厚度大约为 20 nm。通过控制聚吡咯溶液在滤纸纤维素上的聚合时间，可以控制聚吡咯薄膜的厚度[32]。

由于使用滤纸纤维素材料作为支架，因此这种聚吡咯包裹的纤维素材料结合了聚吡咯和纤维素的双重性质，如非常高的机械强度以及良好的亲水性等。这种制备方法非常简单,而且具有较高的通用性,可为其他导电聚合物材料的制备提供一条有效的途径。

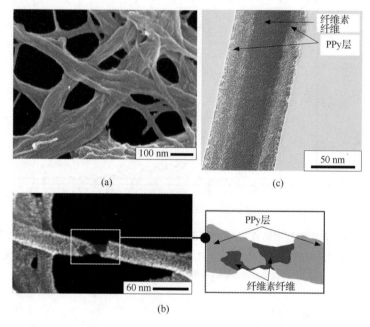

图 12-17　(a)聚吡咯包裹的纤维素纳米材料的扫描电镜照片;(b)样品放大的扫描
电镜照片,其中插图为样品的结构示意图;(c)样品的透射电镜照片

2. 其他聚合物纳米管材料

　　Gu 等以滤纸纤维素为模板,制备了多种聚合物纳米管材料。如图 12-18 所示,以滤纸纤维素为模板,先通过表面溶胶-凝胶法在每根滤纸纤维素的表面包裹一层二氧化钛超薄膜,使纤维素的表面呈负电性。然后通过静电作用或聚合物上的特殊基团与钛原子之间的相互作用,将聚合物通过层层自组装的方法沉积到每根滤纸纤维素的表面,形成滤纸/二氧化钛/聚合物复合材料。将复合材料置于氢氧化钠/尿素溶液中,在低温条件下静置过夜。因为氢氧化钠/尿素溶液能够进入滤纸纤维素的内部,打破氢键之间的相互作用,所以可以将滤纸纤维素溶解。将溶解掉滤纸的聚合物纳米管置于 pH=0 的盐酸溶液中除掉二氧化钛凝胶层后,可以得到多孔的聚合物纳米管材料。Gu 等利用这种方法,通过钛原子与聚乙烯醇上羟基之间的配位作用,将聚乙烯醇薄膜组装到滤纸表面,然后除掉模板纤维素和二氧化钛超薄膜,得到了多孔聚乙烯醇纳米管材料[33]。这种多孔聚合物纳米管材料不仅在结构上复制了滤纸纤维素的结构和形貌特征,而且同纤维素类似,对溶液具有很强的溶胀能力。除此之外,Gu 等还通过类似的途径,采用层层自组装的方

法,制备了多种聚合物纳米管材料。如利用聚电解质之间的静电作用,制备了聚电解质纳米管;利用钛原子与肝素中羟基之间的作用,制备了二氧化钛/肝素纳米管材料以及肝素掺杂的二氧化钛/聚乙烯醇纳米管材料等[34]。这些纳米管材料在微观结构上都完全复制了滤纸纤维素的形貌和结构特征,而且在性质上结合了滤纸纤维素本身固有的特征和聚合物材料的特殊性质,如肝素掺杂的二氧化钛/聚乙烯醇纳米管材料不仅具有很高的机械强度,而且具有优良的抗凝血性质。

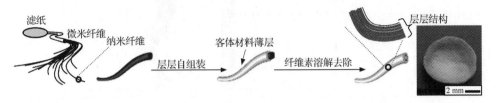

图 12-18　以滤纸为模板制备聚合物纳米管材料的示意图

　　利用纤维素材料作为模板制备聚合物纳米管材料的方法,不仅从纳米层次上将天然生物材料的微观结构引入聚合物材料中,而且结合了滤纸模板和聚合物材料的双重优良性质,为多种聚合物纳米管材料的制备提供了一条有效的途径。

12.2.3　基于天然纤维素表面修饰的功能纳米材料

1. 超疏水材料

　　天然纤维素材料本身具有非常好的亲水性,但通过纤维素表面适当的修饰,可以将亲水的天然纤维素材料转变为疏水材料,甚至通过外界条件的诱导,实现亲水性-疏水性-亲水性之间的相互转变。氧化物纳米薄膜如二氧化钛或二氧化硅等超薄膜在纤维素表面的沉积,活化了原本惰性的天然纤维素表面,为天然纤维素表面的进一步修饰及组装搭建了良好的平台。如图 12-19(a)所示,Li 等利用二氧化钛包裹的天然纤维素材料为搭建平台,在纤维素表面组装八烷基三甲氧基硅烷的单分子层,实现了天然纤维素材料由亲水性到超疏水性的转变,制备得到了超疏水的天然纤维素材料[23]。如图 12-19(b)所示,经过修饰的天然纤维素材料的接触角大于 150°,当水滴在洒满活性炭的超疏水天然纤维素材料表面划过后,留下一条清洁的划痕,这说明经过修饰的天然纤维素材料具有良好的自清洁能力。另外,这种疏水材料非常稳定,对酸碱条件都具有很好的抗性,所以在自清洁涂层方面也具有很好的潜在应用价值。

　　Jin 等也利用二氧化钛超薄膜包裹的天然纤维素材料作为构建平台,通过钛原子与羧基基团之间的相互作用,在表面组装顺式的 4-三氟甲氧基-4′-(6-羧基己氧基)偶氮苯分子单层后,将亲水性的天然纤维素材料转变成疏水材料,同时利用紫

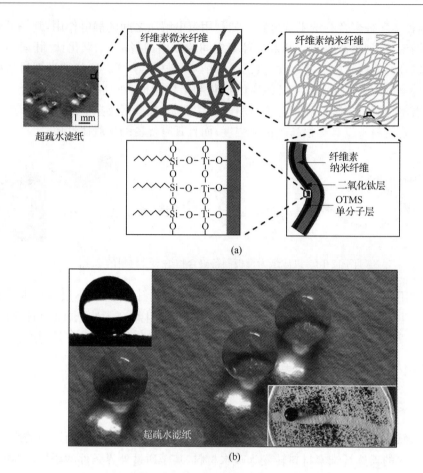

图 12-19 （a）基于滤纸表面修饰的超疏水纤维素材料制备过程及结构示意图；（b）水珠在
超疏水天然纤维素表面滚动的照片及接触角照片

外光的照射诱导及黑暗保存的方法，实现了天然纤维素材料在疏水性与亲水性之
间的相互转换[35]，组装过程及疏水性与亲水性之间的转换过程如图 12-20（a）所
示。从图 12-20（b）中接触角的变化曲线上可以看到，表面修饰过的纤维素材料经
紫外光照射后，由疏水性转变为亲水性材料；黑暗条件下保存一段时间，又可由亲
水性转变为疏水性材料。

　　以氧化物包裹的天然纤维素材料作为组建平台，通过在表面进一步组装修饰
其他化学物质的单分子层，亲水的天然纤维素材料可转变为超疏水材料，同时通过
其他外界条件的诱导，还可实现纤维素材料在亲水与疏水之间的转换。这种简单
的制备方法，可为其他超疏水材料的构建提供有效的途径，在超疏水材料及自清洁
涂层的制备方面具有较高的潜在利用价值。

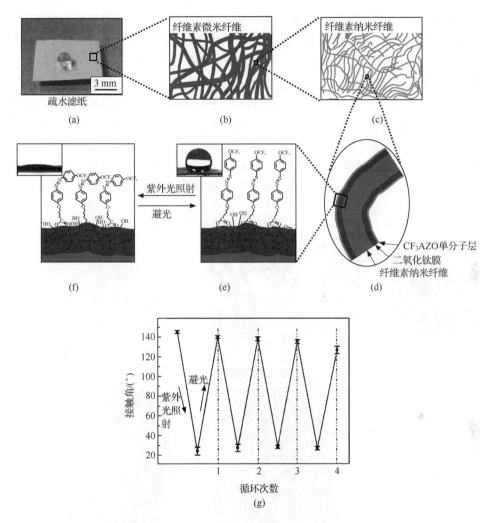

图 12-20　（a）～（f）天然纤维素材料表面组装过程、表面结构及疏水性与亲水性之间
转换过程示意图；（g）紫外光照射及黑暗保存诱导下纤维素表面接触角的变化曲线

2. 重金属离子比色传感材料

基于二氧化钛薄膜包裹的滤纸纤维素材料作为构建平台，Zhang 等在其表面
组装了 N719［二（四丁基铵）顺式-双（异硫氰基）双（2,2-联吡啶-4,4-二羧酸）钌
（II）］染料单分子层，制备了基于天然纤维素的 Hg^{2+} 比色传感材料[36]（图 12-21）。
如图 12-22 所示，在滤纸纤维素上组装 N719 染料之后，样品表面呈现紫色。当溶
液中的 Hg^{2+} 与样品表面组装的 N719 通过硫氰酸根结合后，样品会发生颜色变
化，由紫色变为橘黄色。Hg^{2+} 浓度越大，样品的颜色变化越大，橘黄色越深，依此

可以判断汞离子浓度的大小。固体紫外-可见光谱显示,当样品与溶液中的 Hg^{2+} 结合后,520 nm 处的吸收峰会发生蓝移至 480 nm 处,而且随着 Hg^{2+} 浓度的减小,在 480 nm 处的吸收峰值也逐渐减小。这种比色传感材料本身具有非常高的灵敏度,即使 Hg^{2+} 浓度低至 1×10^{-8},也能在 10 min 内发生变色反应。除此之外,因为这种比色传感材料继承了纤维素材料本身固有的优良性质,如大的比表面积等,使得传感器本身对汞离子具有较低的检测限。与此同时,传感材料本身还具有非常高的选择性,除 Hg^{2+} 以外的金属离子,如 Cu^{2+}、Mg^{2+}、Pb^{2+}、Zn^{2+} 等都不会对 Hg^{2+} 的比色传感产生干扰。总之,这种基于天然纤维素的比色传感材料具有制备方法简单、灵敏度高、检测限低、便于携带等诸多优点,在污水检测方面具有良好的应用前景。

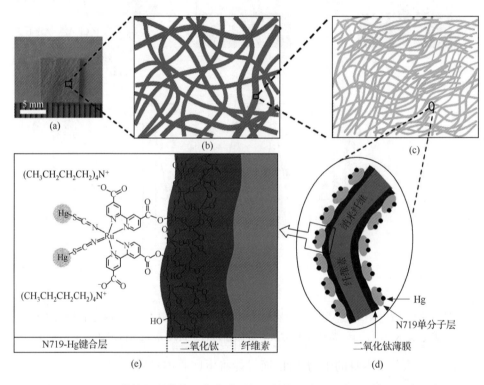

图 12-21　N719 修饰的纤维素比色传感材料的结构示意图及与 Hg^{2+} 的结合示意图

12.2.4　生物大分子在纤维素表面的组装

1. 链霉亲和素在纤维素表面的组装

蛋白质具有非常高的生物活性,研究者将其组装到二维平面结构,如玻璃片、硅片等表面后,制备得到了具有表面生物活性的功能材料。纤维素本身具有很大

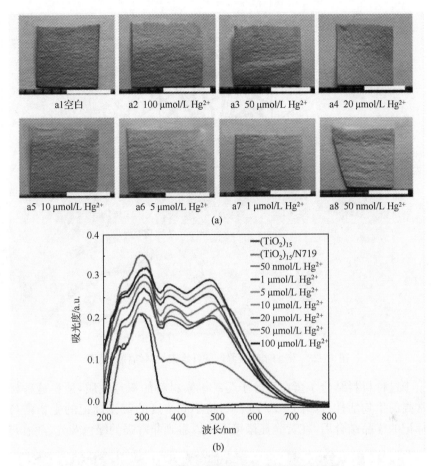

图 12-22　N719 修饰的滤纸对 Hg^{2+} 的传感效果

（a）样品对不同浓度 Hg^{2+} 传感的颜色变化图片，标尺长度为 5 mm；（b）样品对不同浓度 Hg^{2+} 传感后的固体紫外-可见变化曲线

的比表面积，如果能将蛋白质分子组装到纤维素的表面，有望得到具有更高生物活性的功能材料。据文献报道，将生物分子组装到具有纳米结构的表面之后，不但不会破坏蛋白质分子本身的生物活性，而且能将蛋白质本身的生物活性与基质本身的优良性质结合起来，得到具有高生物活性的复合功能材料。Huang 等先通过表面溶胶-凝胶法在纤维素表面包裹一层厚度大约为 5 nm 的二氧化钛超薄膜，因为二氧化钛具有非常好的生物兼容性，因此非常有利于其他生物大分子如生物素等在其表面的进一步组装。通过钛原子与 D-生物素上羟基之间的相互作用，将 D-生物素单分子层组装到二氧化钛包裹的纤维素表面。然后利用链酶亲和素-生物素之间特殊的相互作用，将具有荧光标记的链霉亲和素组装到表面之后，得到了蛋白质修饰的具有高生物活性的功能纳米材料[37]，材料的结构示意图如图 12-23 所示。

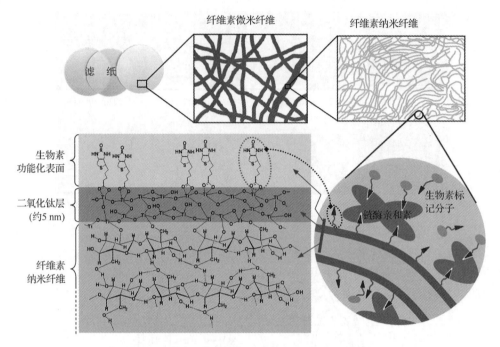

图 12-23　链酶亲和素修饰的纤维素材料结构示意图

由于这种材料结合了蛋白质分子与纤维素材料的双重性质,使得这种材料具有非常高的生物活性。如图 12-24 所示,将不同浓度的荧光标记的生物素与没有荧光标记的样品结合后,在荧光显微镜下可以看到非常强的绿色荧光,随着与样品

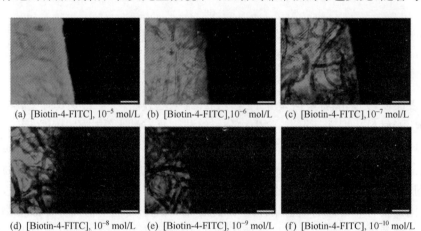

图 12-24　链酶亲和素修饰的纤维素材料结合荧光标记的生物素后的荧光显微照片。每张荧光显微照片的左部分为荧光标记的不同浓度的生物素与样品结合后的照片,右部分为不做任何修饰的滤纸纤维素材料的荧光显微照片。标尺长度为 $100\ \mu m$

结合的生物素浓度的减小,荧光强度逐渐减弱。当生物素的浓度小至 10^{-9} mol/L 时,依然可以看到较强的绿色荧光。这比平面如石英片上组装的样品的荧光强度大很多,说明纤维素本身具有的大的比表面积,使样品具有更高的生物活性和灵敏度。

2. 铁蛋白在纤维素表面的组装

除了在纤维素表面组装链酶亲和素等生物大分子外,Gu 等还在二氧化硅包裹的纤维素表面组装了铁蛋白,然后通过铁蛋白内的铁核重组,制备了具有超顺磁性的 $\gamma\text{-}Fe_2O_3$ 块状材料[38]。首先在滤纸纤维素表面通过溶胶-凝胶法组装一层厚度大约为 4 nm 的二氧化硅薄膜,然后通过二氧化硅表面的羟基与铁蛋白表面的羧基和氨基之间的相互作用,将铁蛋白组装到二氧化硅的表面。因为铁蛋白的壳层上具有很多通道,通过这些通道将铁蛋白内核的 Fe^{3+} 用 Fe^{2+} 置换后,再在铁蛋白的表面包裹一层厚度大约为 7.5 nm 的二氧化硅薄膜,将铁蛋白固定在两层二氧化硅的薄膜中。之后通过煅烧,除掉滤纸纤维素模板和铁蛋白的壳层后,可得到具有超顺磁性的 $\gamma\text{-}Fe_2O_3$ 块状材料,样品的制备过程如图 12-25 所示。

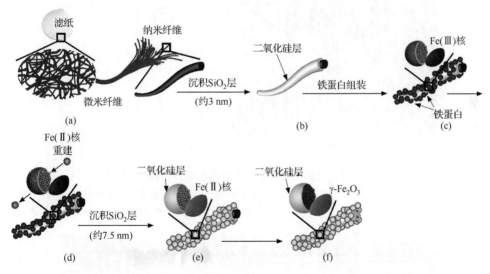

图 12-25　在滤纸纤维素表面组装铁蛋白制备 $\gamma\text{-}Fe_2O_3/SiO_2$ 复合磁性材料的过程示意图

如图 12-26 所示,样品的扫描电镜照片显示样品在微观上完全复制了滤纸纤维素的微观形貌,$\gamma\text{-}Fe_2O_3$ 纳米颗粒均匀地覆盖在二氧化硅纳米管的管壁上;透射电镜照片显示 $\gamma\text{-}Fe_2O_3$ 纳米颗粒的直径大约为 10 nm。当在样品上加入外界磁场时,样品会随着磁铁移动,这说明样品本身具有非常好的磁性,样品的磁滞回线也说明样品具有很强的顺磁性。

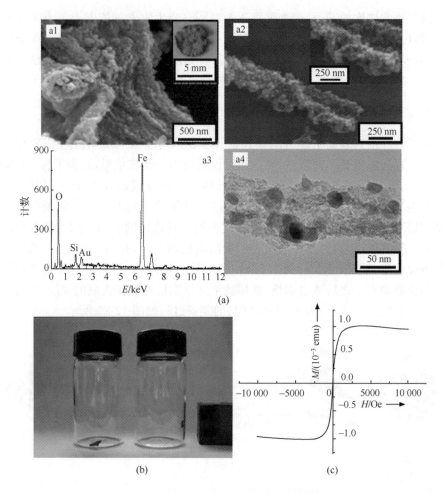

图 12-26　　γ-Fe₂O₃/SiO₂复合磁性材料

(a) 中的 a1 和 a2 为样品的扫描电镜照片;a1 中插图为样品的照片;a3 为样品的 EDX 能谱图;a4 为样品的
透射电镜照片;(b) 样品在无磁场(左)和有外界磁场时(右)对磁场的感应照片;(c) 样品的磁滞回线

3. 寡聚核苷酸在纤维素表面的组装及对互补 DNA 链的识别

因为二氧化锆具有很好的生物兼容性,同时对氧原子具有非常强的亲和性,
Xiao 等利用二氧化锆超薄膜包裹的纤维素材料作为构建平台,将寡聚核苷酸组装
到纤维素表面,并用它来识别互补的 DNA 分子链[39]。如图 12-27 所示,首先利用
表面溶胶-凝胶法在纤维素的表面包裹一层厚度大约为 20 nm 的二氧化锆超薄膜,
然后利用二氧化锆薄膜上锆原子与磷酸基团上氧原子间的强相互作用,将寡聚核
苷酸单分子层组装到二氧化锆薄膜的表面,制备得到了寡聚核苷酸修饰的滤纸纤
维素生物传感器。将具有荧光标记的目标 DNA 分子链与该生物传感器相互杂

交,若目标 DNA 分子链的碱基刚好与寡聚核苷酸上的碱基配对,在荧光显微镜下便可看到强度较大的荧光,以此来完成对互补 DNA 分子链的识别。

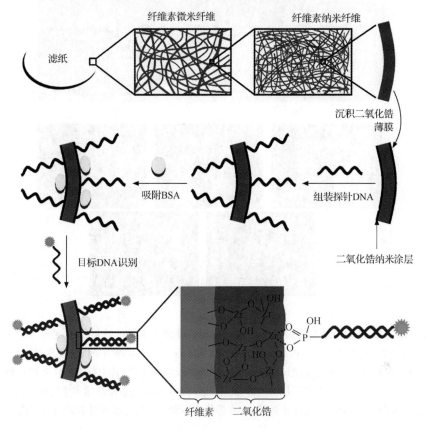

图 12-27　寡聚核苷酸在二氧化锆包裹的纤维素表面组装过程及其对目标 DNA 分子
链的识别过程示意图

图 12-28 展示了寡聚核苷酸修饰的滤纸纤维素生物传感器与目标 DNA 分子链 FMT 杂交后拍到的荧光显微照片。可以看到,寡聚核苷酸的修饰及目标 DNA 分子与寡聚核苷酸的杂交并没有破坏滤纸纤维素的微观形貌。随着目标 DNA 浓度的降低,荧光强度逐渐减小,当 DNA 的浓度降低至 10^{-10} mol/L 后,荧光消失不见。该生物传感器的最低检测限可达 10^{-9} mol/L,同修饰在二维平面如石英片上的样品相比,检测限下降了两个数量级,这些优点要归因于基质滤纸纤维素所拥有的复杂的多层次三维立体结构及大的比表面积。不仅如此,同修饰在无机纳米材料如硅或氧化铝上的生物传感器相比,这种方法制备的生物传感器还具有非常高的机械强度及良好的柔韧性等诸多优点,在医学检测等方面可能具有很高的潜在应用价值。

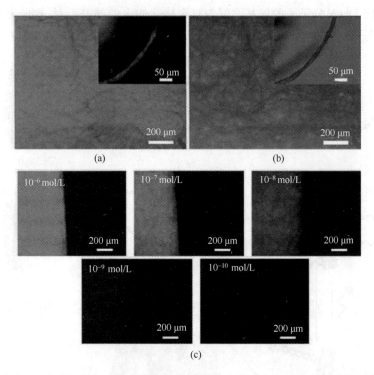

图 12-28 (a)和(b)分别为寡聚核苷酸修饰的滤纸纤维素生物传感器与浓度为 10^{-7} mol/L 的目标 DNA 分子 FMT(5′-GCA TAC GGA CAT CGA-3′,5′末端有 FITC 荧光素标记,可发绿色荧光)杂交后,在荧光显微镜下的荧光显微照片及明场照片,其中插图为样品单根修饰的纤维素的放大照片;(c)系列照片的左部分为寡聚核苷酸修饰的滤纸纤维素生物传感器与不同浓度的 FMT 杂交后的荧光显微照片,右部分为不做修饰的滤纸纤维素的荧光显微照片

12.2.5 纳米颗粒在纤维素表面的组装

1. 金纳米颗粒负载的二氧化钛纳米管复合材料

在纤维素的表面沉积金属氧化物超薄膜后,原本化学惰性的天然纤维素材料会被活化,从而为其他物质的组装提供一个完美的构建平台。应用这个平台,Huang 等还制备了金纳米颗粒负载的二氧化钛纳米管复合材料[40]。应用表面溶胶-凝胶法,先在纤维素的表面沉积厚度大约为 7.5 nm 的二氧化钛凝胶层,然后将金的前体物沉积在二氧化钛的表面后,再用厚度大约为 2.5 nm 的二氧化钛超薄膜包裹沉积的金纳米粒子。在空气中煅烧除掉滤纸及金纳米粒子表面的配体有机物后,得到了深棕色的大块材料[如图 12-29(a)中插图所示]。从扫描电镜照片上可以看到,样品在微观上完全复制了滤纸纤维素的形貌特征,而且金纳米颗粒均匀地包裹在滤纸纤维素的每根纤维上。从透射电镜照片上可以看到,金纳米颗粒分

布均匀,颗粒尺寸均一,直径约为 5 nm。据文献报道,因为金纳米颗粒的熔点较低,所以低温煅烧如 300 ℃时就非常容易融合聚集在一起[41]。但这种负载在二氧化钛纳米管上的金纳米颗粒即使在 450 ℃的条件下煅烧了 6 h 后,依然能非常均匀地覆盖在滤纸的每一根纤维上,这是因为外面包裹的二氧化钛薄膜层起了重要的作用。如图 12-29(f)所示,如果在金纳米颗粒沉积后,不再包裹二氧化钛超薄膜,金纳米颗粒就非常容易融合在一起,不仅金纳米颗粒的覆盖率较低,而且颗粒尺寸也会变得极不均匀。这说明外层包裹的二氧化钛超薄膜在煅烧的过程中,能够有效地阻止金纳米颗粒的融合和聚集。

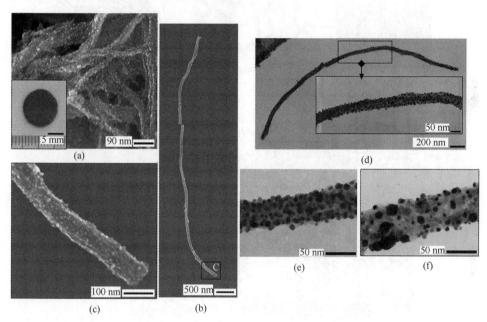

图 12-29　(a)和(b)为金纳米颗粒负载的二氧化钛纳米管复合材料的扫描电镜照片;(c)为(b)图中方框部分样品的放大图;(d)和(e)为样品的透射电镜照片;(f)为外层不包裹二氧化钛薄膜的样品的透射电镜照片

纳米管与纳米颗粒的复合材料在非均相催化及分子传感方面都有非常重要的用途。这个制备方法简单,纳米颗粒的负载量大,包裹均匀,而且颗粒尺寸均一,为金属负载的氧化物纳米管复合材料的制备提供了一种简便的方法。

2. 硒化镉纳米颗粒负载的纤维素块状发光材料

半导体纳米晶是近年来新兴的一类功能纳米材料,因其独特的量子限域效应和光电性质,在太阳能电池、发光二极管、光电探测器、生物标记、非线性光学等领域中具有潜在的应用价值,受到众多材料科学家的广泛关注。由于溶液中的纳米晶颗粒非常不稳定,限制了半导体纳米晶的进一步应用,材料科学家们致力于将其分散固定在不同的基质上的研究,以此来克服其在溶液中易团聚、不稳定等缺点。

Niu 等通过硒化镉纳米晶表面配体三正辛基氧化膦(TOPO)和十六胺(HAD)与硬脂酸烷基链之间的疏水作用,将硒化镉纳米晶组装到二氧化钛薄膜和硬脂酸包裹的滤纸纤维素的表面,制备了发绿色荧光的块状发光材料[42],样品结构如图 12-30 所示。

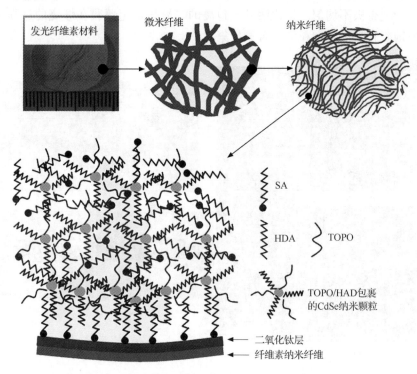

图 12-30　硒化镉纳米颗粒负载的纤维素发光材料结构示意图

制备得到的硒化镉纳米颗粒负载的纤维素块状发光材料具有非常高的机械强度和良好的韧性,在微观上完全继承了滤纸纤维素的多级复杂立体结构和形貌特征。硒化镉纳米晶均匀地分散在纤维素表面,颗粒大小均一,平均直径为 4 nm。该样品的荧光发射峰在 530 nm 处,与溶液中合成的硒化镉纳米晶的发射峰一致,说明在纤维素表面分散负载之后,硒化镉纳米晶本身的光学性质没有发生改变。该块状材料在荧光显微镜下发出绿色荧光,同负载在平面基质如石英片上的硒化镉纳米晶材料相比,荧光强度大,这说明纤维素本身大的比表面积及复杂的层次结构和微观形貌有利于硒化镉纳米颗粒的负载,因此样品本身具有更好的光学性质。这种简便的制备高韧性块状发光材料的方法,对其他半导体纳米晶材料的制备具有启示作用,在实际应用中也可能具有潜在的开发价值。

12.2.6　胶体颗粒在纤维素表面的组装

除了生物大分子、无机纳米颗粒等在纤维素表面的组装之外,Gu 等还在纤维素表面组装了胶体颗粒,然后利用滤纸纤维素材料和组装上去的胶体颗粒作为构建材料的双模板,制备了管壁具有中空球状结构的二氧化钛纳米管材料[43],制备过程如图 12-31 所示。首先在纤维素表面包裹厚度大约为 2.5 nm 的二氧化钛凝胶层,然后将二氧化硅或羧基修饰的聚苯乙烯球胶体颗粒组装到二氧化钛膜的表面,再在外面继续包裹厚度大约为 7.5 nm 的二氧化钛凝胶层。将得到的样品在空气中煅烧除去滤纸纤维素和聚苯乙烯模板,或者通过强碱溶液等方法去除二氧化硅颗粒后,可得到管壁具有中空球状结构的二氧化钛纳米管材料。

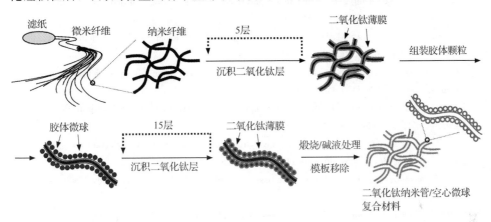

图 12-31　双模板法制备多孔二氧化钛纳米管材料过程示意图

该材料同管壁没有中空球状结构的二氧化钛纳米管相比,比表面积显著增大,对有机染料如亚甲基蓝具有良好的降解效果,因此在污水净化处理方面具有广泛的应用价值。此外,这种方法也提供了一种构建中空球状结构纳米材料的制备方法。

12.3　总结与展望

在纳米层次上以特定客体物质对自然生物物质进行结构和形貌复制,以及在分子层面上对其进行功能化的表面修饰,是仿生和分子仿生科学在功能材料领域内的一个延伸。如本章所述,自然纤维素物质是一个具有代表性的体系,提供了一条把自然生物物质的特定结构和人工设计的材料功能有机结合的有效途径。对于新型纳米结构功能材料的绿色合成具有一定的现实意义。随着化学和纳米科学日新月异的发展,更多的技术手段可望用于在分子层次上对自然生物物质进行复制和修饰,为仿生功能材料领域的发展及其有关实际应用注入新鲜的血液。

(浙江大学:黄建国)

参 考 文 献

[1] Davis S A, Burkett S L, Mendelson N H, et al. Bacterial templating of ordered macrostructures in silica and silica-surfactant mesophases. Nature, 1997, 385: 420-423.

[2] Meldrum F C, Seshadri R. Porous gold structures through templating by echinoid skeletal plates. Chem Commun, 2000, 29-30.

[3] Huang J, Wang X, Wang Z L. Controlled replication of butterfly wings for achieving tunable photonic properties. Nano Lett, 2006, 6: 2325-2331.

[4] Anderson M W, Holmes S M, Hanif N, et al. Hierarchical pore structures through diatom zeolitization. Angew Chem, Int Ed, 2000, 39: 2707-2710.

[5] Chia S, Urano J, Tamanoi F, et al. Patterned hexagonal arrays of living cells in sol-gel silica films. J Am Chem Soc, 2000, 122: 6488-6489.

[6] Yang D, Qi L, Ma J. Eggshell membrane templating of hierarchically ordered macroporous networks composed of TiO_2 tubes. Adv Mater, 2002, 14: 1543-1546.

[7] Shin Y, Liu J, Chang J H, et al. Hierarchically ordered ceramics through surfactant-templated sol-gel mineralization of biological cellular structures. Adv Mater, 2001, 13: 728-732.

[8] Dong A, Wang Y, Tang Y, et al. Zeolitic tissue through wood cell templating. Adv Mater, 2002, 14: 926-929.

[9] Hall S R, Bolger H, Mann S. Morphosynthesis of complex inorganic forms using pollen grain templates. Chem Commun, 2003: 2784-2785.

[10] Kim Y. Small structures fabricated using ash-forming biological materials as templates. Biomacromolecules, 2003, 4: 908-913.

[11] Huang J, Kunitake T. Nano-precision replication of natural cellulosic substances by metal oxides. J Am Chem Soc, 2003, 125: 11 834-11 835.

[12] Klemm D, Heublein B, Fink H-P, et al. Cellulose: fascinating biopolymer and sustainable raw material. Angew Chem, Int Ed, 2005, 44: 3358-3393.

[13] Zhao J, Gu Y, Huang J. Flame synthesis of hierarchical nanotubular rutile titania derived from natural cellulose substance. Chem Commun, 2011, 47: 10 551-10 553.

[14] Di Paola A, Cufalo G, Addamo M, et al. Photocatalytic activity of nanocrystalline TiO_2 (brookite, rutile and brookite-based) powders prepared by thermohydrolysis of $TiCl_4$ in aqueous chloride solutions. Colloids Surf, A, 2008, 317: 366-376.

[15] Zhang Z, Brown S, Goodall J B M, et al. Direct continuous hydrothermal synthesis of high surface area nanosized titania. J Alloys Compd, 2009, 476: 451-456.

[16] Kemell M, Pore V, Ritala M, et al. Atomic layer deposition in nanometer-level replication of cellulosic substances and preparation of photocatalytic TiO_2/cellulose Composites. J Am Chem Soc, 2005, 127: 14 178-14 179.

[17] Kemell M, Pore V, Ritala M, et al. Ir/oxide/cellulose composites for catalytic purposes prepared by atomic layer deposition. Chem Vap Deposition, 2006, 12: 419-422.

[18] Li X, Fan T, Zhou H, et al. Enhanced light-harvesting and photocatalytic properties in morph-TiO$_2$ from green-leaf biotemplates. Adv Func Mater, 2009, 19: 45-56.

[19] Zhang D, Qi L. Synthesis of mesoporous titania networks consisting of anatase nanowires by templating of bacterial cellulose membranes. Chem Commun, 2005: 2735-2737.

[20] Huang J, Matsunaga N, Shimanoe K, et al. Nanotubular SnO$_2$ templated by cellulose fibers: synthesis and gas sensing. Chem Mater, 2005, 17: 3513-3518.

[21] Imai H, Iwaya Y, Shimizu K, et al. Preparation of hollow fibers of tin oxide with and without antimony doping. Chem Lett, 2000, 29: 906-907.

[22] Aoki Y, Huang J, Kunitake T. Electro-conductive nanotubular sheet of indium tin oxide as fabricated from the cellulose template. J Mater Chem, 2006, 16: 292-297.

[23] Li S J, Wei Y Q, Huang J G. Facile fabrication of superhydrophobic cellulose materials by a nanocoating approach. Chem Lett, 2010, 39: 20-21.

[24] Emons T T, Li J, Nazar L F. Synthesis and characterization of mesoporous indium tin oxide possessing an electronically conductive framework. J Am Chem Soc, 2002, 124: 8516-8517.

[25] Bao Z, Weatherspoon M R, Shian S, et al. Chemical reduction of three-dimensional silica micro-assemblies into microporous silicon replicas. Nature, 2007, 446: 172-175.

[26] Zhang Y, Huang J. Hierarchical nanofibrous silicon as replica of natural cellulose substance. J Mater Chem, 2011, 21: 7161-7165.

[27] Zhang Y, Liu X, Huang J. Hierarchical mesoporous silica nanotubes derived from natural cellulose substance. ACS Appl Mater Interfaces, 2011, 3: 3272-3275.

[28] Huang H, Liu X, Huang J. Tubular structured hierarchical mesoporous titania material derived from natural cellulosic substances and application as photocatalyst for degradation of methylene blue. Mater Res Bull, 2011, 46: 1814-1818.

[29] Liu X, Gu Y, Huang J. Hierarchical, titania-coated, carbon nanofibrous material derived from a natural cellulosic substance. Chem Eur J, 2010, 16: 7730-7740.

[30] Shin Y, Li X S, Wang C, et al. Synthesis of hierarchical titanium carbide from titania-coated cellulose paper. Adv Mater, 2004, 16: 1212-1215.

[31] Huang J, Ichinose I, Kunitake T. Nanocoating of natural cellulose fibers with conjugated polymer: hierarchical polypyrrole composite materials. Chem Commun, 2005: 1717-1719.

[32] Ichinose I, Kunitake T. Polymerization-induced adsorption: a preparative method of ultrathin polymer films. Adv Mater, 1999, 11: 413-415.

[33] Gu Y, Huang J. Fabrication of natural cellulose substance derived hierarchical polymeric materials. J Mater Chem, 2009, 19: 3764-3770.

[34] Gu Y, Niu T, Huang J. Functional polymeric hybrid nanotubular materials derived from natural cellulose substances. J Mater Chem, 2010, 20: 10 217-10 223.

[35] Jin C, Yan R, Huang J. Cellulose substance with reversible photo-responsive wettability by surface modification. J Mater Chem, 2011, 21: 17 519-17 525.

[36] Zhang X, Huang J. Functional surface modification of natural cellulose substances for colorimetric detection and adsorption of Hg^{2+} in aqueous media. Chem Commun, 2010, 46: 6042-6044.

[37] Huang J, Ichinose I, Kunitake T. Biomolecular modification of hierarchical cellulose fibers through titania nanocoating. Angew Chem Int Ed, 2006, 45: 2883-2886.

[38] Gu Y, Liu X, Niu T, et al. Superparamagnetic hierarchical material fabricated by protein molecule assembly on natural cellulose nanofibres. Chem Commun, 2010, 46: 6096-6098.

[39] Xiao W, Huang J. Immobilization of oligonucleotides onto zirconia-modified filter paper and specific molecular recognition. Langmuir, 2011, 27: 12 284-12 288.

[40] Huang J, Kunitake T, Onoue S Y. A facile route to a highly stabilized hierarchical hybrid of titania nanotube and gold nanoparticle. Chem Commun, 2004: 1008-1009.

[41] Fullam S, Cottell D, Rensmo H, et al. Carbon nanotube templated self-assembly and thermal processing of gold nanowires. Adv Mater, 2000, 12: 1430-1432.

[42] Niu T, Gu Y, Huang J. Luminescent cellulose sheet fabricated by facile self-assembly of cadmium selenide nanoparticles on cellulose nanofibres. J Mater Chem, 2011, 21: 651-656.

[43] Gu Y, Liu X, Niu T, et al. Titania nanotube/hollow sphere hybrid material: dual-template synthesis and photocatalytic property. Mater Res Bull, 2010, 45: 536-541.

第13章 生物复合共轭聚合物材料的制备及应用

核酸与蛋白质是天然大分子化合物,是一切细胞和组织结构的重要组成成分。人类许多疾病与 DNA 碱基序列或蛋白质结构、功能的变异息息相关,而基因水平的异常最终都是通过蛋白质的表达与活性改变而起作用。生物大分子(如核酸与蛋白质)以及生物活体分子(细菌、病毒以及细胞)的识别、检测对获取生命过程中的化学与生物信息、阐明生物体系中的信息传递、特别是对疾病的诊断与治疗都具有重要的意义。然而,由于绝大多数生物分子本身在与目标分子结合时不能产生明显的光学或电学性质的变化,所以天然生物分子不能作为传导体传输生物识别信号。配体或寡聚核苷酸对目标蛋白质或核酸的特异性结合,通常会诱导目标分子产生快速的构象变化[1-3]。目前研究生物大分子的常用方法有凝胶电泳、高效液相色谱(HPLC)、磁共振、免疫着色法以及酶联免疫分析法(ELISA)[4],虽然这些方法具有各自的优点,但具有操作时间长、所需分析样品量大、需要放射性标记底物、操作繁琐等缺点。相对于天然的生物分子,半合成的生物复合光学有机功能材料由于结合了生物分子的灵敏性、特异性和非生物光学功能材料,如共轭聚合物[5]与纳米粒子[6],稳定的物理性质和快速光学响应性,可以克服上述难题。这些生物复合材料可以将生物结合以及生物识别事件转变为可测的光学信号。

在光化学传感器研究中,作为光学识别信号转换功能的敏感材料是影响传感器性能的最重要因素之一,它决定了传感器的检测灵敏度。因此,设计、发展优良的敏感材料一直是传感器研究的热点。近年来,以水溶性共轭聚合物为主的生物复合共轭聚合物作为生物传感元件,在核酸、蛋白质、细菌、细胞等的特异性识别、检测方面的研究越来越受到人们的关注。这些发光聚合物主要包括聚噻吩、聚芴、聚苯撑乙炔、聚苯撑乙烯以及它们的衍生物等(图 13-1),为保证它们具有良好的

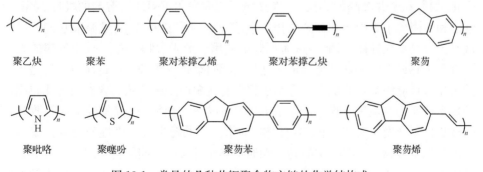

图 13-1 常见的几种共轭聚合物主链的化学结构式

水溶性,侧链末端通常被带有正电荷或负电荷的基团修饰,或者与生物大分子形成复合物。

经过国内外众多科学工作者的共同努力,共轭聚合物作为荧光探针已经被成功应用于基因检测、蛋白质/酶浓度及活性测定、抗原-抗体识别、细菌检测以及细胞成像等一系列生物领域的研究[7-18]。国内多个研究组在这一领域也做了大量工作,并在新材料合成、生物小分子、DNA 与蛋白质检测应用方面取得了重要进展[19-23]。近年来,共轭聚合物与生命科学的交叉学科吸引了众多科研工作者的兴趣,基于共轭聚合物的新型生物传感器在医疗诊断、基因突变观测、基因传输监控、环境检测以及国家安全防御等方面展现了广泛的应用前景,是目前共轭聚合物研究的热点之一。

与传统的聚合物相比,生物复合共轭聚合物不但具有生物分子的活性功能,而且具有共轭聚合物类分子的优良性质。共轭聚合物具有特殊的共轭分子链结构和特殊的电学、光学和电化学性能,可作为生物传感器中优良的信号转换功能材料。另外共轭聚合物具有强的光捕获能力,倍增的光学响应性,可用来放大荧光传感信号,为生物传感器的发展提供了新的传感模式。目前基于共轭聚合物的生物传感主要有三种机理:①基于能量/电子转移过程的传感。DNA 和蛋白质的检测或酶活性的分析,通过聚合物和猝灭基团之间共价连接或者静电作用、疏水作用等非共价方式作用方式,包括了体系对外界响应时猝灭基团的接近或远离、生成或破坏所导致的体系光学性质的改变。由于电子/能量可以在聚合物链内或链间快速地移动,使得共轭聚合物可以从最低的能带发射荧光,因此,水溶和非水溶的聚合物的荧光寿命通常都可以达到纳秒级。水溶性聚合物的光学性质还受到聚合物主链的重复单元数以及溶剂的极性等因素的影响。②基于聚合物聚集态变化的传感。共轭聚合物的光学性质主要依赖于它们在溶液相和固相的分子构象和聚集状态。水溶性共轭聚合物是棒状的两亲性大分子,它们在水溶液中容易聚集,这个过程主要是由疏水的骨架驱动的。共轭聚合物聚集引起自身荧光猝灭,不借助于荧光猝灭基团;还有一些特殊的共轭聚合物在外界刺激下聚集时荧光发射光谱会产生显著变化,如芴和苯并噻唑的共聚物,发光单元之间发生 FRET。溶剂的极性、表面活性剂和对阴离子是影响共轭聚合物在水溶液中的重要因素,通过调节它们可以实现对聚合物发光性能的调节,从而更好地应用于荧光生物传感。基于聚集的生物大分子传感最大的好处是免标记,传感过程简化(传感机理不一定简单),这是新型的荧光探针应该具备的优点。③基于聚合物构象改变的传感。含有芴等比较刚性的发光单元的共轭聚合物骨架在水中呈平面构型,即使发生聚集其最大吸收和发射波长也不会发生位移,而骨架偏“软”的水溶性共轭聚合物则性质迥异。聚噻吩类的共轭聚合物在水溶液中的光学性质依赖于骨架的空间结构形式。生物大分子(DNA 或蛋白质)与聚噻吩的结合能够调控其空间结构,进而使聚合物的光学性质

（吸收和发射光谱）发生可供检测的显著变化。许多关于 DNA 和蛋白质灵敏传感的体系都是基于这个原理设计的，这种传感体系的优点在于检测过程中可以产生紫外吸收、CD 光谱以及荧光发射等多重光学响应，并且免标记，可以实现目测颜色的变化而不需要借助于任何光学仪器。

13.1　生物复合共轭聚合物材料的制备及性质

一般情况下，共轭聚合物的主链具有刚性的平面结构，是强疏水的，因此很难熔融和溶解。但是，通过聚合物侧链的修饰，共价连接上亲水基团得到水溶性共轭聚合物，或者与生物活性大分子形成生物复合共轭聚合物都可以改变聚合物的溶解性、熔解能力[24]。

生物复合用到的共轭聚合物通常具有 π-共轭结构的骨架和水溶性的侧链。这些聚合物的骨架可以通过温和的金属催化或电化学等方法获得，如 Sonogashira-Hagihara 偶合反应合成聚苯撑乙炔（PPE）[25,26]，Stille、Yamamoto 或 Suzuki 偶合反应合成聚苯（PPP）和聚芴（PF）[27-30]，Heck 偶合反应合成聚苯撑乙烯（PPV）[31]，McCullough、Rieke 或其他电化学方法合成聚噻吩（PT）等[32,33]。

13.1.1　核酸复合共轭聚合物材料

DNA 作为遗传信息的载体，参与遗传信息在细胞内的存储、编辑、传递和表达。在一定意义上，可以说生命中的一切过程都是根据存储在 DNA 内的信息进行的。直到 1982 年 Seeman 成功构建了第一个人工 DNA 结和 DNA 晶格后[34]，研究者们才开始利用 DNA 构建各种不同用途的 DNA 材料。DNA 作为一种生物大分子，在构建材料方面具有许多优点：第一，DNA 的碱基互补配对原则使得 DNA 杂交是高度可控的，这也是 DNA 材料设计的基础；第二，DNA 独特的螺旋结构在纳米尺寸范围，其直径大约 2nm，碱基间距 0.34nm；第三，DNA 链的柔性和刚性可以容易通过改变 DNA 碱基对来调控；第四，随着现代生物学和分子生物技术的快速发展，DNA 可以进行任意裁剪和官能团的修饰；第五，DNA 具有生物相容性，这使得 DNA 材料可以应用于细胞内和体内条件。综上所述，DNA 作为一种桥梁连接了分子生物学和材料科学，同时为新型材料合成提供了新的方法和途径[35]。现在，DNA 已经广泛应用于构建各种能够精确控制在纳米尺度的材料和器件[34-39]。

1. DNA 复合聚对苯撑乙烯

Ben-yoseph 研究小组以 DNA 为模板利用 Wessling 法合成了聚对苯撑乙烯导电薄膜[40]。他们首先将用 DNA 固定在两个金电极上，然后将其浸泡在聚合物硫盐前体的溶液中,通过离子交换可以得到 DNA/PPV 前体的复合物(图 13-2)。最后在 250℃下加热聚合后得到了 PPV 导电薄膜。这是第一个以 DNA 为模板合成导电聚合物,并且直接用于构建器件的研究工作。

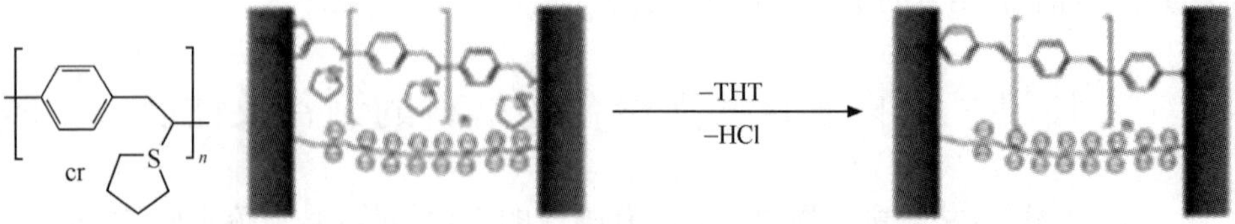

图 13-2 聚合物硫盐前体的结构以及 PPV 导电薄膜形成过程示意图

Wang 研究小组利用正电荷聚对苯撑乙烯的硫盐前体 SP-PPV,以鲑鱼精 DNA 为模板,原位聚合得到了一种具有荧光性质的新型 DNA 杂化水凝胶[41]。SP-PPV 通过静电作用与 DNA 形成静电复合物 DNA/SP-PPV,再在碱催化下原位聚合(图 13-3)。由于 DNA 和共轭聚合物的相互作用,这种杂化的水凝胶具有一些不同于天然 DNA 和单一聚合物的性质。由于 DNA 和共轭聚合物的协同作

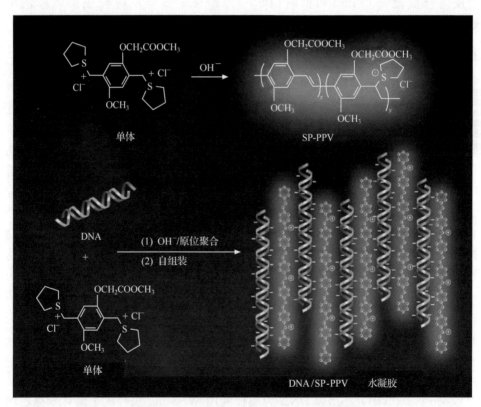

图 13-3 聚合物单体的结构和 DNA/SP-PPV 水凝胶形成示意图

用,水凝胶对 DNA 消化酶、高温和超声都具有很好的稳定性。通过调节聚合物单体和 DNA 的投料比例,可以调节水凝胶的光学性质和溶胀性质。这种水凝胶可以携带降压药物盐酸尼卡地平然后在溶液中缓慢释放,并且可以通过聚合物的荧光变化实时监测这一释放过程。

2. DNA 复合聚苯胺

Samuelson 研究小组以固定在硅片表面的 DNA 为模板合成了 DNA 杂化聚苯胺纳米线[42]。他们利用氨丙基三乙氧基硅处理硅片表面,并将 DNA 吸附到硅片表面形成一维 DNA 纳米线。把吸附 DNA 的硅表面浸泡在 pH 4.0 的苯胺溶液中,苯胺质子化后与带负电荷的 DNA 通过静电作用形成复合物,然后在辣根过氧化物酶与双氧水的作用下进行氧化聚合(图 13-4)。他们对聚合物条件进行了考察:在 pH 5.0 下聚合时,得到的是聚苯胺颗粒[图 13-5(a)];而在 pH 3.2 下聚合时,聚合反应进行的相对较好[图 13-5(b)];聚苯胺纳米线的形成主要受苯胺质子化和酶活性的影响。在 pH 4.0 时,单体随着苯胺的质子化(苯胺的 pK_a 4.6)沿着

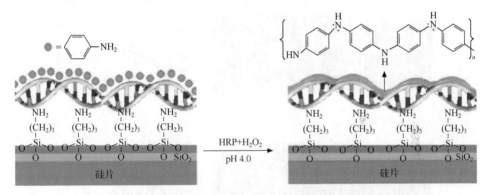

图 13-4　以固定在硅片表面的 DNA 为模板合成聚苯胺纳米线的示意图

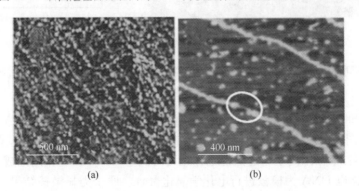

图 13-5　不同 pH 条件下合成的聚苯胺的 AFM 图
(a) pH 5.0；(b) pH 3.2

DNA 链排列,此时酶仍然具有催化活性(催化活性随着 pH 下降而降低),可以氧化苯胺形成聚苯胺纳米线。

Nickels 研究组以 DNA 作为模板,分别在过硫酸铵 APS、光氧化剂 [Ru(bipy)$_3$]$^{2+}$ 和 HRP-H$_2$O$_2$ 三种不同条件下合成了聚苯胺[43]。研究结果表明用过硫酸铵氧化聚合时,只得到了分散的聚合物颗粒,而以固定在基片表面的 DNA 为模板时得到了最好的结果。酶催化(HRP-H$_2$O$_2$ pH 4.2)合成聚苯胺在没有 DNA 条件下聚合反应几乎不能进行,而在基片表面聚合时,酶会吸附到基片上而影响聚合反应进行。用光氧化剂[Ru(bipy)$_3$]$^{2+}$ 催化聚合可以得到聚合度较大的聚苯胺,但是以固定在基片表面的 DNA 为模板时,光氧化剂不能有效的活化。将上述三种方法合成的 DNA/PANi 材料拉伸在双电极之间进行电化学测试,结果表明以 APS 为氧化剂制备的 DNA/PANi 纳米线不导电;用酶催化和光氧化剂两种方法制备的纳米线可以导电(图 13-6)。尽管 AFM 图和相应的 I-V 曲线证明成功制备了 DNA/PANi 纳米线,但是电极间的纳米线数量是不确定的,因此不能获得材料的电导率。

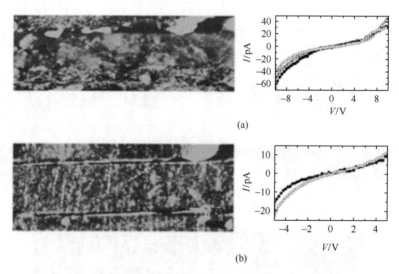

图 13-6 不同方法合成的 PANi/DNA 纳米线拉伸在双电极间的 AFM 图以及相应的 I-V 曲线
(a) HRP-H$_2$O$_2$法;(b) [Ru(bipy)$_3$]$^{2+}$法

Yitzchaik 研究组以固定 DNA 为模板合成了单分子层的 DNA 杂化聚苯胺[44]。如图 13-7 所示,他们首先通过静电作用将 DNA 固定在 4-氨基苯硫酚修饰的金表面上,苯胺阳离子再通过静电作用与阴离子 DNA 相互作用形成复合物,然后苯胺单体以 DNA 为模板进行电化学氧化聚合。原子力显微镜结果表明纳米线的高度从 0.8nm 增加到 1.6nm,通过计算表明 DNA/PANi 纳米线中聚苯胺是单分子层分布。

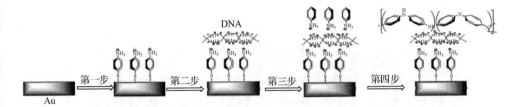

图 13-7　以固定在金电极表面的 DNA 为模板合成单层聚苯胺的示意图

3. DNA 复合聚吡咯

与聚苯胺不同,吡咯聚合可以在中性条件下进行,不必担心聚合过程中模板 DNA 的脱嘌呤作用。吡咯聚合的方法包括化学氧化聚合和电化学聚合。

Houlton 研究小组以 DNA 为模板氧化聚合制备了 DNA/PPy 杂化材料[45]。聚合机理如图 13-8 所示,吡咯在溶液中氧化聚合生成带正电荷的寡聚吡咯,其通过静电作用与 DNA 形成复合物,最后以 DNA 为模板聚合形成聚吡咯。通过对 IR 图的分析可以看出,杂化材料中的聚吡咯与 DNA 之间并不是简单的混合,而是有紧密的相互作用。与 DNA 相关的峰在 DNA/PPy 杂化材料中都有微小的位移,这些差别表明聚吡咯既与 DNA 的磷酸酯键相互作用,也与 DNA 的碱基存在相互作用。将 DNA 在硅片表面拉伸,AFM 表征结果显示在硅表面同时存在 DNA 和 DNA/PPy 纳米线。从图 13-9(a)中可以看出 PPy 的模板聚合是连续的。用 AFM 测量纳米线的长度和半径,计算得出电导率是 $4S \cdot cm^{-1}$,这与非模板的 $FeCl_3$ 氧化聚合合成的电导率相当($1.7S \cdot cm^{-1}$)。他们尝试了以固定在云母片上的 DNA 为模板进行吡咯聚合,得到的是分散在 DNA 链上不连续的聚吡咯纳米颗粒[图 13-9(b)]。进一步的处理和分析会导致聚吡咯和模板 DNA 的分离,说明将 DNA 固定在表面上限制了吡咯在聚合过程中的链增长过程。

Horrocks 研究小组报道了以 λ-DNA 为模板合成的 DNA/PPy 纳米线可以自发组装形成纳米绳索结构[46]。如图 13-10 所示,首先吡咯以 λ-DNA 为模板进行氧化聚合反应(1~3h),然后 PPy/DNA 链通过盘曲或者编织形成绳索结构(1~6天),这种自发组装的驱动力是聚合物之间阴离子与阳离子之间的多键相互作用。他们研究发现,组装过程是渐进式的,随着时间的推移,绳索结构的厚度会逐渐增加。用 AFM 测量在不同组装时间绳索的高度变化,组装两天后是 18nm,六天后是 30nm,一个月后是 70nm[图 13-11(a)~(c)]。在绳索 400~500nm 的边缘区域可以观察到单个纳米绳索的结构[图 13-11(d)]。原子力显微镜研究表明组装过程是规整的左旋和右旋纳米线的编织过程。双端电压测量和导电 AFM 测量结果表明纳米绳索的电导率高于纳米线。

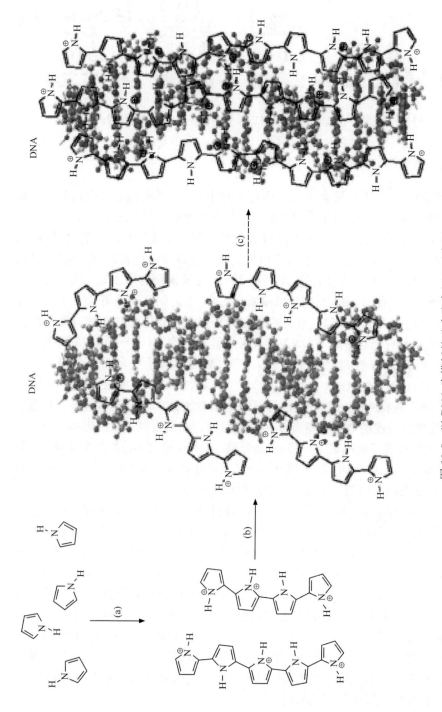

图 13-8　以 DNA 为模板的吡咯聚合聚合机理示意图

(a) 吡咯单体氧化成寡聚物；(b) 寡聚物与 DNA 相互缠绕；(c) 寡聚物以 DNA 为模板聚合

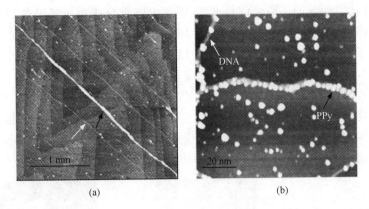

图 13-9　以水相中 DNA(a)和固定的 DNA(b)为模板合成聚吡咯的 AFM 图

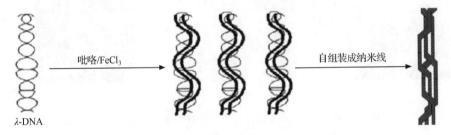

图 13-10　λ-DNA/PPy 自组装过程的示意图

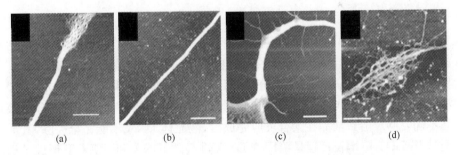

图 13-11　DNA/PPy 纳米绳索组装不同时间的原子力显微镜图

(a) 2 天;(b) 6 天;(c) 1 个月;(d)相互交联的纳米绳索结构。标尺为 500nm

　　Shinkai 分别以棒状和圆形的质粒 DNA 为模板采用过硫酸铵氧化聚合合成聚吡咯[47]。从 TEM 图中可以观察到棒状[图 13-12(a)]或者圆形[图 13-12(b)]形貌的聚吡咯,并且聚吡咯的空心大小与水溶液中 DNA 的大小一致,足以说明聚合过程是以 DNA 为模板进行的。圆形 DNA 在高盐下会团聚形成超螺旋结构,图 13-12(c)是以超螺旋 DNA 为模板合成聚吡咯的 SEM 图。由于质粒 DNA 对盐浓度敏感,因此他们改用鲑鱼精 DNA 为模板进行电化学聚合。随着扫描次数的增加,循环伏案曲线的还原峰信号增强,说明吡咯聚合成功。沉积在 ITO 电极上的聚合物薄膜的衰减全反射红外(ATR-IR)图谱中显示了 DNA 的特征吸收峰;X射线光电子能谱(XPS)的元素分析表明 DNA/PPy 复合物的组成为三个吡咯分子对一个 DNA 磷酸分子,证明聚合反应是以 DNA 为模板进行的。他们利用DNA/PPy 薄膜进行了传感方面研究。DNA/PPy 薄膜对水溶液中 EB、AO 和精胺都具有电化学相应,而 PPy 薄膜对上述三种分子没有响应。由此他们推断其响应机理是 EB、AO 和精胺先与 DNA 相互作用(嵌入 DNA 双链或者与 DNA 沟槽相互作用),这种作用通过 DNA/PPy 薄膜传递到电极上以电信号的形式表现出来。

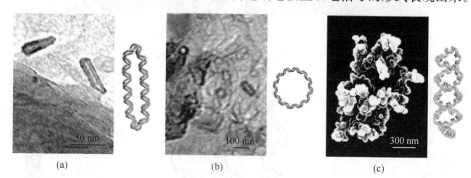

图 13-12　以不同形貌的 DNA 为模板合成聚吡咯的透射电镜图(a)、(b)和扫描电子显微镜图(c)

4. DNA 复合聚(3,4-二氧乙基噻吩)

DNA 在低浓度的 NaCl 水溶液中可形成手性溶致液晶,在高浓度时形成柱状液晶。Akagi 研究小组以 DNA 为模板,电化学聚合 3,4-二氧乙基噻吩(EDOT),希望得到手性聚(3,4-二氧乙基噻吩)(PEDOT)[48]。偏光显微镜结果显示在 DNA溶液中加入 EDOT 和电解液后,DNA 的溶致液晶结构依然保持。与小分子溶致液晶不同,DNA 溶致液晶在聚合反应完成后,液晶体 DNA 不能完全去除,其原因可能是 PEDOT 链增长过程是缠绕着 DNA 进行的,DNA 和 PEDOT 形成了稳定的复合物。图 13-13(a)是模板合成 PEDOT 的 SEM 图片,PEDOT*/DNA 是有五边形和六边形组成的蜂窝状结构,这种结构源于 PEDOT* 链聚集或者 DNA 的六角形宏观几何形状。聚合物的紫外吸收光谱在 439nm,是由有 π-π* 转化引起的吸收,而宽范围的紫外吸收是由于在聚合过程中形成了偶极子。如图 13-13(b)所示,聚合物负 Cotton 效应在 490nm(DNA 的在 220nm 和 280nm),通过计算可以得到聚合物的旋光色散光谱,600nm 处负旋光信号说明 PEDOT 本身是手性的。PEDOT 的手性源于其聚合机制:聚合物链的延伸过程是沿着 DNA 链的螺旋结构进行的,而其特殊形貌也是由于在聚合过程复制了 DNA 溶致液晶的结构。

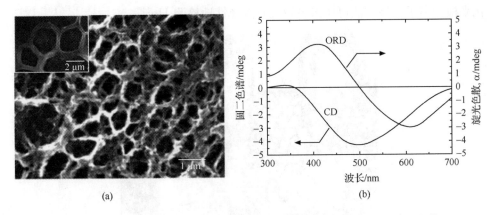

图 13-13　(a) PEDOT*/DNA 的扫描电子显微镜图；(b) PEDOT*/DNA 的
圆二色谱(CD)图和旋光色散(ORD)图

　　Tang 研究小组设计合成了一种带正电荷的 3,4-二氧乙基噻吩衍生物，可以与阴离子 DNA 相互作用形成静电复合物。静电复合物在氧化剂过硫酸铵的催化下以 DNA 为模板原位氧化聚合合成了新型的 P(EDOT-N)-DNA 复合材料[49]。荧光显微镜和扫描电子显微镜表明 P(EDOT-N)-DNA 复合材料是一种具有高比表面积的多孔材料。电化学研究表明，这种多孔材料具有超电容性质和良好的充放电可逆性。对细胞株的毒性测试结果表明 P(EDOT-N)-DNA 复合材料还具有良好的生物相容性，是一种环境友好的电极材料，可以用于构建生理环境下的储能器件。

　　双链 DNA 缠绕单壁碳纳米管(SWNT)可以使 SWNT 溶解在水溶液中，SWNT 的刚性和 DNA 的阴离子性质使得 DNA/SWNT 复合物可以作为一种良好的模板材料。Shinkai 研究小组以 DNA/SWNT 为模板采用电化学氧化聚合方法合成了 PEDOT(图 13-14)[50]，该反应的驱动力是在氧化聚合过程中形成的 PEDOT 或寡聚物的阳离子自由基与阴离子 DNA/SWNT 模板之间的静电相互作用。他们对 PEDOT/SWNTs/DNA 复合物的组成用紫外吸收光谱、红外光谱、共振拉曼光谱、循环伏安法和共焦激光扫描显微镜等方法进行了表征，并且发现用光激发嵌入到 DNA 中的 EB 时能够产生光电流。

　　共轭聚合物不但可以 DNA 为模板形成生物复合物，还可以与 DNA 碱基以共价相连的方式形成同时兼具二者功能的生物复合物。Wang 研究小组设计合成了侧链带胸腺嘧啶碱基 T 的共轭聚噻吩衍生物(图 13-15)，并以此聚噻吩为荧光探针发展了一种可逆和高选择性的检测汞离子的方法[51]。当向聚合物的溶液中加入 Hg^{2+} 时，Hg^{2+} 和聚合物侧链上的胸腺嘧啶基团形成了配合物，引起了聚合物骨架的链间聚集，最终导致了聚合物的荧光发生自猝灭，通过检测聚合物荧光的变化来检测离子。该方法可用来灵敏且有选择性地检测 Hg^{2+}。

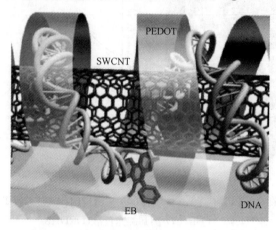

图 13-14　PEDOT/SWNT/DNA/EB 复合物光电流产生过程

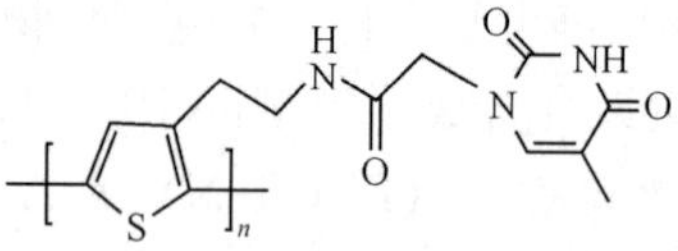

图 13-15　用于检测汞离子的聚噻吩结构式

　　Tan 研究小组报道了一种重要的 DNA 复合共轭聚合物的合成方法[52]。首先将末端为 5I-dU 的 DNA 固定在经过修饰的多孔玻璃表面,然后加入水溶性的聚苯撑乙炔在 DMSO 溶液中反应(图 13-16)。生成的 DNA-PPE 非常容易分离,通过离心就可以去除残留的 PPE。该聚合反应不仅保持了 DNA 分子的完整性,而且保持了生物识别功能。这种方法有四个明显的优点:接枝的 DNA 数量是可知的,产物易分离、纯度高,产物产率高,共价链接产物稳定性高。这种新方法使聚合物与生物大分子的直接共价偶联成为可能,将会广泛应用在生物分析和生物传感应用中。他们将接有共轭聚合物作为信号元件的分子信标 DNA,与待测 DNA 片段杂交,只有对互补的 DNA 序列才会发出强烈的荧光信号。

13.1.2　蛋白质复合共轭聚合物材料

　　氨基酸是一种两性电解质,当把氨基酸或者多肽连接到共轭聚合物侧链,可以得到两性聚电解质。两性共轭聚合物在生物传感器方面的研究也引起了科研工作者的极大兴趣。侧链带氨基酸基团的两性聚合物,在不同的 pH 溶液中可表现出阴离子或阳离子性质。瑞典的 Nilsson 和 Inganäs 研究小组将 L-丝氨酸链接到聚合物侧链的末端,合成得到了一系列的聚噻吩衍生物(图 13-17),在两性、水溶性聚

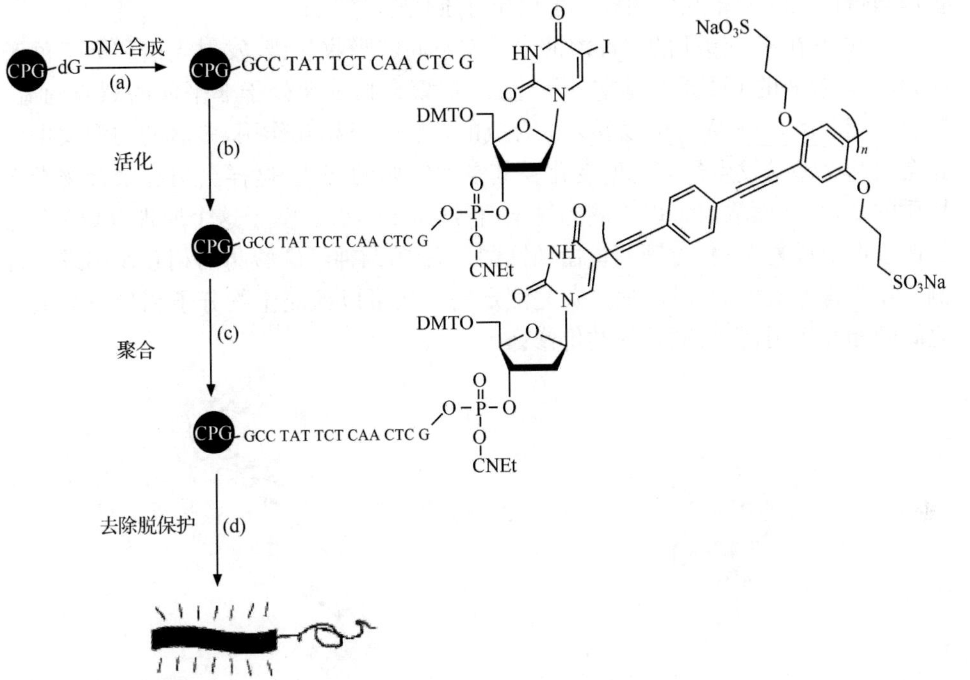

图 13-16　DNA 共价复合共轭聚合物的合成示意图

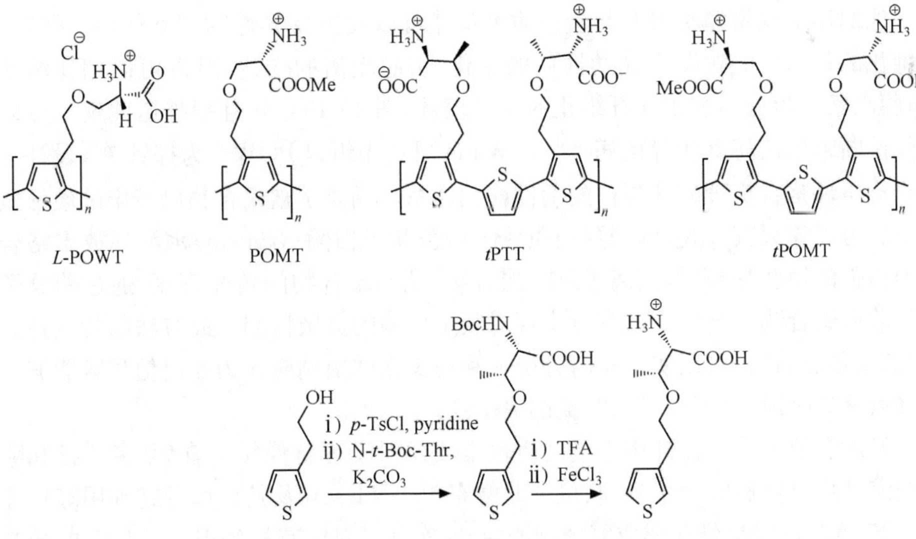

图 13-17　两性共轭聚噻吩衍生物的分子结构式以及合成路线

噻吩的设计、合成及应用方面开展了大量有特色的研究工作。利用这些聚合物的构象变化和光学特性检测 DNA 杂化、蛋白质变性前后构象变化、小分子与蛋白、蛋白与蛋白之间的相互作用以及蛋白质纤维化[15, 53-60]。

POWT 在不同 pH 的缓冲溶液中具有不同的吸收光谱、发射光谱和圆二色谱 (CD)。当溶液的 pH 是氨基酸的等电点时,聚合物骨架处于非平面的螺旋构造,支链互相分离。POWT 可以和人工合成的多肽分子相互作用,多肽的构型发生变化会引起聚噻吩发生聚集态的变化及其空间结构的变化,这样会引起聚合物光学性质的变化,从而输出可以检测的光学信号(图 13-18)。基于这个原理,POWT 与钙调蛋白形成复合物,对钙调蛋白和钙调蛋白-钙调神经磷酸酶的相互作用进行检测。作为构型敏感的探针,通过荧光测定的方法可以检测生物分子和蛋白与蛋白之间的相互作用,无需额外的共价修饰[52-55]。

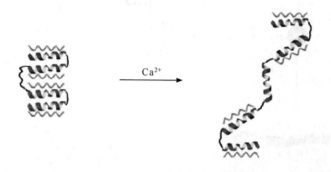

图 13-18　钙离子引起钙调蛋白/POWT 复合物构型改变示意图

他们还发现聚噻吩 tPP 与蛋白质聚集体可以发生特异性的相互作用,在结合纤维化的蛋白后能够发生光学性质的变化,引起光谱的变化,所以可以用作溶菌酶、胰岛素等蛋白质淀粉样纤维化的荧光探针(图 13-19),并且据报道此现象可以用作诊断阿尔茨海默病等疾病[56-60]。Wang 研究小组以 POWT 为探针[61],设计了基于竞争性螯合机理的胰蛋白酶活性检测体系。铜离子被聚合物侧链中的丝氨酸络合后可以猝灭其荧光,但当蛋白质(BSA)被胰蛋白酶(trypsin)水解释放出络合能力更强的短肽片断后,铜离子远离聚合物,从而聚合物的荧光恢复,通过酶分子作用前后聚合物荧光信号改变可实现对胰蛋白酶的灵敏检测。此方法的特点是无标记、简单、均相且可以实现实时分析。利用荧光增幅响应作为输出信号既能够有效降低背景噪声,又可以增加检测的灵敏度。

发展有效的分子探针用于蛋白质聚集成像对于理解像帕金森病、亨廷顿和阿尔茨海默病等疾病的分子病理、机理非常有用。Nilsson 及其合作者就利用寡聚噻吩 p-FTAA 可以与蛋白形成复合物的原理,实现了对患有神经退行性疾病的转基因老鼠脑内的蛋白质聚集的成像研究(图 13-20)[17,20]。他们发现,这些寡聚噻吩能对蛋白质过多聚集的地方进行很高专一性地成像,从而对于深入理解蛋白质聚集过程以及与这些蛋白质聚集紊乱相关的分子病理、机理提供了非常重要的帮助。

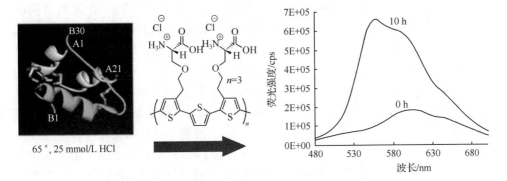

图 13-19　蛋白质淀粉样纤维化导致聚合物荧光变化

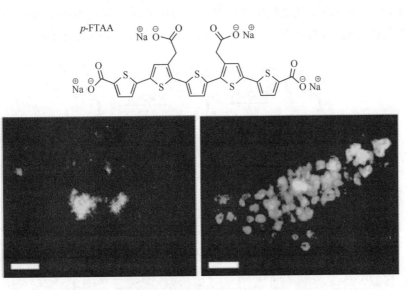

图 13-20　寡聚噻吩的结构及对蛋白质聚集的荧光成像

尤其是寡聚噻吩 p-FTAA 能够穿过血脑屏障(BBB),从而为研究脑部淀粉状蛋白质的聚集以及由此引起的相关疾病的研究提供了独特的优势。

　　不同的聚合物基团有不同的合成方法。Mallavia 研究小组[62] 用 Suzuki 偶联和后修饰两种方法将酪氨酸连接到聚芴的侧链上制备了 PFPT(图 13-21),只有前者成功合成了目的产物,具有良好的光学和手性光学特性。得到的 PFPT 分子质量 $M_w = 10.8$ kg/mol,CD 谱上可以看到具有明显的 Cotton 效应。这些工作不仅进一步丰富了水溶性聚合物的种类且为今后设计功能更多的共轭聚合物奠定了基础。

　　寡聚对苯撑乙烯(OPV)类分子不但分子结构规整,而且有良好的光电性能。Wang 研究小组基于 OPV 的一系列优点合成了侧链带有酪氨酸官能团的水溶性

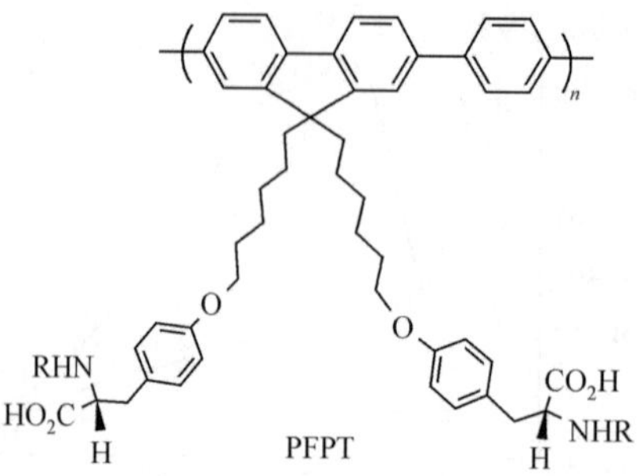

图 13-21　PFPT 的分子结构式

寡聚对苯撑乙烯(OPV-Tyr)作为光学探针来实现对酪氨酸酶的检测[63]。为了增加探针的水溶性,在其侧链引入了寡聚乙二醇单元(图 13-22)。探针(OPV-Tyr)自身能发出强烈的荧光,但在加入酪氨酸酶以后,酪氨酸会被氧化成醌式结构,醌是一种有效的猝灭剂,它能猝灭探针的荧光,因此,通过分子内的电子转移,探针分子的荧光会被大大猝灭,从而通过加酶前后探针分子的荧光变化来实现对酪氨酸酶活性的检测(图 13-23)。除了在均相溶液中实现对酶活性的检测外,他们还在琼脂糖凝胶中实现对酶活性的检测。通过苯甲醛强烈抑制酪氨酸酶的活性实验,表明该方法还能有效地用于酪氨酸酶抑制剂的筛选。

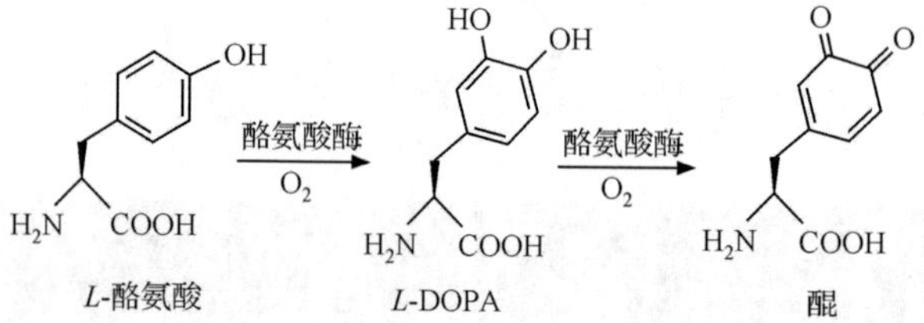

图 13-22　酪氨酸氧化示意图

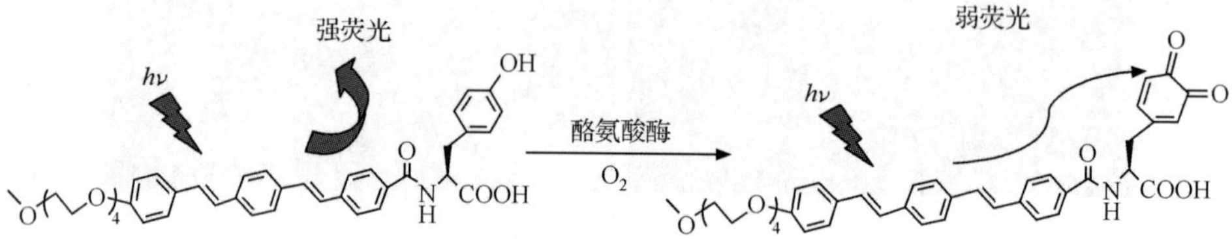

图 13-23　酪氨酸酶活性的荧光检测示意图

13.1.3　糖类复合共轭聚合物材料

糖类分子可以特异性识别蛋白质、凝集素和细菌等,在细胞识别及信号传导方面发挥重要作用。侧链共价连接糖类分子的水溶性共轭聚芴生物检测体系中,糖类分子虽然不带电荷,但是糖环中含有的多个羟基可以显著地增加聚合物的水溶性。聚芴是一类非常重要的光学生物传感材料,具备优良的电致发光和光致发光效率。刘海英研究组在侧链末端糖基修饰的聚芴衍生物的设计、合成和应用方面做了大量的工作。他们通过一种容易、简便、通用的预聚合和后聚合的方法,采用Suzuki 聚合合成了末端带有糖基的聚芴衍生物聚合物 A 和聚合物 C,采用钯催化的 Sonogashira 偶联反应合成了末端带有糖基的聚对苯撑乙炔衍生物聚合物 B（图 13-24）[64]，研究了聚合物的光物理性质，发现随着聚合物衍生物单元侧链上糖环数目的增加，聚合物的水溶性也随之增强，而且寡聚乙二醇链可以增加聚合物的亲水性。该方法对含有单糖和寡聚糖的糖基聚合物均适用。在此基础上，他们以多聚烷氧链代替烷基链，合成了水溶性良好的末端带有 β-葡萄糖和 α-甘露糖的聚芴衍生物 PF-1 和 PF-2[65]，并且利用 α-甘露糖与大肠杆菌 ORN178 菌毛表面糖环受体之间的多价相互作用，实现了对大肠杆菌的检测。Han 研究组也合成了类似末端带有糖基的两种阳离子聚芴类衍生物，可以用于单链 DNA 的检测[66, 67]。

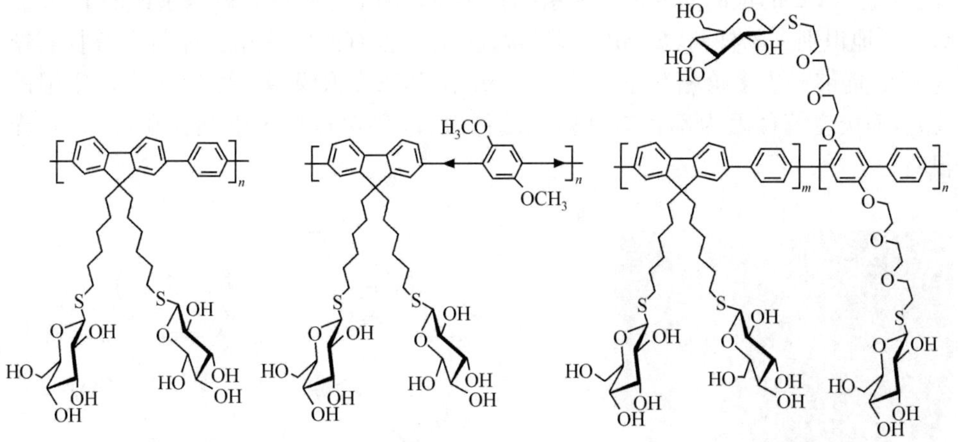

聚合物A　聚合物B　聚合物C

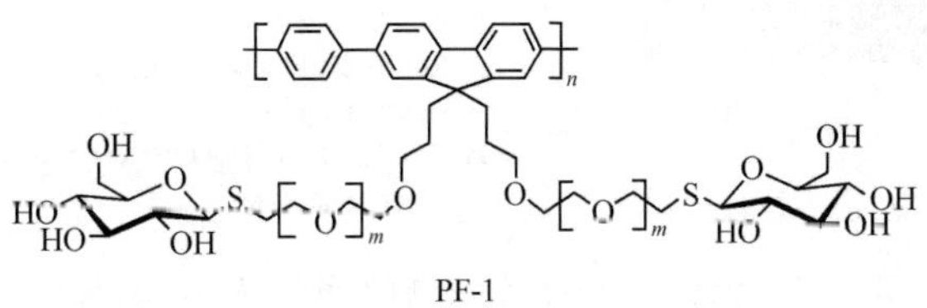

PF-1

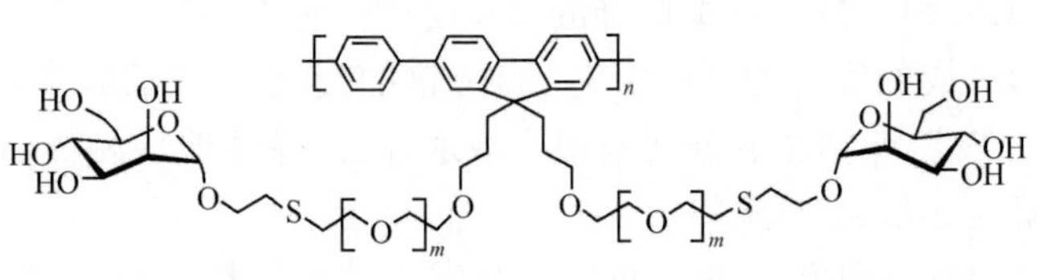

PF-2

图 13-24　糖基聚芴类共轭聚合物的结构式

　　此外,刘海英研究小组还设计合成了糖基修饰的水溶性聚噻吩衍生物 PT-1 和 PT-2[68],侧链通过采用烷氧链而不是烷基链大大提高了聚合物在缓冲液中的溶解性。因 β-葡萄糖不能和凝集素 ConA 特异性结合,α-甘露糖和凝集素 ConA 有特异性相互作用,所以聚合物 PT-1 和 PT-2 可用来研究糖与凝集素 ConA 之间的相互作用。

　　在水溶性共轭聚合物侧链上引入与病原菌特异性识别的受体(如大肠杆菌与甘露糖、流感病毒与唾液酸等),当与病原菌发生相互作用时会引起聚合物的荧光信号发生变化,由此可以达到对病原菌检测的目的。2004 年,Seeberger 小组[7]设计了基于 PPE 的检测病原菌的体系(图 13-25),侧链连接有甘露糖基团的 PPE 能够特异地识别大肠杆菌(*E. coli*),*E. coli* 菌毛上含有的甘露糖受体与含有甘露糖的 PPE 能够产生多价相互作用[11],*E. coli* 在 PPE 周围聚集,使 PPE 发出很强的荧光,而突变菌种因为不含有甘露糖受体,所以仍保持单个细胞存在,PPE 荧光很弱。

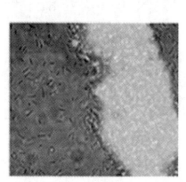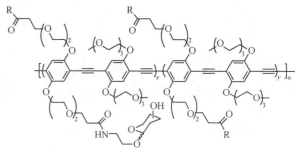

1 R=OH; $x:y=0:1$
2a R=OH或NH(CH$_2$)$_2$OH; $x:y=1:1$
　　　sugar=mannose
2b R=OH或NH(CH$_2$)$_2$OH; $x:y=1:1$
　　　sugar=galactose

图 13-25　基于侧链含有甘露糖受体的 PPE 检测病原菌及 PPE 结构式

　　Inoue 研究组合成了吡啶修饰的聚噻吩衍生物 PT-3[69],在水溶液中与凝胶多糖(curdlan)形成的复合物可以引起 CD 光谱的变化,该复合物能够从 24 种不同的单糖、双糖、三糖、四糖和五糖溶液中灵敏地、高选择性地检测 1 μmol/L 浓度的四糖阿卡波糖(acarbose)(图 13-26)。

　　2004 年,Bunz 研究小组[70]报道了侧链末端连接糖类分子的聚对苯撑乙炔衍生物 PE-1 和 PE-2(图 13-27),实现了对 Hg^{2+}、Pb^{2+} 的识别检测,通过聚合物 PE-1 荧光猝灭的信号变化可以实现对 Hg^{2+} 的高灵敏度检测,而且体系不受其他离子干扰,类似取代基上不含糖环的聚对苯撑乙炔衍生物体系对 Hg^{2+} 不敏感,说明糖环是对 Hg^{2+} 高效选择的关键功能基团。PE-2 是侧链上含有两个糖环的 PPE 分

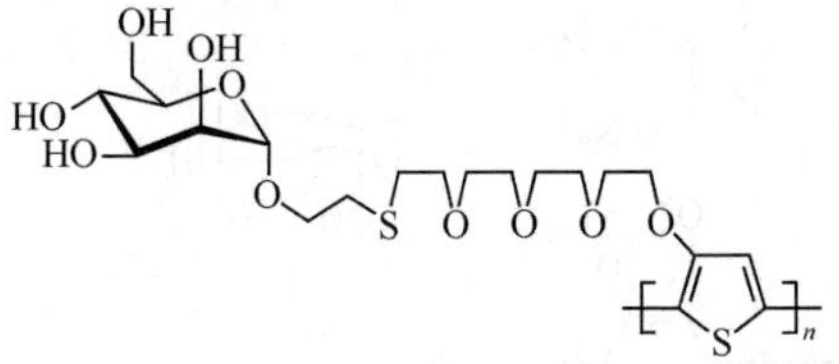

图 13-26　糖基和吡啶修饰的聚噻吩类共轭聚合物的结构式

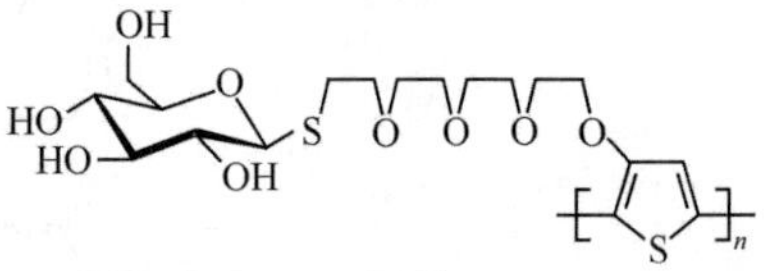

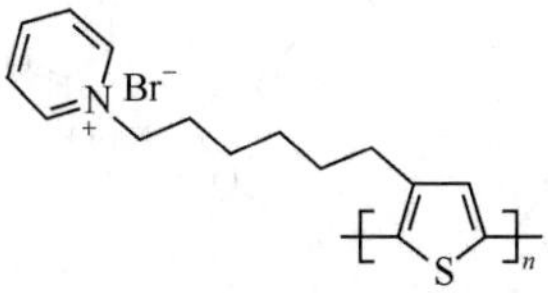

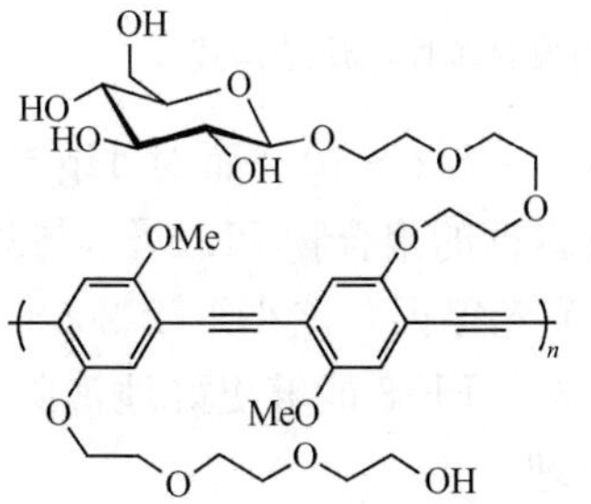

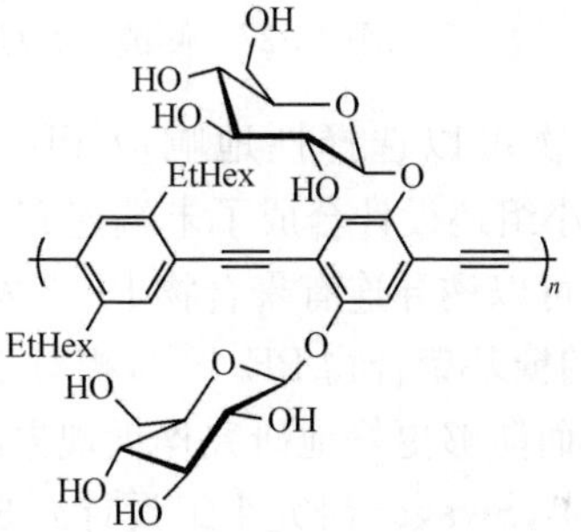

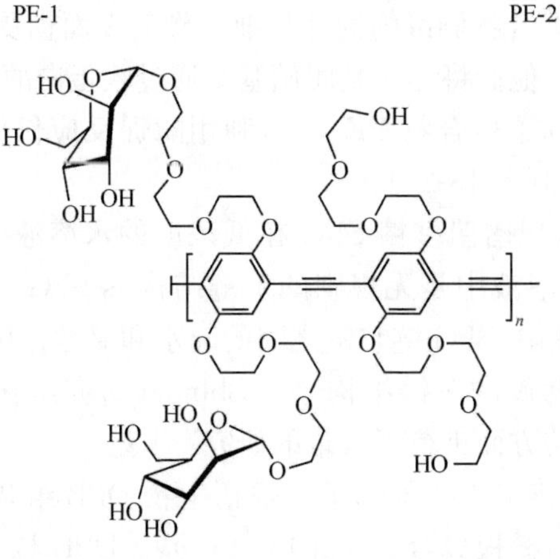

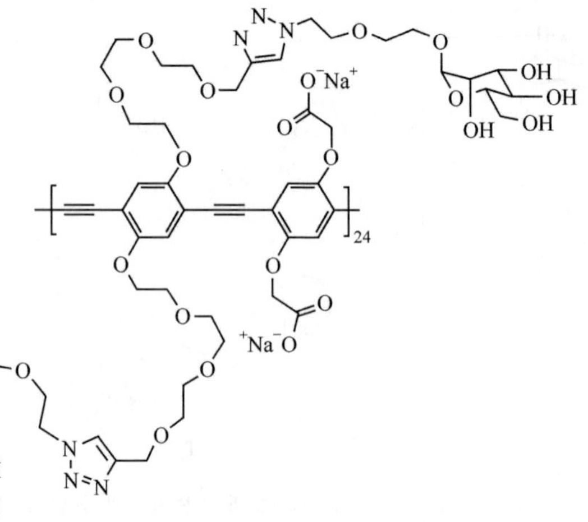

PE-4

图 13-27　侧链含有糖环的聚对苯撑乙炔结构式

子,该聚合物可以选择性地响应 Pb^{2+}($K_{sv} = 7.2 \times 10^4$)而对 Hg^{2+} 不响应[71]。Bunz 研究小组还设计合成了末端连有 α-甘露糖的聚合物 PE-3[72],与凝集素ConA 多价结合,可以诱导连有聚合物 PE-3 发生荧光猝灭。该小组于 2008 年又合成了侧链更长的糖基聚合物 PE-4[73],相对于聚合物 PE-3 能够更好地消除非特异性相互作用,从而能够更好地研究猝灭现象的机理。

2004 年,Swager 研究小组设计合成了末端带有半乳糖修饰的聚对苯撑乙炔衍生物 PE-5[74],利用聚合物侧链的糖环与细菌鞭毛表面糖受体的相互作用,实现了对细菌的检测;此外,他们将猝灭基团硝基苯通过胰蛋白酶的多肽底物连接到聚对苯撑乙炔骨架上得到了聚合物 PE-6[75],利用酶促反应作用前后荧光的变化实现了对胰蛋白酶的检测(图 13-28)。

不同于别的多糖,裂褶菌多糖 SPG 在低浓度的水溶液中是三链的螺旋结构(t-SPG),而在 DMSO 溶液中是无规则的单链结构(s-SPG)[76-78]。如果将水加入到 SPG 的 DMSO 溶液中,SPG 链与链之间的疏水和氢键作用会促使 SPG 从无规则的单链构型转变为螺旋的三链结构[79]。Shinkai 研究组在利用 SPG 对共轭聚合物的模板合成与组装方面进行了大量的研究。

Shinkai 研究小组将 1,4-二苯基丁二炔衍生物 DPB 组装在 SPG 的一维空腔内并可以在光照下进行模板聚合[80][图 13-29(a)]。DPB 与 s-SPG 形成的复合物具有负的 CD 信号,而其他多糖(t-SPG、直链淀粉、葡聚糖、普鲁兰多糖)与 DPB 组装后没有 CD 信号[图 13-29(b)],说明 SPG 在形成螺旋结构过程中将 DPB 包裹在空腔内,并且使 DPB 发生扭曲或者堆积。当用紫外光照射 SPG/DPB 复合物时,DPB 会发生聚合反应。聚合物的紫外吸收在 720nm,表明聚乙炔的聚合度很

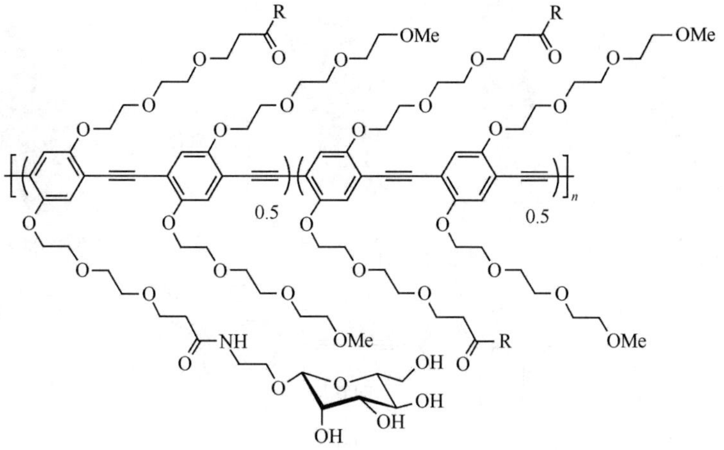

R=OH, $NH(CH)_2OH$

PE-5

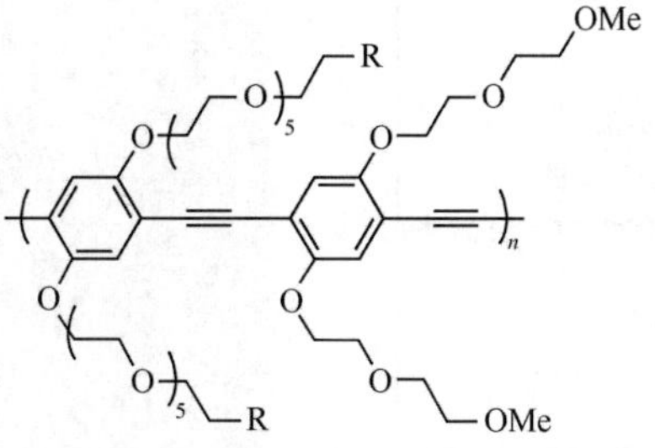

79

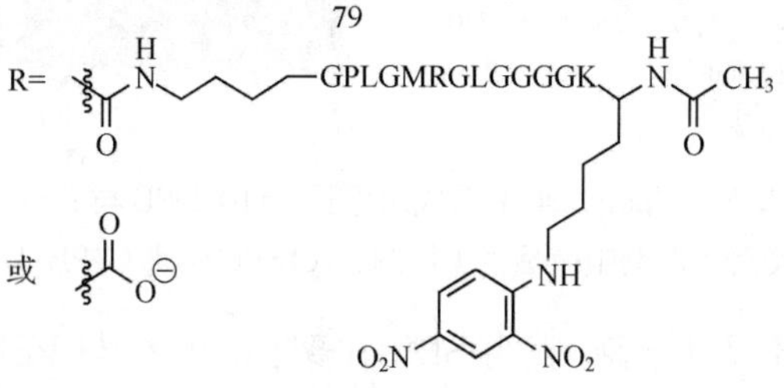

PE-6

图 13-28　半乳糖和多肽修饰的聚对苯撑乙炔衍生物的结构式

大或者存在链间的相互堆积，而在没有模板 SPG 存在时，不能发生有效的聚合反应。SPG 模板聚合 DPB 可以得到半径在 2～20nm、长度在微米级的一维线状结构[图 13-29(c)]，原因是 DPB 分子中的氨基可以通过氢键与 SPG 或(和)另一分子 DPB 之间作用，使得单体排列规则，有利于聚合反应的进行。

Shinkai 研究小组以 s-SPG 为模板用过硫酸铵氧化聚合合成了聚(3,4-二氧乙基噻吩)(PEDOT)纳米颗粒[81]。对所形成的聚合物悬浊液进行 TEM 表征后发现，PEDOT 形成了均一的纳米颗粒。进一步研究发现，随着 SPG 浓度的增加，

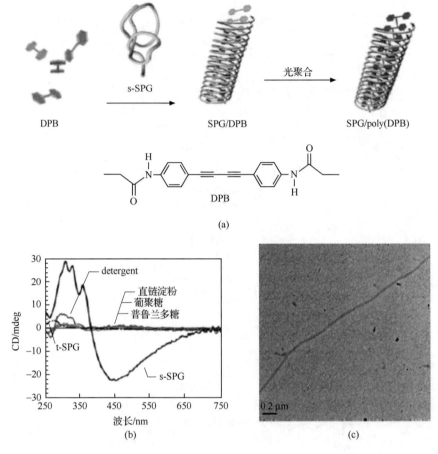

图 13-29 （a）DPB 的结构及 SPG/poly(DPB)形成示意图；（b）DPB 与 s-SPG、t-SPG、直链淀粉、葡聚糖、普鲁兰多糖和表面活性剂组装后的 CD 图；（c）SPG/poly(DPB)复合物的 TEM 图

PEDOT 纳米颗粒的直径尺寸下降，表明 SPG 在聚合过程中与 PEDOT 存在相互作用，并且能量色散 X 射线分析 O/S 元素比例证明了这种相互作用确实存在。以 SPG 为模板合成 PEDOT 纳米颗粒，其聚合过程与单体和寡聚物或聚合物在溶液中的溶解度有很大的关系。如图 13-30 所示，一方面由于单体 EDOT 在 DMSO 中的溶解度很好，EDOT 起始阶段的聚合主要在体相中进行；另一方面由于聚合形成的寡聚物或者聚合物在 DMSO 中的溶解度小，因此 PEDOT 会发生链间堆积，并与 s-SPG 之间通过疏水作用而形成纳米颗粒复合物。

Shinkai 研究小组以 SPG 为主体组装得到了平行排列的聚苯胺纳米纤维结构[82]。在 DMSO 溶液中，PANi 和 SPG 以无规则的单链形式共存，当向其中加入水后，SPG 由单链逐渐组装形成三链结构，在此过程中将 PANi 包裹在 t-SPG 的空腔中，即得到了水溶性的 SPG/PANi 纳米纤维（图 13-31）。复合物的 TEM 结

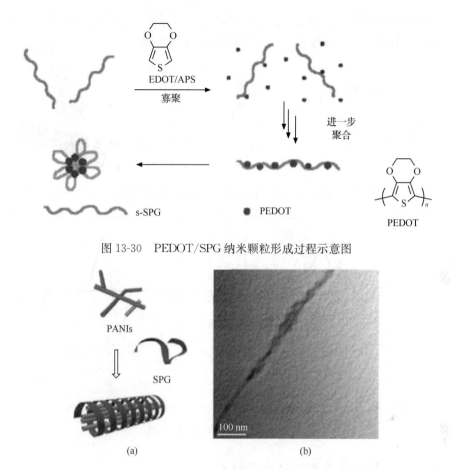

图 13-30　PEDOT/SPG 纳米颗粒形成过程示意图

图 13-31　(a) SPG/PANi 纳米复合物的形成示意图；(b)纳米复合物的 TEM 图

果表明 SPG/PANi 纳米纤维与 t-SPG 的长度相同，直径在 10nm 左右，说明在 SPG 的疏水中心同时包裹了多条 PANi 链。利用直链淀粉、葡聚糖和苗霉多糖代替 SPG 无法得到类似的结构。他们还利用 α-甘露糖修饰的 SPG 包裹 PANi 形成纳米纤维，组装后的纳米纤维和 ConA 具有良好的结合能力，可以用来构建检测体系。

Shinkai 研究小组以阳离子聚噻吩和 s-SPG 组装形成了具有螺旋结构的复合物[83]。如图 13-32 所示，将 s-SPG 的 DMSO 溶液加入到阳离子聚噻吩 PMNT 的水溶液中，水环境促使 s-SPG 形成在水溶液中更为稳定的 t-SPG，在这个过程中 t-SPG 将 PMNT 包裹在空腔之中。与 PMNT 相比，SPG/PMNT 的紫外吸收光谱和荧光发射光谱都具有明显的红移[图 13-33(a)]，说明 t-SPG 诱导了聚噻吩主链更加趋于平面，共轭程度增加。荧光信号增强说明聚噻吩链间更加趋于分离状态。如图 13-33(b)所示，PMNT 主链与 SPG 通过分子间相互作用形成了右手螺旋结构。当 SPG/PMNT 制成薄膜后,紫外吸收后光谱没有进一步的红移,说明在固态时,PMNT 链在 SPG 包裹下处于分离状态,没有聚集现象。

图 13-32　PMNT 结构、SPG/PMNT 复合物的形成示意图以及相应溶液颜色的变化

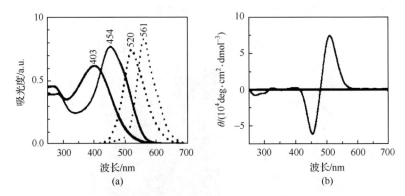

图 13-33　(a)组装前后聚噻吩的紫外吸收(实线)和发射光谱(虚线);
(b)组装前后聚噻吩的 CD 光谱

13.1.4　微生物复合共轭聚合物材料

在微生物体系中,病毒和病毒状的颗粒是发展新型生物复合材料的首选。棒状的病毒(如烟草花叶病毒 TMV 和 M13 噬菌体)具有大的长宽比、尺度分布窄和良好的水溶性等优异的结构特点,并且病毒在宽的 pH 和温度范围内具有稳定性,还可以耐受部分有机溶剂。更重要的是,这些复合微生物纳米棒可以通过化学方法或者基因工程的方法进行表面修饰而不改变其结构性质。

王倩研究小组以棒状的烟草花叶病毒 TMV 为模板通过分层组装和原位聚合的方法合成了单分散的、水溶性的一维导电聚苯胺和聚吡咯[84, 85]。当聚合反应在 pH 4 或 pH 5 下进行时,只能得到长度与 TMV 相当的短棒状结构,紫外吸收光谱表明聚合得到的是寡聚苯胺。但 pH 6 下进行聚合时,得到长度达微米级的、均一的、无分支的导电纤维(图 13-34)。聚苯乙烯磺酸钠(PSS)作为掺杂试剂起到增加聚苯胺水溶性与导电性的作用,并且高电荷密度可以防止纳米纤维的聚集。长纳米纤维的电导率与半导体、碳纳米管、其他方法合成的纳米纤维的电导率相近,都在几 S · cm⁻¹ 范围内(图 13-35)。

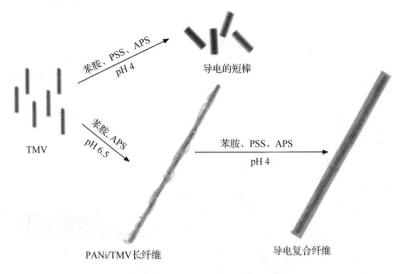

图 13-34 以 TMV 为模板形成 PSS-PANi/TMV 复合物纤维的示意图

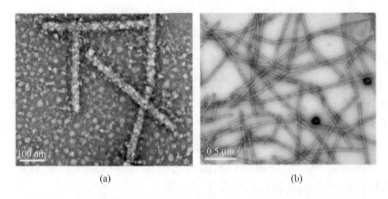

图 13-35 (a)PSS/PANi/TMV 纳米线;(b) PSS/PANi/TMV 长纤维

王倩研究小组还以噬菌体 M13 为模板合成了水溶性导电 PANi/M13 纳米线[86]。如图 13-36 所示,M13 表面的赖氨酸残基可以用戊二酸酐修饰为羧酸根以提高与苯胺单体之间的静电相互作用,聚苯乙烯磺酸钠用来作为掺杂试剂和纳米线的稳定剂。聚合后不需要进一步的处理过程就可以得到透明的导电PANi/M13溶液。PSS/PANi/M13复合物纤维良好的水溶性和高宽比使其很容易制成导电薄膜。薄膜对 pH 的改变具有灵敏的响应。当处于氨气环境时,1min 后薄膜颜色从深绿色变为深蓝色;当处于氯化氢环境时,颜色可以转化深绿色,并且颜色的转化可以重复数次,因此可以用于构建快速灵敏的检测体系。

Wang 研究小组以具有生命活力的真菌菌丝为模板,通过菌丝表面与阳离子

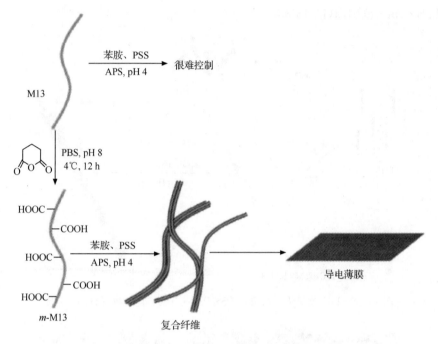

图 13-36 PSS/PANi/M13 复合物纤维和导电薄膜形成过程的示意图

聚合物 PMNT 之间的静电作用以及疏水作用进行组装形成聚合物微管结构[87]。如图 13-37 所示,在真菌孢子与聚合物的混合溶液中,随着真菌的不断生长,菌丝长度不断增加,聚合物可以持续地以菌丝为模板进行组装。随着组装时间的不同,可以得到不同长度的聚合物微管结构——4mm (4 h)、35mm (8 h)、118mm (16 h)、231mm (20 h) (图 13-38)。因此通过控制真菌的生长时间,可以得到不同长度的聚合物微管。PMNT 在菌丝表面组装之后最大吸收波长红移了 25nm,这是由于聚合物在菌丝表面组装过程中发生了聚集。

Wang 研究小组还提出了一种由细菌作为载体介导的共轭聚合物可控制备多色微颗粒的方法[88]。他们首先制备了四种颜色的共轭聚合物:蓝(B)、绿(G)、黄(Y)、红(R),可以大肠杆菌(E. coli)作为载体进行组装形成多色颗粒。采用三原色荧光的共轭聚合物,可根据红-绿-蓝(RGB)模式进行多色组装。这种多色微颗粒的形成是基于阳离子共轭聚合物与大肠杆菌间的静电以及疏水相互作用。除了共轭聚合物自身的三种颜色外,通过调节不同聚合物间组装的比例,简单混合就可以得到更多的颜色。这种方法非常简单,不需要任何额外的后修饰,既省时又省力。他们还将这种多色纳米颗粒用于细胞成像和流式细胞分析。

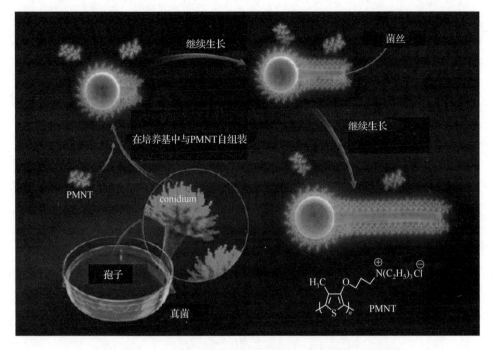

图 13-37　以活真菌为模板组装形成聚合物微管的示意图

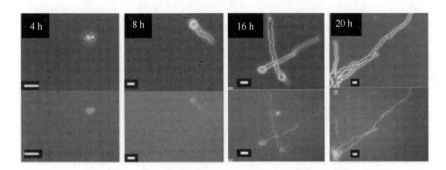

图 13-38　不同组装时间后聚合物微管的荧光显微镜图

13.1.5　其他生物复合共轭聚合物材料

除了上述几类生物复合共轭聚合物之外,还有一些是把生物活性分子连接到共轭聚合物的侧链,合成侧链既含有电荷基团又含有功能基团的水溶性共轭聚合物也是人们研究的一个热点。例如,Whitten 研究小组[89]合成了侧链带生物素的 PE-7 和 PE-8,构建了基于 PPE 的荧光猝灭效应和生物素-亲和素之间特异性相互作用的 DNA 检测体系(图 13-39)。Wang 研究小组设计合成了侧链带有生物素

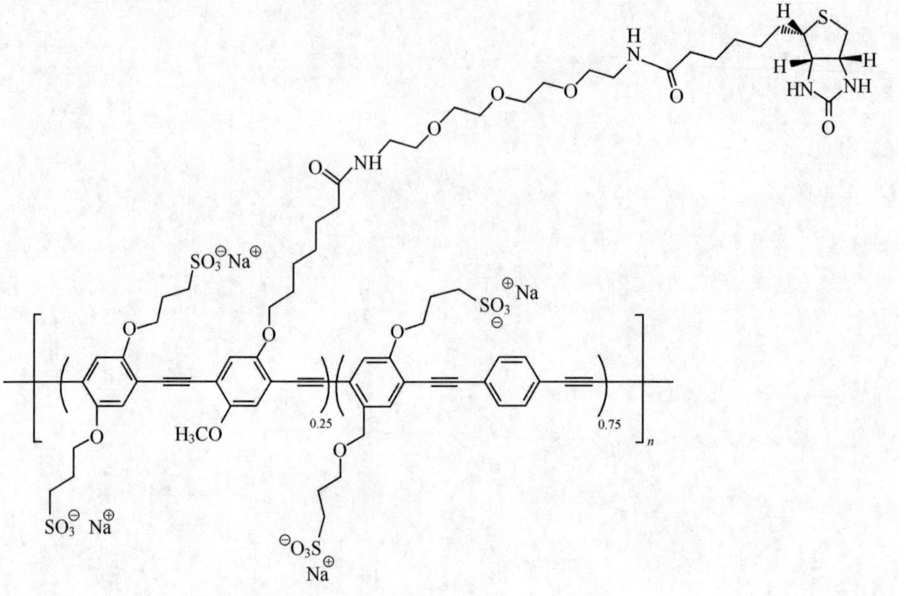

PE-7

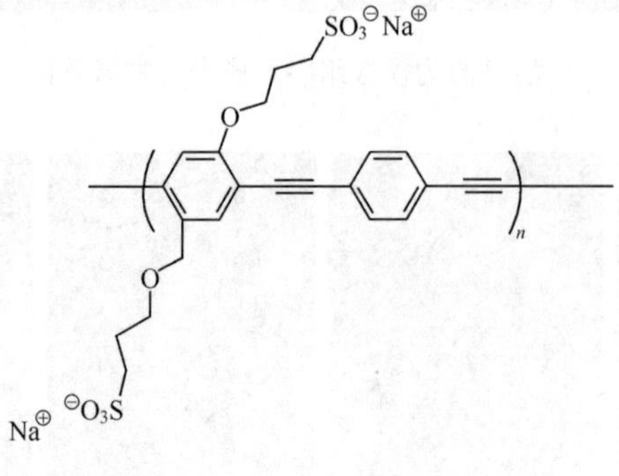

PE-8

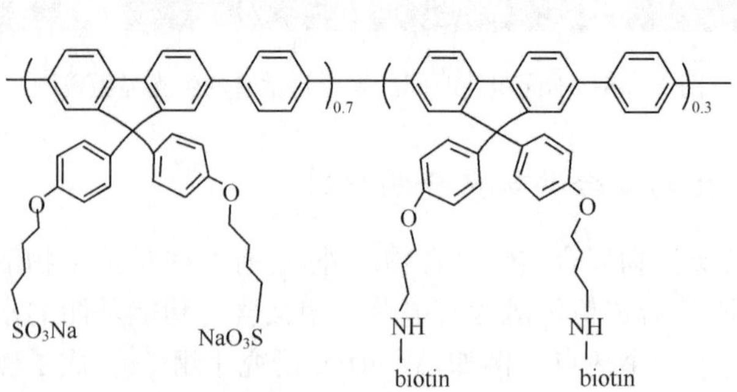

PFPB-SO$_3^-$

图 13-39　侧链含有生物素的聚对苯撑乙炔和聚芴结构式

(biotin)的阴离子聚芴衍生物 PFPB-SO_3^-，通过生物素与链酶亲和素特异性相互作用实现了对链酶亲和素的选择性分析[90](图 13-39)。

Bunz 研究小组在 2007 年将具有靶向性的叶酸接到了阴离子聚对苯撑乙炔的末端制备了水溶性聚合物 PPEF，并用此聚合物可以选择性地对过表达叶酸受体的癌细胞进行成像研究[91](图 13-40)。该聚合物具有光稳定和对细胞低毒的特点。共聚焦激光扫描显微镜结果表明 PPE-FA 可以有效地、选择性通过叶酸受体介导的内吞作用而进入 KB 细胞。2010 年，Bunz 小组[92]构建了一系列水溶性聚对苯撑乙炔阵列，利用聚合物与细胞膜的多价相互作用，细胞表面性质的不同会导

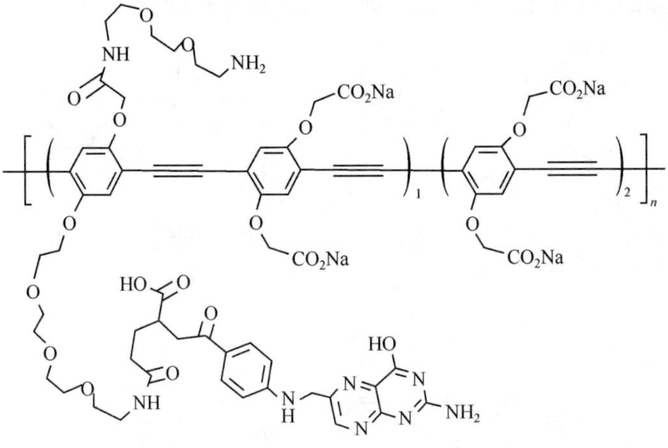

PPEF

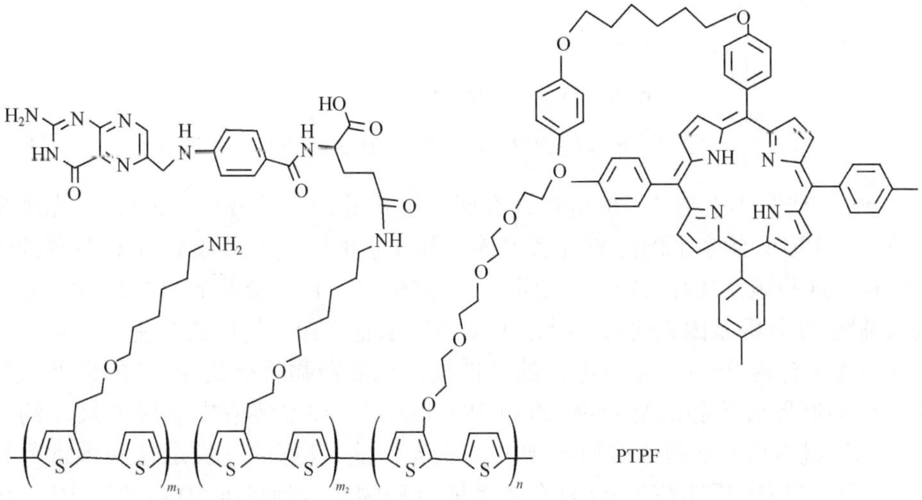

PTPF

图 13-40　侧链含有叶酸取代基的聚对苯撑乙炔结构式

致不同的荧光响应信号,从而识别传感正常细胞、肿瘤细胞和转移的癌细胞。此外,为了减少非特异性的静电相互作用,提高抗癌的特异性,Wang 研究小组设计了电中性的、叶酸共价连接到聚合物侧链的聚噻吩-卟啉体系 PTPF,从而能够靶向叶酸受体过表达的癌细胞,能够较好地实现光照条件下对癌细胞的选择性杀伤[93](图 13-40)。

Wang 研究小组设计了一种 pH 响应具有类似 EDTA 结构侧链的共轭聚合物(PFP-aa,图 13-41)可以络合 Gd(III)形成非常稳定的复合物[94]。磁共振成像实验表明,弛豫率随着 pH 从 4.0 增加到 10.0 而不断减小,并且在 6.0 和 8.0 之间有 8 倍的差别。因此它有可能作为磁共振成像造影剂检测肿瘤。

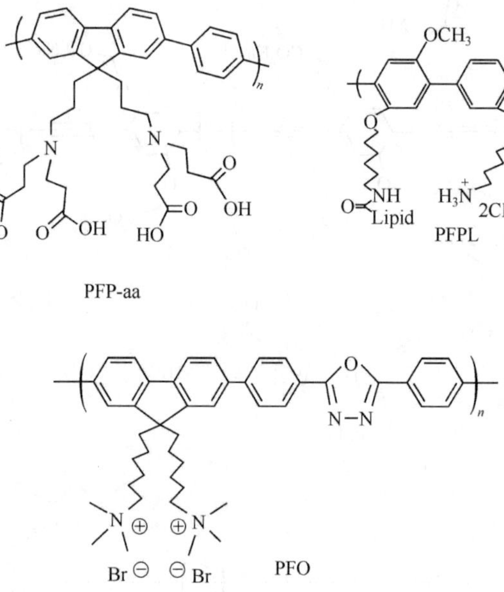

图 13-41　聚合物 PFPL、PFO 和 PFP-aa 的分子结构式

Wang 研究小组制备了侧链修饰有脂质结构的阳离子聚芴(PFPL)荧光纳米颗粒[95]。PFPL 的亲水侧链和疏水主链使其在水溶液中能形成 50 nm 左右的纳米颗粒。这些颗粒具有很好的光稳定性和生物相容性,且能很容易携带外源基因进入细胞,在外源基因表达的同时还可以实现细胞成像。他们还制备了由带正电荷的共轭聚合物 PFO 和带负电荷的侧链接有抗癌药物阿霉素(dox)的聚谷氨酸(PG-dox)所形成的静电复合物(PFO/PG-dox)[96],在水溶液中能形成尺寸约为 50 nm 的颗粒,具有细胞成像所必须的高发光性能、良好的光稳定性和低毒等特点。这种多功能 PFO/PG-dox 复合体系能将药物输送到癌细胞内,通过 PFO 荧光恢复来监测药物释放的同时还能实现细胞成像。

Wang 研究小组设计合成了一种新型的两亲聚噻吩衍生物 PT-Boc

（图 13-42）[97]。其两亲性质使得聚合物在水中聚集成尺寸在 700nm 左右的微纳米颗粒，疏水链作为内核而亲水链分布在外侧［图 13-43（a）］。聚合物具有良好的光稳定性，3mW/cm² 的照射光强度持续照射 120min 后，依然保持大约 55％ 的荧光强度，并且对 A549 细胞没有毒性，是一种理想的细胞成像染料。顺铂通过螯合作用连接到聚噻吩侧链上合成 PT-Pt，并用于顺铂在细胞内分布的研究。由于很多生物活性分子都可以和聚合物侧链的氨基反应，所以氨基修饰的聚噻吩可以作为药物和生物活性分子检测和细胞定位的荧光平台。

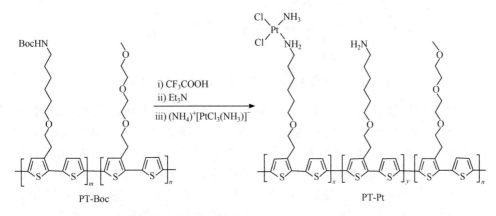

图 13-42　聚合物 PT-Boc 和顺铂修饰的聚合物 PT-Pt 的合成路线

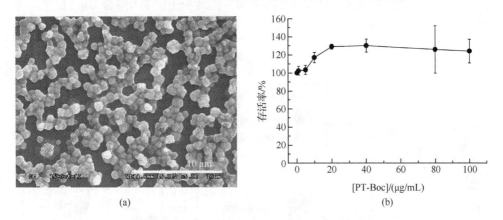

图 13-43　PT-Boc 的扫描电子显微镜图（a）和细胞活性与 PT-Boc 浓度关系（b）

2007 年，Schanze 研究组报道了基于共轭聚合物/Cu^{2+} 复合物的焦磷酸酶检测体系[98]。铜离子能猝灭聚合物的荧光，焦磷酸可以和铜离子选择性络合。向聚合物/Cu^{2+} 复合物中加入焦磷酸后，铜离子被络合远离，溶液的荧光恢复（图 13-44），而加入其他阴离子如磷酸没有明显的荧光恢复。加入焦磷酸酶可以水解焦磷酸，释放出铜离子与聚合物结合猝灭其荧光。图 13-44 表示了不同浓度焦磷酸酶使荧光强度降低程度与时间的关系,说明这种方法可以检测焦磷酸酶的活性。后来,进一步研究表明这个体系具有特异性,可实现实时检测[99]。

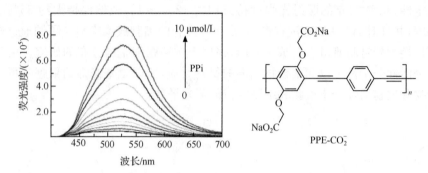

图 13-44　向聚合物/Cu^{2+}溶液加入焦磷酸后荧光恢复情况

　　在这个体系的基础上,Schanze 研究组又发展了 nmol/L 级腺苷酸激酶的检测方法[100]。他们发现 ATP 能使共轭聚合物/Cu^{2+}体系的荧光强度显著恢复,而相同浓度的 ADP 和 AMP 则不能。利用这个性质,他们设计了两种检测腺苷酸激酶的方法,荧光猝灭和恢复法。如图 13-45,向聚合物/Cu^{2+}体系加入 ATP 和 AMP,ATP 与 Cu^{2+}络合而远离,使溶液的荧光恢复,腺苷酸激酶可以将 ATP 和 AMP 转化为对 Cu^{2+}络合能力弱的 ADP,Cu^{2+}被释放猝灭聚合物的荧光。荧光恢复法是向聚合物/Cu^{2+}体系加入 ADP,腺苷酸激酶使之转变为 ATP,络合 Cu^{2+}使聚合物荧光恢复。

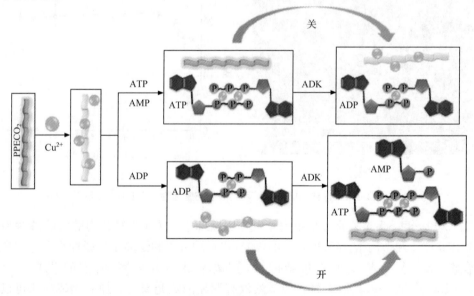

图 13-45　基于聚合物/Cu^{2+}体系的两种检测腺苷激酶方法

13.2 生物复合共轭聚合物材料的应用

13.2.1 生物及疾病检测

1. 核酸检测

DNA 是构成生命的最重要的大分子之一,是生命体遗传信息的携带者,人类的许多重大疾病如恶性肿瘤、先天性与获得性免疫病等与基因的变异有关。因此,发展快速、高效、灵敏和选择性高的 DNA 检测方法对于医学诊断、疾病机理研究、药物传递检测以及法医检测等领域具有重要意义。水溶性共轭聚合物由于具有优良的光学性质和信号放大能力被广泛用作生物检测分析的新型光学材料,其中阳离子水溶性共轭聚合物在 DNA 的灵敏检测中发挥了重要作用。

水溶性聚噻吩衍生物是进行免标记 DNA 检测的优良材料。在 2003 年,Nilsson 和 Inganäs 研究小组设计了末端带有氨基酸的水溶性聚噻吩衍生物,实现了无需变性步骤的 DNA 杂交检测[15]。在 2005 年,加拿大的 Leclerc 研究小组发展了基于阳离子聚噻吩的荧光 DNA 传感器(图 13-46)[101]。这种传感器既可以根据阳离子聚噻吩与单链或双链 DNA 静电相互作用后引起的构象变化来实现检测,又可以根据聚噻吩/dsDNA 复合物荧光能量转移到邻近的染料标记的单链 DNA 时所引起的变化来进行检测。这种传感体系非常灵敏,可以实现在几分钟之内从临床样品中直接进行 DNA 的检测。

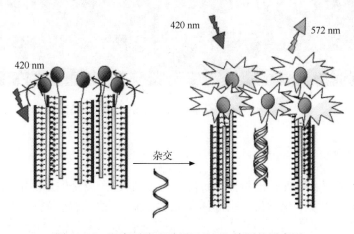

图 13-46 阳离子聚噻吩用于 DNA 检测的示意图

TAR RNA 是 HIV-1 mRNA 的一个片段,可以被 TAT 多肽特异性地结合。加入 TAR RNA 后,荧光素标记的 TAT 多肽(TAT-Fl)特异性结合 TAR RNA 形成整体带负电的复合物 TAT-Fl/RNA,并与带正电荷的共轭聚合物形成静电复合物,荧光素与聚合物主链的距离被拉近到 Förster 能量转移所需的距离,从而观察到有效的 FRET[102]。RNA 具有病毒特异性,对 RNA 的识别和检测是检测病毒的一个有效途径,因而这个方法为快速、特异性的病毒检测提供了一个很好的思路。此外,阳离子聚芴还可以用来分析 RNA 和 RNA 之间的相互作用[103]。

Wang 研究小组发展了一种灵敏度高、选择性好的 DNA 荧光快速检测方法,这种方法结合了分子信标在单碱基错配检测方面以及共轭聚合物在信号放大方面的优势(图 13-47)[104]。检测体系由阳离子水溶性共轭聚合物(PFP-NMe₃⁺)、5′端标有荧光素(F1)的分子信标探针(DNAₚ-F1),以及双链专一性嵌入试剂溴乙锭(EB)组成。由于静电相互作用,PFP-NMe₃⁺ 与 DNAₚ-F1 相互靠近形成复合物,从而能够发生从 PFP-NMe₃⁺ 到荧光素的有效的荧光共振能量转移(FRET)。当加入与探针分子颈环部分序列互补的目标分子时,DNAₚ-F1 的构象就会有分子信标结构转换为双链结构(dsDNA),此时,EB 能够有效地嵌入双链,从而能够发生从 PFP-NMe₃⁺ 到荧光素,紧接着从荧光素再到 EB 的两步 FRET。通过检测荧光素或 EB 的荧光强度变化,从而实现对目标核酸序列的检测。由于错配碱基的存在很难或不能诱导 DNAₚ-F1 的构象从颈环结构转换成双链结构,因此我们能很容易地实现对单个碱基错配的检测。

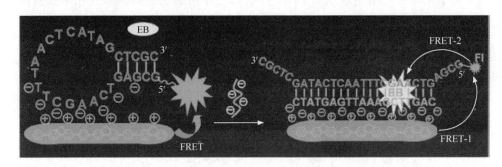

图 13-47　基于分子信标的 DNA 检测原理图

2. 蛋白质检测

基于共轭聚合物探针的蛋白质传感可分为两类,一类是根据酶活性来设计的、通过酶诱导底物发生化学反应引起体系光学性质变化的传感,这一类往往是将底物或底物反应后的产物作为分析物;另一类是蛋白质不参与催化化学反应的传感,蛋白质本身作为分析物,或者蛋白质识别的目标分子作为分析物。

Whitten 研究组于 1999 年开发出了第一个 QTL(quencher-tether-legand)检测系统,它是基于蛋白质和蛋白质受体之间的分子识别原理设计的[105]。加入共价连接生物素(biotin)的甲基紫(MV^{2+}),阴离子聚苯撑乙烯 PPV 的荧光被高效猝灭,当再加入蛋白质亲和素(avidin)后,PPV 的荧光又被恢复。将 biotin 修饰的 MV^{2+}换作没有任何修饰的 MV^{2+}时,avidin 的加入不会使 PPV 的荧光恢复,说明 PPV 荧光的变化是 avidin 和 biotin 之间的特异性结合作用引起的。QTL 策略在蛋白酶、激酶、磷酸酶等酶活性的检测都是很成功的实例[8, 9 106, 107]。

　　除了 QTL 方法,还有另外两种途径可以检测蛋白酶活性,一种是将猝灭基团修饰的多肽底物共价连接到共轭聚合物侧链上,另一种是利用共轭聚合物与底物之间的静电作用。Schanze 研究小组采取了共轭聚合物与底物之间为静电作用结合的方式[14],以带正电荷的短肽为底物,并通过酰胺键标记上硝基苯,通过静电作用,底物靠近磺酸钠修饰的聚对苯撑乙炔,发生电子转移,猝灭聚合物的荧光。当有蛋白酶存在时,水解酰胺键,生成的对硝基苯胺由于电荷少而远离聚合物。聚合物荧光随时间的恢复程度反映了蛋白酶活性的大小。这是荧光恢复的途径,他们还采用了荧光猝灭的途径。短肽通过酰胺键链接上罗丹明,与聚合物靠近,但没有荧光猝灭。加入木瓜蛋白酶,水解酰胺键后,聚合物向罗丹明发生 FRET 而荧光猝灭。荧光强度随时间的降低反映了木瓜蛋白酶活性。前者是蛋白酶催化水解底物后使猝灭基团与聚合物的静电作用消失进而拉开两者的距离,使聚合物的荧光恢复;后者是蛋白酶催化水解底物产生猝灭基团而并不改变电荷性质,致使聚合物的荧光随着猝灭基团的生成而逐渐减弱。

　　Wang 研究小组构建了由阳离子共轭聚合物 PFP 和带负电的 Y-DNA 组成的静电复合物检测核酸内切酶的体系[108]。Y-DNA 的末端分别被荧光素(F1)、Tex Red 和 Cy5 标记,利用共轭聚合物与这些染料间的多重能量转移,可以实现了对单个酶以及多种酶同时存在时能量放大的检测。检测的原理如图 13-48(a)所示,5′末端经过标记的 Y-DNA 的相对应的酶切位点分别为 HaeIII、PvuII 和 EcoV。当溶液中只存在 Y-DNA 时,分别激发荧光素和 Tex Red 没有观测到任何的能量转移且它们各自自身激发产生的荧光强度都很低。当有 PFP 存在时,带正电荷的 PFP 能与带负电荷的 Y-DNA 形成静电复合物,PFP 能同时作为三种染料的能量供体,荧光素能作为 PFP 的能量受体同时又作为 Tex Red 和 Cy5 的能量供体,而 Tex Red 又能作为 PFP 和荧光素的能量受体以及 Cy5 的能量供体。因此,对于 PFP/Y-DNA 体系,当激发 PFP 时,能有效地发生分子间以及分子内的多重能量转移[图 13-48(b)]。当加入相应的核酸酶 HaeIII、PvuII 和 EcoV 到 Y-DNA 的溶液时,带标记的 DNA 末端被消化成小片段,这些小片段由于与 PFP 的静电相互作用很弱,使得它们离 PFP 较远,不利于发生有效的能量转移,从而根据这些相互的能量转移变化来实现多种酶的同时检测。

　　Wang 研究小组建立了一种以水溶性共轭聚合物为活性氧产生基团的蛋白质光致失活方法[109]。原理如图 13-49 所示,侧链正电荷共轭聚合物 PFP 为荧光供

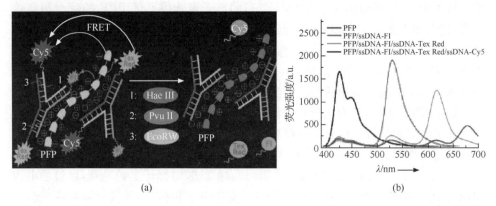

(a)　　　　　　　　　　　　　　　　　(b)

图 13-48　(a)多种核酸酶同时检测原理图；(b)Y-DNA/PFP 静电复合物的发射光谱

体,绿色荧光蛋白为荧光受体的荧光共振能量转移对,光照之后,共轭聚合物 PFP 与绿色荧光蛋白之间的荧光共振能量转移消失。共轭聚合物的主链骨架含有大量的吸光单元,因此具有很高的光吸收效率,有助于产生包括单线态氧在内的活性氧分子。共轭聚合物可以通过其侧链的正电荷与蛋白质形成复合物,拉近共轭聚合物与目标蛋白质之间的距离,从而达到光致失活目标蛋白质的目的。葡萄糖氧化酶的等电点为 4.2,在 pH 8.0 的溶液中带负电荷,通过静电作用,共轭聚合物 PFP 可与葡萄糖氧化酶形成复合物,实现光致失活。在葡萄糖氧化酶和溶菌酶的混合物中加入正电荷的共轭聚合物,光照以后只有葡萄糖氧化酶的活性丧失,证明该光致失活方法具有选择性。

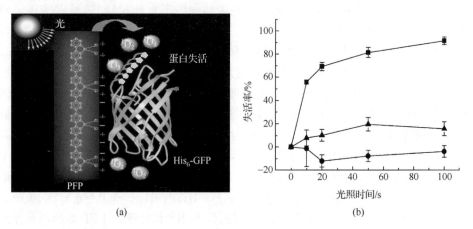

(a)　　　　　　　　　　　　　　　　　(b)

图 13-49　(a)共轭聚合物 PFP 协助的光致蛋白质失活原理图；(b)蛋白质失活率与光照时间图

3. 化学/生物小分子检测

一些重要的小分子和离子的化学和生物传感器历来受到人们的关注,利用功能聚合物检测小分子和离子也有许多很好的研究报道。2004 年,Pei 小组[110]报道了一种带咪唑功能团的聚芴在 THF 溶液中可以实现对 Cu^{2+} 的高选择性检测。在此基础上,Wang 研究小组合成了侧链带咪唑功能团的阳离子聚芴 PF-3,利用其易与 Cu^{2+} 络合形成复合物的能力设计了一种新的检测 NO 的体系[111](图 13-50)。NO 作为一种生物信使分子,在生物学上具有重要作用。Cu^{2+} 通过 N-Cu 相互作用与聚芴结合,通过光诱导的电子转移过程将聚芴的荧光猝灭。加入 NO 后,NO 将顺磁性的 Cu^{2+} 转变成抗磁性的 Cu^+,Cu^+ 不能有效地猝灭聚芴,荧光得到恢复。该体系具有很高的选择性,其他几种与生物相关的氮化合物如 $NOBF_4$、$NaNO_2$ 和 $NaNO_3$ 都不能使聚芴的荧光恢复。这种阳离子聚芴/Cu^{2+} 复合物体系可作为高灵敏性和高选择性检测 NO 的平台。

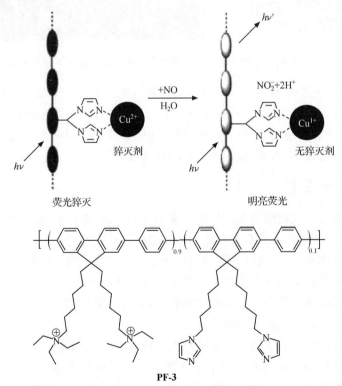

图 13-50　NO 检测示意图

Bunz 研究小组利用带负电荷的聚苯撑乙炔发展了凝集原理的 Hg^{2+} 检测方法[112]。如图 13-51,聚合物先和木瓜蛋白酶通过静电作用形成复合物,蛋白质通过聚合物发生交联,加入 0.02 mmol/L Hg^{2+} 能引起复合物的凝集,生成的沉淀荧光很弱,而其他金属离子 Co^{2+}、Cu^{2+}、Mg^{2+}、Cd^{2+} 等都没有这种现象。该方法的灵敏度比单独的聚合物和木瓜蛋白酶高很多。他们还用聚合物和其他蛋白质做凝集实验,发现 BSA、组蛋白的效果都不如木瓜蛋白酶。

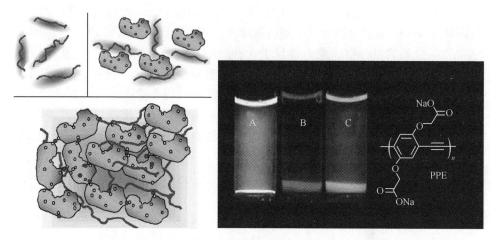

图 13-51　共轭聚合物和木瓜蛋白酶复合物在汞离子存在下凝集示意图

　　McNeill 研究小组设计了一种基于共轭聚合物的氧测定方法[113],可以测定活细胞中的氧化还原状态。光照时,可以发生从共轭聚合物到磷光染料 PtOEP 的能量转移,这时会有很强的 650nm 磷光,可以达到传统氧探针染料亮度的 1000 倍。如果有氧分子存在,对氧敏感的 PtOEP 的磷光被猝灭。

13.2.2　生物成像

　　活细胞成像不仅对细胞和组织的功能研究具有重要意义,而且对疾病的发病机理、临床诊断和治疗亦具有重要作用。对细胞进行成像的手段很多,其中荧光成像技术由于操作简单、灵敏度高等成为生物分析和细胞成像的最有效的手段之一。水溶性共轭聚合物由于具有分子效应和信号放大功能已经广泛作为光学平台用于各种生物传感研究。作为一种新的发光材料,近年来研究者们也开始将水溶性共轭聚合物的应用拓展到细胞领域[60]。

　　将共轭聚合物制备成纳米颗粒进行细胞成像也成为近年来的研究热点,围绕着这个方向,McNeill 研究小组展开了大量的研究。他们利用溶剂蒸发法将非水溶性的发各种颜色光的共轭聚合物制备成了在水溶液中分散较好的、具有较高发光效率的共轭聚合物纳米颗粒[114],能通过内吞作用实现对巨噬细胞的成像(图 13-52)。在此工作的基础上,McNeill 研究小组进一步用这些纳米颗粒实现了靶向细胞成像[115]。暴露在纳米粒子表面的羧基端可以与带氨基的抗体相互作用,形成具有靶向性的荧光纳米粒子。将这些纳米粒子与人乳腺癌细胞(MCF-7)进行孵育,通过纳米粒子表面的抗体与细胞表面标志物的专一性相互作用,实现了免疫荧光成像。他们还利用这些具有靶向性的共轭聚合物纳米粒子实现了在小鼠体内的专一性成像[116]。

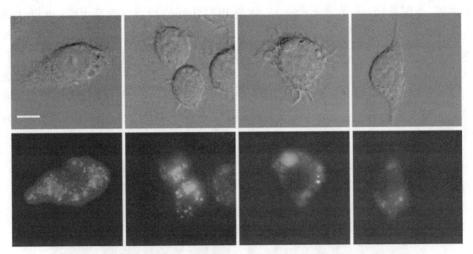

图 13-52　不同颜色共轭聚合物纳米颗粒在细胞成像方面的应用

Liu 研究小组设计合成了鬼笔环肽修饰的共轭聚合物(HCPE- phalloidin),在水中形成了核-壳结构,鬼笔环肽处于颗粒外侧,可以与细胞内纤丝状肌动蛋白特异性的结合[117]。HCPE-phalloidin 进入细胞后主要集中在细胞膜附近[图 13-53(a)],而对照聚合物 HCPE-COOH 进入细胞后分布在细胞质之中[图 13-53(b)],这种细胞内分布的差别主要是由于鬼笔环肽与肌动蛋白的特异性作用导致的。利

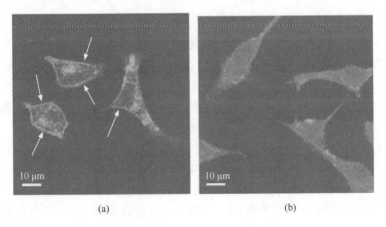

(a)　　　　　　　　　　　　　(b)

图 13-53　共轭聚合物的结构及 HeLa 细胞的 CLSM 图

(a) HCPE-phalloidin；(b) HCPE-COOH

用 HCPE 纳米球良好的细胞通透性和低毒性,通过改变末端修饰的生物识别分子,优化聚合物的结构设计还可以实现细胞内其他蛋白的检测。

Christensen 研究组利用再沉淀的方法制备了功能化的聚乙二醇-磷脂衍生物(PEG-lipid)修饰的共轭聚合物纳米粒子 CPNs[118]。这种方法制备的粒子具有稳定性强、水溶性好、荧光量子产率高、生物相容性好的特点。改变 PEG-lipid 上共价链接的功能分子,即可得到具有不同功能的聚合物纳米粒子。他们将生物素连接到 PEG-lipid 上,与共轭聚合物共沉淀制备出生物素修饰的共轭聚合物纳米颗粒 B-PEG-lipid-CPNs。如图 13-54 所示,B-PEG-lipid-CPNs 可以定位在细胞膜表面修饰了链霉亲合素的细胞上,而用羧酸修饰的聚合物纳米颗粒作为对照时,细胞膜表面没有荧光信号,由此可以说明 B-PEG-lipid-CPNs 与细胞表面的作用是特异性的生物素和链霉亲合素作用导致的。

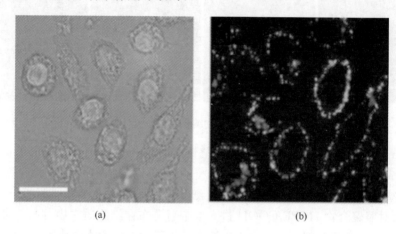

(a)　　　　　　　　　　　　　　(b)

图 13-54　B-PEG-lipid-CPNs 靶向到 J774A.1 巨噬细胞表面
(a)微分干涉差显微镜图;(b)荧光图

最近,为了研究肿瘤药物顺铂在细胞和活体内的分布,Liu 研究组[119]制备了含有顺铂的聚对苯撑乙烯 CPE-PEG-Pt,在水溶液中形成大小约为 122nm 的纳米颗粒,可以发射 650nm 的荧光。将这种颗粒通过静脉注射到裸鼠体类,1h 之后就可以通过荧光观察到纳米颗粒在肝脏部位富集的强烈信号,而其他内脏器官的荧光信号几乎可以忽略(图 13-55)。

2007 年,Inganäs 研究小组[120]设计合成了水溶性共轭聚噻吩 tPOMT,对构象变化很敏感,能够特异性地染色细胞内溶酶体相关的酸性液泡细胞器,并且 tPOMT 在细胞的染色质、溶酶体、前期细胞核、间期细胞核和细胞骨架等不同部位颜色不同(图 13-56)。用液泡 H^+-ATPase 抑制剂处理之后,会引起着色的变化。研究发现,在正常细胞中溶酶体类的酸性细胞器 tPOMT 可以着色并加以区分,但是在黑色素瘤、成神经细胞瘤和前列腺癌细胞中 tPOMT 不能染色,这说明

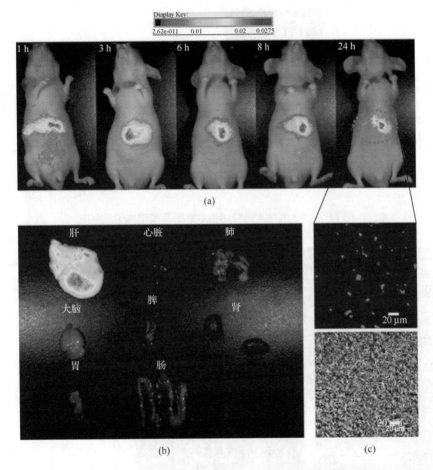

图 13-55　(a) 静脉注射 CPE-PEG-Pt 之后的裸鼠活体成像结果；(b)注射 24h 后的
不同器官的荧光成像结果；(c)肝组织切片的荧光成像结果

在肿瘤细胞中溶酶体等酸性细胞器的分布、结构、可及性和数量等与正常细胞
不同。

2011 年，Wang 研究小组[121]利用两种带正电的共轭聚合物 PFP-NMe_3^+ 和
PPV-NMe_3^+，辨别和检测白色假丝酵母（$C.\ albicans$）和大肠杆菌。当把两种共轭
聚合物和微生物混合在一起时，由于二者细胞表面结构不同，大肠杆菌可以结合几
乎等量的 PFP 和 PFV，二者之间的能量转移导致大肠杆菌显现绿色；而白色假丝
酵母可以结合更多的 PFP 和少量的 PPV，只能显现出 PFP 的蓝色荧光
（图 13-57）。这种方法快速、简单、实时，混合在一起就可以引起荧光信号的变化，
不需要复杂的设备。

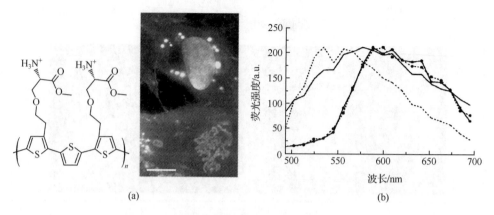

(a)　　　　　　　　　　　　　　　　　　(b)

图 13-56　水溶性聚噻吩结构示意图及细胞成像示意图

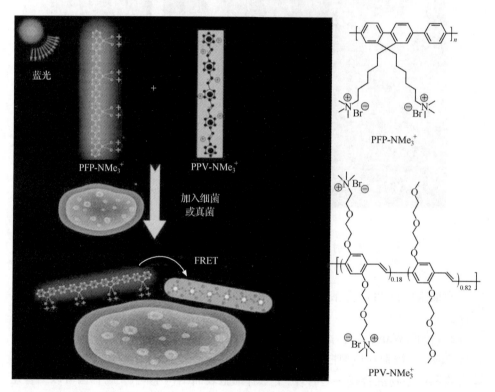

图 13-57　PFP 和 PPV 检测白色假丝酵母($C. albicans$)和大肠杆菌的原理示意图

13.2.3　抗菌活性与抗癌活性

1. 抗菌活性

细菌和真菌在自然界中分布极广,虽然个体微小,却涉及健康、食品、医药及环保等诸多的领域,与人类的生活有密切的联系。微生物对人类最重要的影响之一是导致传染病的流行,能够产生致病物质造成宿主感染的微生物即为病原微生物,又称病原菌。病原菌的检测、抑制或杀灭在疾病诊断、食品安全、环境监测以及反生物恐怖等领域中具有极其重要的意义。光动力疗法杀菌(PACT)是一种可以替代传统抗生素的新方法,这是一种有氧分子参与的伴随生物效应的光敏化反应。特定波长的光照射使吸收的光敏剂受到激发,而激发态的光敏剂又把能量传递给周围的氧,生成活性很强的单线态氧。单线态氧具有细胞毒性作用,从而导致细胞死亡。

共轭聚合物在特定波长光照时,类似受到激发的光敏剂,可以把能量传递给周围的氧,生成活性很强的单线态氧。单线态氧具有细胞毒性作用,无选择性地导致周围细胞死亡。Wittenburg 研究小组利用水溶性聚苯撑乙炔作为活性氧产生基团,在光致杀灭微生物方面开展了一系列的工作。2005 年,他们发现,在微生物的悬浊液中加入带有正电荷的水溶性聚苯撑乙炔后,聚合物可以包覆在革兰氏阴性的大肠杆菌(菌株 BL21)和革兰氏阳性的炭疽芽孢杆菌孢子的表面,在自然光照的条件下可以作为杀菌剂杀死大肠杆菌和芽孢杆菌,有效地抑制细菌生长[122]。后来,他们把阴离子和阳离子的共轭聚合物以层层组装的方式得到空心的聚合物胶囊[123],能够保持聚合物的光电性质,在白光照射下能够有效地产生单线态氧等活性氧物质。该微囊与细菌作用时,有类似于"蟑螂屋"的作用机制,即将细菌困在微囊中,使其无法逃逸,光照后将其杀灭。通过这样的巧妙设计,达到了白光照射1h,细菌杀伤率 95% 的效果。

提高活性氧产生基团的产生效率,是提高杀伤效率的一个重要途径。利用这个思路,Wang 研究小组发展了一种基于共轭聚合物和高效光敏剂卟啉之间的能量转移,提高活性氧产生效率的方法[124]。如图 13-58 所示,侧链末端带有羧基的聚噻吩 PTP 带有负电荷,经过修饰的卟啉分子带有四个正电荷,它们可以通过静电作用形成稳定的复合物。将复合物加入细菌悬液中,可以吸附在菌表面形成更大的复合物,此时光照可以高效杀菌,并且复合物的杀菌效率大于聚噻吩和卟啉两者单独杀菌效率之和,体现出了能量转移对杀伤效率的贡献。在白光照射条件下,聚噻吩到卟啉能够发生有效的能量转移,能量转移到光敏剂,经过系间窜越到三线态,进而敏化基态氧分子产生能量更高的单线态氧。能量转移可以提高光敏剂作为能量受体产生单线态氧的效率,所以复合物中卟啉产生的单线态氧效率高于卟啉单独存在时的效率。复合物含有的正电荷可以促使其和表面带负电荷的细菌紧密结合，进而在光照条件下产生单线态氧杀死细菌。此种抗菌的方法利用了共轭聚合物荧光放大效应和光敏剂在光照条件下产生单线态氧的性质，很好地实现了水溶性聚合物在光动力抗菌中的应用。他们后来改进了这种方法[125]，将卟啉基团作为侧链共价连接到聚噻吩骨架上，聚合物通过静电作用和疏水作用在真菌表面吸附组装，使聚合物在光照条件下产生的单线态氧与真菌细胞壁足够近，在白光（400～800nm）照射条件下实现了对真菌的杀伤作用。

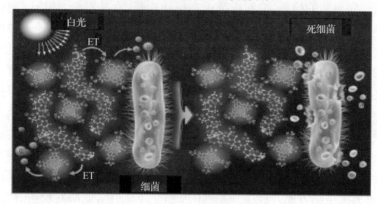

图 13-58　基于水溶性聚噻吩和卟啉复合物的高效光致杀菌

不同于以往的单纯抗菌杀菌研究，Wang 研究小组报道了一种多功能聚苯撑乙烯[7]，当大肠杆菌或者枯草芽孢杆菌和人 T 淋巴细胞白血病 JurkatT 细胞混合在一起时，可以选择性地只识别细菌，然后利用该聚合物自身的杀菌活性和光照产生单线态活性氧杀死该细菌，而对细胞没有任何影响（图 13-59）。

2. 抗癌活性

除了研究共轭聚合物的抗菌活性，其抗癌活性也越来越引起研究者们的极大

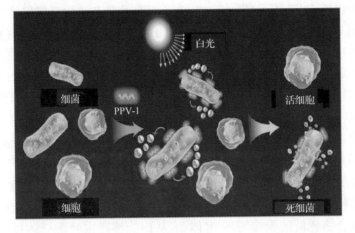

PPV-1

图 13-59　共轭聚合物选择性识别并杀死细菌的原理示意图

兴趣并开始成为一个新的研究热点。临床上对癌症提倡"三早"原则,即早发现、早诊断及早治疗,尽管在肿瘤的检测、预防、手术以及治疗上取得了一些进展,但是并没有建立起有效的治疗恶性肿瘤的方法。传统的治疗方法,如化疗,通常基于这样一个假设,即增殖的癌细胞更容易受到细胞毒性试剂的进攻。然而,细胞毒性试剂由于缺少靶向特异性,经常会导致系统毒性,进而产生副作用。基于目前在攻克癌症过程中存在的问题,利用肿瘤细胞与正常细胞间存在的细微差异,根据肿瘤细胞的特点发展新的功能材料对其进行靶向、特异性的识别与成像及对肿瘤细胞选择性的杀伤,为今后肿瘤的监测、早期诊断与治疗奠定基础。

在前期利用共轭聚合物光辅助抗菌研究的基础上,Wang 研究小组根据肿瘤细胞的特点构建了同时具有细胞成像和光动力抗癌作用的共价连接卟啉基团的水溶性共轭聚噻吩 PTP 体系(图 13-60)[93]。PTP 的双亲结构可以促使其通过静电及疏水作用与真菌及细胞紧密地结合,并且 PTP 在水体系中聚集成纳米颗粒促使比较容易地进入癌细胞中;把能量受体分子共价连接到 PTP 上可以减小与能量供体部分的距离,进而提高从供体到受体的能量转移效率,提高了单线态氧的产生效率,导致光敏材料对细胞具有更强的杀伤作用。光激发聚合物时可以发生从噻吩主链到侧链卟啉的高效能量转移,使体系有效地产生单线态氧,从而对细胞产生有效的杀伤效果,还可以通过聚合物在细胞中成像位置的不同区分细胞是否死亡。叶酸受体(folate receptor,FR)是一种广泛分布于正常组织和肿瘤组织的受体,但是 FR 通常在肿瘤细胞表面过度表达,数量和活性远远超过正常细胞[126]。此外,为了减少非特异性的静电相互作用,提高抗癌的特异性,设计了电中性的、叶酸共价连接到聚合物侧链的聚噻吩-卟啉体系,从而能够靶向叶酸受体过表达的癌细

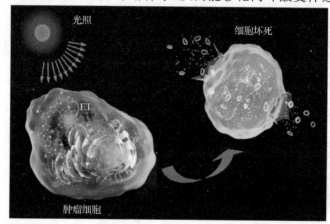

图 13-60　水溶性聚噻吩-卟啉聚合物(PTP)的光致抗癌原理及 PTP 结构示意图

胞,实现光照条件下对癌细胞的选择性杀伤。

　　共轭聚合物不但可以作为光敏剂起到抗癌作用,还可以把抗癌药物输送到癌细胞内,同时检测药物的释放过程。Wang 研究小组制备了带正电荷的共轭聚合物(PFO)和带负电荷的侧链接有抗癌药物阿霉素(dox)的聚谷氨酸(PG-dox)可以形成静电复合物(PFO/PG-dox)[96]。PFO/PG-dox 在水溶液中能形成尺寸约为50 nm 的颗粒。PFO 具有细胞成像所必需的高发光性能、良好的光稳定性和低毒等特点。在静电复合物 PFO/PG-dox 中,共轭聚合物的荧光被具有醌式结构的dox 通过电子转移过程强烈的猝灭,使其荧光处于"turn-off"状态。当 PFO/PG-dox 纳米颗粒被羧肽酶水解后或被癌细胞内吞进细胞后,聚谷氨酸在溶酶体内被水解酶水解释放出 dox,伴随着 dox 的释放,PFO 的荧光逐渐恢复,使其处于"turn-on"状态(图 13-61)。这种多功能 PFO/PG-dox 复合体系能将药物输送到癌

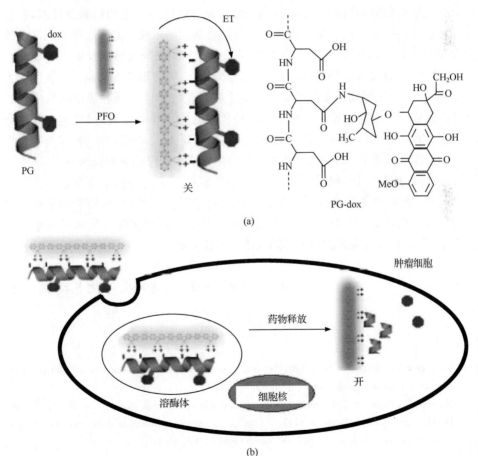

图 13-61　(a) 共轭聚合物 PFO 与侧链接有抗癌药物阿霉素(dox)的聚谷氨酸(PG-dox)形成静电复合物 PFO/PG-dox 的结构示意图;(b) 静电复合物 PFO/PG-dox 进入癌细胞的示意图

细胞内,通过 PFO 荧光恢复来检测药物释放的同时还能实现细胞成像。

13.3　总结与展望

尽管生物复合共轭聚合物这一研究领域已经取得了很多令人瞩目的成果,但将生物复合共轭聚合物材料用于临床重大疾病的诊断、相关的生命化学过程以及细胞水平的生物大分子识别研究有待进一步努力。这一领域目前面临的几个主要挑战性问题是:①以天然生物分子(核酸、蛋白质)以及生物活体分子(微生物、细胞)作模板,通过自组装系统构建生物复合共轭聚合物材料,进一步研究共轭聚合物与生物体系之间的相互作用,深入研究它们的生物相容性以及这些体系中生物相关的信息传输过程,如电子转移、能量传递、物质传输和化学转换过程。②生物复合共轭聚合物材料可提供高效、灵敏、无需分离洗涤等优点的检测新技术,但目前缺乏将这些新材料用于重大疾病相关的易感基因的单核苷酸多态性识别以及基因表观遗传学(如 DNA 甲基化)领域的系统研究。③瞄准重大疾病的早期诊断与治疗,基于生物复合共轭聚合物材料的病原微生物、肿瘤细胞的识别研究在国际上刚刚起步[31,32],用于快速准确鉴定病原微生物以及特异性识别肿瘤细胞与成像的方法尚未建立。④共轭聚合物在生物医药领域的应用尚待开展,如细胞内药物分子释放过程的监测以及对肿瘤细胞的选择性凋亡研究。⑤相比于共轭聚合物在生物识别与疾病诊断领域的进展,共轭聚合物用于疾病治疗的研究尚未开展。

经过近几年的研究积累,我国在该领域已经打下了很好的工作基础。共轭聚合物材料在疾病相关生命体系中的研究涉及化学、材料学以及生物学等学科。通过多学科的相互交叉融合研究,一定可以在该领域中取得国际领先水平的系统研究成果,为我国重大疾病的早期诊断与治疗做出贡献。

(中国科学院化学研究所:刘礼兵、王　树)

参 考 文 献

[1] Uversky V N, Narizhneva N V. Effect of natural ligands on structural properties and conformational stability of proteins. Biochemistry, 1998, 63: 420-433.

[2] Plaxco K W, Gross M. Cell biology: the importance of being unfolded. Nature, 1997, 386: 657-659.

[3] Ho H A, Boissinot M, Bergeron M G, et al. Colorimetric and fluorometric detection of nucleic acids using cationic polythiophene derivatives. Angew Chem Int Ed, 2002, 41: 1548-1551.

[4] Nelson D L, Cox M M. Lehninger principles of biochemistry. 3rd ed. New York: Worth Publisher. 2000.

[5] Chen L, McBranch D W, Wang H L, et al. Highly sensitive biological and chemical sensors based on reversible fluorescence quenching in a conjugated polymer. Proc Natl Acad Sci USA, 1999, 96: 12287-

12292.

[6] Mitragotri S, Lahann J. Physical approaches to biomaterial design. Nat Mater, 2009, 8: 15-23.

[7] Zhu C L, Yang Q, Liu L B, et al. Multifunctional cationic poly(p-phenylene vinylene) polyelectrolytes for selective recognition imaging and killing of bacteria over mammalian cells. Adv Mater, 2011, 23: 4805-4810.

[8] Achyuthan K E, Bergstedt T S, Chen L, et al. Fluorescence superquenching of conjugated polyelectrolytes: applications for biosensing and drug discovery. J Mater Chem, 2005, 15: 2648-2656.

[9] Kumaraswamy S, Bergstedt T, Shi X, et al. Fluorescent-conjugated polymer superquenching facilitates highly sensitive detection of proteases. Proc Natl Acad Soc USA, 2004, 101: 7511-7515.

[10] Liu B, Bazan G C. Homogeneous fluorescence-based DNA detection with water-soluble conjugated polymers. Chem Mater, 2004,16: 4467-4476.

[11] Mammen M, Choi S K, Whitesides G M. Polyvalent interactions in biological systems: implications for design and use of multivalent ligands and inhibitors. Angew Chem Int Ed, 1998, 37: 2754-2794.

[12] Ho H A, Najari A, Leclerc M. Optical detection of DNA and proteins with cationic polythiophenes. Acc Chem Res, 2008, 41: 168-178.

[13] Bunz U H F. Poly(aryleneethynylene)s: syntheses, properties, structures, and applications. Chem Rev, 2000, 100: 1605-1644.

[14] Pinto M R, Schanze K S. Amplified fluorescence sensing of protease activity with conjugated polyelectrolytes. Proc Natl Acad Soc USA, 2004, 101: 7505-7510.

[15] Nilsson K P R, Inganäs O. Chip and solution detection of DNA hybridization using a luminescent zwitterionic polythiophene derivative. Nat Mater, 2003, 2: 419-424.

[16] Fan C, Plaxco K W, Heeger A J. High-efficiency fluorescence quenching of conjugated polymers by proteins. J Am Chem Soc, 2002, 124: 5642-5643.

[17] Sigurdson C J, Nilsson K P R, Hornemann S, et al. Prion strain discrimination using luminescent conjugated polymers. Nat Methods, 2007, 4: 1023-1030.

[18] McRae R L, Phillips R L, Kim I B, et al. Molecular recognition based on low-affinity polyvalent interactions: selective binding of a carboxylated polymer to fibronectin fibrils of live fibroblast cells. J Am Chem Soc, 2008, 130: 7851-7853.

[19] Tong H, Wang L, Jing X, et al. Highly selective fluorescent chemosensor for silver(I) ion based on amplified fluorescence quenching of conjugated polyquinoline. Macromolecules, 2002, 35: 7169-7171.

[20] Pu K Y, Li K, Zhang X, et al. Conjugated oligoelectrolyte harnessed polyhedral oligomeric silsesquioxane as light-up hybrid nanodot for two-photon fluorescence imaging of cellular nucleus. Adv Mater, 2010, 22: 4186-4189.

[21] Xu H, Wu H, Huang F, et al. Magnetically assisted DNA assays: high selectivity using conjugated polymers for amplified fluorescent transduction. Nucleic Acids Res, 2005, 33: e83.

[22] Zhu L, Yang C, Zhang W, et al. Synthesis, characterization and photophysical properties of novel fluorene-based copolymer with pendent urea group: fluorescent response for anions through H-bonding interaction. Polymer, 2008, 49: 217-224.

[23] Huang Y, Fan Q, Li S, et al. Para-linked and meta-linked cationic water-soluble fluorene-containing poly(aryleneethynylene)s: conformational changes and their effects on iron-sulfur protein detection. J Polym Sci Part A Polym Chem, 2006, 44: 5424-5437.

[24]　Skotheim T A, Reynolds J R. Conjugated polymers: theory, synthesis, properties, and characteriza- tion. 3rd ed. CRC Press, Boca Raton, 2007.

[25]　Sonogashira K, Tohda Y, Hagihara N. A convenient synthesis of acetylenes: catalytic substitutions of acetylenic hydrogen with bromoalkenes, iodoarenes and bromopyridines. Tetrahedron Lett, 1975, 16: 4467-4470.

[26]　Bunz U H F. Synthesis and structure of PAEs. Adv Polym Sci, 2005, 177: 1-52.

[27]　John K S. The palladium-catalyzed cross-coupling reactions of organotin reagents with organic electro- philes. Angew Chem Int Ed, 1986, 25: 508-524.

[28]　Yamada J, Yamamoto Y. Ready coupling of acid chlorides with tetra-alkyl-lead derivatives catalysed by palladium. J Chem Soc, Chem Commun, 1987; 1302-1303.

[29]　Miyaura N, Yamada K, Suzuki A. A new stereospecific cross-coupling by the palladium-catalyzed re- action of 1-alkenylboranes with 1-alkenyl or 1-alkynyl halides. Tetrahedron Lett, 1979, 20: 3437-3440.

[30]　Miyaura N, Suzuki A. Palladium-catalyzed cross-coupling reactions of organoboron compounds. Chem Rev, 1995, 95: 2457-2483.

[31]　Dieck H A, Heck F R. Palladium catalyzed synthesis of aryl, heterocyclic and vinylic acetylene deriva- tives. J Organomet Chem, 1975, 93: 259-263.

[32]　McCullough R D, Lowe R D. Enhanced electrical conductivity in regioselectively synthesized poly(3- alkylthiophenes). J Chem Soc, Chem Commun, 1992, 70-72.

[33]　Chen T A, O'Brien R A, Rieke R D. Use of highly reactive zinc leads to a new, facile synthesis for polyarylenes. Macromolecules, 1993, 26: 3462-3463.

[34]　Seeman N C. Nucleic acid junctions and lattices. J Theor Biol, 1982, 99: 237-247.

[35]　Luo D. The road from biology to materials. Mater. Today, 2003, 6: 38-43.

[36]　LaBean T H, Li H. Constructing novel materials with DNA. Nano Today, 2007, 2: 26-35.

[37]　Lin C, Liu Y, Yan H. Designer DNA nanoarchitectures. Biochemistry, 2009, 48: 1663-1674.

[38]　Nadrian C S, Philip S L. Nucleic acid nanostructures: bottom-up control of geometry on the nanoscale. Rep Prog Phys, 2005, 68: 237-270.

[39]　Seeman N C. DNA in a material world. Nature, 2003, 421: 427-431.

[40]　Eichen Y, Braun E, Sivan U, et al. Self-assembly of nanoelectronic components and circuits using bio- logical templates. Acta Polym, 1998, 49: 663-670.

[41]　Tang H W, Duan X R, Feng X L, et al. Fluorescent DNA-poly(phenylenevinylene) hybrid hydrogels for monitoring drug release. Chem Commun, 2009; 641-643.

[42]　Ma Y, Zhang J, Zhang G, et al. Polyaniline nanowires fabricated on Si surfaces with DNA templates. J Am Chem Soc, 2004, 126: 7097-7101.

[43]　Nickels P, Dittmer W U, Beyer S, et al. Polyaniline nanowire synthesis templated by DNA. Nano- technology, 2004, 15: 1524-1529.

[44]　Bardavid Y, Ghabboun J, Porath D, et al. Formation of polyaniline layer on DNA by electrochemical polymerization. Polymer, 2008, 49: 2217-2222.

[45]　Dong L, Hollis T, Fishwick S, et al. Synthesis, manipulation and conductivity of supramolecular pol- ymer nanowires. Chem Eur J, 2007, 13: 822-828.

[46]　Pruneanu S, Al-Said S A F, Dong L, et al. Self-assembly of DNA-templated polypyrrole nanowires:

spontaneous formation of conductive nanoropes. Adv Funct Mater, 2008, 18: 2444-2454.

[47] Bae A H, Hatano T, Numata M, et al. Superstructural poly(pyrrole) assemblies created by a DNA templating method. Macromolecules, 2005, 38: 1609-1615.

[48] Goto H, Nomura N, Akagi K J, et al. Electrochemical polymerization of 3, 4- ethylenedioxythiophene in a DNA liquid-crystal electrolyte. Polym Sci, Part A: Polym Chem, 2005, 43: 4298-4302.

[49] Tang H W, Chen L, Xing C F, et al. DNA-templated synthesis of cationic poly(3,4-ethylenedioxy-thiophene) derivative for supercapacitor electrodes. Macromol Rapid Commun, 2010, 31: 1892-1896.

[50] Bae A H, Hatano T, Nakashima N, et al. Electrochemical fabrication of single-walled carbon nano-tubes-DNA complexes by poly(ethylenedioxythiophene) and photocurrent generation by excitation of an intercalated chromophore. Org Biomol Chem, 2004, 2: 1139-1144.

[51] Tang Y L, He F, Yu M H, et al. A reversible and highly selective fluorescent sensor for mercury(II) using poly (thiophene) s that contain thymine moieties. Macromol. Rapid Commun, 2006, 27: 389-392.

[52] Yang C J, Pinto M, Schanze K, et al. Direct synthesis of an oligonucleotide-poly-(phenylene ethy-nylene) conjugate with a precise one-to-one molecular ratio. Angew Chem Int Ed, 2005, 44: 2572-2576.

[53] Nilsson K P R, Olsson J D M, Konradsson P, et al. Enantiomeric substituents determine the chirality of luminescent conjugated polythiophenes. Macromolecules, 2004, 37: 6316-6321.

[54] Herland A, Nilsson K P R, Olsson J, et al. Synthesis of a regioregular zwitterionic conjugated oligo-electrolyte, usable as an optical probe for detection of amyloid fibril formation at acidic pH. J Am Chem Soc, 2005, 127: 2317-2323.

[55] Nilsson K P R, Inganäs O. Optical emission of a conjugated polyelectrolyte: calcium-induced confor-mational changes in calmodulin and calmodulin-calcineurin interactions. Macromolecules, 2004, 37: 9109-9113.

[56] Nilsson K P R, Hammarstrom P, Ahlgren F, et al. Conjugated polyelectrolytes conformation sensi-tive optical probes for staining and characterization of amyloid deposits. ChemBioChem, 2006, 7: 1096-1104.

[57] Nilsson K P R, Aslund A, Berg I, et al. Imaging distinct conformational states of amyloid-β fibrils in alzheimer's disease using novel luminescent probes. ACS Chem Biol, 2007, 2: 553-560.

[58] Herland A, Bjork P, Nilsson K P R, et al. Electroactive luminescent self-assembled bio-organic nanowires: integration of semiconducting oligoelectrolytes within amyloidogenic proteins. Adv Mater, 2005, 17: 1466-1471.

[59] Nilsson K P R, Hammarstrom P. Luminescent conjugated polymers: illuminating the dark matters of biology and pathology. Adv Mater, 2008, 20: 2639-2645.

[60] Nilsson K P R, Herland A, Hammarstrom P, et al. Conjugated polyelectrolytes: conformation-sensi-tive optical probes for detection of amyloid fibril formation. Biochemistry, 2005, 44: 3718-3721.

[61] An L L, Liu L B, Wang S. Label-free, homogeneous and fluorescence "turn-on" detection of protease using conjugated polyelectrolytes. Biomacromolecules, 2009, 10: 454-457.

[62] Molina R, Ramos M, Montilla F, et al. A novel l-tyrosine derivative of poly[(fluoren-2,7-diyl)-alt-co-(benzen-1,4-diyl)]: strategy of synthesis and chiroptical and electrochemical characterization. Macro-molecules, 2007, 40: 3042-3048.

[63]　Feng X L, Feng F D, Yu M H, et al. Synthesis of a new water-soluble oligo(phenylenevinylene) containing tyrosine moiety for tyrosinase activity detection. Org Lett, 2008, 10: 5369-5372.

[64]　Xue C, Donuru V R R, Liu H. Facile, versatile prepolymerization and postpolymerization functionalization approaches for well-defined fluorescent conjugated fluorene-based glycopolymers. Macromolecules, 2006, 39: 5747-5752.

[65]　Xue C, Velayudham S, Johnson S, et al. Highly water-soluble, fluorescent, conjugated fluorene-based glycopolymers with poly(ethyleneglycol)-tethered spacers for sensitive detection of escherichia coli. Chem Eur J, 2009, 15: 2289-2295.

[66]　Chen Q, Cheng Q Y, Zhao Y C, et al. Glucosamine hydrochloride functionalized water-soluble conjugated polyfluorene: synthesis, characterization, and interactions with DNA. Macromol. Rapid Commun, 2009, 30: 1651-1655.

[67]　Chen Q, Cui Y, Zhang T L, et al. Fluorescent conjugated polyfluorene with pendant lactopyranosyl ligands for studies of Ca^{2+}-mediated carbohydrate-carbohydrate interaction. Biomacromolecules, 2010, 11: 13-19.

[68]　Xue C, Luo F T, Liu H. Post-polymerization functionalization approach for highly water-soluble well-defined regioregular head-to-tail glycopolythiophenes. Macromolecules, 2007, 40: 6863-6870.

[69]　Fukuhara G, Inoue Y. Highly selective oligosaccharide sensing by a curdlan-polythiophene hybrid. J Am Chem Soc, 2011, 133: 768-770.

[70]　Kim I B, Erdogan B, Wilson J N, et al. Sugar-poly(para-phenylene ethynylene) conjugates as sensory materials: efficient quenching by Hg^{2+} and Pb^{2+} ions. Chem Eur J, 2004, 10: 6247-6254.

[71]　Kim I B, Wilson J N, Bunz U H F. Mannose-substituted PPEs detect lectins: a model for ricin sensing. Chem Commun, 2005, 1273-1275.

[72]　Lavigne J J, Broughton D L, Wilson J N, et al. "Surfactochromic" conjugated polymers: surfactant effects on sugar-substituted PPEs. Macromolecules, 2003, 36: 7409-7412.

[73]　Phillips R L, Kim I B, Tolbert L M, et al. Fluorescence self-quenching of a mannosylated poly(p-phenyleneethynylene) induced by concanavalin A. J Am Chem Soc, 2008, 130: 6952-6954.

[74]　Disney M D, Zheng J, Swager T M, et al. Detection of bacteria with carbohydrate-functionalized fluorescent polymers. J Am Chem Soc, 2004, 126: 13 343-13 346.

[75]　Wosnick J H, Mello C M, Swager T M. Synthesis and application of poly(phenylene ethynylene)s for bioconjugation: a conjugated polymer-based fluorogenic probe for proteases. J Am Chem Soc, 2005, 127: 3400-3405.

[76]　Yanaki T, Norisuye T, Fujita H, et al. Triple helix of schizophyllum commune polysaccharide in dilute solution. 3. hydrodynamic properties in water. Macromolecules, 1980, 13: 1462-1466.

[77]　Kashiwagi Y, Norisuye T, Fujita H. Triple helix of schizophyllum commune polysaccharide in dilute solution. 4. light scattering and viscosity in dilute aqueous sodium hydroxide. Macromolecules, 1981, 14: 1220-1225.

[78]　Norisuye T, Yanaki T, Fujita H. Triple helix of a schizophyllum commune polysaccharide in aqueous solution. J Polym Sci Polym Phys Ed. ,1980, 18: 547-558.

[79]　Sato T, Sakurai K, Norisuye T, et al. Collapse of randomly coiled schizophyllan in mixture of water and dimethylsulfoxide. Polym J, 1983, 15: 87-90.

[80]　Hasegawa T, Haraguchi S, Numata M, et al. Schizophyllan can act as a one-dimensional host to con-

struct poly(diacetylene) nanofibers. Chem Lett, 2005, 34: 40-48.

[81] Li C, Numata M, Hasegawa T, et al. Water-soluble poly(3,4-ethylenedioxythiophene) nanocomposites created by a templating effect of β-1,3-glucan schizophyllan. Chem Lett, 2005, 34: 1532-1537.

[82] Numata M, Hasegawa T, Fujisawa T, et al. β-1,3-Glucan (schizophyllan) can act as a one-dimensional host for creation of novel poly(aniline) nanofiber structures. Org Lett, 2004, 6: 4447-4450.

[83] Li C, Numata M, Bae A H, et al. Self-assembly of supramolecular chiral insulated molecular wire. J Am Chem Soc, 2005, 127: 4548-4549.

[84] Niu Z, Liu J, Lee L A, et al. Biological templated synthesis of water-soluble conductive polymeric nanowires. Nano Lett, 2007, 7: 3729-3733.

[85] Niu Z, Bruckman M, Kotakadi V S, et al. Study and characterization of tobacco mosaic virus head-to-tail assembly assisted by aniline polymerization. Chem Commun, 2006:3019-3021.

[86] Niu Z, Bruckman M A, Harp B, et al. Bacteriophage M13 as a scaffold for preparing conductive polymeric composite fibers. Nano Res, 2008, 1: 235-241.

[87] Liu L B, Duan X R, Liu H B, et al. Microorganism-based assemblies of luminescent conjugated polyelectrolytes. Chem Commun,2008, 5999-6001.

[88] Feng X L, Yang G M, Liu L B, et al. A convenient preparation of multi-spectral microparticles by bacteria-mediated assemblies of conjugated polymer nanoparticles for cell imaging and barcoding. Adv Mater, 2012, DOI: 10.1002/adma. 201102026.

[89] Kushon S A, Bradford K, Marin V, et al. Detection of single nucleotide mismatches via fluorescent polymer superquenching. Langmuir, 2003, 19: 6456-6464.

[90] An L L, Tang Y L, Wang S, et al. A fluorescence ratiometric protein assay using light-harvesting conjugated polymers. Macromol Rapid Commun, 2006, 27: 993-997.

[91] Kim I B, Shin H, Garcia A J, et al. Use of a folate-PPE conjugate to image cancer cells *in vitro*. Bioconjugate Chem, 2007, 18: 815-820.

[92] Bajaj A, Miranda O R, Phillips R, et al. Array-based sensing of normal, cancerous, and metastatic cells using conjugated fluorescent polymers. J Am Chem Soc, 2010, 132: 1018-1022.

[93] Xing C F, Liu L B, Yang Q, et al. Design guidelines for conjugated polymers with light-activated anticancer activity. Adv Funct Mater, 2011, 21: 4058-4067.

[94] Xu Q L, Zhu L T, Yu M H, et al. Gadolinium (III) chelated conjugated polymer as a potential MRI contrast agent. Polymer, 2010, 51: 1336-1340.

[95] Feng X L, Tang Y L, Duan X R, et al. Lipid-modified conjugated polymer nanoparticles for cell imaging and transfection. J Mater Chem. , 2010, 20: 1312-1316.

[96] Feng X L, Lv F T, Liu L B, et al. Conjugated polymer nanoparticles for drug delivery and imaging. ACS Appl. Mater Interfaces, 2010, 2: 2429-2435.

[97] Tang H W, Xing C F, Liu L B, et al. Synthesis of amphiphilic polythiophene for cell imaging and monitoring cellular distribution of cisplatin anticancer drug. Small, 2012, DOI: 10.1002/smll. 201002189.

[98] Zhao X, Liu Y, Schanze K S. A conjugated polyelectrolyte-based fluorescence sensor for pyrophosphate. Chem Commun, 2007:2914-2916.

[99] Liu Y, Schanze K S. Conjugated polyelectrolyte-based real-time fluorescence assay for alkaline phosphatase with pyrophosphate as substrate. Anal Chem, 2008, 80: 8605-8612.

[100] Liu Y, Schanze K S. Conjugated polyelectrolyte based real-time fluorescence assay for adenylate kinase. Anal Chem, 2009, 81: 231-239.

[101] Ho H A, Dore K, Boissinot M, et al. Direct molecular detection of nucleic acids by fluorescence signal amplification. J Am Chem Soc, 2005, 127: 12 673-12 676.

[102] Wang S, Bazan G C. Optically amplified RNA-protein detection methods using light-harvesting conjugated polymers. Adv Mater, 2003, 15: 1425-1428.

[103] Liu B, Baudrey S, Jaeger L, et al. Characterization of tec to RNA assembly with cationic conjugated polymers. J Am Chem Soc, 2004, 126: 4076-4077.

[104] Feng X L, Duan X R, Liu L B, et al. Cationic conjugated polyelectrolyte/molecular beacon complex for sensitive sequence-specific and real-time DNA detection. Langmuir, 2008, 24: 12 138-12 141.

[105] Chen L, McBranch D W, Wang H L, et al. Highly sensitive biological and chemical sensors based on reversible fluorescence quenching in a conjugated polymer. Proc Natl Acad Sci, USA, 1999, 96: 12 287-12 292.

[106] Rininsland F, Xia W, Wittenburg S, et al. Metal ion-mediated polymer superquenching for highly sensitive detection of kinase and phosphatase activities. Proc Natl Acad Sci, USA, 2004, 101: 15 295-15 300.

[107] Achyuthan K E, Bergstedt T S, Chen L, et al. Fluorescence superquenching of conjugated polyelectrolytes: applications for biosensing and drug discovery. J Mater Chem, 2005, 2648-2656.

[108] Feng X L, Duan X R, Liu L B, et al. Fluorescent logic signal-based multiplex detection of nucleases with the assembly of cationic conjugated polymer and branched DNA. Angew Chem Int Ed, 2009, 48, 5316-5321.

[109] Duan X R, Liu L B, Feng X L, et al. Assemblies of conjugated polyelectrolytes with proteins for controlled protein photoinactivation. Adv Mater, 2010, 22: 1602-1606.

[110] Zhou X H, Yan J C, Pei J. Exploiting an imidazole-functionalized polyfluorene derivative as a chemosensory material. Macromolecules, 2004, 37: 7078-7080.

[111] Xing C F, Yu M H, Wang S, et al. Fluorescence turn-on detection of nitric oxide in aqueous solution using cationic conjugated polyelectrolytes. Macromol Rapid Commun, 2007, 28: 241-245.

[112] Kim I, Bunz U H F. Modulating the sensory response of a conjugated polymer by proteins: an agglutination assay for mercury ions in water. J Am Chem Soc, 2006, 128: 2818-2819.

[113] Wu C F, Bull B, Christensen K, et al. Ratiometric single-nanoparticle oxygen sensors for biological imaging. Angew Chem Int Ed, 2009, 48: 2741-2475.

[114] Wu C F, Bull B, Szymanski C, et al. Multicolor conjugated polymer dots for biological fluorescence imaging. ACS Nano, 2008, 2: 2415-2423.

[115] Wu C F, Schneider T, Zeigler M, et al. Bioconjugation of ultrabright semiconducting polymer dots for specific cellular targeting. J Am Chem Soc, 2010, 132: 15 410-14 517.

[116] Wu C F, Hansen S J, Hou Q, et al. Design of highly emissive polymer dot bioconjugates for *in vivo* tumor targeting. Angew Chem Int Ed, 2011, 50: 3430-3434.

[117] Li K, Pu K Y, Cai L, et al. Phalloidin-functionalized hyperbranched conjugated polyelectrolyte for filamentous actin imaging in living Hela cells. Chem Mater, 2011, 23: 2113-2119.

[118] Kandel P K, Fernando L P, Ackroyd P C, et al. Incorporating functionalized polyethylene glycol lipids into reprecipitated conjugated polymer nanoparticles for bioconjugation and targeted labeling of

cells. Nanoscale, 2011, 3: 1037-1045.

[119] Ding D, Li K, Zhu Z S, et al. Conjugated polyelectrolyte-cisplatin complex nanoparticles for simultaneous *in vivo* imaging and drug tracking. Nanoscale, 2011, 3: 1997-2002.

[120] Bjork P, Nilsson K P R, Lenner L, et al. Conjugated polythiophene probes target lysosome-related acidic vacuoles in cultured primary cells. Mol Cell Probes, 2007, 21: 329-337.

[121] Zhu C L, Yang Q, Liu L B, et al. Visual optical discrimination and detection of microbial pathogens based on diverse interactions of conjugated polyelectrolytes with cells. J Mater Chem, 2011, 21: 7905-7912.

[122] Lu L, Rininsland F H, Wittenburg S K, et al. Biocidal activity of a light-absorbing fluorescent conjugated polyelectrolyte. Langmuir, 2005, 21: 10 154-10 159.

[123] Corbitt T S, Sommer J R, Chemburu S, et al. Conjugated polyelectrolyte capsules: light-activated antimicrobial micro "roach motels". ACS Appl Mater, Interfaces, 2009, 1: 48-52.

[124] Xing C F, Xu Q L, Tang H W, et al. Conjugated polymer/porphyrin complexes for efficient energy transfer and improving light-activated antibacterial activity. J Am Chem Soc, 2009, 131: 13 117-13 124.

[125] Xing C F, Yang G M, Liu L B, et al. Conjugated polymers for light-activated antifungal activity. Small, 2011, DOI: 10. 1002/smll. 201101825.

[126] Leamon C P, Reddy J A. Folate-targeted chemotherapy. Adv Drug Del Rev, 2004, 56: 1127-1141.

第 5 篇
分子仿生的应用

第 14 章　结构仿生材料在医学领域中的应用

结构仿生设计建立在分子仿生学的基础之上,要求材料学与生物学、生物化学、物理学及其他学科更加紧密、有效地融合交叉[1],以使分子仿生材料从结构设计出发,由材料的制备至功能的实现,在理论和实践中进入一个崭新的时代。仿生设计不仅要求材料结构上的形似,还要求实质上的神似,尤其是分子结构上的相似[2]。在生物体中,通过分子自组装形成特定结构的材料,具有优异的性能,因而在医学领域有广泛的应用前景。本章重点阐述了具有树木年轮结构、贝壳珍珠层结构、蛛丝结构、洋葱状结构和毛竹外密内疏结构等仿生材料在医学领域中的应用。

14.1　树木年轮结构及其仿生材料在医学中的应用

木材、骨骼和竹子等天然生物材料都具有层状叠加的基本结构,根据生物材料的力学分析,这些材料综合力学性能优良,主要是层状叠加结构的结果。所以层状叠加结构是自然界绝大多数生物体经亿万年磨合、淘汰、进化、保存下来的一种最完美的结构。层状叠加结构可以吸收和存储能量,软硬叠层复合可以改善韧性,分散应力,改变应力的扩展方向,使材料具有较高的强度和韧性。通过分子仿生设计,采用原位自组装的方法制备具有优异力学性能的层状叠加结构材料,在医学领域有良好的应用前景。

14.1.1　树木年轮结构

自然界中生物材料的叠层结构是生物体在生长过程中由局部的化学反应分层形成的,树木的年轮结构是通过树木的形成层的活动而形成的,形成层向内分化为韧皮部细胞,向外分化为木质部细胞,由于气候的影响每个季节分化速度不一样,因此在树干的横切面上出现一个完整的生长轮,每个季节形成一个生长轮即为年轮。树木年轮是以圆锥套状一层层地向内累加而成,如图 14-1 所示。木材细胞壁是木材年轮结构的物质基础,也是木材具有一定强度的物质基础。

今日淳一等[3]发现,木材以髓心为中心,至 12～13 个生长轮,生长轮的宽度逐渐减小,以后大致确定;而且从髓心至树皮,管胞和木纤维的长度逐步增长;木材密度也逐渐增加。作为树木年轮结构基础的纤维细胞壁中的纤维分子聚合成束状,称为微纤丝。在微纤丝之间填充着半纤维素和木素,细观结构极其精妙。木材纤

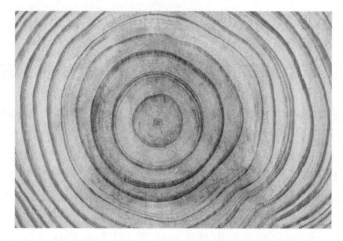

图 14-1　木材的年轮结构

维细胞壁的这种精细结构和整体的年轮状结构,使木材具有优异的力学性能。

14.1.2　仿木年轮结构材料的制备及其在医学中的应用

　　受树木年轮生长过程以及结构启示,设计同心筒状叠加结构模型。层与层之间无连接,层厚与层间距可以调控。为了实现这一结构,胡巧玲课题组以壳聚糖为原料,根据壳聚糖在酸中溶解遇碱析出这一化学特性和膜渗透原理,设计并模拟树木年轮结构的生长过程,进行壳聚糖分子的自行层层组装,这是一种新型的层层组装,如图 14-2 所示。

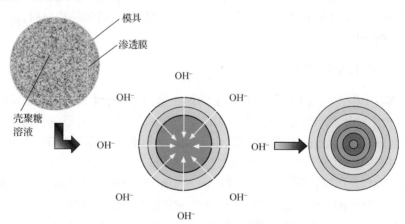

图 14-2　仿木年轮结构形成过程示意图

　　首先将壳聚糖溶液在模具里浇注成膜,制得微孔壳聚糖渗透膜。将壳聚糖醋酸溶液放在膜里,碱性沉析液放在膜外,碱液通过膜渗透扩散作用进入膜内。带质子的壳聚糖遇碱后就地沉析出来形成壳聚糖凝胶第一层,随着碱液的不断渗透,壳聚糖凝胶一层又一层地被析出,并可通过调节不同的碱液浓度,控制碱液的渗透速度,从而调节材料的层厚和层间距。

在原位沉析组装壳聚糖凝胶棒材的过程中,壳聚糖膜主要起两个作用,一是将壳聚糖稀醋酸溶液与凝固液 NaOH 隔离,此膜具有半透性,不允许大分子出去,允许小分子透过。由于膜内外的 pH 不同、碱浓度不同,因而在膜内外产生渗透压。在渗透压的作用下凝固液中的 OH^- 向膜内渗透,壳聚糖溶液中的 CH_3COO^- 透过膜向外扩散,而壳聚糖分子却不能透过。在此,壳聚糖起到隔离、渗透作用。二是起到模板的作用,壳聚糖膜表面带有许多羟基、氨基,这些基团具有极性,由于分子间的作用力,膜表面吸附内侧溶液中的壳聚糖分子,这些分子与外侧扩散进来的 OH^- 起就地中和反应沉积在模板内表面,形成一层凝胶层。随着双扩散的进行,凝胶层继续吸附内侧溶液中的壳聚糖分子,这些分子又与外侧扩散进来的 OH^- 起中和反应沉积在凝胶层内表面,形成新的凝胶层。如此反复,凝胶层越积越厚,最终形成三维层状壳聚糖凝胶棒材。壳聚糖在沉析过程中是如何自行形成层状叠加结构的呢?这一现象并不奇怪,自然界中有许多层状或环状结构的现象存在,如雨花石、玛瑙,动物体内的许多层状结石都是层状或环状结构,这种现象可以从 Liesegang 环得到启示和解释,如图 14-3 所示。

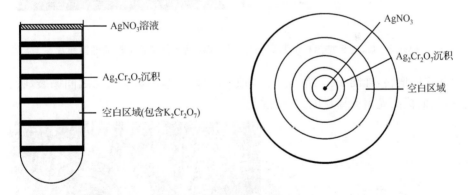

图 14-3　Liesegang 环现象

原位沉析法制备壳聚糖水凝胶具有仿木年轮结构,壳聚糖凝胶棒材的横截面和纵剖面如图 14-4 所示[4],环状结构厚度约为 0.5~1mm。

将壳聚糖凝胶棒材干燥处理后,再经弯曲实验,其断裂碎片明显可见圆弧状的纹路,再经 SEM 观察具有 $10\mu m$ 厚的层叠结构,如图 14-5 所示。因此,将壳聚糖水凝胶的仿木年轮结构抽象化表示为图 14-6。

壳聚糖棒材受应力作用后产生的裂纹在一个层内扩展,当遇到另外一个层时

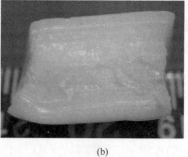

(a)　　　　　　　　　　　　　　　(b)

图 14-4　原位沉析法制得的壳聚糖凝胶的年轮结构
(a) 横切面;(b) 纵切面

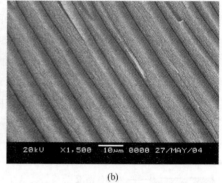

(a)　　　　　　　　　　　　　　　(b)

图 14-5　(a)壳聚糖棒材的数码照片;(b)壳聚糖棒材层状结构的电镜照片

发生钝化或偏转,如图 14-7 所示。裂纹改变扩展方向,沿着层与层之间撕裂,吸收能量,从而提高壳聚糖棒材的力学性能。

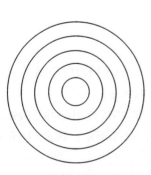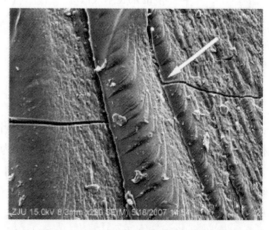

图 14-6　壳聚糖凝胶层状结构示意图　　图 14-7　应力破坏后壳聚糖棒材横截面的 SEM 图

原位沉析法制备的仿木年轮结构壳聚糖棒材,其弯曲强度达 92.4MPa,弯曲模量达 4.1GPa,力学性能优于传统方法制备的壳聚糖棒材。图 14-8 是壳聚糖接骨钉和壳聚糖接骨棒的数码照片,这将是一种新型的、可吸收的骨折内固定装置,避免了其他种类骨折内固定装置的二次手术、应力遮挡、非菌性炎症反应等缺点。

图 14-8　壳聚糖接骨钉和接骨棒

14.2　贝壳珍珠层及结构仿生

14.2.1　贝壳珍珠层

贝壳珍珠层存在于软体动物的贝壳当中,如腹足类、双壳类动物的贝壳,它们具有优异的力学性能。在贝壳的所有组成当中,珍珠层是最强韧的部分。它的最高强度可达 120 MPa,而非珍珠层的其他结构最高强度只能达到 60 MPa[5]。虽然珍珠层大部分由无机物文石构成,但是它的韧性是普通文石的 3000 倍[6]。

到目前为止,人们已经用大量的力学实验以及各种模型来研究贝壳珍珠层独特的微观结构。有研究认为,贝壳珍珠层内文石晶体与有机基质互相层叠排列的结构是造成裂纹偏转,从而使其韧化的主要原因[7]。在贝壳组成中的角质层、棱柱层与珍珠层中,有机基质层的强度较弱,对来自棱柱层的与贝壳表面垂直的裂纹,有机基质层易于诱导裂纹在其中偏转,从而阻止裂纹的穿透扩展,即向珍珠层扩展时受阻[8]。珍珠层断裂过程中存在于两相间的频繁裂纹偏转现象及文石片拔出现象对珍珠层的韧化作用已被证实,但是简单的"砖-泥"结构模型并不能完全解释实验测得的能量消耗。对其他的不同尺度的强韧化机制模型的讨论表明,当贝壳发生形变与断裂时,无机相间的有机质发生塑性变形并且与无机相黏结良好,这一现象在贝壳珍珠层中普遍存在。

大量的研究结果表明,珍珠层内的小板片之间的滑移是使珍珠层具有如此好韧性的主要关键因素[9,10,11,23]。而又由于这种机理主要由珍珠层中各个小板片之间的界面性能控制的,许多研究集中到探究小板片之间的纳米级别的机理上来[12,13,14]。

但最近的研究表明,仅仅用这种纳米级的机理来解释珍珠层宏观上拥有如此好的性能表现是不够的[23]。人们在珍珠层微结构中发现了另一种机理:小板片波纹(waviness)能对裂纹周围的非线性形变产生不断地阻碍(locking)、固化(hardening)和分散(spreading)作用。根据这种机理,各个小板片之间的界面上就能产生黏塑性的能量耗散(viscoplastic energy dissipation),因此大大增加了珍珠层的韧性,阻止了裂纹进一步的发展,保护贝壳,从而保护软体动物免受伤害。

因此,贝壳是一个很好的例子,显示了生物材料在经过几百万年进化后拥有无比优异的性能,它具有非常复杂的微结构。同时,说明了精细的层状结构(occurrence of hierarchies)为不同层面上的能量耗散提供了很好的机械结构基础。在这样的结构中,即使其中一种或多种机制不能表现它原来的作用,更多的结构也能被激发和强化,因此它不仅增加了材料的断裂韧性,而且为材料提供了破坏力作用下的稳定性。

14.2.2　贝壳珍珠层的仿生及其在医学领域的应用

通过对贝壳珍珠层特殊结构的研究,探讨其结构与性能之间的关系,并利用各种实验表征手段测定自然材料的性能参数,人们从中寻求仿生材料的设计方法,期望提高仿生材料的性能,进而代替生物组织。从仿生学高度,运用仿生设计方法制备新型轻质、高强、超韧层状复合材料,或对材料进行表面改性,使其具备更好的生活相容性。

对珍珠层的仿生研究,人们开展的研究主要在仿珍珠层陶瓷增韧复合材料的设计上,通过软硬相互叠层制备得到的陶瓷增韧复合材料其断裂性能都有比较大的改善。在医学领域,一种较新的通过仿生过程方法制备的磷灰石/金属、磷灰石/聚合物复合材料,可以作为骨植入材料来应用。

Lee 等利用升华/浓缩(sublimation/compression)的方法,在有机/无机混合溶液中制备出仿珍珠层的膜材料,他们利用低温升华的方法制得泡沫状的多孔复合薄膜,经冷冻-干燥去除多孔复合膜结构中的溶剂组分,然后对膜进行热压得到柔性薄膜,用这种方法,在控制适宜的凝固温度下,可以得到柔韧性较好的薄膜材料。该层状壳聚糖/羟基磷灰石膜材料(图 14-9)可以应用于外科手术、伤口敷料及组织工程中。在制备壳聚糖复合膜方面,Yu 等[16]利用壳聚糖-蒙脱土(MMT)杂化组分自组装制备了类贝壳珍珠层结构的 MMT /壳聚糖复合薄膜。他们首先将制备的 MMT 纳米片的水溶液与壳聚糖水溶液混合搅拌使壳聚糖能够充分吸附在 MMT 表面,随后利用水分蒸发或真空过滤诱导壳聚糖- MMT 杂化组分发生取向进行自组装。该方法制备的杂化膜具有高度规整的"砖-泥"类贝壳珍珠层结构,表现出良好的机械性能、透光性和耐火性能。

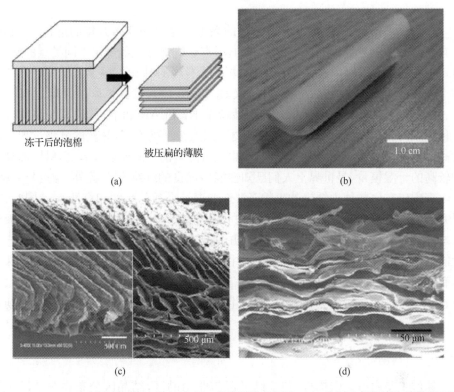

(a)　　　　　　　　　　　　　　(b)

(c)　　　　　　　　　　　　　　(d)

图 14-9　(a) SAC 制膜的过程;(b) HA/CS 薄膜的数码照片;(c) 升华后壳聚糖泡棉横断面的
　　　　显微照片(插图:此薄膜的预期图片);(d) 泡棉被挤压后薄膜横断面的显微照片[15]

　　除此之外,人们还对设计方法进行研究。人们仿照生物体的加工过程,自单个的分子至纳米尺度、微米尺度、宏观尺度逐级组装实现多尺度、多级次复杂结构的构建。其中方法之一是自下而上自组装方法。自下而上自组装方式在生物体构建多层次精细结构过程中普遍存在。在这种方式的组装过程中,以有机相为模板控制晶体生长的取向,无机相晶体在过饱和溶液中成核,通过消耗无定形相的方式取向生长[17]。

　　在 20 世纪 90 年代初,Heuer 等[18]尝试利用双亲性聚合物组分影响无机组分的成核及生长过程来制备层状生物陶瓷材料,但由于不能控制有机相与陶瓷片的组装过程而未能实现多层次结构的构建。之后的研究中,Sellinger 等[19,20]将浸涂手段与自组装结合起来,并采用溶剂蒸发诱导的方式成功制备了规整的层状有机-无机复合材料。这类生物陶瓷材料由于具有很好的力学性能,同时具有比一般陶瓷更好的生物相容性,有望作为人体硬组织的替换材料。

14.3　蛛丝结构及其结构仿生材料

自古以来,人们对蛛丝就有非常大的兴趣。经过 400 多万年的进化[21],蜘蛛具有高超的纺丝本领。它能分泌不同的丝,有些蜘蛛甚至能分泌不同类型的蛛丝。蜘蛛根据不同的需要,通过不同的腺体分泌不同的蛛丝,并控制着整个分泌过程[22]。蛛丝既具有极好的机械强度,又具有很好的弹性。蛛丝的强度远高于蚕丝、涤纶等一般的纺织材料,虽然其刚性低于 KEVLAR 和钢材,但其断裂能位于各种纤维的首位,高于 KEVLAR 和钢材。跟人造纤维不同,蛛丝的分泌过程不需要高温以及腐蚀性溶剂,同时蛛丝本身也是可降解的。蛛丝还具有高弹性、高韧性和较高的干湿模量,是世界上人们已知性能最优良的纤维[26]。此外,像蚕丝一样,蛛丝表现出在生物体内缓慢的生物降解性能以及合适的生物相容性[23]。同时,有研究表明蛛丝具有止血以及加速伤口愈合的功能[24,25]。与天然的蚕丝相比,天然的蛛丝具有更好的抗张强度和伸长率,并且具有更好的抗免疫性[26,27]。蛛丝这些性能上出色的表现,使得它成为自然界中最好的结构和功能材料之一。由于蛛丝具有密度小、高韧性、突出的形状记忆性能以及生物相容性,使得它在航空航天、军事、建筑等领域有很好的应用前景。在生物医学领域,它有望用作人造关节、韧带和肌腱等[28]。

14.3.1　蛛丝的结构

蛛丝主要由氨基酸构成,包含结晶区与非结晶区,结晶区分布在非结晶区当中。结晶区主要由小侧基氨基酸链段构成,形成 β-折叠链,分子链段呈反向平行排列,相互间以氢键结合;非结晶区的氨基酸侧基较大,肽链排列不规整。蛛丝中的β-折叠链结构中分子间的相互作用力很大,这样的蛋白质二级结构使得蛛丝具有很好的抗张强度。而蛛丝结构中的非结晶区又使得蛛丝具有很好的弹性。β-折叠链结构的形成被认为是由于特定氨基酸序列的物理交联所致,在蛛丝中,这些主要由丙氨酸、甘氨酸-丙氨酸、甘氨酸-丙氨酸-丝氨酸构成。除了这些结晶区以及无定形区,在蛛丝蛋白质分子的氨基末端和羧基末端还发现了非重复出现的氨基酸序列(图 14-10)。虽然目前这些末端区域对蛛丝机械性能的影响还没有搞清,但研究人员预测它们对蛛丝蛋白分子自组装的过程发挥着作用[29]。

14.3.2　蛛丝结构仿生

由于蜘蛛属肉食性动物,不喜欢群居,当几只蜘蛛被放在一起时,它们往往会相互撕咬,所以难以像养家蚕那样大量饲养蜘蛛;而且,蜘蛛本身存在很多丝腺器,不同腺器产生的丝性能不同,很难收集性能单一的丝[30]。此外,天然蛛丝难以直接加工成其他特定形状,以供不同用途所需,天然蛛丝自身很难批量生产,其应用范围也受到了很大限制,因此需要寻求新的方法和途径,以大量获得具有天然蛛丝相似结构和功能的新材料。因此可以利用仿生学原理,在认识天然蛛丝结构和功能的基础上,设计、制备天然蛛丝仿生材料。刘全勇等综述了仿蛛丝结构材料的合成方法,这样的仿生材料在医学上及各个领域都具有重大的科学意义和应用价值。

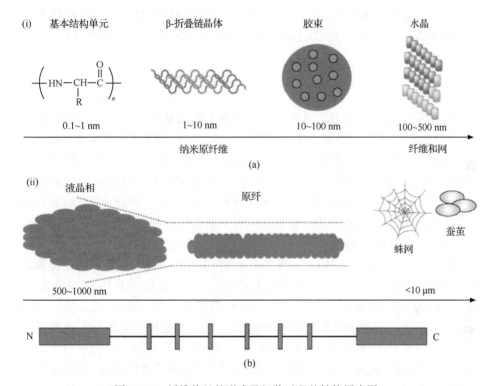

图 14-10　纤维状丝的形成及组装过程的结构层次图

(a)重复的氨基酸序列自组装成 β-折叠链;(b)诱导因素,如剪切力,以及低 pH、甲醇、电场等环境,驱使液晶相形成更稳定的 β-折叠链结构,之后形成更高层次的结构,成为蛛丝或者蚕茧

1. 蛋白基因仿生生物表达法[46]

20 世纪 90 年代初,Lewis 等首先报道了源于 Nephilaclavipes 蛛丝蛋白两种序列(分别被称为 MaSp1 和 MaSp2)的部分 DNA 片段,由此揭开了天然蛛丝蛋白基因与结构研究的序幕。在获取天然蛛丝各种蛋白基因组成信息的基础上,科学家们开始采用生物表达的方法,即先构建天然蛛丝相应的部分蛋白基因,然后采用生物工程技术手段,将这些蛋白基因寄托于某种生物载体进行表达并生产,从而获得包含天然蛛丝部分蛋白基因结构的蛋白质原料,最后,将这些仿生蛋白原料加工成所需要的形态(如纤维)进行利用,如 NexBiotechnologie 公司通过哺乳动物表

达生产蛋白质,经过特殊的"纺线程序",纺出了重量轻、强度高的纤维,称之为"生物钢"。利用蛋白基因仿生生物表达法制备天然蛛丝仿生材料研究得最多,技术较成熟,在一定程度上解决了天然蛛丝难以批量生产的问题,同时也拓展了天然蛛丝的应用范围,从而大大促进了天然蛛丝仿生材料的发展。但寻找一个合适的生物载体完全表达天然蛛丝的系列重复结构,还是一个巨大挑战。该方法由于只能模拟天然蛛丝蛋白的部分基因结构,因此所获天然蛛丝仿生材料的综合性能通常比天然蛛丝差,并且材料分离纯化较复杂,成本仍较高,生产周期也较长,产量还较小。

2. 链段及二次结构仿生化学合成法[46]

研究发现,天然蛛丝蛋白实际上是一种由不同氨基酸单元(主要为丙氨酸和甘氨酸单元)组成的共聚物,其二次结构主要包括β-折叠构象和螺旋构象。丙氨酸富集的链段易于形成β-折叠构象,β-折叠链通过氢键作用堆砌形成β-折叠片纳米晶,分散在材料中,从而提高天然蛛丝的强度;而甘氨酸富集的链段易于形成螺旋构象,赋予天然蛛丝优良的弹性。基于对天然蛛丝蛋白链段结构和二次结构的认识,人们采用化学合成的方法,即模仿天然蛛丝的链段结构和二次结构,采用化学合成手段,在分子主链或侧链中引入β-折叠片[如聚(丙氨酸-甘氨酸)、聚丙氨酸链段,或者螺旋结构,如聚(γ-苯甲基-L-谷氨酸)链段],最终合成出主链型仿生链段共聚物或者侧链型仿生聚合物。主链型仿生链段共聚物主要包括聚(γ-苯甲基-L-谷氨酸)-b-聚(丙氨酸-甘氨酸)、聚(乙二醇)-b-聚(丙氨酸)、聚(羟基异戊二烯)-b-聚(丙氨酸)、1,6-己二异氰酸酯扩链的聚(丙氨酸)或聚(丙氨酸-甘氨酸)等;而侧链型仿生聚合物则有聚(甲基丙烯酸)-b-(丙氨酸-甘氨酸)及聚(茂铁硅烷)-b-(丙氨酸-甘氨酸)等。通过链段及二次结构仿生化学合成法,从分子结构出发,可以设计具有天然蛛丝蛋白链段结构和二次结构类似的各种聚合物,这为天然蛛丝仿生材料的发展开拓了一个崭新方向,也大大丰富了天然蛛丝仿生材料的研究内容。但目前依据该方法设计仿生链段共聚物,仅局限在模仿天然蛛丝蛋白的部分氨基酸结构,较少关注材料的宏观性能;所得共聚物的分子质量(低于 5×10^4 kDa)与天然蛛丝蛋白的分子质量($2\times10^5\sim715\times10^5$ kDa)相比低很多,导致最终合成的仿生材料性能和天然蛛丝相差较大。

以上合成方法制备出了蛛丝的仿生材料,这些材料性能上与天然的蛛丝还有比较大的差别。通过仿生学的原理,设计出结构与性能与天然蛛丝媲美的仿生材料,是材料研究者的共同目标。由于蛛丝和人体有良好的相容性,因而可用作高性能的生物材料,制成伤口封闭材料和生理组织工程材料,如人工关节、人造肌腱、韧带、假肢,组织修复、神经外科及眼科等手术中的可降解超细伤口缝线等产品,具有强度高、韧性好、可降解等特性。

14.4　洋葱状分层结构及结构仿生

　　洋葱的地下茎为高度木质化盘状茎,由许多肥厚的肉质鳞片包裹着,植物学上传统把它称为"鳞茎"。洋葱的茎已经变态为高度木质化的茎盘,极短的节上长着生鳞叶及芽,肥大的肉质鳞叶(芽)将茎盘包裹成一个叶球体。普遍意义上,洋葱的结构等同于同心球面结构[31]。同样,这样结构也存在于碳单质中。1992 年,瑞士洛桑联邦综合工科大学的电子显微镜专家乌加特(D. Ugarte)采用高强度电子束对碳棒进行长时间照射,并仔细调节高分辨率电子显微镜电子束的强度,以观察电子束照射对碳粒子产生的影响,他们发现电子束会引起布基管中碳原子的移动,管状分子结构发生分裂并重新组合成同心球面结构,最后形成了一层套一层的类似洋葱状的同心球面结构,有的可包括多达 70 层的同心球面结构,分子直径可达47 nm。这种同心球面结构类似洋葱,因此称为布基洋葱。它的最中心的球十分接近 C60,因此,布基洋葱是以 C60 为核心生成的同心多层球面套叠结构的分子,层与层之间存在范德瓦尔斯力,层与层之间的距离约为 3.34×10^{-10} m。

　　根据洋葱的同心球面结构,人们对材料结构的设计方面进行了探索。基于多糖的水凝胶有可能用于药物输送体系及组织工程,如用作一种基质,促进自然组织再生。Ladet 等利用一个中断胶凝过程的方法制备具有多膜洋葱样及管状架构的复杂水凝胶,如图 14-11 所示。新获得的结构来自壳聚糖(chitosan)或藻酸盐(alginates),它们都是生物相容性天然聚合物,它们新颖的层状结构形成空的"膜间"空间,适合细胞或药物导入。起始水凝胶可以为任何形状,可生成的层数原则

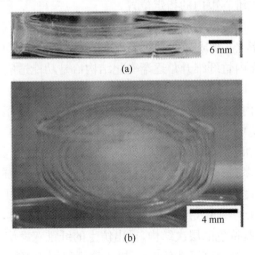

图 14-11　分层结构水凝胶

(a) 多膜管状水凝胶;(b) 洋葱状水凝胶

上是无限的[32]。多层壳聚糖水凝胶可以制造组织缺氧环境,与软骨组织和椎间盘组织的环境相似。细胞不能穿透凝胶层,但大分子可以在凝胶中扩散。在壳聚糖凝胶中培养软骨细胞,可以正常黏附、增殖,并保持细胞显型,产生大量的软骨类基质蛋白,填充在壳聚糖凝胶膜间隙中。该仿洋葱状壳聚糖凝胶可以用作多腔生物反应器,有成为人工组织基础的潜力[33]。

14.5　竹子的结构及其仿生材料

竹子是自然界存在的一种典型的、具有良好力学性能的生物体。它强度高、弹性好、性能稳定,而且密度小(只有 0.6~1.2 g/cm)[34]。虽然钢材的抗拉强度为竹材的 2.5~3.0 倍,但钢材的密度却为竹材的 10 倍左右,因此按比强度计算,竹材的比强度比钢材高出 3~4 倍[35],同时竹子的细长比可达 1/150~1/250,这是常规结构材料难以达到的。

结构决定力学性能,竹壁的独特组织是竹材优良力学性能的物质基础。从竹壁内可以分辨出多种不同形态结构的细胞,但是从力学角度考虑,这些细胞可以分为两大类:第一类是基本组织细胞,它们在显微镜下呈圆形薄壁结构,起着传递载荷的作用;第二类是以维管束为主体的厚壁细胞,这类细胞被基本组织细胞包围着,起着承载的作用。而散布在基本组织细胞之间的各个维管束单位本身也有多种不同类型的细胞。每一维管束内有大量连续纵向的管状细胞,它们的细胞壁更显著地加厚和硬化。除此之外,厚壁纤维则是维管束内另一种管形细胞,但是它们的细胞壁大大加厚,这对于竹杆的力学性能有重大的贡献,这种细胞在外皮层内密度最高,它们充塞在维管束内的指定位置。

竹杆外层(竹青部分或表层系统)致密,体内(中部或基体系统)逐步散开,而其内层(竹黄部分或髓环)变成另一种细密结构[36]。竹材的空心柱、竹纤维层状排列、不同层面的界面内竹纤维升角逐渐变化结构恰是功能适应性原理决定的,这对复合材料的结构设计具有积极的指导意义。

根据毛竹外密内疏的结构特性,孙守金等[37]用连续电镀法在碳纤维上镀 Fe、Ni 制备了镀 Cu-Fe、Cu-Ni 的双层碳纤维,用它们分别制备了 CF/Cu-Fe、CF/Cu-Ni 复合材料,与 V_f 相近的 CF/Cu 复合材料相比,这种新型复合材料的弯曲强度和导电性能都有显著提高;刘文川等[38]制备了 SiC 包裹碳纤维的梯度复合材料,这种新型复合材料密度低,力学性能优良,抗氧化功能突出;而杜金红[39]则在气相生长纳米碳纤维表面化学镀镍,并研究了材料的微观结构;同时,清华大学的学者依据竹材中微纤维别具特色的层次结构,提出仿生的纤维双螺旋模型,实验表明其压缩变形性能比普通纤维提高了 3 倍[40]。胡巧玲等利用壳聚糖为原料,以原位沉析法组装了仿竹层状空心结构的髓内钉。原位沉析法制备的壳聚糖空心髓内钉具有非常好的力学性能,弯曲强度为 119.51 MPa,弯曲模量为 3.55 GPa。其弯曲强度远远高于人的松质骨,接近皮质骨的弯曲强度。壳聚糖髓内钉之所以具有这么高的力学强度除了与其本身的层层叠加结构有关外,还有一个重要原因是凝胶棒的干燥过程是一个自增强过程。

14.6　总结与展望

生物有机材料是一种天然复合材料,其结构合理,功能性强;从仿生学概念的提出,至今已有 40 余年,仿生材料领域的研究虽然已有长足的进展,增进了人们对仿生材料的认识,但其发展速度仍然缓慢。从形态和力学观点看,生物的结构和功能极其复杂。因此,仿生复合材料结构的设计和制备无论在理论上还是在实践上都处于困难阶段。目前应做好两方面的基础工作:一是对现有的生物体结构做细致的解析,以期获得对材料仿生理论的深刻理解,扩展仿生复合材料设计的思路;二是对现有已知结构的生物体,从不同角度构筑理论模型,在实际应用中寻找模型和仿生材料设计的结合点,以推动仿生材料学的发展。自然界中生物的结构是通过分子的自组装形成的集合体,利用大自然的启示,通过分子自组装行为构建复合材料,将为复合材料的仿生设计和制备提供广阔的前景。

(浙江大学:胡巧玲)

参 考 文 献

[1]　王玉庆,周本濂,师昌绪.仿生材料学——一门新型的交叉学科.材料导报,1995,4:1-4.

[2]　马祖礼,.生物与仿生.天津:天津科学技术出版社,1984:13.

[3]　成俊卿.木材学.北京:中国林业出版社,1985,29:629.

[4]　Li B Q, Hu Q L, Wang M, et al. Preparation of chitosan/hydroxyapatite nanocomposite with layered structure via *in-situ* Compositing. Key Engineering Materials, 2005, 288-289: 211-214.

[5]　Barthelat F, Tang H, Zavattieri P D, et al. On the mechanics of mother-of-pearl: a key feature in the material hierarchical structure. Journal of the mechanics and physics of solids, 2007, 55(2): 306-337.

[6]　Wegst U G K, Ashby M F. The mechanical efficiency of natural materials. Philosophical Magazine, 2004, 84(21): 2167-2181.

[7]　Currey J D, Brear K. Fatigue fracture of mother-of-pearl and its significance for predatory techniques. Journal of Zoology, 1984, 203: 541-548.

[8]　胡巧玲,李晓东,沈家骢.仿生结构材料的研究进展.材料研究学报,2003,17(4):337-344.

[9]　Jackson A P, Vincent J F V, Turner R M. The mechanical design of nacre. Proceedings of the Royal Society of London Series b-Biological Sciences, 1988, 234(1277): 415-440.

[10]　Wang R Z, Suo Z, Evans A G, et al. Deformation mechanisms in nacre. Journal of Materials Re-

search, 2001, 16(9): 2485-2493.

[11] Kotha S P, Li Y, Guzelsu N. Micromechanical model of nacre tested in tension. Journal of Materials Science, 2001, 36(8): 2001-2007.

[12] Smith B L, Schaffer T E, Viani M, et al. Molecular mechanistic origin of the toughness of natural adhesives, fibres and composites. Nature, 1999, 399(6738): 761-763.

[13] Song F, Bai Y L. Effects of nanostructures on the fracture strength of the interfaces in nacre. Journal of Materials Research, 2003, 18(8):1741-1744.

[14] Meyers M A, Lin A Y M, Chen P Y, et al. Mechanical strength of abalone nacre: role of the soft organic layer. Journal of the Mechanical Behavior of Biomedical Materials, 2008, 1(1):76-85.

[15] Sun F, Lim B K, Ryu S C, et al. Preparation of multi-layered film of hydroxyapatite and chitosan. Materials Science & Engineering C-Materials for Biological Applications, 2010, 30(6): 789-794.

[16] Yao H B, Tan Z H, Fang H Y, et al. Artificial nacre-like bionanocomposite films from the self-assembly of chitosan-montmorillonite hybrid building blocks. Angewandte Chemie-International Edition, 2010, 49(52): 10 127-10 131.

[17] Verma D, Katti K S, Katti D R. Effect of biopolymers on structure of hydroxyapatite and interfacial interactions in biomimetically synthesized hydroxyapatite/biopolymer nanocomposites. Annals of Biomedical Engineering, 2008, 36(6): 1024-1032.

[18] Heuer A H, Fink D J, Laraia V J, et al. Innovative materials processing strategies - a biomimetic approach. Science, 1992, 255(5048): 1098-1105.

[19] Sellinger A, Weiss P M, Nguyen A, et al. Continuous self-assembly of organic-inorganic nanocomposite coatings that mimic nacre. Nature, 1998, 394(6690): 256-260.

[20] Lu Y F, Yang Y, Sellinger A, et al. Self-assembly of mesoscopically ordered chromatic polydiacetylene/silica nanocomposites. Nature, 2001, 410(6831): 913-917.

[21] Vendrely C, Scheibel T. Biotechnological production of spider-silk proteins enables new applications. Macromolecular Bioscience, 2007, 7(4): 401-409.

[22] Knight D P, Knight M M, Vollrath F. Beta transition and stress-induced phase separation in the spinning of spider dragline silk. International Journal of Biological Macromolecules, 2000, 27 (3): 205-210.

[23] Gomes S, Leonor I B, Mano J F, et al. Spider silk-bone sialoprotein fusion proteins for bone tissue engineering. Soft Matter, 2011, 7(10): 4964-4973.

[24] Rising A, Widhe M, Johansson J, et al. Spider silk proteins: recent advances in recombinant production, structure-function relationships and biomedical applications. Cellular and Molecular Life Sciences, 2011, 68(2): 169-184.

[25] Bon M. A discourse upon the usefulness of the silk of spiders. Philosophical Transactions, 1753, 27: 2-16.

[26] Altman G H, Diaz F, Jakuba C, et al. Silk-based biomaterials. Biomaterials, 2003, 24(3): 401-416.

[27] Gosline J M, Guerette P A, Ortlepp C S, et al. The mechanical design of spider silks: from fibroin sequence to mechanical function. Journal of Experimental Biology, 1999, 202(23): 3295-3303.

[28] 刘全勇,江雷. 仿生学与天然蜘蛛丝仿生材料. 高等学校化学学报, 2010, 31(6): 1065-1071.

[29] Kluge J A, Rabotyagova U, Leisk G G, et al. Spider silks and their applications. Trends in Biotechnology, 2008, 26(5): 244-251.

[30] Heim M，Keerl D，Scheibel T. Spider silk：from soluble protein to extraordinary fiber. Angewandte Chemie-International Edition，2009，48(20)：3584-3596.

[31] 毕桂清. 关于鳞茎概念的探讨. 生命世界，1990，5：41.

[32] Ladet S，David L，Domard A. Multi-membrane hydrogels. Nature，2008，452(7183)：76-79.

[33] Ladet S G，Tahiri K，Montembault A S，et al. Multi-membrane chitosan hydrogels as chondrocytic cell bioreactors. Biomaterials，2011，32(23)：5354-5364.

[34] 李世红，付绍云. 竹子——一种天然的生物复合材料的研究. 材料研究学报，1994，8(2)：188-192.

[35] 张晓东，程秀才，朱一辛. 毛竹不同高度径向弯曲性能的变化. 南京林业大学学报（自然科学版），2006，30(6)：44-46.

[36] 曹慧娟. 植物学. 北京：中国林业出版社，1978：98.

[37] 孙守金，王作明，张名大. 含 Fe、Ni 的 CF/Cu 复合材料. 复合材料学报，1990，7(1)：30-34，39.

[38] 刘文川，邓景屹，魏永良. 碳纤维增强 C-SiC 梯度基复合材料研究. 高技术通讯，1997，4：1-6.

[39] 杜金红，苏革，白朔，等. 气相生长纳米碳纤维表面化学镀镍. 新型炭材料，2000，15(4)：49-53.

[40] 王立铎，孙文珍，梁彤翔，等. 仿生材料的研究现状. 材料工程，1996，2：3-5.

第 15 章　基于 DNA 纳米结构的仿生生物传感器

　　生物传感器是一类在临床检测、遗传分析、环境检测、生物反恐和国家安全防御等领域具有重要作用的传感器件。一般而言,生物传感器都基于表面上生物分子识别的原理,将生物识别单元(如 DNA 或蛋白质分子)固定在固体表面,形成分子识别界面。生物传感器领域的一项基本问题就是如何实现生物识别单元的有效固定和避免界面上生物分子活性的损失。生物分子固定在固体界面上后,与存在于溶液中相比,分子的自由度大大降低,从而严重地影响了生物分子的活性。为了提高这种非均质的分子识别界面的能力,最大程度上地保持生物分子在界面上的生物活性,科学家们从物理、化学和生物的视角对此进行了大量的研究。目前,研究人员具体在控制表面化学、生物分子在表面上的构型、生物分子的表面组装密度以及表面的大小和形貌等方面来进行研究突破。最近,一系列的新研究成果表明利用 DNA 纳米技术可以在纳米尺度上精确控制生物分子在表面上的位置,最大程度地消除界面对生物分子活性的影响,实现理想自组装界面,从而提高分子识别界面的能力。本文将对最近一些涉及利用 DNA 纳米技术来增强提高表面生物分子活性的最新进展进行总结,此外,还会对基于 DNA 自组装纳米结构的生物传感器和器件进行逐一描述。

15.1　线性单链 DNA 探针

　　线性单链 DNA 探针又称为一维 DNA 探针。最为简单直接的构建生物分子识别界面的方法是在表面上固定线性的单链 DNA。由于单链 DNA 的结构简单、稳定性好、易修饰并严格遵循 Watson-Crick 碱基互补配对原则,从而被广泛地用于构建和设计生物传感器及器件。典型的线性 DNA 探针(一维 DNA 探针)是一条末端(5′端或 3′端)修饰了巯基基团的单链 DNA,长度一般在 15～50 个碱基的范围内。这种线性的 DNA 探针通过金和巯基的相互作用自组装在金衬底上,形成一层线性单链 DNA 分子识别界面。固定在表面上的 DNA 分子的杂交结合行为不同于溶液中的 DNA 分子,它不但和目标物的浓度、溶液中的离子强度等有关,还和线性 DNA 分子自组装表面结构有极其重要的关系[1]。理论研究表明[2-9],表面上相邻的线性 DNA 分子探针之间的距离和线性 DNA 分子探针在表面上的构型对 DNA 分子在表面上的生物活性起至关重要的作用。只有在相邻探针分子距离足够大,探针分子在表面呈现直立的构象的情况下,DNA 分子才能表现出高效且可重现的杂交结合能力,然而构建这种理想结构的 DNA 分子界面存在巨大的挑战。例如,从理论上讲,巯基修饰的线性 DNA 分子探针仅通过巯基基团中的硫原子和金衬底结合,这种单点结合方式将保证 DNA 分子在表面上的直立结构,但是 Leff[10] 的研究显示,由于氨基和金有一定化学吸附作用力,探针中碱基的氨基分子可能会导致这种 DNA 线性探针倒伏在金衬底表面,影响探针和目标分子的结合能力。实际上,Herne 的 X 射线光谱(XPS)研究证实单链 DNA 确实可能通过碱基中的 N 原子“非特异”吸附在金衬底表面。在金表面能观测到的关于 XPS 数据中的 N 1s 信号应为来自于 DNA 碱基中的嘌呤和嘧啶基团,而浸泡在无 DNA 的溶液中的裸金没有可 XPS 探测的氮元素,因此 XPS 数据中的 N 1s 峰可以用来作为 DNA 是否吸附在金衬底表面的证据,并且 DNA 吸附的相对数量可以通过 N 1s 峰面积进行比较得到[11]。Herne 发现对于同样的 DNA 序列,没有修饰巯基的 N 1s 峰面积是修饰了巯基的 N 1s 峰面积的 50%～60%。这说明巯基的引入使得更多的 DNA 吸附到金衬底表面,然而,在没有巯基存在的情况下仍然会有大量的 DNA 吸附在金衬底表面。有趣的是,即使在用大量的水或溶液冲洗和高温条件下(加热金衬底到 75℃),仍然发现有大量巯基修饰的单链 DNA 吸附在表面。基于椭圆光度法测量得出空气中 25 个碱基长度的单链 DNA 探针自组装层的厚度[(3.3±0.2) nm]远远低于理论上完全伸展的单链 DNA 的长度(16 nm),这些结果都间接证明巯基修饰的单链 DNA 自组装层并不是一个紧密单分子层,DNA 链在表面上的排列取向并非垂直于表面。Walker 等[12] 利用氢氧自由基足迹法,Charreyre 等[13] 用荧光能量共振转移的方法研究连接在表面上的 DNA 结构时发现,当表面上带有负电荷或当 DNA 表面探针密度很高时,连接在表面上的 DNA 取向会朝向溶液中。为了让连接在表面上的线性单链 DNA 在表面保持最大的自由度和优异的杂交能力(高的特异性、高的灵敏性),Herne 等[11] 发明一种“两步法”自组装的方法,消除了单链 DNA 骨架上碱基和表面之间相互作用的影响,同时使单链 DNA“站立”在表面(图 15-1)。放射性标记实验显示出这种自组装方法形成的混合自组装层中的 DNA 探针具有非常好的生物活性,极大地提高了表面 DNA 的杂交效率(从<10% 提高到接近 100%)。其具体的方法是先将巯基修饰的单链 DNA 自组装到表面上,再用一种巯基小分子(一般为巯基己醇)对表面进行钝化。由于巯基和金的强相互作用,巯基小分子会把通过相对弱的作用力吸附在金表面的 DNA 碱基取代下来,这样单链 DNA 探针就只会通过末端的巯基连接在金衬底表面。此外,这类小分子含有羟基基团,导致表面带有和 DNA 中的磷酸骨架同样的负电荷,两者之间的静电排斥作用使得单链 DNA 直立于表面。Georgiadis 课题组[14] 利用双色表面等离子共振技术,樊春海课题组[15] 利用电化学手段分别证实巯基己醇的引入可以消除 DNA 和金表面的非特异的相互作用。Levicky 等[16] 采用了中子反射技术对这种单链 DNA/巯基小分子混合自组

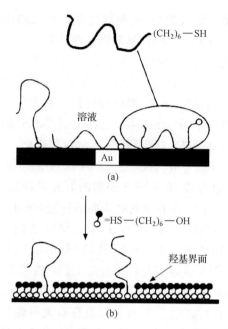

图 15-1 (a)巯基修饰的线性单链 DNA 倒伏在金衬底表面；
(b)巯基己醇自组装层使线性单链 DNA 直立在表面上[16]

装层的结构进行了原位的表征,通过测量距离表面不同高度的 DNA 的浓度分布,进一步证实巯基小分子(巯基己醇)确实可以在吸附了巯基单链 DNA 的表面上形成一层自组装膜,可以控制固定在表面上的单链 DNA 探针的构型,使倒伏在表面的单链 DNA 探针直立起来。这种单点固定线性单链 DNA 探针的方式使得溶液中的目标物更加容易和连接在表面上的 DNA 探针结合。Lee 等[17]利用 X 射线近边吸收精细结构光谱技术(near-edge X-ray absorption fine structure spectroscopy, NEXAFS)对这种单链 DNA/巯基小分子混合自组装层的结构进行了更为细致的研究。研究发现,吸附了 DNA 的表面用巯基小分子处理后,连接在表面上的 DNA 的取向发生改变。相对于纯的单链 DNA 自组装层来说,单链 DNA/巯基小分子混合自组装层中的单链 DNA 探针中碱基环平面和金衬底表面处于平行结构。同时他们还将末端修饰了荧光基团(Cy3)的巯基 DNA 组装到表面,然后测量不同巯基小分子处理时间下的表面荧光强度。结果发现修饰在 DNA 顶端上的荧光基团的荧光强度先随着巯基小分子处理时间的增加而增强,然后再逐渐降低。该实验结果可用上述假说来解释,即在未用巯基小分子处理时连接在表面上的 DNA 处于倒伏的状态,连接在 DNA 末端上的 Cy3 由于靠近金表面而其荧光被猝灭。当用巯基小分子处理后,倒伏的 DNA 直立起来,DNA 顶端上标记的 Cy3 远离金表面,所以荧光逐渐增强。随着处理时间延长,巯基小分子将连接在表面上的

DNA 取代下来,因而荧光强度降低。

　　表面上相邻 DNA 探针之间的距离是影响 DNA 杂交能力的一个重要的因素。在单链 DNA 分子探针识别界面的研究初期,研究者发现表面上 DNA 探针密度很高的时候,其杂交效率表现得很低。譬如,Mirkin 课题组[18]用荧光测量的方法研究表面探针的密度和杂交效率时,长时间(过夜)组装 DNA 探针(一般会导致高的探针密度)后,即使经过 40h 的杂交,其杂交效率仅仅为 33%。Steel 等[19]利用电化学方法研究时也发现高的探针密度导致低的杂交效率,也就是说高密度 DNA 探针表面不利于目标靶分子和探针结合。也有研究人员将双链 DNA 组装到表面,再通过变性的方法期望得到合适的 DNA 探针组装密度[20]。DNA 探针密度如何影响表面上探针的生物活性及构建生物传感器时如何选择合适 DNA 探针密度,这些问题开始引起广大研究者的注意。Georgiadis 课题组[5]利用表面等离子共振技术(SPR)对该问题进行了系统的研究。SPR 技术是一种原位实时定量研究表面的光学方法,由于其无标记的优点而被广泛用于研究生物分子之间相互作用。他们以 25 个碱基长度的单链 DNA 探针作为模型,用 SPR 光谱实时定量地观测探针组装的动力学和目标物结合到表面上的过程。研究发现,DNA 探针表面密度可以作为一个重要的参数来控制 DNA 表面杂交动力学过程及杂交效率。当 DNA 探针密度非常低的时候,表面的 DNA 杂交效率可以达到 100%,动力学类似于 Langmuir 曲线。当 DNA 探针密度非常高的时候,表面上的 DNA 杂交效率仅仅为 10%,其杂交速率也明显降低。最近,Levicky 和 Gong[21]从静电学的角度对表面 DNA 探针进行了系统的阐述。他们通过研究离子强度和表面 DNA 探针密度对杂交效率的影响,将表面 DNA 杂交系统机制归结为四类(图 15-2):①非杂交区域,即在高 DNA 探针密度和低的离子强度的条件下,由于物理空间和静电作用力的限制,表面上的 DNA 探针完全不能和溶液中目标靶 DNA 结合。②抑制杂交区域,即杂交效率受到 DNA 探针密度的影响,随着密度的增加而降低。这种非"Langmiur"行为说明表面上的 DNA 杂交行为受到邻近 DNA 探针的空间位阻或静电排斥力的影响。③准"Langmiur"杂交区域,即尽管探针之间距离足够近以至于相邻的探针之间存在相互作用,但杂交效率并不受到探针密度的影响。例如,在提高离子强度后,DNA 杂交行为从抑制杂交区域跳跃到假"Langmiur"杂交区域,杂交效率从随着探针密度增加而降低转换到不随探针密度变化而变化。其可能的分子机制是由于单链 DNA 比较柔软,可以通过结构重组降低相邻探针之间的相互作用。④"Langmiur"杂交区域,即在 DNA 探针密度极低的情况下,DNA 探针之间的距离足够大,探针和目标 DNA 结合不受周围 DNA 探针的影响,在这个区域内杂交效率和探针密度无关。

　　一维单链 DNA 线性探针被广泛用于构建生物识别界面,并结合各种物理技术感知界面上 DNA 杂交反应的发生,从而构建各种不同的生物传感器,包括光学

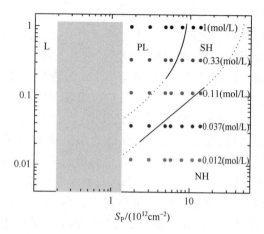

图 15-2　表面杂交机制分布图，C_B 为溶液的离子强度，S_p 为表面探针的密度。L
代表的是 Langmuir 杂交机制区域；PL 代表的是准 Langmuir 杂交机制区域；SH
代表的是抑制杂交区域；NH 代表的是非杂交区域[21]

传感器、电化学传感器、质量传感器和声学传感器等。Boon 课题组[22] 通过引入一个具有电化学活性的插入剂作为信号分子来检测表面上的 DNA 杂交[图 15-3(a)]。该信号分子可以特异性地插入 DNA 双链，仅当表面上 DNA 探针中的碱基对形成完整堆积后，电子才可以通过 DNA 双链从信号分子传递到电极表面。如果 DNA 双链中有一个碱基发生错配，DNA 的导电能力就会受到很大的影响，因此这种反应过程非常适用于单碱基错配的检测。Willner 等[23] 将生物酶催化反应引入到电化学 DNA 检测中，通过三明治夹心法将能催化电化学反应的酶通过目标 DNA 的连接固定到电极表面，利用酶的催化放大被检测的电化学信号，极大地提高了检测的灵敏度[图 15-3(b)]。樊春海课题组[24,25] 基于这种线性单链 DNA 探针建立了一种利用纳米金粒子放大信号的 DNA 检测策略[图 15-3(c)]。这种传感器也是利用夹心法将纳米金粒子通过目标 DNA 作用连接到电极表面，利用计时库仑电量法表征通过静电作用吸附到连接在表面的 DNA 上的电化学信号分子(六氨合钌)。研究同时发现 DNA 的杂交效率随着探针密度增加而降低，当表面探针密度很高时(1.2×10^{13} 分子/cm²)，杂交效率仅为不到 5%；当表面探针密度降低 10 倍后(1.2×10^{12} 分子/cm²)，杂交效率提高到 80%。通过对表面探针密度的优化及纳米粒子的放大，这种 DNA 传感器可以检测到 10fmol/L 的目标 DNA，并且可以很好地分辨单碱基错配。Mirkin 课题组[26-29] 在金纳米粒子表面上组装线性的单链 DNA 探针，利用金纳米粒子的表面等离子共振效应发展了一类比色传感器。他们分别将两种可以和目标 DNA 两端杂交单链 DNA 探针组装到金纳米粒子表面。当有目标 DNA 存在时，金纳米粒子就会通过目标 DNA 连接聚集在

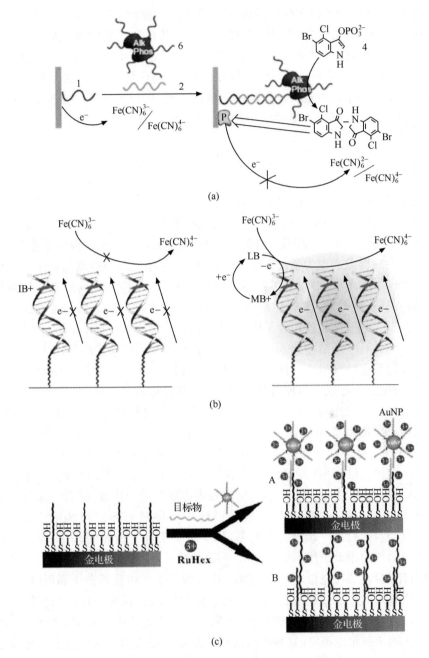

图 15-3　3 种基于线性 DNA 单链探针的传感策略[22-24]

一起产生表面等离子共振效应,导致溶液颜色从红色转变为蓝色,由此来检测 DNA。尽管单链线性 DNA 探针由于设计简单方便被广泛采用,但在制备 DNA

分子识别界面时,如何优化探针的组装密度并同时控制 DNA 探针在表面上的均一取向等还仍然存在很大的问题,例如,利用"两步法"时,后续的巯基小分子取代的动力学、浓度及组装时间等都会对 DNA 探针的密度及在表面上的构象产生不确定性,从而影响其实际应用(例如,DNA 芯片没有广泛应用于实际基因分析中,其中一个很大的影响因素就是数据的置信度不高,归结于不同的 DNA 芯片上的探针杂交动力学及热力学都存在一定的差异)。

15.2　二维 DNA 探针

DNA 探针在表面上排布均匀、取向有序是构建理想分子识别界面的一个重要方面,它对保证表面 DNA 杂交动力学及杂交效率的可重现性起到至关重要的作用。尽管单链线性 DNA 探针设计简单方便,但其柔性的一维结构使单链 DNA 探针在表面上的构象表现为杂乱无序,从而影响了实际应用中检测的稳定性和重复性。从物理学的角度出发,为了提高传感界面上 DNA 探针排列的有序性和均一性,发展一种刚性的 DNA 探针显得尤为必要。在生物化学分析和生物医学研究中有一类被广泛应用的液相分子探针,称之为分子信标(molecular beacon)。分子信标是一种具有茎环结构的、可以特异性识别核酸序列的荧光探针,它的中间是由一段柔性的单链结构组成,可以与目标 DNA 特异性结合,称为环区(loop);它的两边可以互补杂交,形成一段刚性的双链螺旋结构,称为茎区(stem)。分子信标两端分别修饰一个荧光基团和一个猝灭基团。这种荧光探针通过与核酸靶分子结合后发生构象变化而发出荧光。基于溶液相分子信标的启示,樊春海等提出一种二维 DNA 探针,将这种具有茎环结构的 DNA 探针固定到固体界面上,实现生物传感功能。这种二维 DNA 探针由于其结构中包含了一段双螺旋结构(茎区),增加了 DNA 探针的刚性,提高了 DNA 探针在表面取向的有序性,降低了探针之间的相互作用。2003 年,樊春海等[30]成功设计了一种具有茎环结构的 DNA 探针[图 15-4(a)],探针的一端修饰有巯基,用于组装于金电极表面,另一端修饰有具有电化学活性的小分子作为信号基团(二茂铁分子)。这种 DNA 探针以其二级结构(茎环结构)组装在电极表面,标记在 DNA 探针上的电活性分子靠近电极表面,可以产生有效的电子传递过程。当加入目标 DNA 后,这种茎环结构探针和目标 DNA 杂交形成直立的双链结构,使电化学活性基团远离电极表面,降低由于电子传递产生的法拉第电流,而这种电流的降低是与电极表面杂交反应的数量成正比的。该传感器成功实现了 10 pmol/L DNA 的灵敏检测。后续 Heeger 课题组[31]利用这种传感策略对实际样品进行检测,在无需对 PCR 产物纯化的条件下,成功检测出低至 90 个基因拷贝数的伤寒沙门式菌的 *gyrB* 基因。这一结果说明该传感器非常适合应用于快速疾病诊断。为了进一步提高该策略的检测灵敏度,刘刚

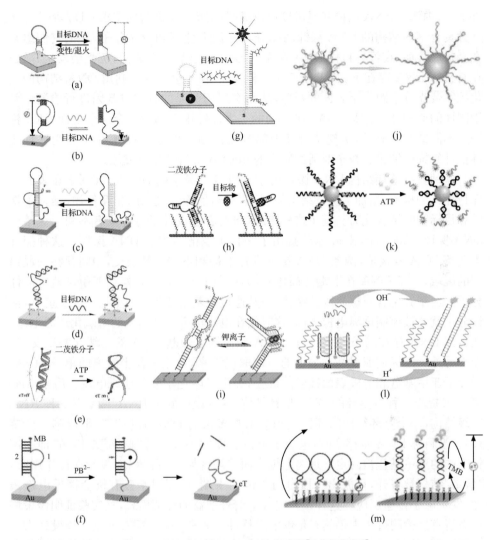

图 15-4　基于二维 DNA 探针传感器[30,32,34,36,38-45]

等[32]结合酶催化的电化学反应发展了一种超灵敏的 DNA 传感器。具有茎环结构的探针一端修饰有生物素,利用链霉亲和素与生物素之间的特异性结合,将探针固定在电极表面;探针另一端修饰有地高辛。当没有目标 DNA 存在时,探针保持茎环结构,末端的地高辛受到空间位阻的作用,不能与溶液中的物质发生反应;当目标 DNA 将茎环结构转换成刚性双螺旋结构,探针末端的地高辛可以自由与溶液中修饰有地高辛抗体的辣根过氧化物酶结合,从而产生基于酶的催化电流,实现了灵敏度的 DNA 检测,检测灵敏度高达 10 fmol/L。Wei 等[33]采用类似的方法实现了对白细胞介素 mRNA 的 0.4fmol/L 的灵敏度检测,在不需借助 PCR 扩增的条件下,对内源 mRNA 的检测灵敏度可以满足临床口腔诊断的需求。Du 等[34,35]将这种具有茎环结构的 DNA 探针两端分别标记上巯基和荧光分子,并把它们组装在金衬底表面,在没有目标 DNA 存在下,荧光分子靠近金表面,荧光会发生猝灭;在有目标 DNA 存在下,荧光分子远离金表面,荧光会增强。利用 DNA 结构的变化控制荧光分子距离金表面的距离,从而实现用荧光的方法对基因进行检测。基于同样的原理,Song 等[36]将三种不同的二维探针固定到纳米金粒子表面,通过标记上不同的荧光分子,实现了对基因的多元检测。Wright 课题组[37]利用这种茎环探针修饰的纳米金粒子对活细胞内的 mRNA 进行了生物成像。

这种具有茎环结构 DNA 探针由于其自身二级结构的特点,有利于在表面上保持探针的构象,增加了探针结构的刚性,减弱了探针之间的相互作用,增强了探针和目标物的结合能力。基于这种原理,研究者还设计了各种具有不同二级结构DNA 探针。2006 年,Xiao 等[39]提出了一种类双链结构的 DNA 探针。这种探针由两条 DNA 链构成,两条 DNA 链分别在上端和下端互补杂交,中间存在一段错配的区域,一条 DNA 在下端修饰巯基,另一条 DNA 在上端修饰亚甲基蓝电活性分子。由于其包含双螺旋刚性结构,在其通过巯基组装到表面上后,亚甲基蓝电活性分子就会被控制远离电极表面,这时候在电化学上表现出低的电氧化还原电流。在目标 DNA 存在的条件下,目标 DNA 和修饰了巯基 DNA 的上端互补杂交,从而将另外一条标记亚甲基蓝分子的一端取代下来,产生一段半游离的单链 DNA,增加了亚甲基蓝和电极表面接触的机会,提高了电化学氧化还原电流。后来 Xiao等[41]又提出一种双茎环的 DNA 探针结构,这种设计源于 RNA"假结"(一种 RNA三级结构,一个茎环结构的环区又和茎末端多余的 DNA 片段互补形成第二个茎环)。当目标 DNA 不存在时,组装于电极表面的探针保持"假结"结构,修饰在探针末端的亚甲基蓝被固定于远离电极表面的环区域;当目标 DNA 和探针作用时,"假结"结构被打开,释放出一段自由单链的末端,使亚甲基蓝有机会接近电极表面,发生电子传递反应。这种设计实现了信号增益的传感模式,且实验证明该策略在血清直接检测过程中仍然有足够的选择性。后来,Xiao 等[43]又进一步设计出一种三茎环结构 DNA 探针,这种 DNA 探针在结合目标 DNA 后会使结构发生很大的改变,从而改变电活性信号分子距离表面上的距离实现对目标 DNA 的识别。实验证明这种三茎环结构的 DNA 探针即使在复杂环境中(血清)在室温条件下对单碱基错配也有非常优异的分辨能力。Plaxco 课题组[40]设计了一种基于"8-17"型 DNA 核酶(DNAzyme)检测 Pb^{2+} 的 DNA 探针。底物与 DNAzyme 的两臂杂交,一端修饰巯基,连接到电极表面,另外一端修饰的亚甲基蓝分子由于 DNA 的双螺旋结构远离电极表面,此时电子传递速率很低;当 Pb^{2+} 存在时,底物被DNAzyme 切割并与 DNAzyme 分离,DNAzyme 变成柔软的单链结构,亚甲基蓝分子靠近电极,电子传递速率变大。

除了利用碱基互补形成不同的 DNA 二级结构设计的二维 DNA 探针外,研究者们将 DNA 适配体设计到探针结构中,从而实现对基因之外的被分析物的检测,扩展了基于 DNA 探针识别界面的应用范围。核酸适配体(aptamer)是指从人工合成的 DNA/RNA 文库中筛选得到的能够高亲和、高特异性地与靶标分子结合的单链寡聚核苷酸。Zuo 等[46]提出了一种包含 ATP aptamer 序列的双螺旋结构DNA 探针,它是由修饰有巯基和二茂铁基团、具有 ATP 核酸适配体序列的单链DNA 和其配对互补的 DNA 杂交构成的,利用金和巯基之间的亲和力将这种探针组装到电极表面。由于刚性的双螺旋结构的限制,二茂铁基团远离金电极表面,破坏了电子传递过程。当 ATP 取代 DNA 的位置,与核酸适配体相结合,二茂铁基团被拉近电极表面,产生电子传递过程。该方法可以灵敏检测 10 nmol/L ATP,并且实验证明该方法有很好的特异性,在同样浓度的 GTP、UTP 和 CTP 混合溶液中没有发现明显的非特异信号。Lu 等也开发了类似的方法,证明这种探针设计的普适性。Mirkin 课题组[44]还将这种探针固定到纳米金表面,利用荧光检测的方法对活细胞内的 ATP 进行了检测,这说明了这种探针巨大的应用潜力。Sen 课题组[42]设计了一种“Y”型结构的 DNA 探针,其结构的一个分支中整合了一段凝血酶的 aptamer 序列。当目标物凝血酶结合到该 DNA 探针后,另外两个具有双螺旋结构的茎通过碱基堆积力在一个方向上连接起来,这样的结构可以传递表面到顶端的电活性分子的电荷。这种传感策略对凝血酶有极高的灵敏性,实验证明可以检测低至 5 pmol/L 的凝血酶。基于这种通过改变 DNA 构型来影响 DNA 传递电荷能力的方法,最近 Sen 课题组[47]又设计了一种中间含有 G_4 结构的双螺旋结构的探针,并将其组装到电极表面,构建了一种对钾离子响应的电化学开关。此外,还有一类对质子敏感的 i-motif 结构 DNA,由于这种 DNA 有秒级的结构转换速率和对称性结构,可以被设计为双链和四链的分子结构。2006 年,Liu 等[38]利用软印刷技术将这种具有 i-motif 结构的 DNA 组装到金膜表面形成二维点阵,再用酸碱调节控制 DNA 在表面上结构的变化。由于 DNA 自由端连接荧光基团,闭合状态时与金膜接近,荧光被猝灭,打开状态则释放荧光。通过调节溶液的 pH 观测整个点阵荧光的熄灭和释放,从而检测 DNA 在界面上的状态。Wang 等[48]利用一端修饰疏水基的 i-motif 结构 DNA 在金膜表面形成单层膜,构建了一种智能表面。弱酸性条件下折叠后的结构将疏水基团埋藏于 DNA 下部而将亲水的DNA 暴露于表面,此时表面呈超亲水状态;当使用碱性溶液处理表面并加入互补链,i-motif 结构将被打开形成刚性的双链,同时将疏水基团提呈于表面,表面改变为超疏水状态。Meng 等[49]结合量子点在金表面 i-motif 单层膜自由端连接上粒径为 3 nm 的量子点,构建了酸/碱调控的表面光电流开关器件。尽管这类二维DNA 探针的结构相对于线性单链 DNA 探针刚性强,探针之间也不易发生相互作用,然而探针在表面上的结构及功能仍然受到探针组装密度的影响。Ricci 等[50]对这种二维探针组装密度做了详尽的研究,研究发现,对于茎环结构探针,信号抑制比例与目标 DNA 的存在有直接关系,信号抑制比随探针密度的增加而略有减少,这种减小可能是由于探针数量的增加造成对目标 DNA 的空间排斥,影响杂交效率;当组装密度继续增加,超过一个转折点后,信号抑制比率明显随探针密度的增加而增加。

15.3　三维 DNA 探针

茎环结构这类二维结构探针尽管提高了结构刚性,但如前所述,界面组装的密度仍对探针在表面上的构型有较大的影响。最近,我们和美国亚利桑那州立大学的颜灏课题组[51]合作,利用 DNA 纳米技术实现了 DNA 探针从二维(如茎环结构)到三维的突破,并在三维 DNA 纳米结构探针基础上构建了一类新型的生物传感平台,实现了对基因和蛋白质的高灵敏检测(图 15-5)。这种三维 DNA 纳米结构探针,是由四条单链 DNA 自组装形成一个四面体纳米结构。这四条单链 DNA 一共有六对碱基配对结构域,每对碱基配对结构域互补杂交形成双螺旋结构作为四面体的边,每条单链 DNA 围绕四面体一个面一圈,其两端汇聚在四面体的四个顶点上。其中三个顶点上修饰了巯基,在另外一个顶点上延伸出来一段 DNA 序列作为识别探针,这样一个具有三维 DNA 纳米结构的探针可以通过底部的三个巯基和金的作用力固定在金衬底表面,在这种高度刚性的四面体结构的支撑下,DNA 识别序列呈高度一致的取向,并且远离表面避免识别序列和表面的相互作用,提高了表面识别序列的自由度。我们利用聚丙烯酰胺凝胶电泳证明了这种 DNA 四面体纳米结构探针的形成,还通过荧光的方法证明了该 DNA 四面体结构探针在表面上很好地保持了其结构的刚性。我们利用表面等离子技术、石英晶体微天平和悬臂梁等一系列表面研究技术对这种三维 DNA 纳米结构探针自组装界面进行了表征,实验结果证明 DNA 在这种表面上的杂交效率高达 80% 以上,并且可以很好地对目标物产生响应。这种三维 DNA 纳米结构探针可以自支撑“站立”在表面上,和传统的组装方法相比,无需额外的小分子帮助。这种“一步法”组装带来的好处就是可以保证探针的分布的均一性,无需控制组装浓度、时间及额外的小分子取代动力学。基于这种新型的自组装 DNA 识别界面,我们构建了一种电化学生物传感器。我们将这种三维 DNA 纳米结构探针固定到电极表面,利用三明治夹心法,通过目标 DNA 的作用将信号探针连接到电极表面,然后通过标记在信号探针上的生物素分子将修饰的亲和素的辣根过氧化物酶固定到电极表面,从而产生酶催化的氧化还原电流。有趣的是,我们发现虽然这种三维 DNA 纳米结构探针自组装层比较厚(约 6 nm),但并未阻碍电子的传递。我们推测可能是由于这种三维 DNA 纳米结构的镂空结构,氧化还原介质可以穿透该自组装层,这说明这种三维 DNA 纳米结构探针可以很好地适用于构建 DNA 电化学生物传感器。连接在顶点上的识别序列在这种高度刚性的四面体结构支撑下保持了非常好的活性,由于该识别序列远离表面,增加了其在表面上的自由度,杂交热力学类似于溶

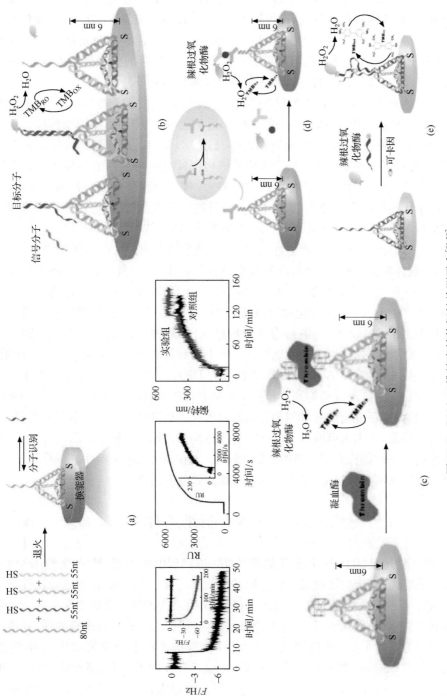

图 15-5　DNA 三维纳米结构探针检测平台[51-53]

液行为。实验证明,基于这种三维 DNA 纳米结构探针的电化学传感器有很高的
灵敏度,在无任何优化条件时,即可达到 1 pmol/L 检测限。不仅如此,该探针在单
碱基错配分辨上(相对于线性单链 DNA 探针)有非常优异的分辨能力。研究发
现,这种三维 DNA 纳米结构自组装界面对蛋白质有较强的抗吸附能力,可以应用
于复杂环境中目标分子的检测,如在血清中检测目标分子。

当把这种 DNA 三维纳米结构探针上的 DNA 识别序列替换成凝血酶的
aptamer 序列后,还可以用于检测凝血酶。基于这种三维 DNA 纳米结构探针识别
界面,我们[52]还利用 DNA-蛋白质偶连体通过 DNA 的杂交作用将抗体固定在电
极表面,发展了一种基于 DNA 三维纳米结构探针自组装界面的免疫传感器对肿
瘤标记物 TNF-α 进行了检测。由于这种 DNA 探针自组装界面排列高度有序,探
针之间的距离可以严格地控制,用 DNA 引导抗体在表面组装,可以使蛋白排列有
序并保持较高的活性。实验结果证明该免疫传感器可以检测低至 100 pg/mL 的
TNF-α,并且有非常优异的再生性(通过 45℃ 热水冲洗使探针识别部分的 DNA 变
性,从而抗体脱离表面,继而可以继续组装新的抗体)。此外,我们[53]还基于此平
台发展了一种可卡因传感器,并将其和线性单链 DNA 探针进行对比研究。研究
发现基于三维 DNA 纳米结构探针检测平台可卡因传感器的灵敏度要远远高于基
于线性单链 DNA 探针(差别约为 3 个数量级)。两种探针之间巨大的差别证明
DNA 三维纳米结构的引入极大地增强了可卡因和其对应的 aptamer 之间的作用。
相对于溶液相中的 DNA 杂交来说,表面上的 DNA 杂交由于界面上的静电排斥作
用和空间物理的限制受到抑制。虽然这种抑制作用可以通过降低表面探针的密度
来缓解,然而制备低密度探针组装界面的再现性要比高密度探针组装界面差很多。
非常有趣的是,当引入高刚性 DNA 四面体结构后,探针的密度降低,但其再现性
和表面的均一性都没有受到影响。Bu 等[54,55]也在这种 DNA 四面体探针基础上,
发展了一种汞离子传感器,证明了这种三维探针的普适性。

15.4　DNA 折纸芯片

DNA 纳米技术的一个重要的研究方向是利用 DNA 分子构建纳米结构。
DNA 是典型的纳米尺度物质。每个碱基的长度只有 0.34 nm,在形成双螺旋结构
之后直径为 2 nm,螺距为 3.4~3.6 nm。此外,DNA 双链是非常稳定的一个大分
子单元,其余辉长度达 50 nm,且无论碱基如何排列,双螺旋外观都整齐划一(精确
到原子尺寸);而 DNA 单链则灵活多变,这使得构造富于变化的结构成为可能。
纽约大学的 Seeman 教授最早提出 DNA 可以组装成纳米图形,随着结构 DNA 纳
米技术(structural DNA nanotechnology)概念的提出,越来越多的研究者开始关
注这一领域,该领域也得到了长足的发展。2006 年,美国加州理工学院的 Roth-

mund 教授将 DNA"折"成各种不同的二维图形。在这种称为"折纸术"的方法中，一条长链 DNA 分子可以被一些短的"订书钉链"DNA 折叠形成预设图形。这些 DNA 分子通过加热变性，然后在退火的过程中自组装形成固定的形状，这些形成的纳米结构可以通过原子力显微镜"看"到。这种基于 DNA 折纸术的二维平面 DNA 纳米结构，由于其结构规整性，是一种非常有潜力替代固体表面的材料。此外良好的水溶性可以降低界面物质扩散动力学的效应，可以有效地和溶液中的目标物发生反应；平面上放置位点的可寻址性可以精确控制不同探针或修饰物（例如纳米粒子、蛋白质分子等）之间的距离，可以用于研究生物分子之间的相互作用。

2008 年，美国亚利桑那州立大学的颜灏课题组利用 DNA 折纸术构建一种 DNA 折纸芯片，用于分析单细胞的基因表达（图 15-6）。在他们发表在 Science 的工作中[56]，Ke 等从一个长方形的 origami 图形中的一些订书钉链中延伸出来一些 DNA 序列作为探针来检测目标 DNA 或 RNA。研究者通过将这种 DNA 折纸芯片加入到含有三种合成的 RNA 及细胞的总 RNA 溶液中来测试该系统的检测能力。他们将上述混合溶液滴到云母片上，然后利用原子力显微镜检测杂交在 DNA 折纸芯片上的目标物。令人惊奇的是，这些目标物和 DNA 折纸芯片上不同位置上的探针结合能力不同，研究者基于这点发现对探针在 DNA 折纸芯片上的位置进行了优化。DNA 折纸芯片上的探针可寻址性及控制探针位置的精确性可能会

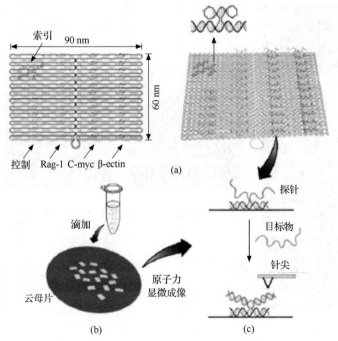

图 15-6　DNA 折纸芯片的设计及传感原理[56]

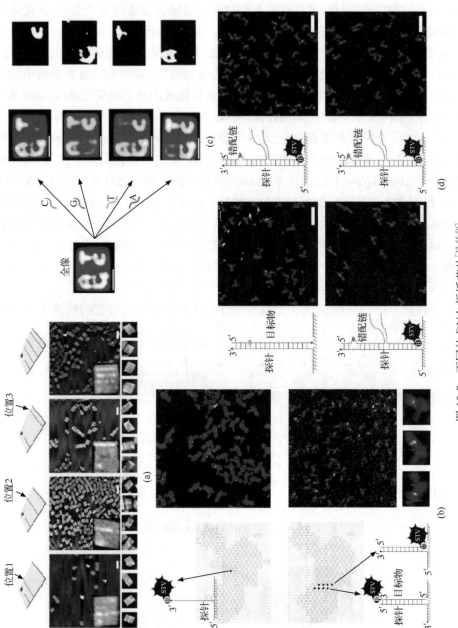

图 15-7　不同的 DNA 折纸芯片[12,56-59]

使其成为一个非常好的研究生物分子相互作用的手段。例如,在单分子尺度上,DNA 折纸芯片上的配体之间的距离可以任意改变,据此我们可以研究出配体怎样的空间结构可以给出最强的协同结合作用。如果能解决 DNA 折纸芯片放置到很小的特定位置的技术问题,这种 DNA 折纸芯片将有望用于单细胞分析。他们把折纸图形上的订书钉链伸出 V 字型探针,然后与溶液中的目标 RNA 杂交,通过杂交前后 AFM 图像的亮度差实现检测。该芯片的优点是目标链不用标记,检测较灵敏,但缺点是存在位置效应(折纸图形不同位置的探针杂交效率有明显差异),且可扩展性不强(图 15-7)。

　　Zhang 等[58,59]基于折纸术的中国地图研制出一种非对称的 DNA 折纸芯片,增强了 DNA 折纸芯片的可寻址性。他们将 V 字型探针改为最常用的“一字型”探针,并引入生物素-亲和素反应增强信号强度。具体的做法是在 DNA 折纸芯片特定位置的订书钉链末端伸出寡核苷酸探针,让它与末端修饰的生物素的目标链一对一杂交,杂交后加入亲和素蛋白使得杂交位点在 AFM 下呈现明显亮点,从而实现检测。实验表明用 8 个探针对一个 32 个碱基长度目标链检测,从 AFM 的图片上可以看出,亮点非常特异,效率较高,与设计完全相同。研究者还对探针的位置效应进行了研究,将 8 个探针分为两组,一组位于图形的边界,另一组位于中央,然后观察两组的杂交效率。有趣的是,结果发现两组并无差异,说明该芯片无位置效应。研究还发现将杂交后标记的生物素分子方向靠近芯片 AFM 成像效果要比标记的生物素分子方向远离芯片成像效果好。此外他们还对此 DNA 折纸芯片在多重检测(一张芯片同时对多个目标链检测的分辨能力)和单碱基错配检测中做了深入的研究。这种新型的 DNA 折纸芯片与之前已有的折纸芯片相比,不用做索引标记、没有位置效应且具备很强的扩展潜力,大大推动了 DNA 折纸芯片朝实用领域的发展。另外一个有趣的工作是 Seeman 课题组[57]在这种折纸芯片上,通过图形显示来分辨单碱基多态性的类型。折纸图形上有四个分别代表四种核苷酸的字母——A、T、C 和 G,当目标物存在时,代表对应的碱基类型的字母就会消失,从而显示出检测结果。

15.5　研 究 展 望

　　DNA 作为识别元件用于构建各种传感界面,已经被广泛应用于临床检测、遗传分析、环境检测和分子诊断中。线性单链 DNA 探针由于设计简单方便,在实际应用中被广泛使用。然而一维线性探针自身柔软,并且与表面之间存在一定的吸附作用力,导致其在表面上的构象不可避免地难以控制,使其在一些应用中(例如 DNA 芯片)增加了不确定性。通过在探针的结构设计中引入双螺旋结构,把简单的线性单链 DNA 探针设计成有二级结构的 DNA 探针(如茎环结构,我们把它称之为二维 DNA 探针），结构的刚性有所增强。当被组装到界面上后，可以在表面上很好地保持自身结构，降低相邻分子之间的相互作用，这类二维 DNA 探针已经开始广泛地引起研究者的兴趣。结合 DNA 纳米技术，我们实现了 DNA 探针从二维（如茎环结构）到三维的突破，构建出一种高稳定性和刚性的三维 DNA 纳米结构探针，可以有效地提高 DNA 探针在表面分布排列的均一性，并精确调控探针之间的距离，从而显著地提高了生物检测的灵敏度和特异性。从生物分子的进化视角来看，蛋白质分子从一条多肽链二级结构的基础上，进一步盘绕、折叠，产生特定的空间三维结构，从而产生强大的生物学功能；我们是否能推断三维 DNA 纳米结构探针将会真正实现 DNA 探针完美自组装界面呢？尽管三维 DNA 纳米结构探针的发展才处于起步阶段，但它已经显露出来的无与伦比的自组装特性预示该研究可能会为生物传感领域打开一个新的研究契机。此外，利用 DNA 折纸技术构建的 DNA 折纸二维图形是一种非常有前景替代固体表面的材料，特别是其纳米尺度上的规整的结构、良好的水分散性及放置位点的可寻址性，目前尚没有其他材料可以与之媲美。利用这些特点构建的 DNA 折纸芯片也是极具生命力的科学前沿研究方向。它的推广研究在量子纳米器件、纳米生物机械、生物芯片、纳米网络的加工以及基因治疗、药物作用机理研究等领域都有十分重要的意义，并可能带来巨大的经济效益。

（中国科学院上海应用物理研究所：裴　昊、樊春海）

参 考 文 献

［1］　Levicky R，Horgan A. Physicochemical perspectives on DNA microarray and biosensor technologies. Trends Biotechnol. ，2005，23：143-149.

［2］　Hagan M F，Chakraborty A K. Hybridization dynamics of surface immobilized DNA. J Chem Phys，2004，120：4958-4968.

［3］　Halperin A，Buhot A，Zhulina E B. Brush effects on DNA chips：thermodynamics，kinetics，and design guidelines. Biophys J，2005，89：796-811.

［4］　Ladd J，Boozer C，Yu Q M，et al. DNA-directed protein immobilization on mixed self-assembled monolayers via a streptavidin bridge. Langmuir，2004，20：8090-8095.

［5］　Peterson A W，Heaton R J，Georgiadis R M. The effect of surface probe density on DNA hybridization. Nucleic Acids Res，2001，29：5163-5168.

［6］　Thaxton C S，Hill H D，Georganopoulou D G，et al. A bio-bar-code assay based upon dithiothreitol-induced oligonucleotide release. Anal Chem，2005，77：8174-8178.

［7］　Vainrub A，Pettitt B M. Sensitive quantitative nucleic acid detection using oligonucleotide microarrays. J Am Chem Soc，2003，125：7798-7799.

［8］　Wong E L S，Chow E，Gooding J J. DNA recognition interfaces：the influence of interfacial design on the efficiency and kinetics of hybridization. Langmuir, 2005, 21:6957-6965.

[9] Gong P, Lee C Y, Gamble L J, et al. Hybridization behavior of mixed DNA/alkylthiol monolayers on gold: characterization by surface plasmon resonance and P-32 radiometric assay. Anal Chem, 2006, 78: 3326-3334.

[10] Leff D V, Brandt L, Heath J R. Synthesis and characterization of hydrophobic, organically-soluble gold nanocrystals functionalized with primary amines. Langmuir, 1996, 12:4723-4730.

[11] Herne T M, Tarlov M J. Characterization of DNA probes immobilized on gold surfaces. J Am Chem Soc, 1997, 119:8916-8920.

[12] Walker H W, Grant S B. Conformaion of DNA block-copolymer molecules adsorbed on latex-particles as revealed by hydroxyl radical footpriting. Langmuir, 1995, 11:3772-3777.

[13] Charreyre M T, Tcherkasskaya O, Winnik M A, et al. Fluorescence energy transfer study of the conformation of oligonucleotides covalently bound to polystyrene latex particles. Langmuir, 1997, 13: 3103-3110.

[14] Peterlinz K A, Georgiadis R M, Herne T M, et al. Observation of hybridization and dehybridization of thiol-tethered DNA using two-color surface plasmon resonance spectroscopy. J Am Chem Soc, 1997, 119:3401-3402.

[15] Lao R J, Song S P, Wu H P, et al. Electrochemical interrogation of DNA monolayers on gold surfaces. Anal Chem, 2005, 77:6475-6480.

[16] Levicky R, Herne T M, Tarlov M J, et al. Using self-assembly to control the structure of DNA monolayers on gold: a neutron reflectivity study. J Am Chem Soc, 1998, 120:9787-9792.

[17] Lee C Y, Gong P, Harbers G M, et al. Surface coverage and structure of mixed DNA/alkylthiol monolayers on gold: characterization by XPS, NEXAFS, and fluorescence intensity measurements. Anal Chem, 2006, 78:3316-3325.

[18] Demers L M, Mirkin C A, Mucic R C, et al. A fluorescence-based method for determining the surface coverage and hybridization efficiency of thiol-capped oligonucleotides bound to gold thin films and nanoparticles. Anal Chem, 2000, 72:5535-5541.

[19] Steel A B, Herne T M, Tarlov M J. Electrochemical quantitation of DNA immobilized on gold. Anal Chem, 1998, 70:4670-4677.

[20] Kelley S O, Barton J K, Jackson N M, et al. Orienting DNA helices on gold using applied electric fields. Langmuir, 1998, 14:6781-6784.

[21] Gong P, Levicky R. DNA surface hybridization regimes. Proc Natl Acad Sci USA, 2008, 105: 5301-5306.

[22] Boon E M, Ceres D M, Drummond T G, et al. Mutation detection by electrocatalysis at DNA-modified electrodes. Nat Biotechnol, 2000, 18:1096-1100.

[23] Patolsky F, Lichtenstein A, Willner I. Detection of single-base DNA mutations by enzyme-amplified electronic transduction. Nat Biotechnol, 2001, 19:253-257.

[24] Zhang J, Song S P, Zhang L Y, et al. Sequence-specific detection of femtomolar DNA via a chronocoulometric DNA sensor (CDS): effects of nanoparticle-mediated amplification and nanoscale control of DNA assembly at electrodes. J Am Chem Soc, 2006, 128:8575-8580.

[25] Zhang J, Song S P, Wang L H, et al. A gold nanoparticle-based chronocoulometric DNA sensor for amplified detection of DNA. Nat Protoc, 2007, 2:2888-2895.

[26] Elghanian R, Storhoff J J, Mucic R C, et al. Selective colorimetric detection of polynucleotides based on the distance-dependent optical properties of gold nanoparticles. Science, 1997, 277:1078-1081.

[27] Giljohann D A, Seferos D S, Daniel W L, et al. Gold nanoparticles for biology and medicine. Angew Chem Int Edit, 2010, 49:3280-3294.

[28] Taton T A, Mirkin C A, Letsinger R L. Scanometric DNA array detection with nanoparticle probes. Science, 2000, 289:1757-1760.

[29] Mirkin C A, Letsinger R L, Mucic R C, et al. A DNA-based method for rationally assembling nanoparticles into macroscopic materials. Nature, 1996, 382:607-609.

[30] Fan C H, Plaxco K W, Heeger A J. Electrochemical interrogation of conformational changes as a reagentless method for the sequence-specific detection of DNA. Proc Natl Acad Sci USA, 2003, 100: 9134-9137.

[31] Lai R Y, Lagally E T, Lee S H, et al. Rapid, sequence-specific detection of unpurified PCR amplicons via a reusable, electrochemical sensor. Proc Natl Acad Sci USA, 2006, 103:4017-4021.

[32] Liu G, Wan Y, Gau V, et al. An enzyme-based E-DNA sensor for sequence-specific detection of femtomolar DNA targets. J Am Chem Soc, 2008, 130:6820-6825.

[33] Wei F, Wang J H, Liao W, et al. Electrochemical detection of low-copy number salivary RNA based on specific signal amplification with a hairpin probe. Nucleic Acids Res, 2008:36.

[34] Du H, Disney M D, Miller B L, et al. Hybridization-based unquenching of DNA hairpins on Au surfaces: prototypical "molecular beacon" biosensors. J Am Chem Soc, 2003, 125:4012-4013.

[35] Du H, Strohsahl C M, Camera J, et al. Sensitivity and specificity of metal surface-immobilized "molecular beacon" biosensors. J Am Chem Soc, 2005, 127:7932-7940.

[36] Song S P, Liang Z Q, Zhang J, et al. Gold-nanoparticle-based multicolor nanobeacons for sequence-specific DNA analysis. Angew Chem Int Edit, 2009, 48:8670-8674.

[37] Jayagopal A, Halfpenny K C, Perez J W, et al. Hairpin DNA-functionalized gold colloids for the imaging of mRNA in live cells. J Am Chem Soc, 2010, 132:9789-9796.

[38] Liu D S, Bruckbauer A, Abell C, et al. A reversible pH-driven DNA nanoswitch array. J Am Chem Soc, 2006, 128:2067-2071.

[39] Xiao Y, Lubin A A, Baker B R, et al. Single-step electronic detection of femtomolar DNA by target-induced strand displacement in an electrode-bound duplex. Proc Natl Acad Sci USA, 2006, 103: 16677-16680.

[40] Xiao Y, Rowe A A, Plaxco K W. Electrochemical detection of parts-per-billion lead via an electrode-bound DNAzyme assembly. J Am Chem Soc, 2007, 129:262-263.

[41] Xiao Y, Qu X G, Plaxco K W, et al. Label-free electrochemical detection of DNA in blood serum via target-induced resolution of an electrode-bound DNA pseudoknot. J Am Chem Soc, 2007, 129: 11896-11897.

[42] Huang Y C, Ge B X, Sen D, et al. Immobilized DNA switches as electronic sensors for picomolar detection of plasma proteins. J Am Chem Soc, 2008, 130:8023-8029.

[43] Xiao Y, Lou X H, Uzawa T, et al. An electrochemical sensor for single nucleotide polymorphism detection in serum based on a triple-stem DNA probe. J Am Chem Soc, 2009, 131:15 311-15 316.

[44] Zheng D, Seferos D S, Giljohann D A, et al. Aptamer nano-flares for molecular detection in living cells. Nano Lett, 2009, 9:3258-3261.

[45] Ge B X, Huang Y C, Sen D, et al. A robust electronic switch made of immobilized duplex/quadruplex DNA. Angew Chem Int Edit, 2010, 49:9965-9967.

[46] Zuo X L, Song S P, Zhang J, et al. A target-responsive electrochemical aptamer switch (TREAS) for reagentless detection of nanomolar ATP. J Am Chem Soc, 2007, 129:1042-1043.

[47] Huang Y C, Sen D. A contractile electronic switch made of DNA. J Am Chem Soc, 2010, 132:2663-2671.

[48] Wang S T, Liu H J, Liu D S, et al. Enthalpy-driven three-state switching of a superhydrophilic/superhydrophobic surface. Angew Chem Int Edit, 2007, 46:3915-3917.

[49] Meng H F, Yang Y, Chen Y J, et al. Photoelectric conversion switch based on quantum dots with i-motif DNA scaffolds. Chem Commun, 2009:2293-2295.

[50] Ricci F, Lai R Y, Heeger A J, et al. Effect of molecular crowding on the response of an electrochemical DNA sensor. Langmuir, 2007, 23:6827-6834.

[51] Pei H, Lu N, Wen Y L, et al. A DNA nanostructure-based biomolecular probe carrier platform for electrochemical biosensing. Adv Mater, 2010, 22:4754-4758.

[52] Pei H, Wan Y, Li J, et al. Regenerable electrochemical immunological sensing at DNA nanostructure-decorated gold surfaces. Chem Commun, 2011, 47:6254-6256.

[53] Wen Y L, Pei H, Wan Y, et al. DNA nanostructure-decorated surfaces for enhanced aptamer-target binding and electrochemical cocaine sensors. Anal Chem, 2011, 83:7418-7423.

[54] Ge Z L, Pei H, Wang L H, et al. Electrochemical single nucleotide polymorphisms genotyping on surface immobilized three-dimensional branched DNA nanostructure. Sci China Chem, 2011, 54:1273-1276.

[55] Bu N N, Tang C X, He X W, et al. Tetrahedron-structured DNA and functional oligonucleotide for construction of an electrochemical DNA-based biosensor. Chem Commun, 2011, 47:7689-7691.

[56] Ke Y G, Lindsay S, Chang Y, et al. Self-assembled water-soluble nucleic acid probe tiles for label-free RNA hybridization assays. Science, 2008, 319:180-183.

[57] Subramanian H K K, Chakraborty B, Sha R, et al. The label-free unambiguous detection and symbolic display of single nucleotide polymorphisms on DNA origami. Nano Lett, 2011, 11:910-913.

[58] Zhang Z, Wang Y, Fan C H, et al. Asymmetric DNA origami for spatially addressable and index-free solution-phase DNA chips. Adv Mater, 2010, 22:2672-2675.

[59] Zhang Z, Zeng D D, Ma H W, et al. A DNA-origami chip platform for label-free SNP genotyping using toehold-mediated strand displacement. Small, 2010, 6:1854-1858.

第 16 章　生物仿生多肽及其在生物医学领域的应用

　　生物仿生多肽即是在多肽的分子水平上,模拟生物体的某一组成,利用化学的方法进行人工结构单元的构建和模拟组装,以模仿和实现生物体的某项功能或性质。多肽,又称缩氨酸,是由氨基酸分子脱水缩合形成肽键连接而成的蛋白质片断,是涉及生物体内细胞各种生物功能的活性物质,在细胞生理及代谢功能的调节上发挥着重要作用。由于构成多肽的氨基酸残基具有不同的化学结构,包括亲疏水结构、带电结构和极性结构等,多肽可以利用其肽键间氢键作用以及氨基酸残基之间的氢键作用、静电作用、疏水性作用以及 π-π 堆积作用等有效实现分子自组装。

　　应用生物仿生多肽的设计思想均来自自然界的灵感,自然是构建非凡材料及分子机器最为神奇的大师,例如生物界常见的有机-无机杂化的贝壳、珍珠、珊瑚、骨头、牙齿、木材、蚕丝、胶原、肌肉纤维以及细胞外基质等,生物体内的血红蛋白、聚合酶、腺苷三磷酸合酶、膜通道、蛋白酶体以及核糖体等都是高度精密复杂的分子机器[1]。利用多肽设计生物仿生材料的历史可以追溯到 20 世纪 50 年代,1959年,美国迈阿密大学的 Fox 小组[2]发现热熔生成的聚氨基酸的碱性溶液被酸化时会发生自组装,形成微球或称为人工细胞。但是在当时,这种热蛋白的精确结构还是未知的,其导致发生自组装的结构特性也是不清楚的。进入 70 年代后,大多数研究工作均集中在聚合多肽或蛋白质的自组装行为研究,也就是自上而下的组装方式,很少设计基于多肽的自组装行为研究[3,4]。1977 年,美国洛克菲勒大学的Katz 等[5]研究了在体外无细胞提取液中膜的自组装行为,发现含羧基的聚合多肽位于囊泡的外部,而大多数含氨基的糖蛋白位于囊泡的内腔。20 世纪 80 年代以来,生物仿生多肽研究向更加精细的方向发展,也就是更多地利用自下而上的方法,即人工方法合成多肽来构建生物体的结构或模拟其功能。1989 年,美国耶鲁大学的 Bormann 等[6]利用人工合成多肽模拟跨膜糖蛋白的自组装,合成的跨膜血型糖蛋白 A 肽可与红细胞的自身血型糖蛋白和糖蛋白形成可逆的特异性复合物,受体蛋白跨膜片段不仅仅含有嵌入和锚定所需的结构信息,而且包含在跨膜糖蛋白之间起调节作用的特异性结合位点。

　　20 世纪 90 年代以来,生物仿生多肽相关研究获得了快速发展,从简单的模拟生物双层膜结构拓展到更加复杂的纳米管、生物矿化、细胞仿生、蜘蛛丝、蚕丝、组织工程支架、药物载体胶束、基因递送载体等。1993 年,美国斯克里普斯研究学院的 Ghadiri 等[7]报道了一类基于 8 个氨基酸残基的环状多肽有机纳米管的设计、制备和表征方法。当环状多肽发生质子化后,会结晶生成几百纳米长、内部直径为 $0.7\sim0.8nm$ 的纳米管状结构。美国麻省理工学院的 Zhang 等[8]报道了一种由离子互补性氨基酸组成的 16 肽,在加入磷酸盐时,多肽发生自组装形成肉眼可见的膜,并且在酸性、碱性溶液中或加热时均不发生溶解。Zhang 等还对三类多肽自组装在功能高分子工程等领域的应用,尤其是在细胞黏附支架[9]和生物界面工程[10]等领域的生物仿生进行了综述,这些简短的多肽设计容易、制备方便,利用其自组装后使研究复杂的生命现象,如细胞-材料间相互作用、细胞迁移机制、细胞间通信和细胞群体效应等成为可能。2003 年他们继续对利用多肽等自组装制备超分子结构生物材料发表重要综述性文章,着重阐述了利用多肽的自下而上方式来构建纳米纤维、生物纳米管、纳米厚度表面涂层、纳米纤维多肽和蛋白质支架、生物光学结构和光波导[11]。中国科学院化学研究所李峻柏等[12-15]开展了一系列的基于多肽的生物仿生材料的研究工作。例如他们发现阳离子二肽在中性条件下可以自组装成纳米管,通过改变自组装体系的浓度,纳米管能进一步转化为囊泡,利用囊泡阳离子与带负电荷的寡核苷酸紧密结合,从而成功地将寡核苷酸通过细胞的吞噬作用载运到细胞内,该研究工作为生物仿生多肽在药物/基因传输方面的应用提供了实验基础[15]。生物仿生多肽的研究历史仅有短短的几十年,而且大多数的研究工作是在最近不到 20 年内完成的,生物仿生多肽在材料领域和生物医学领域已经展现出巨大的应用潜力。

　　研究生物仿生多肽及其自组装行为对于认识生命现象的本质具有重要的意义。多肽作为生命体的结构基元,是生命的物质基础之一,在构筑生命体和调节细胞功能、信号传导等方面都发挥着重要的作用。生物体是由多肽等生物大分子自装配而成,在烦琐的装配过程中,受到许多至今人类未知的因素所控制,形成高度时空有序的复杂生物体。目前人类对生物体的动态自组装规律掌握得非常有限,研究生物仿生多肽就给人类提供了一种从分子水平去认识和了解生命自组装现象的有效途径。

　　研究生物仿生多肽有望为人类认识自身重大疾病的发病机理和最终提供治疗方案提供帮助。例如,大脑内产生的过多 β 淀粉样多肽自组装沉积,导致蛋白质发生空间构象改变,错误折叠,形成不同形态和大小的聚集体(球形寡聚体、纤维、斑块等),诱发神经细胞死亡,最终引起阿尔茨海默病(老年痴呆症)的发生。阿尔茨海默病是发病率很高的一种不可逆转的神经退行性疾病,症状包括认知功能,如记忆、口头表达、视觉能力的减退等,造成严重的经济、社会和家庭负担。如果完全阐明淀粉样多肽的组装聚集机理,研制出相应的分子调节剂,对淀粉样多肽及其相关片段的组装聚集行为进行调控,对了解阿尔茨海默病发病机理以及早期诊断、干预和治疗具有重大的意义。

　　研究生物仿生多肽对于发展新型的功能性材料潜力巨大,有望在再生医学上用作创伤修复支架、组织工程、药物缓释、生物材料表面工程、生物光功能材料及波导材料和生物纳米传感器等。多肽分子自组装是构建超分子结构的一项强有力的手段。自组装多肽分子成分简单，与无机材料相比，生物相容性良好，容易进行化学修饰，与人体组织更匹配，是药物、细胞或基因等的良好载体，在生物医学方面具有非常重要且广阔的应用前景。此外，生物仿生多肽还可以用于构建新型生物光器件、光波导和纳米电子器件。例如多肽纳米纤维或纳米管可以用作制备纳米金属导线的模板。以色列的科学家 Ehud Gazit 已经把这一想法变成了现实。他们利用二苯基氨基酸纳米管作为模板，成功地在官腔内部制备出了金属银纳米导线，然后用蛋白酶 K 除去外部的多肽，得到了直径为 20nm 的纳米导线[16]。中国科学院化学研究所李峻柏等[17]利用溶剂热退火制备了六角形的多肽微米管，可用作光波导让光沿着长轴方向传播。总之，生物仿生多肽无论在生物还是在非生物方面的应用都展现出巨大的应用前景，利用生物仿生多肽发展新型功能性材料也将成为未来的热门研究领域之一。

16.1　生物仿生多肽的自组装

16.1.1　生物仿生多肽的构建基元——氨基酸

　　氨基酸是含有氨基和羧基的一类有机化合物的通称，是羧酸分子中 α 碳原子上的一个氢原子被氨基取代所生成的衍生物，是生物功能大分子蛋白质的基本结构单位，也是构成动物营养所需蛋白质的基本物质。氨基连在 α-碳上的为 α-氨基酸，在自然界中共有 300 多种氨基酸，其中 α-氨基酸 21 种。α-氨基酸是肽和蛋白质的构件基元，是构成生命体最基本的单元之一。

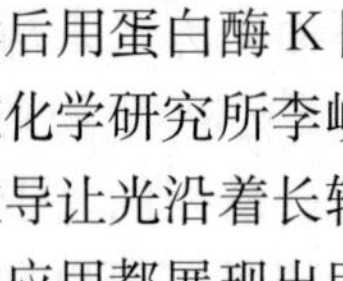

$$H—C—COOH$$

图 16-1　氨基酸的结构通式

　　氨基酸在结构上的差别取决于侧链基团 R 的不同（图 16-1）。通常根据 R 基团的化学结构或侧链基团的极性可将氨基酸分为极性和非极性两类：非极性氨基酸（疏水氨基酸）有 8 种，其中含脂肪族残基的有 5 种，分别是丙氨酸（Ala）、异亮氨酸（Ile）、亮氨酸（Leu）、蛋氨酸（Met）和缬氨酸（Val），含芳香族残基的有 3 种，分别是苯丙氨酸（Phe）、酪氨酸（Tyr）和色氨酸（Trp）；极性氨基酸（亲水氨基酸）有 12 种，其中极性不带电荷有 7 种，分别是天冬酰胺（Asn）、半胱氨酸（Cys）、谷氨酰胺（Gln）、甘氨酸（Gly）、脯氨酸（Pro）、丝氨酸（Ser）和苏氨酸（Thr），极性带正电荷的氨基酸（碱性氨基酸）有 3 种，分别是赖氨酸（Lys）、精氨酸（Arg）和组氨酸（His），极性带负电荷的氨基酸（酸性氨基酸）有 2 种，分别是天冬氨酸（Asp）和谷氨酸（Glu）。当然，构建生物仿生多肽并不仅仅局限于上述的天然氨基酸，许多人工合成的新型氨基酸被合成出来用来构建生物仿生多肽。

16.1.2　氨基酸的分子作用与生物仿生多肽构建

　　生物仿生多肽发生自组装的源动力是氨基酸分子之间的分子作用,自组装的结果是一种能量趋于最小化的过程。维持生物仿生多肽稳定结构的主要分子作用包括分子间形成的稳定共价键(肽键)、配位键(金属有机复合物中的锌酯结构)、氢键(氨基与羧基配对)、静电相互作用(蛋白质中的盐桥作用)、π-π 堆积作用(蛋白质中的疏水核心)、范德瓦尔斯力(诱导力、色散力和取向力)[18]。

　　π-π 堆积作用在多肽自组装中发挥重要作用。π-π 堆积作用是常常发生在芳香环之间的弱的相互作用,通常存在于相对富电子和缺电子的两个非极性氨基酸分子之间。π-π 堆积作用常见的堆叠方式有两种:面对面和面对边。面对边相互作用可以看作是一个芳环上轻微缺电子的氢原子和另一个芳环上复电子的 π 电子云之间形成的弱氢键。这种作用力在蛋白质折叠和多肽自组装中尤为重要。水溶性不带电荷的氨基酸会通过羟基(丝氨酸、苏氨酸)或酰胺基团(天冬酰胺、谷氨酰胺)形成氢键结合作用。带正电荷的赖氨酸、精氨酸和组氨酸的 pK_a 值分别为6.5,10 和 12,而带负电荷的天冬氨酸和谷氨酸的 pK_a 值均为 4.4 左右。带电荷的氨基酸可形成特异性的正负电荷间的相互作用实现自组装(异种电荷)或防止发生自组装(同种电荷)的目的。甘氨酸的 R 基团仅为两个氢原子,消除了 R 基团的空间位阻效应的影响,具有比其他氨基酸都要好的柔顺性。相对而言,脯氨酸由于锁定的环状构象的存在,结构的刚性显著增强。半胱氨酸拥有一个独特的巯基活性基团,常被用于化学修饰和多肽内部交联反应,另外半胱氨酸也常被用于与金表面的结合。具有重复结构的组氨酸适于与金属 Ni^{2+} 等离子结合,而酪氨酸、丝氨酸和苏氨酸可以成为合适的靶标用于化学和酶的修饰[19]。

16.1.3　生物仿生多肽的自组装策略

　　按照使用的氨基酸来源划分,总的来说有两种生物仿生多肽自组装策略:第一种是采用自然界存在的氨基酸所形成的 α 螺旋结构、β 片层结构、β 发夹等二级结构。第二种是将氨基酸共价连接到其他的分子上,其他分子可以是烷基链与之形成两亲性化合物,也可以是芳香族基团,与之形成 π-π 堆积作用。

　　(1) α 螺旋结构

　　α 螺旋结构是生物仿生多肽主要的二级结构,多肽链沿长轴方向通过氢键向上盘曲所形成的右手螺旋结构称为 α 螺旋(图 16-2)。其结构的特点是:①肽链以肽键平面为单位,以多肽链中的 α 碳原子为转折,围绕长轴盘旋,形成右手螺旋;②肽链呈螺旋上升,每 3.6 个氨基酸残基上升一圈,螺距为 0.544 nm,直径为0.5 nm,每个氨基酸残基沿分子轴旋转 100°,上升 0.15 nm;③肽键平面与螺旋长轴平行,相邻两圈螺旋之间第一个肽键的 NH 和第四个肽键中的 C＝O 形成氢键,即每一个氨基酸残基中的 NH 都和前面相邻的第三个氨基酸残基的 C＝O 之间形成氢键,使 α 螺旋十分牢固。α 螺旋是球状蛋白质构象中最为常见的螺旋盘曲形式,有些球状蛋白质具有较多的 α 螺旋区,如血红蛋白和肌红蛋白,多肽链大约 75％ 的长度形成 α 螺旋;有些球状蛋白质只含少量的 α 螺旋,如溶菌酶和糜蛋白酶,α 螺旋区只占 10％ 和 5％;一些纤维状蛋白质也有 α 螺旋结构,α 螺旋可使肽链的长度大为缩短,即延伸性较大。如头发中的 α 角蛋白,几乎都呈 α 螺旋,多股 α 螺旋的多肽链拧成绳索状,并借许多二硫键交联起来,使毛发具有很强的韧性和伸缩性[20]。

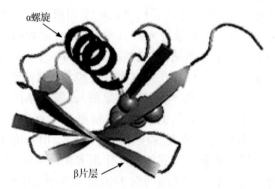

图 16-2　α 螺旋与 β 片层结构[21]

维持 α 螺旋稳定的原因是大量的氢键存在,即每一个氨基酸残基中的 NH 和前面相邻的第三个氨基酸残基的 C＝O 之间都形成氢键,使 α 螺旋十分牢固。不利于 α 螺旋稳定的因素有①酸性或碱性氨基酸残基集中的区域 ,由于电荷相斥不利于肽链的盘绕;②较大的 R 基集中的区域,因空间位阻大,不利于 α 螺旋的形成,如 Phe、Trp、Ile 等;③脯氨酸残基出现的部位,多肽链走向转折,不能形成 α 螺旋,因脯氨酸 α 碳原子组成五元环,结构不易扭转,脯氨酸是亚氨基酸,N 上没有供形成氢键的氢;④甘氨酸残基出现的部位,不利于 α 螺旋的形成,甘氨酸 R 基为 H,所占空间很小,会影响该处螺旋的稳定,甘氨酸 R 基为 H,在形成三级结构时不能与其他侧链基团形成次级键,所以不利于 α 螺旋的稳定[20]。

(2) β 片层结构与 β 发夹结构

β 片层结构是指两段以上折叠成锯齿状的多肽链通过氢键相连而并行成较深层的片状结构(图 16-2)。β 片层结构的特点是多肽链中的肽键平面之间折叠成锯齿状/折纸状。β 片层是依靠不同肽链之间或同一条肽链不同肽段之间肽键的 NH 与 CO 形成氢键而得以稳定,氢键与链互相垂直。侧链基团较小,它们交替地伸向片层的上方和下方。大量链内或链间氢键、侧链基团的大小是影响 β 折叠形成的重要因素,只有多肽链中氨基酸残基的 R 较小时,才能允许一两肽段彼此靠近。

β发夹结构是由 Schneider 等[22]提出的一种多肽结构模型,是指蛋白质分子中多肽链出现 180°的回折(图 16-3)。其特点是由四个连续的氨基酸残基构成,主链骨架本身以大约 180°返回折叠,第一个氨基酸残基的 CO 与第四个氨基酸的 NH 形成氢键,从而稳定转折的构象。构建β发夹结构要求多肽链段中必须含有能够发生弯曲的氨基酸序列。多肽链在甘氨酸和脯氨酸处容易形成β发夹结构,常见于球状蛋白质分子表面,且含量十分丰富,有利于肽链频频回折成紧凑的球形。Schneider 等先后制备了 MAX 系列的β发夹结构的多肽,采用亲水性的赖氨酸(K)残基和疏水性的缬氨酸(V)氨基交替排列,在酸性条件下,质子化的赖氨酸残基之间的静电排斥作用使多肽分子不能形成β发夹结构,升高溶液的 pH 至 7.4 或增加溶液的离子浓度屏蔽静电排斥作用后,多肽则可以形成以赖氨酸残基为内面、缬氨酸残基为外面的β发夹结构[23]。用 MAX 系列的β发夹结构多肽在细胞培养液 DMEM 中自组装形成多肽凝胶,可以作为细胞生长支架材料[24]以及姜黄素的控释载体[25,26]。

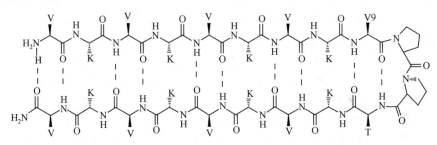

图 16-3　β发夹结构

(3) 多肽两亲物

与磷脂分子相似,多肽两亲物(peptide amphiphiles)含有线性疏水性的烷基或疏水性氨基酸部分以及亲水性寡肽的部分。相对于前面所述的利用多肽空间结构转变的自组装,两亲性多肽需要的多肽链段相对较短,这样得到的多肽衍生物类似于表面活性剂或脂质体。当将这些多肽置于水中时,常常组装成以烷基尾部为核、亲水性寡肽的头部以核为中心呈放射性排列的纳米纤维棒状结构。美国西北大学 Stupp 等[27,28]在多肽两亲物方面做了大量的开创性研究工作,例如他们报道了 12 种多肽两亲物,其含有疏水性烷基尾部、半胱氨酸和 RGD 的寡肽头部,具有 pH 依赖的响应性。当在水中 pH 降低时可以组装成凝胶态纳米纤维,增大 pH 凝胶态纳米纤维解离,又会重新回到溶液状态。由于在结构中引入了半胱氨酸,当有氧化性物质存在时,在分子间会形成共价二硫键,组装成凝胶态纳米纤维不可逆转,无法回到溶液状态[28]。研究了带有相反电荷的多肽两亲物在生理 pH 下依靠静电吸引生成纳米纤维凝胶体系(图 16-4),在细胞移植和组织工程领域中有潜在的应用价值[29]。

图 16-4　多肽两亲物

(4)芳香性短肽衍生物

近年来,基于苯丙氨酸短肽衍生物的 π-π 堆积作用成为构建生物仿生多肽的策略之一。对于苯丙氨酸短肽衍生物的研究兴趣主要来自两个方面,一方面研究发现导致不可逆神经退行性疾病与二苯丙氨酸等淀粉样短肽密切相关;另一方面,通过化学方法在短肽主链上偶联一些芳香基团有助于形成 π-π 堆积作用自组装,为构建自组装生物多肽提供了一种新策略[19]。例如通过在短肽主链上的 N-末端偶联萘环、芴甲氧羰基(fmoc)等芳香化合物,可以形成稳定的凝胶,显示出凝胶材料特有的流变特性。自组装后形成的生物仿生多肽的形貌和尺度均依赖于实现组装的方式。基于芳香性短肽衍生物的自组装系统仍然在继续研究中,针对其结构和组装的机理研究仍然面临诸多的挑战。

通过解析天然蛋白质序列,可以揭示出氨基酸分子自组装的一些基本的构象规律,再根据这些规律进行仔细筛选相应的氨基酸,从而构建出特定的多肽自组装结构。尽管已经开展了相当多的研究工作去揭示生物仿生多肽自组装策略,如对 α 螺旋结构、β 片层结构、β 发夹结构等二级机构已经被研究清楚,但是目前人类对蛋白质的自组装行为认识还远远不够,例如多肽分子如何识别无机固体表面(骨头、牙齿)而形成有序的组织结构并实现调控? 详细地理解多肽的组装过程必然有利于更好地设计生物仿生多肽。

16.2　生物仿生多肽自组装的调控

自然界里的所有生物都是通过水、无机盐、蛋白质、核酸、糖类、脂类等无机和有机材料经过非常复杂的过程组装而成的,从材料组装的角度来看,仅仅利用上述的几种材料组装或制造出具有如此神奇功能的细胞、组织和器官,其结构和功能都达到了非常理想、科学甚至完美的境地,是一件非常不可思议的事件。目前人类制造出的飞艇、飞机等人工飞行器,但是与昆虫和鸟类的飞行技巧还存在很大差距;所有人造机器的能量利用的效率均远远低于生物体对能量的利用效率;绝大多数的人造聚乙烯、聚氯乙烯、聚碳酸酯、聚酰胺等人工聚合材料的强度和弹性都远不及蛛丝,蛛丝是世界上最坚韧的东西之一,而蛛丝仅仅是由甘氨酸、丙氨酸、谷氨酸、丝氨酸、精氨酸、亮氨酸和酪氨酸等几种氨基酸组成的。这些例子说明,许多天然生物材料组装过程控制是我们完全不知道的,而这些材料的组装大多数是在常温常压的条件下进行的,并且具有优异的性能。自然界中如此神奇的对各种材料自组装调控的实例,成为我们构建新型生物仿生材料丰富的智慧源泉。

　　生物仿生多肽分子自组装的主要挑战,是如何实现对自组装过程的控制,同时避免组装结构中出现缺陷。许多单组分和多组分体系存在的问题是,在将多肽材料加入到水或缓冲溶液的一瞬间,就引发了自组装的过程,也就是说成核和生长的控制非常难[19]。因此,实现对多肽自组装的调控就一直成为人们的一大梦想,围绕发展自组装或解除自组装策略开展了许多研究工作,迄今为止人们已经掌握了许多方法引发多肽自组装和解除自组装。

16.2.1　离子强度和 pH

　　通过调节自组装体系的 pH 可能是实现多肽自组装调控最为简单的方式,此外通过改变自组装体系的离子强度,也能达到控制自组装的目的。这是因为自组装体系离子强度的增加可以掩盖住带电氨基酸的效应,从而抵消 pH 引发的作用。利用带互补或相反电荷的氨基酸设计自组装体系,可以引入 pH 引发机制。大量的多肽自组装体系因为采用电荷相互作用组装原理而具有 pH 敏感性。美国特拉华大学的 Schneider 等[30]研究了一种 pH 响应的 β 发夹结构多肽 MAX1 的折叠自组装和凝胶材料(图 16-5)。MAX1 多肽(VKVKVKVKV^{D}PPTKVKVK VKV-NH$_2$)在 pH 为 9 和温度在 -20℃时,多肽分子是打开状态的。当对多肽的赖氨酸残基进行部分取代形成 VKVKVKVKV^{D}PPTKVEVKVKV-NH$_2$ 的多肽序列以后,多肽的正电荷降低,可以在 37℃时在生理缓冲液中形成凝胶。

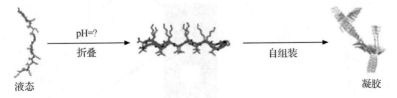

图 16-5　pH 响应性多肽的自组装

16.2.2 酶

在生理条件下触发多肽实现对自组装的调控,一直是生物仿生多肽研究中的一大挑战。最近利用生物酶来对多肽的自组装过程进行调控,已引起了人们的极大兴趣。设计基于具有酶响应能力的生物仿生多肽体系,将在生物医学领域有重要应用前景,例如利用凝血块中的酶引发多肽形成凝胶可以防止出血等。酶辅助自组装可以通过两种方式进行,一种是催化合成一种新型的触发自组装分子,另一种是通过酶解消除阻碍自组装发生的多肽链上的一个分子基团,进而引发自组装过程。自然界中大多数已知的酶都会触发一个确定的反应,即均有一个特异性的反应底物,利用酶对底物反应的特异性,可以用来触发非天然分子与自然底物之间的反应,达到自组装调控的目的[19]。

英国曼彻斯特大学的 Ulijn 等[31]研究了一种使用可逆酶催化反应驱动的多肽自组装过程,在嗜热菌蛋白酶的催化作用下,形成 fmoc 氨基酸短肽衍生物,然后形成具有反平行 β 片层自组装结构的凝胶,整个组装过程是一个自由能降低的过程。酶-辅助多肽自组装技术提供了一种有效的构建生物仿生多肽的新途径,为自下而上构建更复杂的、缺陷更少的自组装纳米结构铺平了道路。

16.2.3 光

生物仿生多肽自组装的调控还可以通过光的调控来实现。利用光对多肽自组装过程进行调控的优势在于不会引入新的物质,不会带来对自组装的环境的影响。美国德拉华大学的 Schneider 等[32]报道了一种具有光引发功能的多肽氨基酸序列 VKVKVKVKV^{D}PPTKVKXKVKV-NH$_2$,其中 X 为 α 羧基-2-硝基苯保护的半胱氨酸(图 16-6)。在自然光下,这种多肽在水溶液中呈伸展状态,不发生自组装,黏度与水相当,然而在 260~360nm 的紫外光照射下,多肽释放出光敏基团,触发多肽折叠形成两亲性 β 发夹结构,组装成黏弹性凝胶材料。利用 NIH 3T3 纤维细胞接种到凝胶中培养表明,组装后的凝胶没有毒性,并且细胞可以迁移。

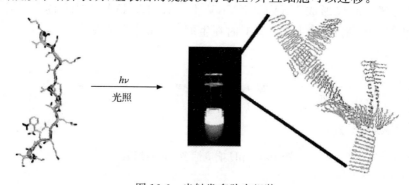

$h\nu$
光照

图 16-6　光触发多肽自组装

16.2.4　超声波

超声波是指频率超过人类耳朵可以听到的最高阈值 20kHz 的任何声波或振动。超声和可闻声本质上是一致的,它们的共同点都是一种机械振动,通常以纵波的方式在弹性介质内会传播,是一种能量的传播形式,但是由于超声频率高,波长短,可传递很强的能量,会产生反射、干涉、叠加和共振现象,具有在一定距离内沿直线传播的良好方向性[33]。利用超声波也可以对生物仿生多肽的自组装进行调控,Indrajit Maity[34]研究了超声波条件下流星锤形两亲性多肽的自组装行为。他们的研究结果表明两种流星锤形两亲性多肽在生理状态下经超声作用可以形成强硬的自支持凝胶。这种高度有序的自组装结构是通过形成氢键结合和 π-π 堆积作用实现的。富含酪氨酸的功能性材料 1 能够自组装形成纳米纤维结构,而富含苯丙氨酸的流星锤形两亲性多肽 2 能够自组装形成界限非常确定的纳米条。

16.2.5　温度

温度是对生物仿生多肽自组装进行调控的重要手段。通常情况下,温度降低冷却过程的凝胶化机理是在高温时物质发生变性,冷却后形成物理交联。与此相反,热引发的多肽凝胶化过程是因为:在低温时水对多肽两亲物的疏水基团的溶解能力增大,而升温后导致疏水基团的发生相分离、凝聚而形成的自组装交联网络结构的形成。美国德拉华大学的 Pochan 等[35]发现他们所制备的多肽 MAX3、VKVKVKTKV^{D}PPTKVKTKVKV-NH$_2$,展示出良好的热诱导自组装的特性(图 16-7)。在室温时,多肽 MAX3 分子是展开的,呈水溶液状态,当升高温度时,多肽分子经历了一个单分子折叠过程,形成一个两亲型 β 发夹结构,进而组装成凝胶网络。增加温度加速了展开多肽 MAX3 分子的非极性残基脱水进程,引发疏水性基团塌陷折叠;而当降低温度时,β 发夹结构展开,导致凝胶体系完全解离。凝胶化发生的温度可以通过改变多肽残基的疏水性加以调控。

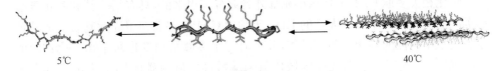

5℃　　　　　　　　　　　　　　　　　　　　　　　40℃

图 16-7　温度触发多肽自组装

16.2.6　金属离子

一些金属离子也可以起到调节生物仿生多肽自组装过程的作用。金属离子对自组装过程的调控是通过金属离子对自组装体系的电荷改变的配位作用实现的。例如二价锌离子,最近美国特拉华大学的 Schneider 等[36]就发现了一种由锌离子

配位作用引发的 β 发夹结构多肽的自组装现象。锌离子响应的多肽 ZnBHP 是一个由 20 个氨基酸残基组成的结构,为了引入金属离子响应作用,在第 20 位氨基酸的位置引入了一个非天然带负电荷的金属结合氨基酸 1。在无锌离子存在时,由于结构 1 羧基多余负电荷的存在,该多肽发生自组装形成凝胶体系需要克服的能垒很大,多肽分子不能发生折叠形成 β 发夹结构,体系呈溶解的溶液状态;当加入锌离子后,结构 1 是一个强的锌离子螯合体,容易与锌离子形成电中性的多价复合物,发生自组装的能量势垒降低,多肽分子折叠形成 β 发夹结构,生成纳米纤维状凝胶体系。

16.3　生物仿生多肽在生物医学工程领域中的应用

生物仿生多肽自组装成的纳米材料,具有良好的生物相容性和较高的生物活性,在很多领域展现出巨大的应用价值,如生物医学、纳米科技、材料科学等,尤其在生物医学工程方面的应用更是格外引人注目。在生物医学工程领域的应用主要包括生物矿化、药物释放载体、生物传感、再生医学与组织工程等。

16.3.1　仿生多肽用于生物矿化

生物矿化是指由生物体通过生物大分子的调控生成无机矿物的过程。生物机体生成纳米结构材料是在温和的合成条件下,一个高效节能并且高度可重复的过程,这些生物合成的无机材料,例如骨、牙齿、贝壳等,远远优于人工合成的具有相似组成的无机材料[37]。生物矿化是一个由细胞外基质蛋白调节的高度有序的无机材料合成过程。研究者们已经尝试分离天然产生的生物矿化多肽并且研究它们的结构和在无机矿化过程中的功能,在许多情况下,这些多肽被用来辅助合成新型的材料[38]。

（1）天然形成多肽

钙化相关多肽 CAP-1 是从小龙虾外骨骼分离出来的,具有结合钙和防止碳酸钙沉淀的能力。日本东京大学的 Kato 等利用 CAP-1 多肽在甲壳素基质上成功地制备出了单向性的碳酸钙薄膜晶体,并且研究了多肽结构变化对生物矿化作用的影响规律[39],发现碳末端酸性区域比氮末端酸性区域对碳酸钙矿化过程的影响更大[40]。

（2）基因工程多肽

天然形成的多肽的种类和数量都是有限的,这些多肽经过数百万年的进化,通常都是特异性地控制生物体中存在的碳酸钙、氧化硅、氧化铁等无机材料的成核过程。但是对于生物体内不存在的无机材料,如金属铂、金、银、硫化镉等的温和矿化过程,这些天然形成的生物仿生多肽就无能为力了,显然,发展对非天然无机材料生物矿化特异性的生物仿生多肽具有重要应用价值。因此,利用噬菌体展示技术和细胞表面展示技术筛选新的具有生物矿化能力的多肽的技术就应运而生。这些技术将随机的核苷酸序列嵌入到噬菌体基因组或细菌的质粒体中,这些核苷酸序列编码会在噬菌体或细菌表面表达特定的多肽序列。无数的噬菌体或细胞,每一个表面都表达不同的多肽,然后与金、铂等金属无机材料进行结合。经过严格的洗涤步骤,如果噬菌体或细胞表面表达的多肽与无机材料结合不牢靠,这些噬菌体或细胞就会被洗掉,而那些与无机材料结合紧密的噬菌体或细胞,就可以得到筛选和收集。反复重复上述步骤,最终与无机材料结合最强的多肽就筛选出来了。氨基酸的序列可以通过对噬菌体或细菌基因组的解码而确定[37]。

　　利用上述方法,美国麻省理工学院的 Belcher 等[41] 分离出了一种序列为HNKHLPSTQPLA 的十二肽,他们将 1mL 的噬菌体溶液与 1mL 的 0.075mol/L 的氯化铁和 1mL 0.025mol/L 的 H_2PtCl_6 混合均匀,加入 1mL 0.1mol/L 硼氢化钠溶液后,在室温下成功地制备了粒径在 (4.1 ± 0.6) nm 的 FePt 纳米粒子(图 16-8)。发展生物合成磁性纳米粒子的方法,不仅仅提供了一种绿色的合成路线,而且可以大大克服传统高温热处理导致的纳米材料聚集和高能耗的一系列问题。

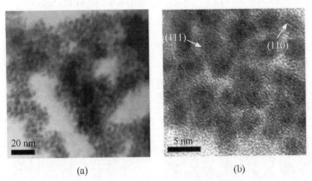

图 16-8　基因工程多肽辅助室温下合成 FePt 纳米粒子的低倍(a)和高倍(b)透射电镜照片

　(3) 人工合成多肽

　　除了上述两种形式的多肽,深刻理解生物矿化的机理,明确多肽的生物矿化功能,就可以设计出多肽序列。例如,在生物矿化过程中,一些成胶蛋白质在特定的取向上充当矿物沉积的骨架,而一些非成胶蛋白(骨唾液酸蛋白、骨磷蛋白)则起到矿化过程的调节作用。我国清华大学的崔福斋课题组[42]合成了一个氨基酸序列为 $EEEEEEEEDS_pES_pS_pEEDR$ 的生物仿生多肽,模拟骨唾液酸蛋白和牙本质基质蛋白作为磷酸钙和胶原蛋白结合基质。在含磷酸盐的液体里的再次矿化过程中,与多肽分子预孵育,有更多亚稳态的磷酸钙纳米前驱体被结合到去矿化了的牙本质胶原蛋白的基质中。在生物仿生多肽存在条件下,这些纳米前驱体转变成聚电解质稳定的磷灰石纳米晶,在牙本质洞孔区沿着胶原蛋白纤维发生自组装。合成多肽通过形成中等晶体的调节作用促进了纳米前驱体从纳米晶到大尺寸的磷灰石晶片的转变。从实验的结果来看,他们所合成的多肽提高了酸刻蚀牙本质的原位生物矿化作用。

美国约翰霍普金斯大学的 Gray 小组[43]建立了计算方法设计多肽生物矿化体系,他们用化学合成方法制备了 6 种含有 16 个氨基酸的多肽,并预测了各种多肽结合不同的方解石(碳酸钙)的生长晶面,实现对方解石结晶过程的调控。如表 16-1 和图 16-9 所示,根据多肽结合(001)面的状态不同,所有设计的 6 种多肽都显著地影响方解石的结晶生长过程。此外,他们还合成并制备了 6 种氨基酸的异构体,并发现氨基酸序列的组成对结晶过程也具有重要作用。具有负电荷的多肽异构体,对方解石结晶过程影响作用显著,而具有负电荷的多肽异构体对结晶过程的影响却是可以变的,变化范围从显著到温和。该项工作揭示出碱性氨基酸残基的序列结构对于多肽矿化过程的影响同样具有重要作用。

表 16-1　合成的多肽序列及其错配序列的异构体

序号	设计序列	错配序列的异构体	静电荷
1	GEAEGEEAAAGEGGAY	EGGAAGAEAEEGAEGY	−5
2	GEEAADAAGAEEAGAY	AAAAGAEGEGAAEEDY	−5
3	AKAPKDGRAKEGGAAY	AAGPDAKKARGGEAKY	+2
4	GAAAAARKAEKGAKAY	AARGKGAAAEKAKAAY	+3
5	APPRAKAAKAAAAGKY	AAAKAPAAGKPKARAY	+4
6	GPPPPAKAAKKAAKKY	AKAPKKKAPPGAAKKPY	+5

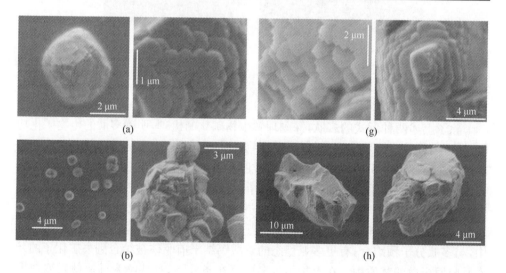

(a)　　　　　　　　　　　　　　　　　(g)

(b)　　　　　　　　　　　　　　　　　(h)

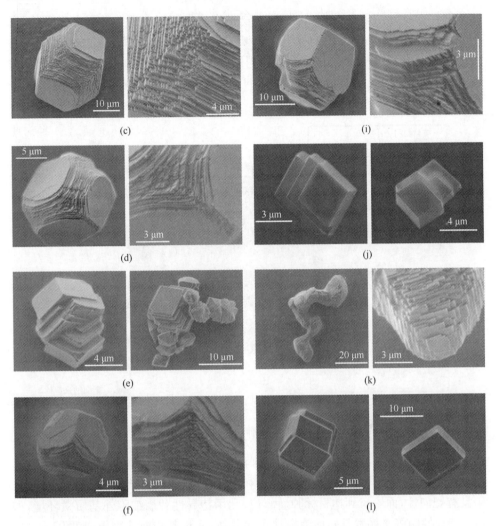

图 16-9　在 0.45 mg/mL 合成多肽存在下,方解石结晶的扫描电子显微镜照片
(a) 设计 1, (b) 设计 2, (c) 设计 3, (d) 设计 4, (e) 设计 5, (f) 设计 6, (g) 异构体 1,
(h) 异构体 2,(i) 异构体 3,(j) 异构体 4,(k) 异构体 5,(l) 异构体 6

16.3.2　仿生多肽用于靶向药物传递

过去 20 年,细胞渗透肽 TAT、ANTP、HSV-1、TLM 等在传递多种分子进入细胞内部非常有效,促进了多肽在药物传递中的应用。然而在某些时候,细胞渗透肽修饰的药物载体在临床应用中的主要缺点是其被动靶向性[44]。目前,医学的主要挑战之一是通过特异性靶向疾病组织,提高药物效率,减小对健康组织的副作用,并创造在特定部位才起作用的主动靶向治疗药物及载体[45]。体内所有器官和

组织都存在特异性标志物[46]，这些标志物是表达在组织表面上的蛋白或受体，设法发现这些标志物是发展靶向药物或诊断的重要前提。主动靶向药物传递利用特定的生物过程，如特异性的配体和受体识别和相互作用，来提高特定部位的药物浓度。抗肿瘤药物主动靶向给药系统的研发已成为近年来的热点问题之一（图 16-10）。

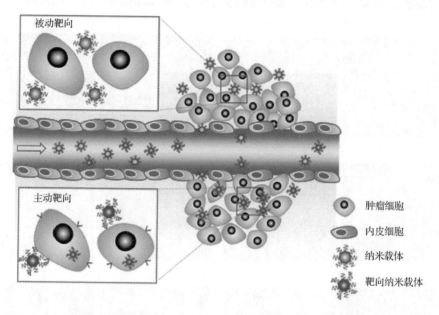

图 16-10　被动与主动靶向肿瘤纳米药物传递载体示意图

　　另外，依靠肿瘤细胞外基质微环境来激活纳米药物载体的技术是一种集成了被动与主动靶向优势的新型靶向策略。利用这种策略制造的纳米载体在血液运行中没有靶向性，而一旦到达目标肿瘤部位，利用特异性肿瘤细胞外基质微环境，如 pH、特异性酶等来触发其转换为主动靶向载体，实现其靶向药物传递（图 16-11），此种靶向策略加速了靶向药物传递系统的临床应用[47]。

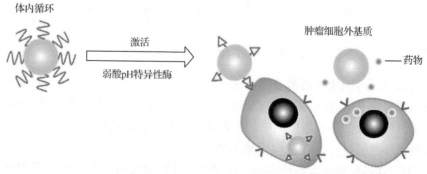

图 16-11　肿瘤细胞外基质微环境激活主动靶向纳米药物载体示意图

根据肿瘤发生和发展过程的生物学特征,目前已经发展了多种基于多肽、抗体、糖类、维生素等作为配体和靶细胞受体进行特异性结合的主动肿瘤靶向药物传递策略。其中,多肽由于其具有分子质量小、易于进入组织深部,并且具有蛋白的生物学功能的特点,适合被用作靶向分子引导药物进入病变部位。此外,纳米技术的飞速发展,纳米粒子包覆药物,结合粒子表面连接的靶向多肽,为纳米药物的使用奠定了坚实的技术基础。

由于肿瘤的生长、侵袭和转移过程始终贯穿着血管的生成。缺乏血管,肿瘤会发生坏死[48]。研究表明,肿瘤内细胞膜上的整合素在肿瘤血管新生中发挥了重要作用[49],在一些肿瘤细胞或肿瘤新生血管内皮细胞特异性表达一些整合素受体,如 $\alpha_v\beta_3$,而正常组织血管中含量很少,因此能够识别这些受体的药物传递系统将更好地识别肿瘤,进行靶向治疗[50,51]。精氨酸-甘氨酸-天冬氨酸(RGD)、丙氨酸-脯氨酸-精氨酸-脯氨酸-甘氨酸(APRPG)、甘氨酸-精氨酸-甘氨酸-天冬氨酸-丝氨酸(GRGDS)、酪氨酸-异亮氨酸-甘氨酸-丝氨酸-精氨酸(YIGSR)等多肽分子是体内重要的生物活性物质,能够与血管内皮细胞上的整合素结合,而与血小板整合素以及细胞受体无交叉反应[52],并具有良好的生物相容性、靶向性、无免疫原性等优点。因此,RGD 等多肽作为细胞靶向肽,可与整合素受体竞争,抑制肿瘤迁移和血管生成,尤其是利用 RGD 等靶向多肽修饰的脂质体等纳米载体以及多肽水凝胶等可以实现靶向定位肿瘤和靶向输送抗肿瘤药物,以达到更有效、精确和安全治疗的目的[53-55]。

(1) 脂质体药物传递系统

脂质体是一种由天然的或合成的脂类形成的类似于生物膜双分子层的囊泡状结构,既可包封脂溶性药物又可包封水溶性药物,故常被应用于药物载体的研究。尤其是通过亲水材料如聚乙二醇进行表面修饰,可因产生的空间位阻作用,延长脂质体在体内的循环时间,能够在肿瘤组织中积蓄并显著提高所包载药物的治疗效果[56]。另外,除了改变脂质体的亲疏水特性,利用 RGD、Anginex 等仿生多肽对其进行修饰,可得到具有靶向性的纳米脂质体,进一步推进了脂质体在肿瘤靶向治疗中的应用(图 16-12)[57]。

RGD 靶向多肽修饰脂质体

Su 等[58]制备了 RGD 修饰的含有磁性纳米颗粒的磁性脂质体(RGD-MPLs),此脂质体为尺寸 50~70nm 的多层微球,带有 28~42mV 的表面正电荷。与只带有磁性的常规脂质体相比,RGD-MPLs 具有很好的尺寸以及电位的稳定性,较低的突释能力,以及较少的磁性纳米颗粒泄露几率。细胞包吞实验证实 RGD-MPLs 比无 RGD 的载体以及无磁性的载体更容易在 MCF-7 细胞内部释放药物,并且 MTT 实验证实 100 μg/mL 以下的 RGD-MPLs 在体外对 GES-1 细胞毒性很低。

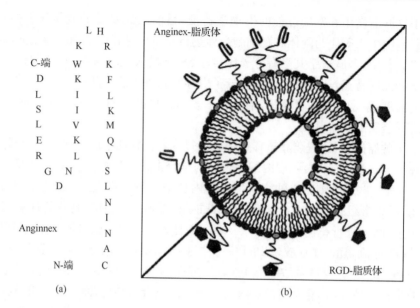

图 16-12 肿瘤血管生成抑制肽 Anginex 以及 RGD 修饰的靶向脂质体示意图
(a) Anginex 多肽；(b) 多肽修饰的脂质体

此研究表明多功能 RGD 修饰的脂质体是一种新型的药物传递系统。

Zhang 等[59]利用 RGD 修饰的脂质体同时包埋新生血管抑制剂 CA-4 和阿霉素，实现其主动靶向和缓释药物。实验表明，阿霉素的体外释放速率远低于 CA-4，流式细胞仪以及共聚焦显微镜结果说明 RGD 修饰提高了 B16/B16F10 黑色素瘤细胞以及人脐带静脉内皮细胞 HUVECs 对药物的包吞能力，细胞毒性实验显示 RGD 修饰的脂质体的 IC50 要低于相应的未改性的脂质体，动物体内实验结果表明 RGD 修饰的带有阿霉素、CA-4 的脂质体具有最强的肿瘤抑制能力。此研究表明，RGD 修饰的阿霉素与血管抑制因子共同包封的脂质体是一种有效的靶向癌症治疗手段。

APRPG 靶向多肽修饰脂质体

APRPG 多肽能够特异性作用于肿瘤的新生血管部位，可以作为探针主动靶向于新生血管，APRPG 修饰的脂质体有利于将包裹的药物递送到血管新生脉管系统，因此靶向于肿瘤新生血管的脂质体可以作为血管生成抑制剂的有效载体，应用于抗肿瘤血管新生疗法。

Honda 等[60]使用 APRPG 修饰的脂质体包埋血管生成抑制因子 SU5416，并研究了此药物载体在动物模型体内对脉络膜血管新生的抑制作用。在体内注射 2 周后发现，APRPG 修饰的含有 SU5416 的脂质体与 APRPG 修饰的脂质体以及生理盐水对照组相比,显著减小了血管生成。此研究表明 APRPG 多肽修饰与装载血管抑制因子联合使用可更好地靶向抑制肿瘤血管生成。

Katanasaka 等[61]制备了 APRPG-PEG 修饰的含有 SU1498 的脂质体(AP-RPG-PEG-Lip-SU1498),发现此脂质体不仅能够抑制体外由 VEGF 刺激引起的内皮细胞增殖,而且能够将 SU1498 有效地递送到肿瘤血管生成内皮细胞,显著降低患有结肠癌的小鼠体内 Colon26 NL-17 细胞肿瘤微血管的密度,抑制肿瘤诱导的血管生成,延长小鼠存活时间。

GRGDS 靶向多肽修饰脂质体

GRGDS 是一种含 RGD 序列的五肽,在监测肿瘤组织周围血管生成方面有重要作用,可用于抗癌药物靶向递送系统的设计。Zhao 等[62]制备了 GRGDS 修饰的紫杉醇长循环脂质体(GRGDS-SSL-PTX),评价了其物化性质以及靶向特性,研究表明 GRGDS-SSL-PTX 与未修饰的脂质体相比,对 SKOV-3 与 MCF-7 细胞具有更显著的生长抑制作用,增加了脂质体对肿瘤细胞的靶向性,因此 GRGDS 修饰的脂质体是一种抗癌药物的有效靶向载体。

YIGSR 靶向多肽修饰脂质体

YIGSR 是来源于层黏连蛋白分子 β_1 链的序列,能干扰肿瘤细胞膜黏附分子与基底膜和细胞外基质的黏附,可有效抑制纤维肉瘤和黑素瘤的生长和转移。YIGSR 肽具有抗肿瘤血管生成的作用,不但可以抑制肿瘤转移灶,而且可以抑制肿瘤原发灶的生长。将 YIGSR 肽连接到脂质体表面,用脂质体作为 YIGSR 肽的载体,在体内可减少酶对 YIGSR 肽的破坏,增强抗转移效果,有效地抑制实验性肺转移和自发性肺转移,表明 YIGSR 多肽脂质体很有可能成为临床上有效的抗转移剂。

由于肿瘤组织血管内皮细胞过表达 laminin 受体,因此 Dubey 等[63]研究了 YIGSR 修饰脂质体靶向血管内皮细胞的能力,体外细胞实验表明在 YIGSR 修饰的脂质体绑定内皮细胞的能力是未修饰脂质体的 7 倍,而自发性肺转移和抗血管生成检测表明 YIGSR 修饰的脂质体在抑制转移上效果最明显,好于单纯药物以及未修饰的脂质体。此研究说明,YIGSR 修饰的脂质体是靶向肿瘤的一种新策略。

NGR 靶向多肽修饰体系

氨肽酶 N 是血管生成内皮细胞优先表达的一种蛋白酶,NGR 序列片段可促进肽与氨肽酶 N 的结合。Pastorino 等[64]将 NGR 序列片段连接到包埋阿霉素的脂质体,以免疫缺陷性小鼠的常位神经母细胞瘤细胞为模型,发现与未修饰的脂质体相比,NGR修饰的脂质体在肿瘤部位积聚提高了10倍,发现多次低剂量给药后可以消除肿瘤。由此可知,NGR修饰的脂质体是靶向药物系统的一种有效手段。

（2）聚合物胶束药物传递系统

胶束是一种自组装纳米化胶体粒子,具有疏水性内核与亲水性外壳,主要应用于递送水难溶性药物。尤其是两亲性聚合物形成的胶束,作为药物载体具有许多优势,具有较高的稳定性,并广泛应用于多种类型的水难溶性药物的递送。在聚合物端基上连接RGD、GRGDS等多肽,通过多肽与肿瘤新生血管上的整合素受体竞争结合（图16-13）,可将药物运输到肿瘤部位[65],是近年来针对肿瘤新生血管的靶向治疗研究热点[66]。

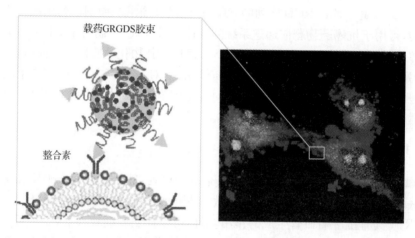

图16-13　多肽靶向聚合物胶束药物传递系统及其靶向识别细胞特性

Cai等[67]将RGD连接到PEG改性的硬脂酸接枝的壳聚糖胶束上（PEG-CS-SA）,并对此新型胶束的浓度、尺寸分布、电位等进行了测量,阿霉素被用来作为抗癌药物模型进行药物包埋率、体外释放速率、体外肿瘤细胞胞饮以及毒性实验等。实验结果表明,阿霉素包埋率超过90%,阿霉素等亲水性药物可以得到控释,RGD修饰的胶束显著提高了在过表达整合素受体的BEL-7402细胞中的阿霉素浓度,高于在正常HUVEC细胞中的药物浓度,并且改性后的载体使得药物细胞毒性明显高于未改性的胶束以及单纯药物。此研究表明,RGD改性的胶束是一种有效的抗肿瘤靶向体系。

（3）多肽修饰的纳米基因载体

基因治疗是借助载体将基因导入靶细胞内,因此选择合适的载体,使携带的基因具有更高的靶向性相当重要。纳米生物材料作为一种新型非病毒基因靶向载体受到广泛关注,但转染效率低仍是其主要缺点。在各种树形分子、纳米颗粒等纳米载体的表面共价连接RGD肽（图16-14）[68],利用RGD肽与整合素特异性结合的性质,使基因在类似生物导弹作用下被送到肿瘤细胞,实现基因治疗的主动靶向性[69]。

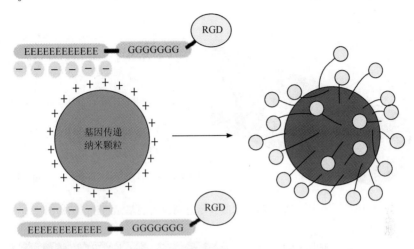

图 16-14　多肽静电复合纳米靶向基因传递系统示意图

Zhan 等[70]设计了一种 RGD 改性的 PEG-PEI 基因载体,当与 DNA 复合时,可以形成均匀的纳米颗粒,其平均粒径 73nm。这些多肽改性的纳米颗粒对 U87 细胞有很强的亲和性,适于进行体内胶质瘤细胞的靶向基因传递,其效果明显好于未修饰的纳米粒。另外,此靶向载体还延长了发生恶性胶质瘤的裸鼠的生存周期,此研究结果证明了通过靶向过表达整合素受体是有效的抗癌策略,RGD-PEG-PEI 是靶向胶质瘤细胞的理想载体。

（4）多肽自组装水凝胶药物传递系统

多肽自组装技术是利用多肽分子在热力学平衡条件下通过非共价键间的相互作用自发形成稳定的聚集态结构,制备具有特殊功能的材料的技术[71]。通过多肽分子自组装形成的多肽水凝胶是应用于药物缓释、组织工程等领域的重要生物医学材料[72,73]。

自组装多肽水凝胶有很多优于其他传统水凝胶体系的显著特点[74]：

① 多肽水凝胶可以在体内降解,其降解产物为氨基酸,无毒副作用;

② 多肽水凝胶可以通过自组装形成,不需要使用交联剂等有毒化学试剂;

③ 在体内定位注射多肽溶液可引发自发的溶胶转换过程,这使得细胞特异生物活性物质进入凝胶内部;

④ 多肽水凝胶含有很多化学基团,这使得容易进行化学、生物改性。

多肽水凝胶的上述特点大大推动了自组装多肽水凝胶的设计和构建研究。研究者已经使用多种分子体系构建了不同类型的多肽水凝胶,如芴甲氧羰酰基 fmoc 多肽(图 16-15)[75]、RADA16(图 16-16)[76]、EAK16、多肽两亲物、多肽高分子等,由于这些水凝胶相似于天然细胞外基质,因此它们在药物传递、组织工程等生物医学领域具有很大的应用潜力。

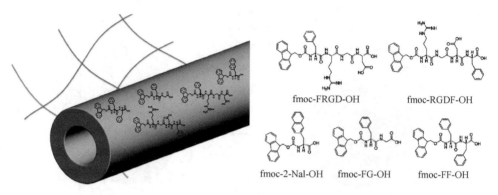

fmoc-FRGD-OH   fmoc-RGDF-OH

fmoc-2-Nal-OH   fmoc-FG-OH   fmoc-FF-OH

图 16-15　fmoc 多肽自组装水凝胶示意图及组装基元的分子结构图

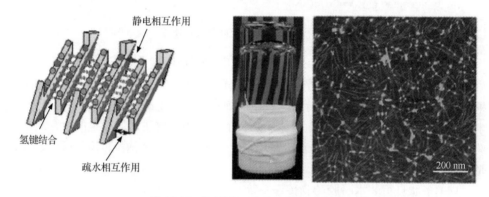

静电相互作用

氢键结合

疏水相互作用

200 nm

图 16-16　RADA16 多肽自组装水凝胶

Huang 等[74]报道了一种通过 fmoc-FF 多肽在 KGM 溶液中自组装制备的新型多肽-多糖杂合水凝胶(fmoc-FF-KGM),并评价了其稳定性、体外降解、机械强度、形貌以及超分子结构等生化特点。利用紫杉醇作为疏水药物模型包埋在此凝胶中研究了其体外药物传递行为,并探讨了 KGM 浓度、分子质量、反应时间等条件对药物传递的影响。证实了此 fmoc-FF-KGM 杂合水凝胶可以实现持续、可控药物释放,具有应用于药物传递的潜力。

Keyes-Baig 等[77]利用自组装寡肽 EAK16 II 在水溶液中稳定了疏水药物的微晶结构,芘被用来作为疏水药物模型,EPC 囊泡来模拟细胞膜,可以实现芘从 EAK16 II 中释放到 EPC 中(图 16-17)。通过激态原子衰减检测可知 EAK16 II 使得芘以结晶的形态存在,在 EPC 囊泡中以分子形式分布,可以实现从 EAK16 II 到双分子层膜的完全释放。研究发现,芘的释放速率和多肽/芘的分子比例是相关的,较高的比例导致芘向亲脂环境传递的速率降低,扫描电镜进一步证实在芘微晶上包裹的较厚多肽薄膜降低了芘的释放速率。此项研究证明了利用自组装寡肽 EAK16 Ⅱ 可以实现疏水性药物向亲脂环境的输送,其传递效率可以通过多肽和芘的组合比例来进行调控。

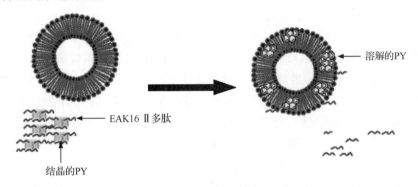

图 16-17　EAK16 Ⅱ 多肽自组装水凝胶药物传递系统示意图

RADA16 Ⅰ 自组装多肽已经被应用于三维细胞培养、创伤治疗以及神经修复等领域,理解其蛋白传递以及控释机理对于控制细胞活动至关重要。Fabrizio 等设计了可缓慢、持续释放生长因子的自组装多肽支架,并进行了系统表征。在释放 βFGF、VEGF 与 BDNF 过程中,发现了多种扩散机理,证实存在带正电以及负电的两种 RADA16 Ⅰ 纳米纤维。在分子水平上发现了两种扩散分子,一种在溶剂中可自由扩散,另一种由于受到物理阻隔与电荷效应受到了抑制。此外,利用神经干细胞实验发现 βFGF 缓释可达三周,此研究结果证实自组装多肽可以长期进行分子控释,从而为临床应用提供了分子释放新策略[78]。

16.3.3　仿生多肽在再生医学中的应用

再生医学是一门古老而又新兴的学科。广义上再生医学是一门研究如何促进组织、器官创伤或缺损生理性修复,以及如何进行组织、器官再生与功能重建的学科。狭义上再生医学是利用创新的医疗手段研究和开发用于替代、修复、改善或再生人体各种组织器官的科学[79,80]。再生医学涉及组织工程、细胞与分子生物学、发育生物学、材料学、工程学、生物力学以及计算机科学等诸多领域,其范畴包括组织工程治疗、基因治疗、组织器官移植、组织器官缺损的再生与生理性修复以及活体组织器官的再造与功能重建、微生态治疗以及维持生态动态平衡等方面,其技术和产品可用于因疾病、创伤、衰老或遗传因素所造成的组织器官缺损或功能障碍的再生治疗[81]。

组织工程学诞生于 20 世纪 80 年代,是指通过应用工程学和生命科学的原理,产生有生命力的活体组织或器官,并将其用于对病损组织或器官进行结构、形态和功能的重建甚至永久替代的学科[82,83]。国际再生医学基金会(IFRM)明确把组织工程定义为再生医学的一个分支,凡是能引导组织再生的各种方法和技术均被列入组织工程范畴,如干细胞治疗、细胞因子和基因治疗等[84]。

生物支架材料和种子细胞、调节因子一起被作为组织工程不可或缺的三大要素,支架材料是细胞黏附、增殖和再生为组织的基础,是细胞生长的细胞外基质替代物,因此支架材料除满足特定组织对机械性能的要求、具有良好生物相容性及可生物降解性能以外,最重要的还应该具有一定的类似 ECM 的生物活性,即能够积极地促进特定细胞的黏附、增殖和分化[85,86]。一些常用的支架材料如聚乙二醇PEG、聚乳酸 PLA 及其共聚物 PLGA、海藻酸钠、PEGDA 等,虽具有可控降解、无毒、易加工等优点,但其表面的生物惰性不利于细胞在其上的黏附,因此,支架材料必须进行一定的改性,即生物功能化,如通过引入活性多肽来提高其生物活性。应用仿生学原理,利用生物来源或化学合成的多肽,如 RGD、YIGSR、IKVAV 等,对支架材料进行修饰作为可行改性方法之一,能够引起细胞和整合素等黏附分子的相互作用,从而诱导细胞增殖、分化和启动机体的组织再生[87]。因此,目前研发仿生多肽修饰支架材料是再生医学的研究热点之一,多种仿生支架已经用于心肌、骨骼肌、骨、软骨、神经等组织工程研究中[88]。

(1) 仿生多肽与组织工程支架

细胞在支架材料上黏附是基于支架的组织工程方法取得良好效果的前提,细胞和材料的界面相互作用发挥了重要作用。在组织中,细胞黏附分子属于多糖,它作为细胞表面的受体促进了细胞与细胞、细胞与细胞外基质之间的黏附。整合素被认为是一种主要的黏附分子,调控了很多的细胞功能,如细胞黏附、迁移、生长、形态和分化[89]。能够被整合素识别的最普通的结合位点是三肽 RGD,它存在于绝大多数 ECM 蛋白之中,如纤维连接蛋白和玻连蛋白等[90]。受到体内自然组织的提示,这些序列可以被整合到可降解、生物相容性好的支架当中,形成具有多种组织工程应用的仿生材料。

基于多肽改性的二维或三维生物材料显示了细胞对组织生长和发展的特异反应。当使用较大的氨基酸序列或者完整蛋白时效果具有波动性,不同的固定化方法和处理表面具有不同的特性[91,92]。使用大氨基酸片段存在化学、热力学的稳定性和免疫反应等问题,使用可以模拟 ECM 黏附位点的短肽将在很大程度上减小这些不利因素[93]。研究表明,小于 6 个重复单元的短肽比较长的序列和蛋白具有较低的免疫原性[94]。另外,化学合成可以控制氨基酸的序列、长度和固定化方法,利用化学合成方法获得的氨基酸序列具有更加确定的结构、成分和纯度,并且没有任何生物病原体和污染[95]。固相氨基酸合成方法可以在短时间内制备许多氨基酸序列并且有很高的纯度,并且可以检测它们在支架制备过程中的修饰情况[96]。

常用的一些模拟细胞外基质的多肽序列,包括基于 RGD、YIGSR 和 IKAVA 的仿生多肽序列以及其他序列,它们修饰到二维或三维多种材料表面,已经应用于提高细胞黏附、伸展扩增以及迁移等研究中[97]。其中,含有细胞黏附位点的 RGD 在氨基酸改性生物材料领域一直占有主要地位。Cook 等[98]第一个报道了利用合成氨基酸改性方法发展细胞和材料相互作用的生物材料,他们通过叔丁氧羟基化学反应来合成氨基酸,利用羰基二咪唑将 RGD 共价连接到聚乳酸-赖氨酸的聚合物上,发现得到的材料显著地促进了细胞的伸展。

此外,将仿生多肽接枝在玻璃等二维表面有利于控制表面的多肽密度,可以较精确地研究多肽种类、表面接枝密度和结构等对细胞黏附等行为的影响,但是由于体内细胞生长在三维细胞外基质中,二维仿生材料并不能准确反映细胞真实体内生存状况,而体内天然细胞外基质的凝胶特性给了我们重要启示,即利用多肽来修饰三维凝胶支架材料可得到能够更好模拟细胞外基质的生物功能化三维凝胶。目前已经发展了 PEG、PEGDA、PHPMA、Alginate、OPF、Agarose、Collagen 等多种多肽修饰的三维凝胶组织工程支架(图 16-18 和图 16-19)[99-102]。另外,利用仿生多肽自组装可以得到具有智能特性的凝胶支架,丰富了再生医学的应用(图 16-20)[103]。

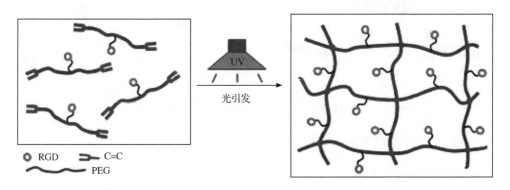

图 16-18　RGD 修饰的光交联 PEGDA 水凝胶示意图

另外,多肽修饰的支架材料促进了内皮细胞、上皮细胞、平滑肌细胞、骨骼肌细胞、纤维细胞、神经细胞、成骨细胞、肿瘤细胞等多种细胞在材料表面上的黏附、伸展、增殖、迁移以及产生细胞外基质等功能,使得我们在体外能够模拟体内细胞的某些真实行为,提高体外细胞培养效果,提示仿生多肽修饰支架在促进体内神经等组织修复、引导纤维细胞黏附、构建血管移植物以及整形外科等方面起到重要作用。

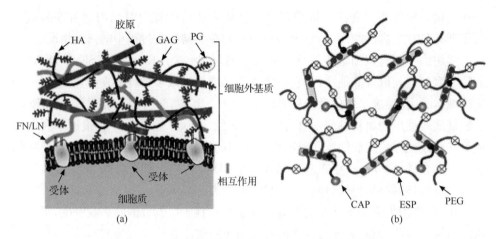

图 16-19　天然细胞外基质以及 PEG 仿生水凝胶示意图

（a）天然细胞外基质；（b）含有细胞黏附多肽以及酶降解多肽的 PEG 仿生水凝胶

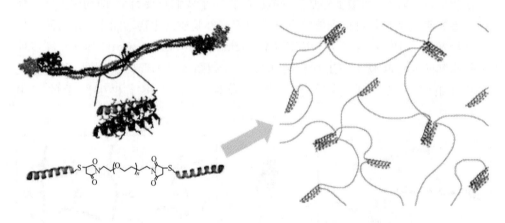

图 16-20　多肽自组装水凝胶示意图

（2）仿生多肽修饰支架引导组织再生

诱导细胞黏附、迁移

为了有效进行组织修复，需要提高细胞在支架材料上的黏附、增殖以及迁移等。研究表明，在生物支架中引入多肽密度梯度，能更好地控制细胞的黏附、增殖、生长以及迁移的方向（图 16-21）[104,105]。利用碳化二亚胺将 RRGDS 连接到甲基丙烯酸烯基高分子材料支架上，调控多肽表面密度从 80pmol/cm^2 到 8.3nmol/cm^2，并形成 10nm 的密度梯度层，发现 RGD 密度梯度对纤维细胞黏附功能有重要影响，纤维细胞的黏附率随着 RGD 密度的提高而增高，其限制值为 60 个分子/nm^{2}[106]。

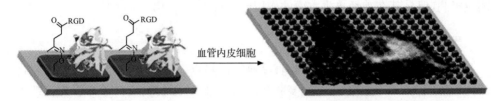

图 16-21　RGD 多肽修饰的图案化表面支持血管内皮细胞黏附、伸展示意图

另外,通过将 RGDS 共价连接在 PEG 上,实现浓度呈梯度分布,可发现人皮肤纤维细胞可以感受到不同的多肽密度梯度,在浓度梯度方向上自发调节其形态和迁移,说明多肽梯度也引起了细胞迁移的不同,通过在生物材料内部设计不同多肽密度梯度和方向,可以控制细胞的行为,以更好地实现引导组织生长和再生[107]。

GYIGSRY 修饰的玻片显著促进了纤维细胞的黏附,说明将此多肽共价连接到固体表面可以调控细胞的黏附和伸展[108]。Patel 等[109]报道了一种可注射的 PEG 支架,含有特别的可降解位点和细胞黏附配体,可使细胞黏附和扩增,并且当 PEG 使用 LGPA 和 YISR 共同修饰时,发现在材料降解后脂肪前体细胞黏附和扩增提高了。

神经再生

RGD、IKVAV 和 YIGSR 等 FN 或 LN 来源的多肽对于神经轴突生长和细胞黏附起到了关键作用,其修饰材料可以应用于神经修复之中[110]。修饰有 RGD 或其相关多肽序列的,具有良好生物相容性的凝胶对于神经元的再生起到了重要作用。使用 RGD 修饰的 PHPMA 凝胶(NeuroGel™)促进了神经组织的修复,支持了神经轴突的生长[111],并且由于经过了多肽修饰,这种凝胶具有了类似神经组织的黏弹性和电导特性。另外,将 RGD 修饰的 HA 凝胶种植在大鼠皮质缺损处,发现此支架支持了细胞迁移、血管生成以及促进了神经细胞轴突的伸长,从而在脑组织损伤治疗中可起到促进修复作用[112]。研究发现,利用 RGDS 修饰的 PEG 凝胶比使用 IKVAV 修饰更好地促进了神经细胞轴突的延伸,尽管 YIGSR 修饰的凝胶促进了细胞黏附,但是轴突没有明显变化[113]。然而,确定最优的促进神经元再生的多肽序列还需要进一步研究。

IKVAV 改性的材料,不管是表面黏附还是化学连接,已经被用来进行外周以及神经系统疾病治疗研究。利用 LA2,结合 IKVAV 和肝素,Lin 等[114]证实了在多肽黏附的材料,包括聚苯乙烯、乙烷醋酸乙烯酯、聚四氟乙烯、聚碳酸酯、不锈钢等表面,细胞黏附明显提高。目前研究还不能清楚给出 IKVAV 序列引发的细胞相应机制,但是其在神经再生方面的作用已经得到了证实。

血管移植物构建

发展人造血管移植物多年来一直是研究的热点,其中血管接触材料的内皮化成为移植成功的关键因素。仿生多肽修饰的二维、三维材料支持了血管内皮细胞的黏附、增殖以及血管化,因而为大尺寸组织构建和修复提供了生物活性功能支架(图 16-22)[115]。

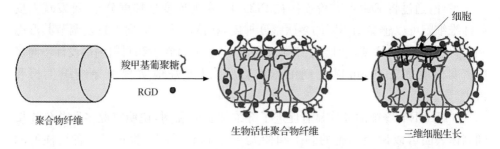

图 16-22　RGD 多肽修饰的三维聚合物纤维支架表面支持内皮细胞黏附和血管化

Hatakeyama 等[116]研究了内皮细胞在 RGDS 和胰岛素共接枝的温敏表面的黏附和增殖,发现 RGD 有效地促进内皮细胞黏附到材料表面,胰岛素促进了细胞的增殖。另一项研究将 RGDS、YIGSRG 序列共价连接 PEG 凝胶上,确定了较优的细胞黏附配体的浓度(2.8~7μmol/ml),有效地促进了血管平滑肌细胞的黏附、扩增、迁移和基质分泌等行为。目前为止,能够被多肽修饰的聚合物基质还比较有限,因此发展可控的用于血管移植应用的生物材料还需要进一步的探索。

黏附多肽 YIGSR (GGGYIGSRGGK)修饰的 PUUYIGSR-PEG 支架与未改性材料相比显示了对血管内皮细胞的支持以及优良的机械特性,内皮细胞接种到基质材料上,显著黏附到了多肽改性表面,大量细胞发生了迁移,产生了大量的羟脯氨酸,适合应用于构建血管移植物[117]。

整形外科应用

RGD 修饰的生物材料在整形外科有重要应用,RGDS 修饰的 poly(propylene fumarate-co-ethylene glycol)等凝胶已经用于研究成骨细胞、间充质干细胞等的黏附、迁移和扩增[108],并发现凝胶中的多肽浓度显著影响了种植细胞的生长以及迁移速率等,且对体内受损骨组织的修复起到了明显的促进作用(图 16-23)[118]。

另外,RGGD 多肽被连接到 oligo[poly-(ethylene glycol)fumarate]凝胶来研究多肽密度、大分子结构对于骨髓间充质干细胞黏附和形貌的影响,发现多肽密度和 PEG 分子长度影响了细胞黏附,干细胞黏附唯一地受到受体-配体相互作用的

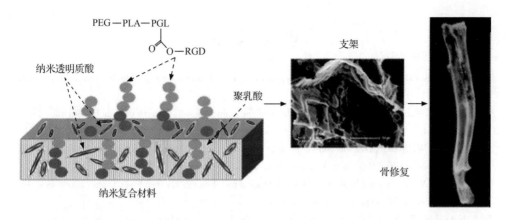

图 16-23　RGD 多肽修饰的纳米羟基磷灰石支架复合干细胞支持骨组织修复

影响[119]。在另一项研究中,DVDVPDGRGDSLAYG 和 GRGDS 修饰的 oligo〔poly(ethylene glycol)fumarate〕凝胶被用来进行体内间充质干细胞培养。扩增和生物检测发现间充质干细胞分化为成骨细胞,表达成骨表型,分化过程随着多肽密度提高而增高[120]。同时,利用多肽修饰的凝胶来评价成骨细胞的黏附、增殖和迁移,发现成骨细胞的行为依靠细胞接种密度,而非多肽浓度[121]。

此外,利用 YRGDS 多肽修饰的 PEGDA 凝胶,发现在三维微环境中多肽的量影响了间充质干细胞的成骨分化,2.5mmol/L 多肽被认为是间充质干细胞成骨分化的优化剂量[122]。

除了上述应用,多肽修饰的支架对于心肌[123]、角膜[124]、骨[125]等组织修复也有重要作用。

16.4　多肽生物仿生材料技术挑战和展望

尽管多肽改性的生物材料研究越来越深入,但是其作为仿生材料在生物医学领域中的应用还受到较大限制,主要挑战包括借助于生物信息学如何控制多肽空间结构以及明确其动力学特性,寻找特异性高的肿瘤靶向多肽,建立标准方法来表征修饰到材料上的多肽结构以及密度,并量化药物传递、细胞特异响应行为等。近年来,树形化学、点击化学、自主装、组织工程等原理和技术已经加速了仿生多肽在生物医学领域中的应用,在未来随着新技术的不断出现,基于仿生多肽的智能生物材料将发挥更大的作用。

（中国科学院大连化学物理研究所:谭明乾、刘　洋、马小军）

参 考 文 献

[1] Zhang S. Fabrication of novel biomaterials through molecular self-assembly. Nat Biotechnol, 2003, 21(10):1171-1178.

[2] Fox S W. The condensation of the adenylates of the amino acids common to protein. Experientia, 1959, 15:81-84.

[3] Wickner W, Mandel G, Zwizinski C, et al. Synthesis of phage M13 coat protein and its assembly into membranes in vitro. Proc Natl Acad Sci USA, 1978,75:1754-1758.

[4] Wickner W. The assembly of proteins into biological membranes: the membrane trigger hypothesis. Annual Review of Biochemistry, 1979, 48:23-45.

[5] Katz F N, Rothman J E, Lingappa V R, et al. Membrane assembly in vitro: synthesis, glycosylatio, and asymmetric insertion of a transmembrane protein. Proc Natl Acad Sci USA, 1977, 8:3278-3282.

[6] BormannB J, Knowles,W J, Marchesi V T. Synthetic peptides mimic the assembly of transmembrane glycoproteins. J Biol Chem,1989, 264:4033-4037.

[7] Ghadiri M R, Granja J R, Milligan R A, et al. Self-assembling organic nanotubes based on a cyclic peptide architecture. Nature, 1993, 366:324-237.

[8] Zhang S, Holmes T, Lockshin C, et al. Spontaneous assembly of a self-complementary oligopeptide to form a stable macroscopic membrane. PNAS,1993, 90:3334-3338.

[9] Zhang S, Holmes T C, DiPersio C M, et al. Self-complementary oligopeptide matrices support mammalian cell attachment. Biomaterials,1995, 16:1385-1393.

[10] Zhang S, Yan L, Altman M, et al. Biological surface engineering: a simple system for cell pattern formation. Biomaterials,1999, 20:1213-1220.

[11] Zhang S. Fabrication of novel biomaterials through molecular self-assembly. Nat Biotechnol, 2003, 21(10):1171-1178.

[12] Yan X, Zhu P, Fei J, et al. Self-assembly of peptide-inorganic hybrid spheres for adaptive encapsulation of guests. Adv Mater,2010, 22(11):1283-1287.

[13] Li J, Möhwald H, An Z, et al. Molecular assembly of biomimetic microcapsules. Soft Matter, 2005, 1:259-264.

[14] Yan X, Zhu P, Li J. Self-assembly and application of diphenylalanine-based nanostructures. Chem Soc Rev, 2010,39:1877-1890.

[15] Yan X, He Q, Wang K, et al. Transition of cationic dipeptide nanotubes into vesicles and oligonucleotide delivery. Angew Chem Int Ed,2007, 46:2431-2434.

[16] Reches M, Gazit E. Casting metal nanowires within discrete self-assembled peptide nanotubes. Science, 2003, 300:625-627.

[17] Yan X, Li J,Möhwald H. Self-assembly of hexagonal peptide microtubes and their optical waveguiding. Adv Mater,2011, 23(25):2796-2801.

[18] 陈婷,卢婷利,王韵晴,等. 多肽自组装及其在生物医学中的应用. 材料导报 A,2011, 25(10):90-95.

[19] Ulijn R V, Smith A M. Designing peptide based nanomaterials. Chem Soc Rev, 2008, 37:664-675.

[20] http://jpkc. gdmc. edu. cn/biochemistry/htm/133dot4. htm.

[21] Tempé D, Brengues M, Mayonove P, et al. The alpha helix of ubiquitin interacts with yeast cyclin-de-

pendent kinase subunit CKS1. Biochemistry, 2007, 46(1):45-54.

[22] Schneider J P, Pochan D J, Ozbas B, et al. Responsive hydrogels from the intramolecular folding and self-assembly of a designed peptide. J Am Chem Soc,2002, 124(50):15 030-15 031.

[23] 许小丁，陈昌盛，陈荆晓，等. 多肽分子自组装. 中国科学,2011,41(2):221-238.

[24] Ramachandran S, Tseng Y, Yu YB. Repeated rapid shear-responsiveness of peptide hydrogels with tunable shear modulus. Biomacromolecules, 2005, 6: 1316-1321.

[25] Altunbas A, Lee S J, Rajasekaran S A, et al. Encapsulation of curcumin in self-assembling peptide hydrogels as injectable drug delivery vehicles. Biomaterials, 2011, 32(25):5906-5914.

[26] Branco M C, Pochan D J, Wagner N J, et al. Macromolecular diffusion and release from self-assembled beta-hairpin peptide hydrogels. Biomaterials, 2009, 30: 1339-1347.

[27] Niece K L, Hartgerink J D, Donners J J, et al. Self-assembly combining two bioactive peptide-amphiphile molecules into nanofibers by electrostatic attraction. J Am Chem Soc, 2003, 125 (24): 7146-7147.

[28] Hartgerink J D, Beniash E, Stupp S I. Peptide-amphiphile nanofibers: a versatile scaffold for the preparation of self-assembling materials. Proc Natl Acad Sci USA,2002,99(8): 5133-5138.

[29] Niece K L, Hartgerink J D,Donners J J J M, et al. Self-assembly combining two bioactive peptide-amphiphile molecules into nanofibers by electrostatic attraction. J Am Chem Soc, 2003, 125 (24): 7146-7147.

[30] Rajagopal K, Lamm M S, Haines-Butterick L A,et al. Tuning the pH responsiveness of β-hairpin peptide folding, self-assembly, and hydrogel material formation. Biomacromolecules, 2009, 10: 2619-2625.

[31] Williams R J, Smith A M, Collins R,et al. Enzyme-assisted self-assembly under thermodynamic control. Nature Nanotechnology,2009,4:19-24.

[32] Haines LA, Rajagopal K, Ozbas B,et al. Light-activated hydrogel formation via the triggered folding and self-assembly of a designed peptide. J Am Chem Soc, 2005, 127(48):17 025-17 029.

[33] www. hudong. com/wiki/超声波 .

[34] Maity I, Rasale D B, Das A K. Sonication induced peptide-appended bolaamphiphile hydrogels for *in situ* generation and catalytic activity of Pt nanoparticles. Soft Matter, 2012,8:5301-5308.

[35] Pochan D J, Schneider J P, Kretsinger J, et al. Thermally reversible hydrogels via intramolecular folding and consequent self-assembly of a *de novo* designed peptide. J Am Chem Soc, 2003, 125 (39):11 802-11 803.

[36] Micklitsch C M, Knerr P J, Branco M C,et al. Zinc-triggered hydrogelation of a self-assembling β-hairpin peptide. Angew Chem Int Ed,2011,15(7):1577-1579.

[37] Chen C L, Rosi N L. Peptide-based methods for the preparation of nanostructured inorganic materials. Angew Chem Int Ed,2010, 49(11):1924-1942.

[38] Dickerson M B, Sandhage K H, Naik Rajesh R. Protein- and peptide-directed syntheses of inorganic materials. Chem Rev, 2008, 108 (11):4935-4978.

[39] Sugawara A, Nishimura T, Yamamoto Y,et al. Self-organization of oriented calcium carbonate/polymer composites: effects of a matrix peptide isolated from the exoskeleton of a crayfish. Angew. Chem Int Ed,2006, 45,18:2876.

[40] Yamamoto Y, Nishimura T, Sugawara A, et al. Effects of peptides on CaCO₃ crystallization: mineral-

ization properties of an acidic peptide isolated from exoskeleton of crayfish and its derivatives. Cryst Growth Des,2008, 8:4062.

[41] Brian D. Reiss, Chuanbin Mao, Daniel J Solis, et al. Biological routes to metal alloy ferromagnetic nanostructures. Nano Letters, 2004, 4 (6):1127-1132.

[42] Wang Q, Wang X M, Tian L L, et al. *In situ* remineralizaiton of partially demineralized human dentine mediated by a biomimetic non-collagen peptide. Soft Matter, 2011, 7:9673-9680.

[43] Masica D L, Schrier S B, Specht E A, et al, *De novo* design of peptide-calcite biomineralization systems. J Am Chem Soc,2010, 132(35):12 252-12 262.

[44] Vivès E, Schmidt J, Pèlegrin A. Cell-penetrating and cell-targeting peptides in drug delivery. B B A, 2008, 1786:126-138.

[45] Wang B,Siahaan T J, Soltero R. Drug Delivery: Principles and Applications. Wiley,2005.

[46] Aird W C. Phenotypic heterogeneity of the endothelium: I. structure, function, and mechanisms. Circ Res, 2007, 100:158-173.

[47] Gullotti E, Yeo Y. Extracellularly activated nanocarriers: a new paradigm of tumor targeted drug delivery. Mol Pharm, 2009, 6:1041-1051.

[48] Brooks P C, Clark R A, Cheresh D A. Requirement of vascular integrin $\alpha_v\beta_3$ for angiogenesis. Science, 1994, 264:569-571.

[49] Pasqualini R, Arap W, McDonald D M. Probing the structural and molecular diversity of tumor vasculature. Trends Mol Med, 2002, 8:563-5711.

[50] 李茜，杜永忠，袁弘，等．RGD肽在肿瘤靶向纳米给药系统中的应用．海峡药学,2011, 23:80-82.

[51] Zetter B R. On target with tumor blood vessel markers. Nat Biot Echnol, 1997, 15:1243-1244.

[52] Montet X, Montet-Abou K, Reynolds F, et al. Nanoparticle imaging of integrins on tumor cells. Neoplasia, 2006, 8:214-222.

[53] 吴学萍，王驰．多肽修饰脂质体靶向药物递送系统研究进展．中国现代应用药学,2010, 27:681-685.

[54] Tucker G C. Inhibitors of integrins. Curr Opin Pharmacol, 2002, 2:394-402.

[55] Schraa A J, Kok R J, Moorlag H E, et al. Targeting of RGD-modified proteins totumor vasculature: a pharmacokinetic and cellular dist r-but ion study. Int J Cancer, 2002, 102:469-475.

[56] Ceh B, Wint erhalter M, Frederik P, et al. Stealth liposomes: from theory to product. Adv Drug Delic Rev, 1997, 24:165-177.

[57] Brandwijk R J, Mulder W J, Nicolay K, et al. Anginex-conjugated liposomes for targeting of angiogenic endothelial cells. Bioconjug Chem, 2007, 18:785-790.

[58] Su W, Wang H, Wang S, et al. PEG/RGD-modified magnetic polymeric liposomes for controlled drug release and tumor cell targeting. Int J Pharm, 2012, 426:170-181.

[59] Zhang Y F, Wang J C, Bian D Y, et al. Targeted delivery of RGD-modified liposomes encapsulating both combretastatin A-4 and doxorubicin for tumortherapy: *in vitro* and *in vivo* studies. Eur J Pharm Biopharm, 2010, 74, 467-473.

[60] Honda M, Asai T, Umemoto T, et al. Suppression of choroidal neovascularization by intravitreal injection of liposomal SU5416. Arch Ophthalmol, 2011, 129:317-321.

[61] Katanasaka Y, Idaa T, Asaia T, et al. Effective delivery of an angiogenesis inhibitor by neovessel-targeted liposomes. Inter J Pharm, 2008, 360:219-224.

[62] Zhao H, Wang J C, Luo C L, et al. *In vitro* evaluation of GRGDS peptide modified liposomes containing paclitaxel. Chin J New Drugs, 2008, 17:2034-2038.

[63] Dubey P K, Singodia D, Vyas S P. Liposomes modified with YIGSR peptide for tumor targeting. J Drug Target, 2010,18:373-380.

[64] Pastorino F, Brignole C, Marimpietri D, et al. Vascular damage and anti-angiogenic effects of tumor vessel-targeted liposomal chemotherapy. Cancer Res, 2003, 63:7400-7409.

[65] Xiong X B, Mahmud A, Uludağ H, et al. Conjugation of arginine-glycine-aspartic acid peptides to poly (ethylene oxide)-*b*-poly(ε-caprolactone) micelles for enhanced intracellular drug delivery to metastatic tumor cells. Biomacromolecules, 2007, 8:874-884.

[66] Yu H, Guo X J, Qi X L, et al. Synthesis and characterizat ion of arg-inine-glycine-aspartic peptides conjugated poly(lacticacid-*co*-L-lysine) diblock copolymer. J Mater Sci, 2008, 19:1275-1281.

[67] Cai L L, Liu P, Li X, et al. RGD peptide-mediated chitosan-based polymeric micelles targeting delivery for integrin-overexpressing tumor cells. Int J Nanomedicine, 2011, 6:3499-3508.

[68] Green J J, Chiu E, Leshchiner E S, et al. Electrostatic ligand coatings of nanoparticles enable ligand-specific gene delivery to human primary cells. Nano Lett, 2007, 7: 874-879.

[69] Huang T C, Huang H C, Chang C C, et al. An apoptosis-related gene network induced by novel compound-cRGD in human breast cancer cells. FEBS Lett, 2007, 581:3571-3522.

[70] Zhan C, Meng Q, Li Q, et al. Cyclic RGD-polyethylene glycol-polyethylenimine for intracranial glioblastoma-targeted gene delivery. Chem Asian J, 2012, 7:91-96.

[71] Madhvi G, Ashima B, Aseem M, et al. Self-assembly of a dipeptide-containing conformationally restricted dehydrophenylalanine residue to form ordered nanotubes. Adv Mater, 2007, 19:8581-8586.

[72] Zhou M, Smith A M, Das A K, et al. Self-assembled peptide-based hydrogels as scaffolds for anchor-agedependent Cells. Biomaterials, 2009, 30:2523-2530.

[73] Cui H G, Webber M J, Stupp S I. Self-assembly of peptide amphiphiles: from molecules to nanostructures to biomaterials. Biopolymers, 2010, 94:1-18.

[74] Huang R, Qi W, Feng L B, et al. Self-assembling peptide-polysaccharide hybrid hydrogel as a potential carrier for drug delivery. Soft Matter, 2011, 7:6222-6230.

[75] Orbach R, Mironi-Harpaz I, Adler-Abramovich L, et al. The rheological and structural properties of fmoc-peptide-based hydrogels: the effect of aromatic molecular architecture on self-assembly and physical characteristics. Langmuir, 2012, 28:2015-2022.

[76] Zhao Y, Yokoi H, Tanaka M, et al. Self-assembled pH-responsive hydrogels composed of the RATEA16 peptide. Biomacromolecules, 2008, 9:1511-1518.

[77] Keyes-Baig C, Duhamel J, Fung S, et al. Self-assembling peptide as a potential carrier of hydrophobic compounds. J A C S, 2004, 126:7522-7532.

[78] Gelain F, Unsworth L D, Zhang S G. Slow and sustained release of active cytokines from self-assembling peptide scaffolds. J Control Release, 2010, 145:231-239.

[79] Mason C, Dunnill P. A brief definition of regenerative medicine. Regen Med, 2008, 3:1-5.

[80] Shakesheff K M, Rose F R. Tissue engineering in the development of replacement technologies. Adv Exp Med Biol, 2012, 745:47-57.

[81] 谭谦. 再生医学与组织工程. 医学研究生学报,2011, 24:113-116.

[82] Vacanti J P. Beyond transplantation. Third Annual Samuel Jason Mixter Lecture. Arch Surg, 1988,

123:545-549.

[83] Langer R, Vacanti J P. Tissue engineering. Science. , 1993, 260:920-926.

[84] 戴尅戎. 再生医学与转化研究. 中华关节外科杂志,2011, 5:68-71.

[85] Furth M E, Atala A, van Dyke M E. Smart biomaterials design for tissue engineering and regenerative medicine. Biomaterials, 2007, 28:5068-5073.

[86] 卢婷利,张宏,王韵晴,等. 组织工程支架材料生物功能化的研究进展. 材料科学与工程学报,2010, 29:301-307.

[87] Siebers M C, Ter Brugge P J, Walboomers X F, et al. Integrins as linker proteins between osteoblasts and bone replacing materials. A critical review Biomaterials, 2005, 26:137-146.

[88] Pradhan B, Farach-Carson M C. Mining the extracellular matrix for tissue engineering applications. Regen Med, 2010, 5:961-970.

[89] Siebers M C, Ter Brugge P J, Walboomers X F, et al. Integrins as linker proteins between osteoblasts and bone replacing materials. A critical review Biomaterials, 2005, 26:137-146.

[90] Pierschbacher M D, Ruoslahti E. Cell attachment activity of fibronectin can be duplicated by small synthetic fragments of the molecule. Nature, 1984, 309:30-33.

[91] Hersel U, Dahmen C, Kessler H. RGD modified polymers: biomaterials for stimulated cell adhesion and beyond. Biomaterials, 2003, 24:4385-4415.

[92] Lewandowska K, Pergament E, Sukenik N, et al. Cell-typespecific adhesion mechanisms mediated by fibronectin adsorbed to chemically derivatized substrata. J Biomed Mater Res, 1992, 26:1343-1363.

[93] Drumheller P D, Hubbell J A. Polymer networks with grafted cell adhesion peptides for highly biospecific cell adhesive substrates. Anal Biochem, 1994, 222:380-388.

[94] Deming T J. Methodologies for preparation of synthetic block copolypeptides: materials with future promise in drug delivery. Adv Drug Deliv Rev, 2002, 54:1145-1155.

[95] Holmes T C. Novel peptide-based biomaterial scaffolds for tissue engineering. Trends Biotechnol, 2002, 20:16-21.

[96] Mandal S, Rouillard J M, Srivannavit O, et al. Surface modification of microfluidic arrays for *in situ* parallel peptide synthesis and cell adhesion assays. Biotechnol Prog, 2007, 23:972-978.

[97] Sreejalekshmi K G, Nair P D. Biomimeticity in tissue engineering scaffolds through synthetic peptide modifications—altering chemistry for enhanced biological response. J Biomed Mater Res Part A, 2011, 96:477-491.

[98] Cook A D, Hrkach J S, Gao N N, et al. Characterization and development of RGD peptide-modified poly(lactic acid-*co*-lysine) as an interactive, resorbable biomaterial. J Biomed Mater Res, 1997, 35: 513-523.

[99] Zhu J, Tang C, Kottke-Marchant K, et al. Design and synthesis of biomimetic hydrogel scaffolds with controlled organization of cyclic RGD peptides. Bioconjug Chem, 2009, 20:333-339.

[100] Zhu J, He P, Lin L, et al. Biomimetic poly(ethylene glycol)-based hydrogels as scaffolds for inducing endothelial adhesion and capillary-like network formation. Biomacromolecules, 2012, 13:706-713.

[101] Peppas N A, Huang Y, Torres-Lugo M, et al. Physicochemical foundations and structural design of hydrogels in medicine and biology. Ann Rev Biomed Eng, 2000, 2:9-29.

[102] Drury J L, Mooney D J. Hydrogels for tissue engineering: scaffold design variables and applications. Biomaterials, 2003, 24:4337-4351.

[103] Jing P, Rudra J S, Herr A B, et al. Self-assembling peptide-polymer hydrogels designed from the coiled coil region of fibrin. Biomacromolecules, 2008, 9:2438-2446.

[104] Kolodziej C M, Kim S H, Broyer R M, et al. Combination of integrin-binding peptide and growth factor promotes cell adhesion on electron-beam-fabricated patterns. J Am Chem Soc, 2012, 134(1): 247-255.

[105] Singh M, Berkland C, Detamore M S. Strategies and applications for incorporating physical and chemical signal gradients in tissue engineering. Tissue Eng Part B, 2008, 14:341-366.

[106] Harris B P, Kutty J K, Fritz E W, et al. Photopatterned polymer brushes promoting cell adhesion gradients. Langmuir, 2006, 22:4467-4471.

[107] Simon C G Jr, Yang Y, Thomas V, et al. Cell interactions with biomaterials gradients and arrays. Comb Chem High Throughput Screen, 2009, 12:544-553.

[108] Massia S P, Rao S S, Hubbell J A. Covalently immobilized laminin peptide Tyr-Ile-Gly-Ser-Arg (YIGSR) supports cell spreading and co-localization of the 67-kilodalton laminin receptor with alphaactinin and vinculin. J Biol Chem, 1993, 268:8053-8059.

[109] Patel P N, Gobin A S, West J L, et al. Poly(ethylene glycol) hydrogel system supports preadipocyte viability, adhesion, and proliferation. Tissue Eng, 2005, 11:1498-1505.

[110] Orive G, Anitua E, Pedraz J L, et al. Biomaterials for promoting brain protection, repair and regeneration. Nat Rev Neurosci, 2009, 10:682-692.

[111] Woerly S, Pinet E, Robertis L D, et al. Spinal cord repair with PHPMA hydrogel containing RGD peptides (neuroGel). Biomaterials, 2001, 22:1095-1111.

[112] Cui F Z, Tian W M, Hou S P, et al. Hyaluronic acid hydrogel immobilized with RGD peptides for brain tissue engineering. J Mater Sci Mater Med, 2006, 17:1393-1401.

[113] Gunn J W, Turner S D, Mann B K. Adhesive and mechanical properties of hydrogels influence neurite extension. J Biomed Mater Res A, 2005, 72:91-97.

[114] Lin X, Takahashi K, Liu Y, et al. Enhancement of cell attachment and tissue integration by a IKVAV containing multidomain peptide. Biochim Biophys Acta, 2006, 1760:1403-1410.

[115] Hadjizadeh A, Doillon C J, Vermette P. Bioactive polymer fibers to direct endothelial cell growth in a three-dimensional environment. Biomacromolecules, 2007, 8:864-873.

[116] Hatakeyama H, Kikuchi A, Yamato M, et al. Bio-functionalized thermoresponsive interfaces facilitating cell adhesion and proliferation. Biomaterials, 2006, 27:5069-5078.

[117] Jun H W, West J L. Modification of polyurethaneurea with PEG and YIGSR peptide to enhance endothelialization without platelet adhesion. J Biomed Mater Res Appl Biomater, 2005, 72: 131-139.

[118] Zhang P, Wu H, Wu H, et al. RGD-conjugated copolymer incorporated into composite of poly(lactide-co-glycotide) and poly(l-lactide)-grafted nanohydroxyapatite for bone tissue engineering. Biomacromolecules, 2011, 12:2667-2680.

[119] Behravesh E, Zygourakis K, Mikos A G. Adhesion and migration of marrow-derived osteoblasts on injectable in situ crosslinkable poly(propylene fumarate-co-ethylene glycol)-based hydrogels with a covalently linked RGDS peptide. J Biomed Mater Res A, 2003, 65:260-270.

[120] Shin H, Jo S, Mikos A G. Modulation of marrow stromal osteoblast adhesion on biomimetic oligo (poly(ethylene glycol) fumarate) hydrogels modified with Arg-Gly-Asp peptides and a poly(ethylene glycol) spacer. J Biomed Mater Res, 2002, 61:169-179.

[121]　Shin H, Zygourakis K, Farach-Carion M C, et al. Modulation of differentiation and mineralization of marrow stromal cells cultured on biomimetic hydrogels modified with Arg-Gly-Asp containing peptides. J Biomed Mater Res A, 2004, 69:535-543.

[122]　Shin H, Zygourakis K, Farach-Carion M C, et al. Attachment, proliferation, and migration of marrow stromal osteoblasts cultured on biomimetic hydrogels modified with an osteopontin-derived peptide. Biomaterials, 2004, 25:895-906.

[123]　Yang F, Williams C G, Wang D, et al. The effect of incorporating RGD adhesive peptide in polyethylene glycol diacrylate hydrogel on osteogenesis of bone marrow stromal cells. Biomaterials, 2005, 26: 5991-5998.

[124]　Prabhakaran M P, Venugopal J, Kai D, et al. Biomimetic material strategies for cardiac tissue engineering. Mater Sci Eng C, 2011, 31:503-513.

[125]　Duan X, Sheardown H. Incorporation of cell-adhesion peptides into collagen scaffolds promotes corneal epithelial stratification. J Biomater Sci Polym Ed, 2007, 18:701-711.

彩　　图

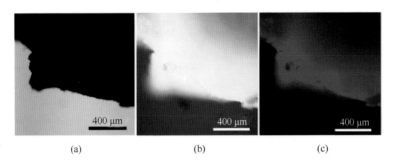

(a)　　　　　　　　　　(b)　　　　　　　　　　(c)

图 12-12　(a)硅纳米线的明场显微照片；(b)紫外光激发下样品的荧光显微照片；
(c)绿光激发下样品的荧光显微照片

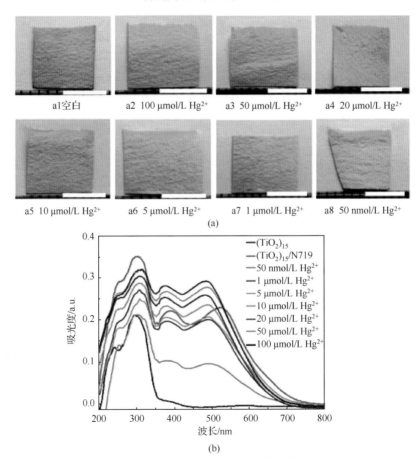

a1空白　　　a2 100 µmol/L Hg²⁺　　　a3 50 µmol/L Hg²⁺　　　a4 20 µmol/L Hg²⁺

a5 10 µmol/L Hg²⁺　　　a6 5 µmol/L Hg²⁺　　　a7 1 µmol/L Hg²⁺　　　a8 50 nmol/L Hg²⁺

(a)

(b)

图 12-22　N719 修饰的滤纸对 Hg²⁺ 的传感效果

(a) 样品对不同浓度 Hg²⁺ 传感的颜色变化图片，标尺长度为 5 mm；(b) 样品对不同浓度 Hg²⁺ 传感后的
固体紫外-可见变化曲线

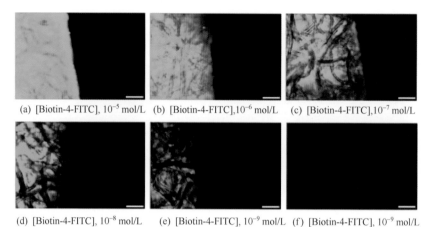

(a) [Biotin-4-FITC], 10^{-5} mol/L　(b) [Biotin-4-FITC], 10^{-6} mol/L　(c) [Biotin-4-FITC], 10^{-7} mol/L

(d) [Biotin-4-FITC], 10^{-8} mol/L　(e) [Biotin-4-FITC], 10^{-9} mol/L　(f) [Biotin-4-FITC], 10^{-9} mol/L

图 12-24　链酶亲和素修饰的纤维素材料结合荧光标记的生物素后的荧光显微照片。每张荧光显微照片的左部分为荧光标记的不同浓度的生物素与样品结合后的照片，右部分为不做任何修饰的滤纸纤维素材料的荧光显微照片。标尺长度为 $100~\mu m$

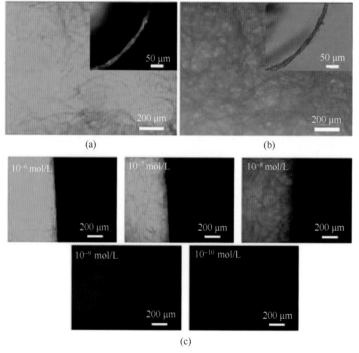

图 12-28　(a)和(b)分别为寡聚核苷酸修饰的滤纸纤维素生物传感器与浓度为 10^{-7} mol/L 的目标 DNA 分子 FMT(5′-GCA TAC GGA CAT CGA-3′, 5′末端有 FITC 荧光素标记,可发绿色荧光)杂交后,在荧光显微镜下的荧光显微照片及明场照片,其中插图为样品单根修饰的纤维素的放大照片;(c)组系列照片的左部分为寡聚核苷酸修饰的滤纸纤维素生物传感器与不同浓度的 FMT 杂交后的荧光显微照片,右部分为不做修饰的滤纸纤维素的荧光显微照片